食品微生物学：原理与应用

SHIPIN WEISHENGWUXUE YUANLI YU YINGYONG

主编　周　强　刘蒙佳

郑州大学出版社
·郑　州·

图书在版编目(CIP)数据

食品微生物学:原理与应用/周强,刘蒙佳主编.—郑州:郑州大学出版社,2020.8(2021.3 重印)
ISBN 978-7-5645-7124-5

Ⅰ.①食… Ⅱ.①周… ②刘… Ⅲ.①食品微生物-高等学校-教材 Ⅳ.①TS201.3

中国版本图书馆 CIP 数据核字(2020)第 128889 号

郑州大学出版社出版发行
郑州市大学路 40 号　　邮政编码:450052
出版人:孙保营　　发行部电话:0371-66966070
全国新华书店经销
河南龙华印务有限公司
开本:787 mm×1 092 mm　1/16
印张:19
字数:450 千字
版次:2020 年 8 月第 1 版　　印次:2021 年 3 月第 2 次印刷

书号:ISBN 978-7-5645-7124-5　　定价:48.00 元

前言

食品微生物学是微生物学重要的应用性分支学科。其最终目的有两个，一方面是开发和利用有益微生物，为人类提供更多更好的食品，另一方面是监测、控制或消除对人类健康和食品存在危害的微生物，以保证食品卫生与安全性。

国家实施“新工科”建设战略，基于新工科人才培养体系的改革不断推进，为了满足教学、科研和生产实践的需要，更好地配合本课程的课程建设与教学改革，本书作者在总结多年教学经验和科研成果的基础上，借鉴近年来国内外同类教材的优点，着手编撰这本《食品微生物学：原理与应用》。

本教材结构安排上，第 1 章至第 10 章较为系统、完整地论述了食品微生物学的基础理论知识；第 11 章介绍了微生物在食品生产中的应用；第 12 章阐明了微生物与食品腐败变质的关系，并以问题为导向，提出了防止食品腐败变质的措施；第 13 章梳理了与食品卫生相关的微生物指标和各类食物中毒，并概述了应用于食品生产实践中的质量控制体系。此外，每一章节均引入相关的二维码链接作为教材内容的延伸与拓展。本教材编撰力求内容精练、层次分明、语言简练、表达严谨、图文并茂，既注重基本原理又与实践应用相结合。

本书共分 13 章，由闽南科技学院周强副教授、刘蒙佳副教授担任主编并统稿。本教材的编写得到了郑州大学出版社的大力支持与帮助，西昌学院蔡利老师参与了教材的校对工作，河南质量工程职业学院雷昌贵副教授对教材二维码链接内容进行了一定补充和调整，陕西师范大学张宝善教授对本书内容进行了审定，并提出了宝贵意见和建议，在此一并表示衷心的感谢！

由于编者水平有限，书中不足之处在所难免，恳请广大读者和同行专家提出宝贵意见。

编者

2020 年 8 月

目录

第1章　绪论

【学习目标】

掌握微生物的概念及微生物的生物学共性；掌握食品微生物学的研究内容任务；了解微生物学发展史；了解微生物与人类发展进步的关系。

1.1　微生物及其生物学共性

1.1.1　微生物的概念及在生物分类学上的地位

1.1.1.1　微生物的概念及主要类群

微生物(microbe,microorganism)非分类学上名词，来自法语"Microbe"一词。微生物是对形体微小、结构简单、大多数肉眼看不到、必须借助显微镜才能观察到的微小生物类群的总称。微生物的种类见表1-1，由表可知微生物所包含的类群非常庞杂。实际上，在分子生物学技术高速发展的今天，新的种属的微生物正在不断加速出现。一般情况下，微生物都是不可见的，但是有些微生物例外，如纳米比亚硫磺珍珠菌，其大小可达0.1～0.75 mm，而许多真菌的子实体等也常肉眼可见。它们的大小和细胞特性见表1-2。

表1-1　微生物的种类

细胞结构	核结构	微生物类群
非(无)细胞结构	无核	病毒
		亚病毒因子(拟病毒、类病毒、朊病毒、卫星病毒、卫星RNA)
细胞结构	原核	古细菌、真细菌、放线菌、蓝细菌、支原体、立克次氏体、衣原体、
	真核	酵母菌、霉菌、蕈菌、显微藻类、原生动物

表1-2　微生物大小和细胞特性

微生物	大小近似值	细胞的特性
病毒	0.01～0.25 μm	非细胞
细菌	0.1～10 μm	原核生物

续表 1-2

微生物	大小近似值	细胞的特性
真菌	2 μm ~ 1 m	真核微生物
原生动物	2 ~ 1000 μm	真核微生物
显微藻类	<1 mm	真核微生物

1.1.1.2 微生物在生物分类中的地位

微生物的多样性及其独特的生物学特性使其在整个生命科学中占有十分重要的地位。在生物发展的历史上,曾把所有的生物分为动物界和植物界两大类。而微生物中的许多细菌具有细胞壁,既可进行光合作用,又可运动,将它们归于植物界或动物界均不合适。鉴于此,1866 年海克尔(Haeckel)提出三界系统,将生物划分为动物界、植物界及原生生物界,后者包括藻类、原生动物、真菌和细菌。根据核结构的不同,1969 年魏塔科(Whittaker)提出五界系统,即动物界、植物界、原生生物界、真菌界和原核生物界(包括细菌、蓝细菌等)。五界系统的生物都有细胞结构,病毒作为一界被提出得较晚,我国学者王大耜于 1977 年提出将无细胞结构病毒立为病毒界的设想;1996 年,美国的 P. H. Raven 等则提出了包括动物界、植物界、原生生物界、真菌界、真细菌界、古细菌界的六界系统。据此,微生物分别属于病毒界、原核生物界、真核原生生物界和真菌界。目前比较流行的是 1977 年由卡尔·沃斯(Carl Woese)提出的三域理论,该理论是基于代表性细菌类群的 16S rRNA 碱基系列的比较,将所有细胞生物分为三个“域”(domain)或者“总界”(superkingdom):三个域指的是细菌域(以前称“真细菌域”)、古生菌域(以前称“古细菌域”)和真核生物域(图 1-1)。由此可见,微生物在生物界中占有极其重要的地位。

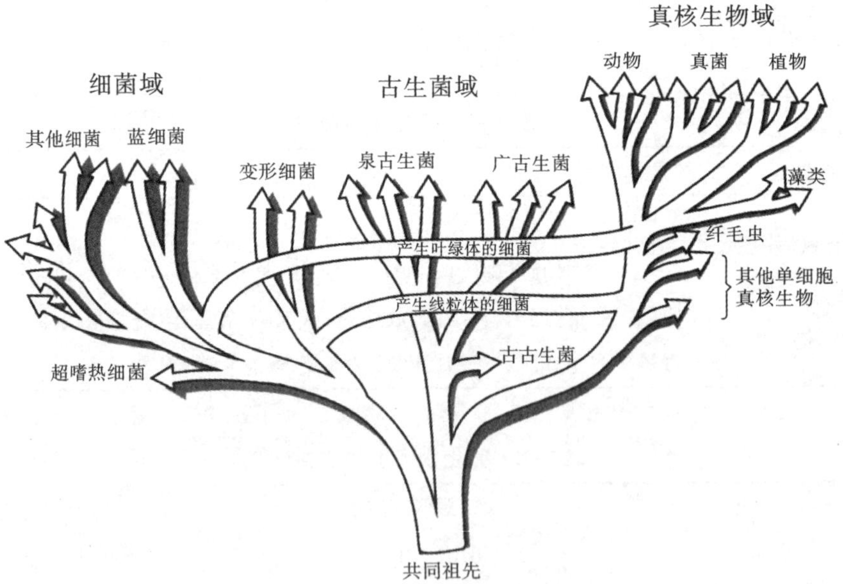

图 1-1 三域学说及其生物进化谱系树

1.1.2 微生物的生物学共性

微生物与动物、植物一样具有生物最基本的特征，即生命通过它的耐久性、适应性、生长及修复能力和繁殖而延续下去，并在新陈代谢过程中进行有效控制与调节。微生物作为生物的一大类，除了与其他生物共有的特点之外，还具有其独特的生物学共性：体积小、比面值大；吸收多、转化快；生长旺、繁殖快；适应性强、易变异；分布广、种类多。现阐述如下。

1.1.2.1 体积小、比面值大

微生物的个体极其微小，测量其大小通常采用微米（μm）或纳米（nm）为单位。如细菌的直径一般为 0.5 ~1.0 μm，观察它们需借助显微镜才能分辨。若把一定体积的物体分割得越小，它们的总表面积就越大，因而比面值（surface to volume ratio）就越大（比面值为表面积与体积之比）。比面值大，必然有一个巨大的营养吸收面、代谢废物排泄面和环境信息接受面。这样一个小体积、大面积的系统是微生物与一切大型生物相区别的关键所在，同时也赋予微生物其他生物学特性。

1.1.2.2 吸收多、转化快

微生物体积小，有极大的比面值，这样微生物就有一个吸收营养、排泄代谢废物的巨大表面，能迅速与周围环境进行物质交换，其新陈代谢能力强。从单位质量来看，微生物的代谢强度比高等生物大几千倍到几万倍。如在适宜环境下，大肠埃希氏菌（*Escherichia coli*），简称大肠杆菌，1 h 内可分解其自重 1000 ~10 000 倍的乳糖，每小时可产生相当于其自身质量 1000 倍的乳酸；产朊假丝酵母（*Candida utilis*）合成蛋白质的能力比大豆强 100 倍，比食用公牛强 10 万倍。微生物吸收多、转化快的特性对食品与发酵工业极为有利，但同时也可能由于腐败微生物对食品的作用，导致食品的腐败变质，造成严重损失。

1.1.2.3 生长旺、繁殖快

微生物具有极高的生长和繁殖速度。如大肠杆菌，其细胞在合适的生存条件下，每分裂一次的时间是 12.5 ~20.0 min。如按 20 min 分裂一次计，则每小时分裂 3 次，每昼夜可分裂 72 次，后代数为：4 722 366 500 万亿个（重约 4 722 t），48 h 为 2.2×10^{43} 个（约等于 4000 个地球之重）。但实际上由于受空间、营养物质、代谢产物、生物拮抗及环境条件的限制，细菌的指数分裂速度只能维持数小时，因而在液体培养中，细菌的浓度一般仅能达到 10^8 ~10^9 个/mL。

微生物繁殖速度快的生物学特性使得科学研究周期大大缩短，经费减少，效率提高。当然，对于危害人、畜和植物等的病原微生物或使物品发生霉腐的霉腐微生物来说，它们的这个特性也会给人类带来极大危害。

1.1.2.4 适应性强、易变异

微生物具有极强的适应性，这是高等动物、植物所无法比拟的。为了适应多变的环境条件，微生物在其长期的进化过程中就产生了许多灵活的代谢调控机制，并有种类很多的诱导酶（可占细胞蛋白质含量的 10%）。微生物对外界环境适应能力强，这是为了保存自己，是生物进化的结果。一些极端微生物都有相应特殊结构的蛋白质、酶和其他物

质,使之适应极端恶劣环境。例如,海洋深处的某些硫细菌可在高于 100 ℃的温度条件下正常生长,一些嗜盐细菌能在 32% 的高浓度盐水中正常活动。此外,微生物为了保护自己,还形成了一些特殊细胞结构。例如,在菌体外附着的荚膜可免受干燥和寄主吞噬细胞的吞噬,细菌的休眠体芽孢、蓝细菌的静息孢子、放线菌分生孢子和真菌孢子均比其营养细胞有更强的抗不良环境能力。

另一方面,由于微生物比面值大,与外界环境的接触面就大,因而受环境影响也大。一旦环境变化,不适于微生物生长时,很多的微生物死亡,少数个体发生变异而存活下来。微生物的个体一般都是单细胞、简单多细胞或非细胞的。它们通常都是单倍体,加之它们具有繁殖快、数量多等特性,即使其变异频率十分低(一般为 $10^{-5} \sim 10^{-10}$),也可以在短时间内产生绝对数多的变异后代。利用微生物易变异的特性,在微生物工业生产中进行诱变育种,获得高产优质的菌种,提高产品产量、质量。如产黄青霉(*Penicillium chrysogenum*),1943 年只能发酵生产大约 20 单位的青霉素,现在早已超过 5 万单位。但菌种若保存不当,其优良特性易发生退化,这种易变异的特点也是微生物应用中不可忽视的。

微生物的适应性还体现在其对营养的要求不高、营养来源广泛、易于培养上。例如,微生物可以利用动植物不能利用的石油、天然气、纤维素、木质素等物质,甚至还能降解多种有毒有害物质。这为微生物的废物利用与环境改善提供了思路。

1.1.2.5 分布广、种类多

微生物在自然界中的分布极为广泛。由于微生物具备体积小、数量多、质量小(如一个细菌重约 $10^{-13} \sim 10^{-12}$ g)等特点,其可借助各类载体在合适的条件下到处传播,以致达到"无孔不入"的地步。由于食品可为微生物提供营养要素,当理化条件允许时,微生物的传播可引起食品的腐败变质,甚至传播疾病。

微生物的种类多,其多样性表现主要有:①物种的多样性,微生物在自然界是一个十分庞杂的生物类群。据估计,微生物的总数为 50 万 ~600 万种,迄今为止,已记载过的仅约 20 万种(1995 年),其中包括原核生物 3500 种,病毒 4000 种,真菌 9 万种,原生动物和藻类达 10 万种。随着人类对微生物认识不断深入,至今每年还可新发现约 1500 个新种。②生态类型的多样性。不论是在动植物体内外,还是在土壤、空气、沙漠、温泉、河流、深海、冰川等地层下都有大量与其生长条件相适应的各类微生物聚居。③代谢类型的多样性。微生物的生理代谢类型多样性是动植物所不及的,部分微生物可分解地球上储量最丰富的初级有机物——天然气、石油、纤维素、木质素,另外微生物有着多种产能方式,如细菌的光合作用、嗜盐菌紫膜的光合作用、自养细菌的化能合成作用、生物的固氮作用等。④代谢产物的多样性,不同微生物可有不同的代谢产物,如抗生素、酶类、氨基酸及有机酸等。有初步统计,目前已知微生物所产生的次生代谢产物约 5 万种。⑤遗传基因的多样性。从本质上讲,生物多样性源于遗传的多样性;从分子水平上讲,遗传的多样性主要是遗传物质碱基排列顺序的多样性和组成核酸分子碱基数量的巨大性决定的。微生物遗传的多样性在基因水平上更为突出,不同的种群间的遗传物质和基因表达具有很大的差异性。微生物的分布广、种类多这一共性,为人类在新世纪进一步开发利用微生物资源提供了广阔的前景。

1.2 微生物学的发展史

人类在长期的生产实践中认识微生物(认识微生物克服了4个主要技术障碍,分别是:显微镜的发明、灭菌技术的运用、纯种分离技术的建立及培养技术的建立),研究微生物,开发、利用有益微生物,控制、消灭有害微生物,使微生物学的研究工作日益得到深入和发展。微生物学的发展过程一般可分以下五个阶段。

1.2.1 盲目应用阶段

在人类首次见到微生物个体之前,虽然还未知自然界有微生物存在,但是在长期的生产实践和日常生活中已积累了不少关于微生物对人类有用的经验。我国是最早应用微生物的少数国家之一。据考古学推测,我国在8000年前已经出现了曲蘖酿酒,4000多年前我国酿酒已十分普遍,而在当时埃及人也已学会烤制面包和酿制果酒。公元6世纪(北魏时期),我国贾思勰的巨著《齐民要术》详细地记载了制曲、酿酒、制酱和酿醋等工艺。长期以来,我国劳动人民一直利用盐渍、糖渍、干燥、酸化等方法保存食物,这是控制微生物的早期尝试。在农业上,虽然还不知道根瘤菌的固氮作用,但已经在利用豆科植物轮作提高土壤肥力。公元7世纪(唐代),食用菌的人工栽培是我国劳动人民的首创,要比西欧(最早是法国)早11个世纪。在医学方面,我国劳动人民早在2500年前就知道用曲治疗消化道疾病。公元11世纪(宋代),种人痘苗预防天花在我国已广泛应用,这是我国对世界医学的一大贡献,这种方法先后传到俄国、日本、朝鲜、土耳其及英国。18世纪末,英国医生琴纳(E. Jenner)提出用牛痘预防天花,这是人类控制和应用微生物预防疾病保护健康方面的宝贵实践。尽管当时这些应用还未上升为微生物学理论,但都是控制和利用微生物生命活动规律的实践活动。

1.2.2 形态描述阶段

微生物的形态观察是从荷兰商人安东・列文虎克(Antony Van Leeuwenhoek,1632—1723)发明显微镜开始的,他是真正看见并描述微生物的第一人,他的显微镜在当时被认为是最精巧、最优良的单式显微镜,他利用能放大50~300倍的显微镜,清楚地看见了细菌和原生动物,而且还把观察结果报告给英国皇家学会,其中有详细的描述,并配有准确的插图,由此揭示了一个全新的微生物世界。1695年,列文虎克把自己积累的大量结果汇集在《安东・列文虎克所发现的自然界秘密》一书里,这在微生物学的发展史上具有划时代的意义。但是,在其后相当长时间内,人类对于微生物作用的规律还是一无所知,这一时期也称为微生物学的创始时期。

1.2.3 生理学研究阶段

继列文虎克发现微生物世界以后的200年间,微生物学的研究基本上停留在形态描述和分门别类阶段。直到19世纪中期,以法国的路易斯・巴斯德(Louis Pasteur,1822—1895)和德国的罗伯特・科赫(Robert Koch,1843—1910)为代表的科学家才将微生物的研究从形态描述推进到生理学研究阶段,建立了一套独特的微生物研究方法,揭露了微生物是造成食品腐败发酵和人畜疾病的原因,并建立了分离、培养、接种和灭菌等一系列独特的微生物实验技术。

(1)巴斯德　巴斯德原是化学家,曾在化学上做出过重要的贡献,后来转向微生物学研究领域,为微生物学的建立和发展做出了卓越的贡献,主要表现在以下 4 个方面:

1)彻底否定了“自然发生学说”　该学说认为一切生物是自然发生的。但是由于技术问题,如何证实微生物不是自然发生的仍是一个难题,同时也是人们正确认识微生物生命活动的一大障碍。巴斯德在前人工作的基础上,进行了许多试验,其中著名的曲颈瓶试验无可辩驳地证实了空气中确实含有微生物,它们引起了有机质(肉汤)的腐败变质。巴斯德的试验彻底否定了“自然发生学说”,推动了微生物学的发展。

2)接种疫苗预防传染病　1877 年,巴斯德研究了鸡霍乱,发现将病原菌减毒可诱发免疫性,以预防鸡霍乱病。其后他又研究了牛、羊炭疽病和狂犬病,并首次制成狂犬疫苗,从而开创了免疫学,为人类防病、治病做出了重大贡献。

3)证实发酵是由微生物引起的　巴斯德认为一切发酵作用都可能与微生物的生长繁殖有关。经不断地努力,他终于分离到了许多引起发酵的微生物,并证实酒精发酵是由酵母菌引起的,还研究了氧气对酵母菌的发育和酒精发酵的影响。此外,巴斯德还发现乳酸发酵、醋酸发酵和丁酸发酵都是不同细菌所引起的。为进一步研究微生物的生理生化规律奠定了坚实的基础。

4)创立了巴氏消毒法　巴斯德认为酒的腐败变质是有害微生物繁殖的结果,为解决当时酒的变质问题,他创造了科学的巴氏消毒法。目前,该法仍广泛应用于食品制造业及其消毒处理工作中,与此同时他证实了家蚕软化病是由病原微生物引起的,并解决了“蚕病”的实际问题,这积极推动了微生物病原学说的发展。

(2)科赫　科赫曾经是一名德国医生,为著名的细菌学家,其主要贡献有:

1)对病原菌的开创性研究　主要有以下几个方面:①具体证实了炭疽病菌是炭疽病的病原菌;②发现了肺结核病的病原菌,这是当时死亡率极高的传染性疾病,因此科赫获得了诺贝尔奖;③提出了证明某种微生物是否为某种疾病病原体的基本原则——科赫原则:首先在患病机体里存在着一种特定的病原菌,并可以从该机体里分离得到纯培养;然后用得到的纯培养接种敏感动物,表现出特有的症状;最后从被感染的敏感动物中又一次获得与原病原菌相同的纯培养。

2)微生物基本研究技术的建立　科赫除了在病原菌方面的伟大成就外,在微生物基本操作技术方面的贡献更是为微生物学的发展奠定了技术基础,这些技术包括:①用固体培养基分离纯化微生物技术,这是进行微生物学研究的基本前提,这项技术一直沿用至今;②培养基的配制,也是当今微生物研究的基本技术之一。这两项技术不仅是具有微生物研究特色的重要技术,而且也为当今动植物细胞的培养做出了十分重要的贡献。

巴斯德和科赫的杰出工作,使微生物学作为一门独立的学科开始形成,并出现以他们为代表而建立的各分支学科,他们是微生物学的奠基人。

1.2.4　生化水平研究阶段

1897 年,德国人毕希纳(E. Büchner)对酵母菌“酒化酶”进行了生化研究,发现了磨碎的酵母菌仍能发酵葡萄糖产生酒精，并将此具有发酵能力的物质称为酶，这样微生物发酵现象的本质才真正被认识。此外，他还发现微生物的代谢统一性，并开展广泛寻找微生物有益代谢产物的工作，开始了生物化学研究阶段，毕希纳即成为生物化学的奠基人。1929 年，英国医生弗莱明(A. Fleming)发现青霉素能抑制细菌生长，此后开展了对抗生素的深入研究，并用发酵法生产抗生素。青霉素的发现建立了微生物工业化培养技术，1941 年青霉素投入生产，这是通气培养微生物的开端，将微生物学与工程学结合，推动了抗生素工业的发展。1944 年，美国微生物学家瓦克斯曼(S. Waksman)从近 1 万株放线菌中找到了疗效显著的链霉素，接着相继发现了氯霉素、金霉素、土霉素、红霉素、新霉素、万古霉素、卡那霉素和庆大霉素等抗生素，上述抗生素的发现与应用促进了医学微生物学和免疫学的发展。

1.2.5 分子生物水平研究阶段

20 世纪 50 年代，电镜等技术相继出现，微生物的研究进入到分子生物学水平。1953 年，美国生物学家沃森(J. D. Watson)和克里克(F. H. C. Crick)发现了脱氧核糖核酸长链的双螺旋结构。1961 年，法国科学家雅各布(F. Jacob)和莫诺(J. L. Monod)提出了操纵子学说。20 世纪 70 年代，基因工程使得人们可以按照意愿定向改造菌种，使获得新型微生物产品成为可能。1997 年，第一个真核微生物——酵母菌全基因组测序完成。在此之前已经完成几十种微生物基因组的序列测定，在此过程中微生物基因组的测序方法不断改进，为人类基因组计划的序列测定奠定了基础。微生物基因组序列分析表明，在某些微生物中存在一些与人类某些遗传疾病相似的基因，因此可以利用这些细菌的模型来研究这些基因的功能，为认识庞大的人类基因组及其功能提供简便的模式。综上所述，20 世纪的微生物学与其他学科相互交叉、相互促进，取得了令人瞩目的成就，也为整个生命科学的发展做出了巨大贡献，并在生命科学的发展中占有重要地位。如今分子生物学也逐渐成长为一门独立学科。

人类基因组计划简介

21 世纪，微生物产业除了更广泛地利用和挖掘不同生境(包括极端环境)的自然资源微生物外，基因工程将产生一批强大的工业生产菌，用来生产外源基因表达的产物，特别是药物的生产将出现前所未有的新局面，结合基因组学在药物设计上的新策略，将出现以核酸(DNA 或 RNA)为靶标的新药物(如反义寡核苷酸、肽核酸、DNA 疫苗等)的大量生产，人类将完全有信心征服癌症、艾滋病以及其他疾病。此外，微生物工业将生产各种各样的新产品，例如降解性塑料、DNA 芯片、生物能源等，为全世界的经济和社会发展做出更大贡献。

我国微生物学的发展

1.3 微生物与人类的关系

微生物与人类的关系极为紧密，不仅涉及面广，而且越来越重要。

1.3.1 微生物与医药卫生

病原微生物曾给人类带来巨大的灾难。14 世纪中叶，鼠疫耶森菌引起的鼠疫导致欧洲约 1/3 总人口数的死亡。即使是现在,由微生物引起的疾病仍然是人类死亡的首要因素,特别是在发展中国家,每年都有数百万人被疟疾、结核、肺炎、霍乱、严重腹泻等疾病夺去生命。一些原本只寄生于动物体上的病毒,如埃博拉病毒(ebola virus)、甲型 H1N1 流感病毒[influenza(H1N1)virus]、禽流感病毒(avian influenza virus,AIV)、严重急性呼吸综合征(severe acute respiratory syndrome,SARS)病毒,近些年来也在人群中快速传播,威胁着人们的生命。

微生物学从一建立起,就与人类和动物的传染病防治紧密相关。这其中包括外科消毒手术的建立,寻找人畜共患传染病的病原菌,免疫治疗法的发明与应用,磺胺药物的普及应用,抗生素的筛选及大规模的生产和应用等。可以说,微生物学的发展推动了医疗水平的提高,为人类的健康生活做出了巨大贡献。

1.3.2 微生物与工、农业生产

微生物在工业生产中的应用,很大程度上促进了新型生产工艺和许多产业部门的形成。例如,酿造技术的革新改造,纯种厌氧发酵技术的建立,大规模液体深层通气培养工艺的创建及发酵代谢调控技术的应用,推动了传统酿造产业的升级,并催生了大规模工业发酵新技术。如今,基因工程、酶工程和生物反应器工程一起形成了一门崭新的学科——生物工程学,这将进一步推进微生物在工业领域的应用。

以生态农业、绿色农业、集约化农业为特征的现代农业,具有高经济效益、社会效益和生态效益。微生物在现代农业生产中发挥着巨大的作用。例如,以菌治虫的生物防治技术,以菌增肥效和以菌促生长技术,以菌做蔬菜的食用菌生产技术等。另外,利用微生物的代谢活动可将废弃的有机物堆沤成优质的有机肥料,利用微生物进行沼气发酵,既可产生清洁的燃料,又可生产优质肥料;利用微生物将植物秸秆等废弃有机物转化成饲料等。

1.3.3 微生物与环境保护

微生物在地球生态系统处于还原者或分解者的地位,一方面依赖于部分微生物和植物的光合作用合成有机物,另一方面也依赖于微生物对衰亡的有机体进行分解,并将其转化成简单的无机物,供植物等其他生物利用。微生物是地球上重要元素循环中的主要推动者,是处理污物、毒物,消除污染,保护环境,监测环境的关键角色。另外,微生物在新能源开发与生产方面具有巨大潜力。

1.3.4 微生物与生命科学研究

微生物学是生命科学的重要分支之一,微生物对生命科学基础理论研究做出了重大贡献。历史上“自然发生学说”的否定、糖酵解机制的认识、基因与酶的关系、基因突变本质的阐明、基因工程的开创、PCR(DNA 聚合酶反应)技术的建立等,都是选用微生物作为研究对象而取得的成果。微生物已被广泛用作模式生物(model organism)去研究生物化学和遗传学,这得益于单细胞微生物的拷贝,能以大量、非常快速且低值获得均质的实验材料。总的来说,在 20 世纪生命科学发展的四大里程碑(DNA 功能的阐明、中心法则的

提出、遗传工程的成功、人类基因组计划的实施）事件中，微生物发挥了无可争辩的作用。

1.4 微生物学及其分支学科

1.4.1 微生物学的研究内容

微生物学（microbiology）是研究微生物在一定条件下的形态结构、生理生化、遗传变异以及微生物的进化、分类、生态等生命活动规律及其应用的一门学科，并将其应用于农业、医疗卫生、食品生产、环境保护等各个领域中。其根本任务是发掘、利用和改善有益微生物，控制、消灭和改造有害微生物。

1.4.2 微生物学的分支学科

随着微生物学的不断发展，已形成了基础微生物学、应用微生物学等分支学科，并还在不断地形成新的学科和研究领域。从表1-3可以看出，微生物学既是应用学科，又是基础学科，而且各分支学科是相互配合、相互促进的。

表1-3 微生物学的主要分支学科

划分标准	主要分支学科
根据微生物基本活动规律划分	普通微生物学、微生物分类学、微生物遗传学、微生物生态学等
根据微生物研究对象划分	细菌学、真菌学、病毒学、原核生物学等
根据微生物应用领域划分	工业微生物学、医学微生物学、食品微生物学、农业微生物学等
根据微生物所处环境划分	环境微生物学、土壤微生物学、海洋微生物学等
根据微生物的技术工艺划分	发酵微生物学、微生物学技术、基因工程等
根据学科交叉、融合划分	分析微生物学、化学微生物学、微生物信息学等

1.5 食品微生物学的研究内容及任务

1.5.1 食品微生物学研究的内容

食品微生物学研究的主要对象包括细菌、酵母菌、霉菌、放线菌、病毒等五大类微生物。随着现代食品科学的发展，食品研究的范畴不断拓宽，食品微生物学研究的微生物类群也在不断增多。

食品微生物学（food microbiology）是专门研究微生物与食品之间相互关系的一门学科，它是微生物学的一个重要应用分支。食品微生物学研究的内容主要包括：①与食品有关的微生物的形态特征、生理生化特性、遗传学特性及生态学特点等生命活动规律；②如何利用有益微生物的代谢活动为人类制造发酵食品并获得有用代谢产物；③食品微生物的污染来源、污染途径及控制微生物污染食品的措施和方法;④食品中常见产毒微生物的生理特性及危害,并提出防止食物中毒与食源性传染病发生的方法;⑤食品卫生的微生物学指标,为判断食品的卫生质量提供科学依据等。

1.5.2 食品微生物学的主要任务

(1)有益微生物在食品制造中的应用　概括起来,微生物在食品中的应用主要有3种方式:①微生物菌体的应用,如食用菌,单细胞蛋白(single cell protein,SCP);②微生物代谢产物的应用,人们食用的食品是经过微生物发酵作用的代谢产物,如酒类、食醋、氨基酸、有机酸、维生素等;③微生物酶的应用,如淀粉、蛋白质等食品基质的水解。从另一个角度看,我国发酵食品工业化水平逐年提高,白酒、啤酒、葡萄酒、酸奶等产品的工业化生产发展迅速,但对于腐乳、豆豉、酱油、发酵香肠等传统发酵食品来讲,工业化程度相对较低,提高我国传统发酵食品工业化水平任重道远。我国幅员辽阔,微生物资源丰富。开发微生物资源,并利用生物工程手段改造微生物菌种,使其更好地发挥有益作用,为人类提供更多更好的食品,是食品微生物学的重要任务之一。

食品微生物学发展大事记

(2)有害微生物对食品的危害及防止　部分微生物易引起食品的腐败变质,导致食品的营养价值降低或完全丧失。有的微生物是人类致病的病原菌,有的微生物还可产生毒素。如果人们食用含有大量病原菌或含有毒素的食物,则可引起食物中毒,影响人体健康,甚至危及生命,所以食品微生物学工作者应该设法控制或消除微生物对人类的这些有害作用,对食品中的微生物进行检测,以保证食品的卫生与安全,这也是食品微生物学的任务。

1.6 食品微生物学的发展与展望

1.6.1 微生物资源的开发与利用

微生物菌种资源是指可培养的,有一定科学意义或实用价值的细菌、真菌、病毒、细胞株及其相关信息。它是国家战略性生物资源之一,是农业、林业、工业、医学微生物学研究、生物技术研究及微生物产业持续发展的重要物质基础,是支撑微生物科技进步与创新的重要基础条件,与食品、健康、生存环境及国家安全密切相关。据报道,人类已知的微生物种类仅占实际总数的5% ~10%。在已知的微生物中,真正利用的不到1%。目前,未培养微生物、植物内生菌、稀有放线菌、海洋微生物等微生物资源已越来越受到重视。

未培养微生物(uncultured microorganisms)是指迄今所采用的微生物纯培养分离、培养方法还未获得纯培养的微生物。这类微生物在自然环境微生物群落中约占99%,无论是其物种类群,还是新陈代谢途径、生理生化反应、产物等都存在着不同程度的新颖性和多样性,其中势必蕴涵着巨大的生物资源。许多来自植物的天然化合物与植物的内生真菌有密切的关系,甚至也是内生真菌的次生代谢产物。从植物内生真菌中获得具有药用价值的天然产物不仅可突破植物资源缺乏、再生周期长等限制,而且利用工业化发酵可实现天然活性化合物大规模、低成本、无污染的生产。放线菌中大部分生物活性物质来自链霉菌,但据估计,目前分离到的放线菌种类,仅为实际存在种类的 0.1% ~1%。因此, 放线菌还有极其丰富多样的未知种群等待人们去发现。此外,海洋特殊的生境造就了海洋微生物具有独特的代谢途径和遗传背景,这为寻找特定目的微生物提供了广阔的视野。

1.6.2 转基因食品安全推广与发酵食品菌种改良

基因工程技术在食品领域的应用已取得了丰硕的成果,并使食品的概念从农业食品、工业食品发展到了基因工程或微生物食品。转基因食品(genetically modified food)指的是利用转基因生物技术获得的转基因生物(动物、植物、微生物)品系,并以该转基因生物为直接食品或为原料加工生产的食品。转基因食品可提高原料产量、改善食品营养及具有保健作用、可提高食品抗病虫害的能力等,但转基因食品的食用安全性成为大众关注和争论的焦点。目前,转基因食品对人类健康有何种潜在的安全性风险尚无定论,世界各国对转基因食品的态度也各异。2018 年中央一号文件提出,要加强农业转基因技术的研发和监管,在确保安全的基础上慎重推广。

发酵食品生产中关键是优良菌株的获取,除选用常用的诱变、杂交和原生质体融合等传统方法外,还与基因工程相结合,大力改造菌种,给发酵食品产业带来生机。微生物的基因组较小,易于利用基因工程进行菌种的改良以获得优良性状,如生产发酵用抗性菌株(抗噬菌体)、高产菌株的获得,发酵产品风味的改良等。目前,世界范围内已完成 200 多种微生物的全基因组测序,对基因功能及表达越来越清楚,加之易于培养、受地域及环境影响较小,可以预言,以基因工程为核心的生物技术必将给食品工业带来深刻的革命。

1.6.3 食品微生物的快速检测技术与安全管理体系逐步完善

食品微生物的检测技术是减少食源性疾病的基础,如何快速地检测食品中的微生物成为食品安全检测问题的重中之重。随着食品微生物的快速检测技术,如蛋白质芯片技术、酶联免疫技术、PCR 技术的应用与进一步的发展,将为食品安全提供有力的保障。另外,随着栅栏技术、预测微生物学技术的应用,必将为食品的安全生产、储运及消费带来福音。

为保证产品质量,每一种食品在其加工链中均需按确定的技术标准和管理进行控制,如良好农业规范(good agricultural practice,GAP),良好生产规范(good manufacturing practice,GMP),良好卫生规范(good hygiene practice,GHP)等。危害分析与关键控制点(hazard analysis critical control point,HACCP)已应用于食品生产、加工和处理的各个阶段,HACCP 是提高食品安全性,控制微生物危害的常用理想体系。HACCP 最大的特点是预防性管理模式,根据对各关键点的分析,及时提出警告,把不安全因素消除在萌芽状态,借此保证食品的质量与安全。随着科学技术的发展及人们物质生活水平的提高,消费者对食品安全卫生的要求更加关注,在此背景下,ISO/TC 34 国际标准化组织食品技术委员会制定了一套专用于食品链内的食品安全管理体系 ISO 22000。可以预言,食品安全管理体系将不断健全,实现产品质量与效益的统一,这必将推动食品工业的发展。

思考题

1. 什么是微生物?其主要类群有哪些?
2. 阐述微生物的生物学共性及其关系。
3. 试讨论微生物的多样性。
4. 微生物学的发展经历了哪几个阶段?各个阶段的代表人物或事件有哪些?
5. 我国人民在微生物学发展史中的地位如何?
6. 什么是食品微生物学?
7. 食品微生物学的研究内容及任务主要有哪些?
8. 试举例说明微生物在食品生产加工中的应用。
9. 试分析微生物与人类的关系。

第 2 章　原核生物的形态、构造和功能

【学习目标】

掌握细菌的形态与大小特征；掌握细菌的基本结构与特殊结构；掌握细菌的繁殖规律及菌落特征；了解与食品相关细菌的特性与应用；了解放线菌的形态、繁殖方式、菌落特征及应用。

原核生物(prokaryotes)即广义的细菌，指一大类细胞核无核膜包裹，只存在称作核区(nuclear region)的裸露 DNA 的原始单个细胞生物。根据生理生化和分子生物学特征可分为真细菌(eubacteria)和古细菌(archaea)两大类群；根据外表特征等可把原核生物粗分为狭义的细菌、放线菌、蓝细菌、支原体、衣原体、螺旋体和立克次氏体七大类。本章仅就细菌和放线菌的细胞形态、细胞构造、繁殖特性和群体特征等方面做一介绍。

2.1　细菌

细菌(bacteria)是一类细胞细短(直径约 0.5 μm，长度 0.5～5 μm)、结构简单、胞壁坚韧、多以二分裂方式繁殖且水生性较强的原核生物。它是自然界分布广、种类多、数量也最大的有机体，是大自然物质循环的主要参与者，与人类生产和生活的关系十分密切，是食品微生物学的主要研究对象之一。

2.1.1　细菌的形态与大小

2.1.1.1　细菌的个体形态

细菌是单细胞原核生物，即细菌的个体是由一个原核细胞组成，一个细胞就是一个生活个体。虽然细菌种类繁多，但其基本形态分为：球状、杆状和螺旋状，分别称为球菌、杆菌和螺旋菌。其中以杆菌最为常见，球菌次之，而螺旋菌则较少。

(1)球菌(coccus)　细胞呈球形或近似球形。有的单独存在，有的连在一起。球菌分裂之后产生新的细胞常保持一定的排列方式，据此常把球菌分成以下 6 类(图 2-1)。

1)单球菌　球菌分裂沿一个平面进行，新个体分散而单独存在，如尿素微球菌(*Micrococcus ureae*)。

2)双球菌　球菌分裂沿一个平面进行，菌体成对排列，如肺炎双球菌(*Diplococcus pneumoniae*)。

3)链球菌　球菌分裂沿一个平面进行，菌体三个以上呈“链状”排列，如乳链球菌

(*Streptococcus lactis*)。

4)四联球菌　球菌分裂沿相互垂直的两个平面进行,分裂后四个菌体连在一起,呈“田”字形,如四联微球菌(*Micrococcus tetragenus*)。

5)八叠球菌　球菌分裂沿相互垂直的三个平面进行,分裂后八个菌体连在一起,呈“立方体”排列,如尿素八叠球菌(*Sarcina ureae*)。

6)葡萄球菌　球菌在多个平面上不规则分裂,分裂后多个球菌紧密堆积在一体,呈“葡萄串”状,如金黄色葡萄球菌(*Staphylococcus ureae*)。

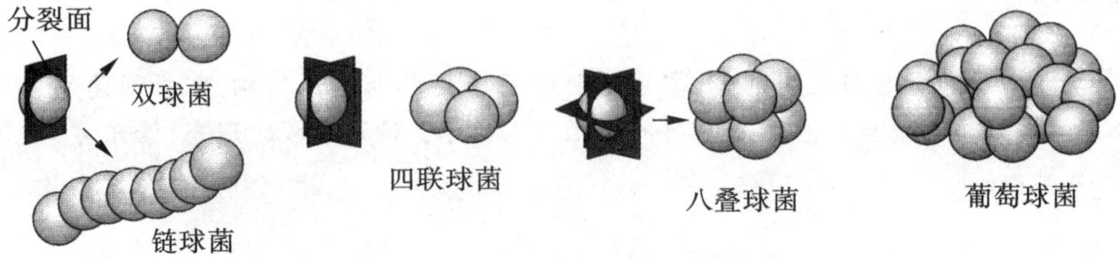

图2-1　各类球菌的形态与排列方式(樊明涛,2017)

(2)杆菌(bacillus)　杆菌是细菌中种类最多的类型,其细胞呈杆状或圆柱形,菌体多数平直,也有稍弯曲者,由于比例不同,往往杆菌的长短差别很大。长的杆菌呈圆柱形,有的甚至呈丝状,短的杆菌有时接近椭圆形,几乎和球菌一样,易与球菌混淆,称为短杆菌。杆菌的形态也依种的不同有所差异,有的菌体呈纺锤状,有的杆菌有明显分枝,杆菌两端的不同形状,常作为鉴别菌种的依据。有些杆菌一端膨大另一端细小,形如棒状的称为棒状杆菌,形如梭状的称为梭状杆菌。

杆菌分裂后排列的方式也不同。分裂后菌体单独存在的,称为单杆菌;分裂后两菌端相连成对排列在一起的,称为双杆菌;分裂后菌体相连成链状,称为链杆菌(图2-2)。杆状菌的形状与排列有一定的分类鉴定意义。

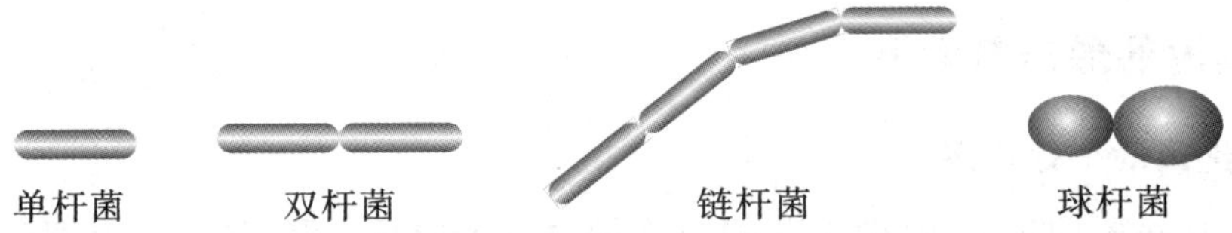

图2-2　杆菌的排列方式

工农业生产中用到的细菌大多数是杆菌。例如用来生产淀粉酶与蛋白酶的枯草芽孢杆菌(*Bacillus subtili*),生产谷氨酸的北京棒状杆菌(*Corynebacterium pekinense*),乳品工业中保加利亚乳杆菌(*Lactobacillus bulgaricus*)等。

(3)螺旋菌(spirilla)　细胞呈弯曲状,根据其弯曲程度不同而分为3种形态。

1)弧菌　菌体弯曲呈弧形或逗号形。如霍乱弧菌(*Vibrio comma*),它是霍乱病的病原菌。

2)螺菌　菌体回转如螺旋状,螺旋满2～6环为螺菌,如干酪螺菌(*Spirillum tyroge-*

num）。

3）螺旋体　螺旋周数多（大于 6 环）、体长而柔软的螺旋状细菌称为螺旋体。

在自然界中，细菌除上述三种基本形状外，还有梭状、三角形、圆盘形等，但都较少见。在一定条件下，各种细菌通常保持其特定的形状，往往作为分类和鉴定的重要依据之一。

2.1.1.2　细菌的大小

细菌细胞一般比较微小，须借助光学显微镜或电子显微镜才能观察到，一般量度细菌大小的单位为微米（μm），而量度其亚细胞结构则用纳米（nm）为单位。

球菌的大小以其直径表示，杆菌、螺旋菌的大小以长度×宽度来表示。螺旋菌的长度是以其自然弯曲状的长度来计算的。几种常见细菌的个体大小见表 2-1。

表 2-1　几种常见细菌的个体大小

形态	菌名	直径/μm 或（长×宽）/（μm×μm）
球菌	尿素微球菌	1.0～1.5
	金黄色葡萄球菌	0.8～1.0
	乳链球菌	0.5～0.6
杆菌	大肠杆菌	(1.0～2.0)×0.5
	枯草杆菌	(1.2～3.0)×(0.8～1.2)
	德氏乳酸杆菌	(2.8～7.0)×(0.4～0.7)
	肉毒梭状芽孢杆菌	(4.0～6.0)×(0.8～1.2)
螺旋菌	霍乱弧菌	(1.0～3.0)×(0.3～0.6)
	红色螺旋菌	(1.0～3.2)×(0.6～0.8)

由于细菌个体大小有很大差异，以及所用固定和染色方法不同，测量结果可能不一致。一般细菌在干燥与固定过程中，细胞明显收缩，测量结果往往只能得到近似值。有关细菌大小的记载常常是平均值或代表值。

影响细菌形态变化的因素同样也影响细菌个体的大小。除少数例外，一般幼龄的菌体比成熟的或老龄的菌体大，但宽度变化不明显。细菌细胞大小还可能与代谢产物的积累或培养基中渗透压改变有关。

2.1.2　细菌的结构及其功能

细菌细胞可分为基本结构和特殊结构（图 2-3）。基本结构是任何一种细菌都具有的，而特殊结构只限于某些种类的细菌才有，是细菌分类鉴定的重要依据。

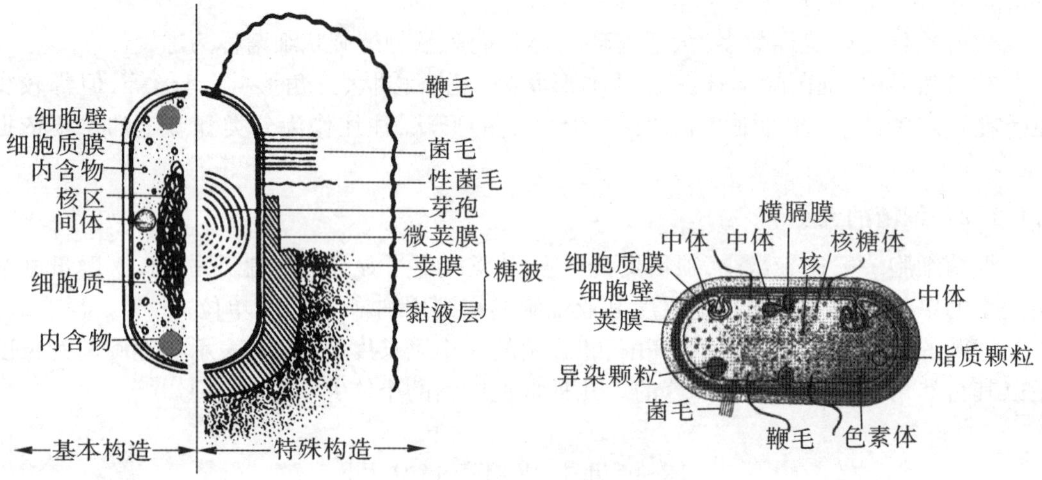

图 2-3　细菌细胞结构模式图

2.1.2.1　基本结构及功能

细菌的基本结构是指一般细菌都具有的结构,它包括细胞壁、细胞膜、细胞质、核区(或核质体)等。

(1)细胞壁(cell wall)　细胞壁在细菌菌体的最外层,略具有弹性的结构,其质量约占细胞干重的 10% ~20% 。各种细菌细胞壁的厚度不等,一般在 10 ~80 nm。革兰氏阳性细菌与革兰氏阴性细菌在细胞壁结构与组分上存在较大差异(图 2-4,表 2-2)。

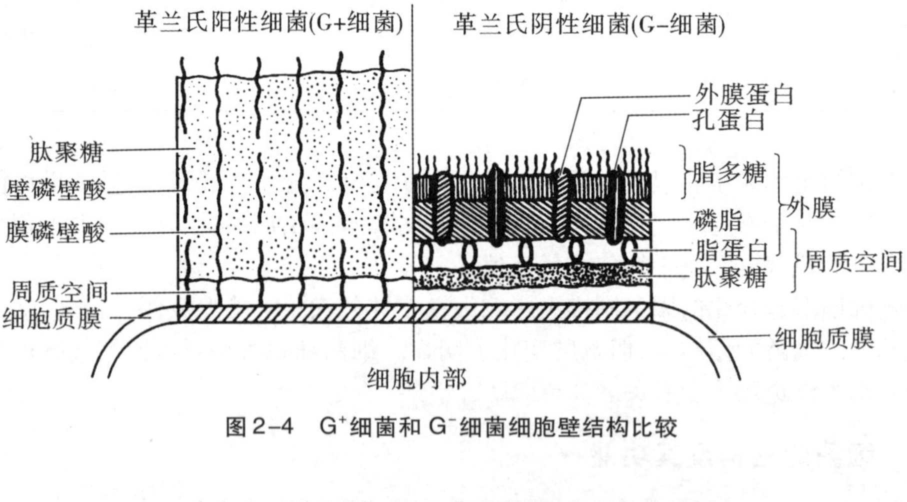

图 2-4　G^+细菌和 G^-细菌细胞壁结构比较

表 2-2　G^+细菌和 G^-细菌细胞壁组分及部分特性

项目	G^+细菌	G^-细菌
强度	坚韧	疏松
厚度	20 ~80 nm	10 ~15 nm

续表 2-2

项目		G^+细菌	G^-细菌
肽聚糖层数		15～20 层	1～3 层
占细胞壁干重的比例/%	肽聚糖	50～80	5～20
	磷壁酸	较高(<30)	0
	脂质	一般无(<2)	含量较高(约 20)
	蛋白质	0 或少量	含量较高

1)革兰氏阳性细菌的细胞壁　G^+细菌细胞壁厚(20～80 nm)而致密,化学成分较简单,由肽聚糖(peptidoglycan)和磷壁酸(teichoic acid)组成。

①肽聚糖　它是由大分子组成的复合体,由聚糖和短肽两部分构成。金黄色葡萄球菌是 G^+细菌的典型代表,聚糖是 *N*-乙酰葡糖胺(G)和 *N*-乙酰胞壁酸(M)通过 β-1,4-糖苷键相互交替连接成的多糖链,并与氨基酸短肽构成的四肽侧链(L-丙氨酸、D-谷氨酸、L-赖氨酸、D-丙氨酸)和交联桥(由甘氨酸组成的 5 肽)一起构成坚韧而具有弹性的三维空间多层网状结构(图 2-5)。

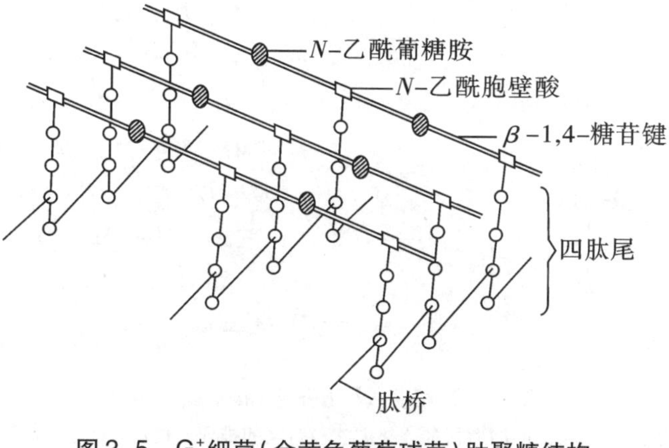

图 2-5　G^+细菌(金黄色葡萄球菌)肽聚糖结构

②磷壁酸　磷壁酸是革兰氏阳性菌细胞壁中特有的一种酸性多糖,目前已知磷壁酸有 5 种类型,常见的 2 类为甘油磷壁酸和核糖醇磷壁酸。干酪乳杆菌等细菌的磷壁酸以甘油磷壁酸为亚基组成,在甘油上连接有丙氨酸;金黄色葡萄球菌等细菌的磷壁酸以核糖醇磷酸为亚基组成,在核糖醇上还含有丙氨酸和 *N*-乙酰葡糖胺。

根据磷壁酸在细胞壁中的存在方式,还可将其分为两类:一类称为壁磷壁酸,它与肽聚糖分子间进行共价结合,含量随培养基成分不同而改变,一般占细胞壁质量的 10%,有时可接近 50%,用稀酸或稀碱可以提取;另一类称为膜磷壁酸(又称为脂磷壁酸),其跨越肽聚糖层与细胞膜上的磷脂进行共价结合,在细胞壁中的含量与培养条件关系不大。

磷壁酸呈酸性,带负电荷,其生理功能有:①通过分子上的大量负电荷吸附浓缩

Mg^{2+}、Ca^{2+}等阳离子,有利于细胞膜的稳定及酶活性的调节;②是革兰氏阳性菌重要的表面抗原成分和某些噬菌体的特异性吸附受体;③可调节细胞内自溶素的活力,借以防止细胞因自溶而死亡;④增强某些致病菌对宿主的粘连,避免被白细胞吞噬,有补抗体的作用;⑤磷壁酸还可调节细胞代谢过程中磷元素的平衡等。

2)革兰氏阴性细菌的细胞壁　G^-细菌细胞壁不含磷壁酸,较薄(10~15 nm),其结构与化学组成比 G^+细菌复杂(图2-4)。肽聚糖层较薄(2~3 nm),仅占细胞壁干重的5%~20%;在肽聚糖的外层还有由外膜蛋白(孔蛋白、非微孔蛋白、脂蛋白等)、磷脂(脂质双层)和脂多糖3部分组成的外膜,构成多层结构,占细胞壁干重的80%以上。

①肽聚糖　G^-细菌的肽聚糖与 G^+细菌的有所不同,差别主要在于短肽中氨基酸的组成及聚糖间短肽的交联方式。G^-细菌(大肠杆菌)肽聚糖中四肽尾的第三个氨基酸(L-Lys)分子被内消旋二氨基庚二酸(m-DAP)取代,且m-DAP通过氨基直接与另一个相邻短肽的第4个氨基酸(D-Ala)的羧基直接相连。大肠杆菌肽聚糖中短肽间的交联度较低,约30%,故其网状结构较为疏松,机械强度较差,不如革兰氏阳性菌紧密、坚固(图2-6)。

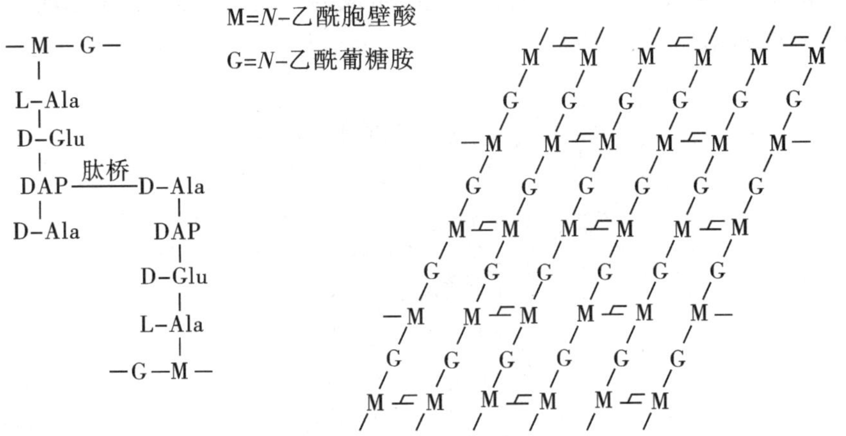

图2-6　G^-细菌(大肠杆菌)肽聚糖的结构

(左:肽桥的连接方式;右:网的排列方式)

②外膜(outer membrane)　外膜是 G^-细菌细胞壁所特有的结构,它位于壁的最外层,化学成分为脂多糖、磷脂和若干种外膜蛋白。现介绍脂多糖及外膜蛋白。

脂多糖(lipopolysaccharide,LPS)为革兰氏阴性细菌细胞壁所特有,位于细胞壁外膜的最外层,属类脂多糖类物质,由类脂A、核心多糖(core polysaccharide)和 *O*-特异侧链(或称 *O*-多糖或 *O*-抗原)3部分组成。不同种类细菌脂多糖在化学组成上有所不同。脂多糖的主要功能有:LPS中的类脂A是革兰氏阴性细菌致病物质(内毒素)的物质基础;LPS的负电荷较强,与磷壁酸相似,它也能增强细菌细胞对 Mg^{2+}等阳离子的吸附作用;LPS的结构多变,决定了革兰氏阴性细菌细胞表面抗原决定簇的多样性。例如,根据LPS的抗原性所鉴定的沙门菌属的抗原型就达2000多个;为许多噬菌体在细胞表面的吸附受体;具有某种选择性吸收功能,如允许嘌呤、嘧啶、双糖、短肽和氨基酸等较小分子物质透过，而阻拦溶菌酶、抗生素（如青霉素）、去污剂和某些染料等较大分子物质透过。

外膜蛋白是指镶嵌在 LPS 和磷脂层外膜上的 20 余种蛋白，多数功能不清楚。目前发现的功能清楚的外膜蛋白主要有孔蛋白和脂蛋白。孔蛋白是一种三聚体结构蛋白，由三个蛋白质亚基组成，中间有一直径约 1 nm 的小孔贯通膜内外，允许亲水性的小分子物质被动扩散通过外膜层，如双糖、氨基酸、二肽和三肽等。脂蛋白相对分子质量较小，数量较多，它们的疏水脂埋藏在外膜中，同时以共价键与肽聚糖相结合，从而将外膜与肽聚糖层牢固地连接起来。有些外膜蛋白与噬菌体的吸附或细菌素的作用有关。

3）细胞壁的功能　细胞壁的主要功能有：①固定细胞外形并提高机械强度；②屏障与渗透作用，与细胞膜共同完成细胞内外物质变换；③协助鞭毛的运动，细胞壁是某些细菌鞭毛的伸出支柱点，为鞭毛的运动所必需；④与细菌的抗原性、致病性，以及对噬菌体的特异敏感性有密切关系；⑤与横隔壁的形成及细胞分裂有关；⑥细胞壁还与革兰氏染色反应密切相关。

4）革兰氏染色　革兰氏染色（gram stain）是丹麦医生汉斯·克里斯蒂安·革兰（Hans Christian Gram）于 1884 年发明。采用表 2-3 所列程序对细菌染色，结果因显色不同可将细菌分为两种类型，即革兰氏阳性细菌（G^+细菌）和革兰氏阴性细菌（G^-细菌）。

表 2-3　革兰氏染色程序和结果

步　骤	方　法	结　　果	
		阳性（G^+）	阴性（G^-）
初　染	结晶紫 1～3 min	紫　色	紫　色
媒染剂	碘液 1 min	仍为紫色	仍为紫色
脱　色	95% 乙醇 15～20 s	保持紫色	脱去紫色
复　染	番红（或复红）1～2 min	仍显紫色	红　色

革兰氏染色原理：细菌细胞壁的结构及其化学组成决定了革兰氏染色反应的结果。由于 G^+细菌细胞壁肽聚糖层较厚，且其含量高，交联度高，不含有类脂或含量很低，脱色处理时，因乙醇的脱水作用引起细胞壁肽聚糖层网架结构中的孔径缩小，通透性降低，结晶紫与碘复合物被保留在细胞内，细胞不被脱色，再用沙黄复染仍保留最初的紫色；反之，G^-细菌肽聚糖层薄，且其含量低，交联度低，而外膜层类脂含量高，脱色处理时，G^-细菌的外膜经乙醇的脱脂作用，溶解了外膜层中的类脂而变得疏松，此时薄而松散的肽聚糖网不能阻挡结晶紫与碘复合物的渗出，因此细胞褪成无色，再用番红或复红复染菌体呈红色。

需指出的是，G^-细菌的革兰氏染色反应比较稳定，而 G^+细菌的革兰氏染色反应常与细菌的生理状态有关。例如有些 G^+细菌，幼龄呈现较强的革兰氏阳性反应；老龄培养或死亡的 G^+细菌呈革兰氏阴性反应。此外，染色过程中，脱色对革兰氏染色结果影响较大，如脱色过度可导致 G^+细菌呈革兰氏阴性反应，反之，可导致 G^-细菌呈革兰氏阳性反应，因此，常采用混合涂片法（已知革兰氏显性菌株与未知菌混合）来鉴定未知菌的革兰氏显性。

G^+细菌与G^-细菌除了在染色上有显著区别外,它们还在成分、结构、生理生化及致病性上存在一定差异(表2-4)。

表2-4 G^+细菌与G^-细菌生物学特性比较

比较项目	G^+细菌	G^-细菌
革兰氏染色反应	能阻留结晶紫而染色	结晶紫可被脱色而复染为红色
对机械的抗性	强	弱
外膜	无	有
脂多糖	无	有
类脂和脂蛋白	少	多
鞭毛结构	基体上着生2个环	基体上着生4个环
产毒素	以外毒素为主	以内毒素为主
细胞壁溶菌酶敏感性	高	低
对青霉素和磺胺敏感性	高	低
对链霉素、氯霉素、四环素敏感性	低	高
耐干燥性	强	弱
产芽孢	部分产	不产
代谢	多为化能异养型	类型多样

(2)细胞膜(cell membrane) 细胞膜又称为细胞质膜或质膜,是一层紧贴细胞壁内侧柔软而富有弹性的半透性薄膜,厚约7.5 nm。

1)细胞膜的化学组成 细菌细胞膜主要由磷脂和蛋白质组成,其中磷脂含量为20% ~30%,蛋白质含量为50% ~70%。

①磷脂 磷脂分子由磷酸(或结合有带正电荷基团的磷酸)、甘油、脂肪酸组成。两个脂肪酸分子通过酯桥分别连接在甘油的两个羟基上,甘油的第3个羟基通过磷酸酯键连接一个磷酸基,从而形成磷脂。两个非极性的脂肪酸链形成磷脂分子的疏水端,称为疏水尾;带正电荷基团的磷酸残基形成磷脂分子的亲水端,称为亲水头。细胞膜由两层磷脂分子整齐地对称排列,两层磷脂分子极性的亲水端都朝向内外两侧,而非极性的疏水尾则埋在膜的内层。

②蛋白质 根据蛋白质在细胞膜上存在的部位不同,可将其分为两类:一类是以不同深度嵌插在膜内,称为整合蛋白(integral protein)或内嵌蛋白(intrinsic protein)。整合蛋白均为双性分子,非极性区插入膜内,极性区朝向膜的表面,它们通过很强的疏水或亲水作用与膜牢固结合,不容易被分离开。另一类是蛋白质黏附在膜内、外两侧的表面,称为外周蛋白(peripheral protein)或膜外蛋白(extrinsic protein)。周边蛋白与细胞膜结合较为松弛,容易被分开。

2）细胞膜的结构　有关细胞膜的结构，目前学术界普遍认同的是由 J. S. Singer 和 G. L. Nicolson（1972 年）提出的细胞膜液态镶嵌模型理论（图 2-7），其要点是：①膜的基本结构是磷脂双分子层；②磷脂双分子层通常呈液态（非冻结），具有流动性；③脂质分子间或脂质与蛋白质间无共价结合；④周边蛋白（表面含亲水基团），可通过静电引力与脂质双分子层表面的极性头相吸引，故存在于膜的内侧或外侧表面做横向运动（“漂浮”运动）；⑤整合蛋白表面呈疏水性，故溶于脂质分子的疏水层中（犹如沉浸海洋的“冰山”在移动）。

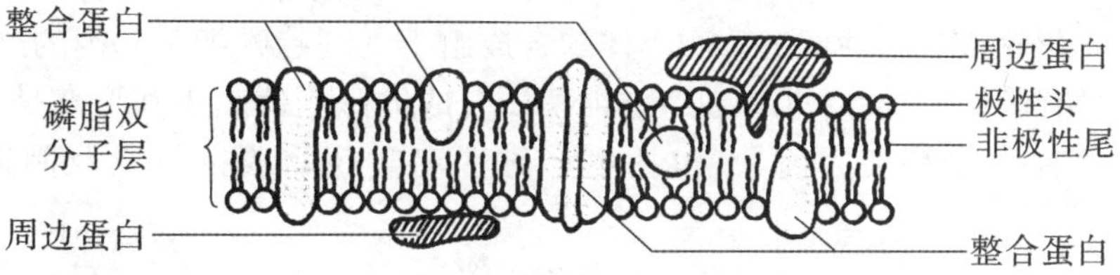

图 2-7　细胞膜结构模式图

3）细胞膜的功能　细胞膜具有以下生理功能：①选择性地控制细胞内外营养物质和代谢产物的运输、交换；②是维持细胞内正常渗透压的屏障；③是合成细胞壁各种组分（LPS、肽聚糖、磷壁酸）和荚膜多糖等大分子的场所；④是进行氧化磷酸化或光合磷酸化的产能基地；⑤是许多酶（如呼吸酶系与 ATP 合成酶等）的所在部位；⑥是鞭毛的着生点，并提供其运动所需的能量等。

（3）细胞质（cytoplasm）及其内含物　细胞质是位于细胞膜内的无色透明黏稠状胶体，是细菌细胞的基础物质，其基本成分是水、蛋白质、核酸和脂类，也含有少量的糖和无机盐类。细胞质中形状较大的颗粒状结构被称为内含物，主要包括核糖体、各种储藏物等，少数细菌还含有羧酶体、磁小体、类囊体、载色体、气泡或伴孢晶体等。不同种类细菌的内含物有较大差别。

1）核糖体（ribosome）　核糖体是细胞中核糖核蛋白的颗粒状结构，由核糖核酸（rRNA）与蛋白质组成，其中 rRNA 占 60%，蛋白质占 40%，核糖体分散在细菌细胞中，其沉降系数为 70S（其中大亚基 50S，小亚基 30S），其数量的多少与蛋白质合成有直接关系，因菌体生长速率而异，当细胞生长旺盛时，每个菌体可有 10^4 个，生产缓慢时只有 2000 个。细胞内核糖体常串联在一起，称为多聚核糖体。核糖体是细胞合成蛋白质的场所或“车间”。

2）颗粒状内含物　也称储藏物（reserve materials），大多为细胞的储藏物质，其种类常因菌种而异。储藏物是一类由不同化学物质累积而成的较大不溶性颗粒，其成分有糖类、脂类、含氮化合物以及无机物等，主要功能是储存营养物和代谢产物。在某些营养物质过剩时，细菌就将其聚合成各种储藏颗粒；当营养缺乏时，它们又被分解利用。常见的储藏物有聚-β-羟丁酸、糖原、淀粉粒、异染颗粒、硫粒、藻青素等。

细胞质中颗粒状内含物

3）气泡（gas vacuoles）　气泡是光能营养型、无鞭毛运动的水生细菌中储存气体的泡囊状结构。水生细菌借助气泡调节细胞相对密度，使其生活在最适于获取光能、氧气和其他营养物的水层中。每个细胞含数个或数百个气泡,它主要存在于多种蓝细菌中。

4)羧酶体(carboxysome) 又称羧化体,是存在于一些自养细菌细胞内的多角形内含物,由以蛋白质为主的单层膜(非单位膜)包围,厚约3.5 nm,内含固定CO_2所需的1,5-二磷酸核酮糖羧化酶和5-磷酸核酮糖激酶,是自养型细菌固定CO_2的部位。它存在于化能自养的硫杆菌属(*Thiobacillus*)、贝日阿托氏菌属(*Beggiatoa*)和一些光能自养的蓝细菌中。

5)磁小体(magnetosome) 磁小体为趋磁细菌(magnetotactic bacteria)胞内合成的磁性纳米粒子,大小在20~120 nm,成分为Fe_3O_4或Fe_3S_4,晶体形态有立方体、立方八面体、子弹状、齿状、薄片状等多种形态。磁小体的合成由于受到趋磁细菌基因的严格控制,其形态和大小具有菌株特异性,即每种趋磁细菌所合成的磁小体大小和形态是均一的。目前认为趋磁菌有一定的实用前景,包括生产磁性定向药物或抗体以及制造生物传感器等。

(4)核区(nuclear region or area) 又称核质体(nuclear body)或拟核(nucleoid),它没有核膜、核仁,只有一个核质体或染色质体,一般呈球状、棒状或哑铃状,由于细胞核分裂在细胞分裂之前进行,因此,在生长速率低时只有一个核。快速生长的细菌细胞中,由于DNA的复制先于细胞分裂,一般有2~4个核。细菌除在DNA复制的短时间内呈双倍体外,一般均为单倍体。

核质体的化学成分是一个大型的环状双链DNA分子,一般不含组蛋白或只有少量组蛋白与之结合。核质体是负载遗传信息的主要物质基础,可通过复制将遗传信息稳定传递给子代。此外,它可通过转录和翻译调控细胞新陈代谢、生长繁殖、遗传变异等全部生命活动。

2.1.2.2 特殊结构及功能

细菌的特殊结构是细胞可变部分,不是每个细菌细胞都具有,包括鞭毛、荚膜、芽孢等,它们可以附着在细胞表面或从细胞表面突出,因此又称为细菌的表面结构。

(1)鞭毛(flagella) 鞭毛是某些细菌在体表上着生的长丝状、波曲的蛋白质附属物。鞭毛是细长的丝状体,一般为长约10~20 μm(有些长度甚至可达70 μm),直径为0.01~0.02 μm。

1)鞭毛的构造 细菌的鞭毛都有共同的构造,由鞭毛钩、鞭毛丝、基体3部分组成:①鞭毛钩(hook),指鞭毛伸出菌体之外,并与丝状体连接的部分,呈钩状弯曲构造,由蛋白质亚基组成,其功能是使鞭毛在运动时起旋轴的作用;②鞭毛丝(filament)是由鞭毛蛋白亚基沿着中央孔道直接做螺旋状缠绕而成;③基体嵌埋在细胞壁和细胞膜中,但G^+细菌和G^-细菌的基体组成有所不同。G^-细菌的鞭毛,如大肠杆菌的基体由4个环构成,分别为处于细胞壁外膜层中的L环、肽聚糖中的P环及在膜中的S环和M环(图2-8)。而枯草芽孢杆菌(G^+细菌)的基体则没有L环和P环,其S环在细胞壁中,M环在细胞膜中。

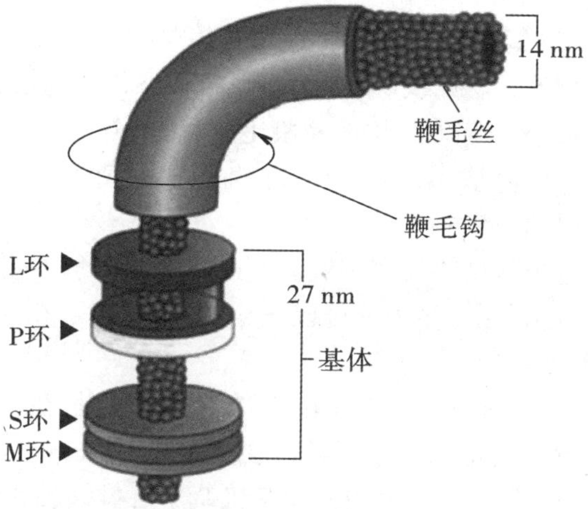

图 2-8　革兰氏阴性细菌(大肠杆菌)的鞭毛结构

2)鞭毛的着生位置　细菌鞭毛的存在与否、鞭毛数量及着生方式由细菌的遗传特性决定,这些特性也是细菌分类、鉴定的重要依据。常见的细菌有以下几种鞭毛的着生方式(图 2-9)。

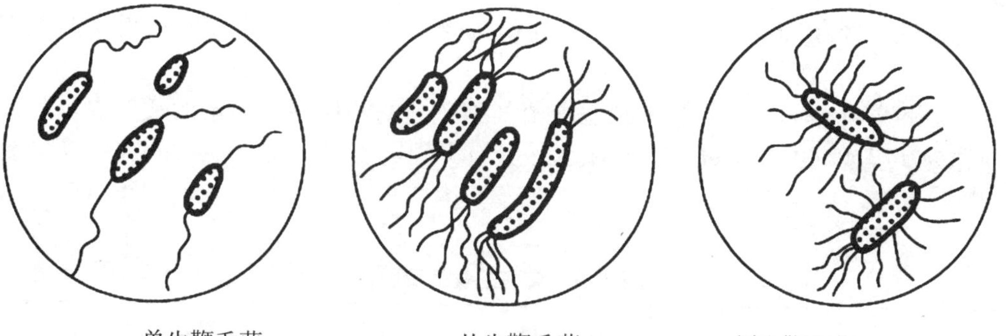

图 2-9　细菌鞭毛的着生方式

①单生鞭毛　细菌的一端或两端着生一根鞭毛,其运动方式一般为直线运动,如蕈状杆菌(*Bacillus mycoides*)等。

②丛生鞭毛　在细菌的一端或两端着生多根鞭毛,其运动方式常为摇摆型,荧光假单胞菌产生这种类型的鞭毛。

③周生鞭毛　在细菌的整个细胞周围均可着生鞭毛,常做翻转运动,常见的大肠杆菌即产生这种类型的鞭毛。

3)鞭毛的功能与趋避性　鞭毛的生理功能是运动,这是原核生物实现趋性的最有效方式。趋性是指生物体对其环境中的不同物理、化学或生物学因子做有方向性的应答,根据引起趋性环境因子种类和性质的不同,趋性可细分为趋化性、趋光性、趋磁性和趋氧性等。

4)鞭毛有无的判断与其观察　具有鞭毛的细菌在培养时可凭肉眼观察出不同的特征,进而判断细菌有无鞭毛。例如,利用半固体培养基进行穿刺培养,然后观察呈混浊的扩散区,即可判断菌体是否具运动性及推断鞭毛的存在,这是细菌学鉴定的常用方法之一。另外,在一般的平板培养基上,如果某种细菌形成的菌落大而扩展、较薄,边缘不圆整,说明该菌有鞭毛,且具有较强的运动能力。

对于鞭毛,可借助电子显微镜直接观察。此外,用特殊的鞭毛染色法,使染料在鞭毛上沉积,鞭毛直径加粗,达到光学显微镜可以分辨的尺寸,才可在光学显微镜下进行鞭毛形态和着生方式的观察。

(2)菌毛(fimbria,复数 fimbriae)　菌毛又称纤毛,它是长在菌体表面的一种比鞭毛更细、短直、中空、数量较多的蛋白质丝状物。菌毛的结构较鞭毛简单,无基体等复杂构造,直径一般为 3 ~ 10 nm,由许多菌毛蛋白亚基围绕中心做螺旋状排列,呈中空管状。菌毛的功能是使菌体附着于物体表面。有菌毛者尤以 G^- 致病菌居多,它们借助菌毛使其黏附于宿主呼吸道、消化道或泌尿生殖道等的上皮细胞上,进一步定植和致病。

(3)性菌毛(pilus,复数 pili)　其构造和成分与菌毛相同,但比菌毛粗而长,略弯曲,中空呈管状。性菌毛一般多见于 G^- 细菌的雄性菌株中,每菌仅有一至少数几根。性菌毛通常由质粒所携带的一种致育因子进行基因编码,带有性菌毛的细菌称为 F^+ 菌或雄性菌。性菌毛能在雌雄两株菌接合交配时,向雌性菌株传递 DNA 片段。即雄性菌通过性菌毛与雌性菌接合,将雄性菌中质粒的 DNA 输入雌性菌中,使雌性菌获得了某些遗传性状。

(4)荚膜(capsule)　包被于某些细菌细胞壁外的一层厚度不定的透明黏液性胶状物质称为荚膜或糖被(glycocalyx)。荚膜按其有无固定层次、层次厚薄又可细分为 4 种类型(表 2-5)。

表 2-5　荚膜的类型及特点

类型名称	大小	特点
微荚膜	< 0.2 μm	层次薄,包裹在单个细胞上
(大)荚膜	> 0.2 μm	层次厚,包裹在单个细胞上
黏液层	不确定	未固定在细胞壁上
菌胶团	不确定	包裹在细胞群上

1)荚膜的化学成分与形成　荚膜含有大量水分,约占 90%,还有多糖和多肽聚合物。荚膜的形成与化学成分既由遗传特性所决定(表 2-6),又与环境条件密切相关。生长在含糖量高的培养基上的菌容易形成荚膜,如肠膜明串珠菌(*Leuconostoc mesenteroides*);某些病原菌如炭疽杆菌只在寄主体内才形成荚膜,在人工培养基上不形成荚膜;形成荚膜的细菌也不是整个生活期内都形成荚膜,如肺炎双球菌在生长缓慢时形成荚膜,某些链球菌在生长早期形成荚膜,后期则消失。

表 2-6　不同细菌荚膜的成分组成

G^+细菌	成分及组成	G^-细菌	成分及组成
巨大芽孢杆菌	多糖、多肽	木醋酸杆菌	多糖(纤维素)
肠膜明串珠菌	多糖(葡聚糖)	大肠杆菌	酸性多糖
炭疽芽孢杆菌	多肽(聚 D-谷氨酸)	痢疾志贺菌	多糖-多肽-磷酸复合物
变异链球菌	多糖(果聚糖)	野油菜黄单胞菌	杂多糖(黏液层)
链球菌	杂多糖(透明质酸)	鼠疫耶尔森菌	蛋白质

2)荚膜的功能　荚膜的功能主要有以下几个方面:①保护作用,保护菌体免受干燥的损害,保护致病菌免受宿主白细胞的吞噬,防止细胞受化学药物和重金属离子的毒害,以及噬菌体的侵袭;②储藏养料,营养缺乏时,作为碳源和能源被细菌利用;③表面附着作用,例如唾液链球菌和变异链球菌分泌己糖基转移酶,使蔗糖转变成果聚糖,它可使细菌黏附于牙齿表面,细菌发酵糖类产生乳酸,引起龋齿;④荚膜是某些致病菌的毒力因子,与致病力有关;⑤荚膜为主要表面抗原(蛋白质、多肽等),具有特异的抗原性;⑥存在细胞壁外,可堆积某些代谢废物。

3)荚膜与实践　荚膜在科学研究与实际生产中应用较多:①可用于菌种的鉴定;②在制药工业中用作药物和生化试剂,如利用肠膜明串珠菌将蔗糖合成为大量荚膜物质,并提取葡聚糖用于大量生产右旋糖酐,其可作为代血浆的主要成分,亦可用于生产葡聚糖生化试剂;③重要的食品辅料,利用野油菜黄单胞菌(*Xanthomonas campestris*)的黏液层提取黄原胶(胞外杂多糖),作为食品较理想的增稠剂等。此外,黄原胶在石油钻井、印染、污水处理等领域也被广泛应用。

但若管理不当,有些细菌的荚膜也会带来危害,如肠膜明串珠菌是制糖工业的有害菌,常在糖液中繁殖,使糖液变得黏稠而难以过滤,因而降低了糖的产量。产荚膜细菌的污染还可造成面包、牛奶和酒类及饮料等食品的黏性变质。

(5)芽孢(spore)　某些细菌生长到一定时期,繁殖速度下降,菌体的细胞原生质浓缩,在细胞内形成一个圆形、椭圆形或圆柱形,对不良环境条件具有较强抗性的休眠体,称为芽孢或内生孢子(endospore)。带有芽孢的菌体称孢子囊,未形成芽孢的菌体称为营养体或繁殖体。由于一个营养细胞仅能形成一个芽孢,而一个芽孢萌发后仅能形成一个新营养细胞,故芽孢不具有繁殖功能。

1)芽孢的构造与化学组成　芽孢的结构较为复杂,在光学显微镜下,芽孢是折光性很强的小体。因芽孢壁厚而致密,不易着色,必须用特殊芽孢染色法才可见芽孢的外形。利用扫描电镜可以见到各种芽孢的表面特征,细菌芽孢的构造如图 2-10 所示,其组成及结构特性见表 2-7。

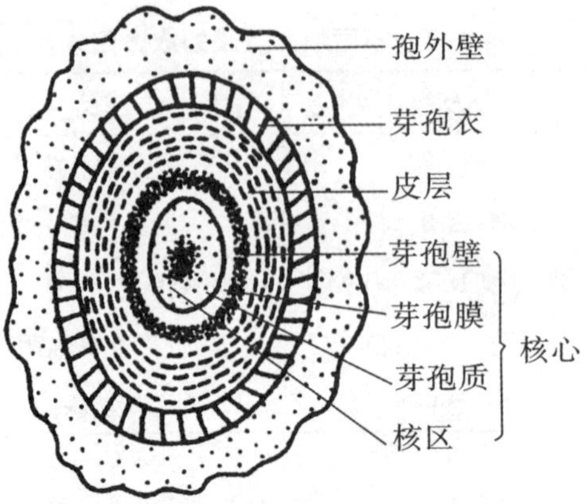

图 2-10　细菌芽孢的结构模式图

表 2-7　芽孢组成及结构特性

芽孢结构		主要组成	结构特性
孢外壁		脂蛋白	透性差(有些芽孢无此结构)
芽孢衣		疏水角蛋白	抗酶解、抗药物、多价阳离子难通过
皮层		芽孢肽聚糖和 DPA-Ca	体积较大、渗透压高、含水量大
核心	芽孢壁	肽聚糖	可发展成新的细胞壁
	芽孢膜	磷脂、蛋白质	可发展成新的细胞膜
	芽孢质	DPA-Ca、核糖体、RNA、酶类	发育成细胞质及其内含物
	核区	含 DNA	负载遗传信息

2)芽孢的耐热性及抗性　芽孢具有高度的耐热性,但耐热机制至今尚无圆满解释。目前,较新的渗透调节皮层膨胀学说引起大家的关注。该学说认为:芽孢衣对多价阳离子和水分的透性差,皮层离子强度高,从而使皮层形成极高的渗透压,夺取核心部分的水分,其结果造成皮层充分膨胀而核心部分高度失水,所以产生极强的耐热性。另一种学说则认为,芽孢形成过程中产生的大量 DPA 与钙离子螯合,使芽孢中的生物大分子形成稳定的耐热性凝胶。芽孢形成过程中,随着 DPA 的形成而具耐热性,当芽孢萌发 DPA 释放到培养基中,耐热性随之下降或丧失。但研究发现,有些芽孢不含 DPA-Ca 的复合物仍具有耐热性。

除此之外,芽孢对其他不良的因素和条件,如干燥、辐射、化学药物和高压等,也表现出很强的抵抗能力,有的芽孢在不良的条件下可保持活力数年、数十年,甚至更长的时间。

3)研究细菌芽孢的意义　研究细菌的芽孢具有重要的理论与实践意义:①菌种的鉴定。芽孢的有无、形状和着生位置等是细菌分类、鉴定中一项重要的形态学指标。②菌种的筛选与保藏。芽孢为具有较强抗性的休眠体,有利于对这类菌种的筛选和长期保藏。③杀菌标准的制定。由于芽孢具有很强的耐热性，故此常把芽孢菌或芽孢作为杀菌标准。

2.1.3　细菌的繁殖

芽孢的形成过程与着生方式

在合适的条件下，细菌通过其连续的生物合成和平衡生长，细胞体积、质量不断增大，最终开始了繁殖。细菌的繁殖方式一般为无性繁殖，其中以裂殖为主，只有少数进行芽殖。

裂殖(fission)是指一个细胞通过分裂形成两个子细胞的过程。对杆状细胞来说，有横分裂和纵分裂两种方式，前者指分裂细胞间形成的隔膜与细胞长轴呈垂直状态，后者呈平行状态，一般细菌进行横分裂。

裂殖中主要以二分裂(binary fission)为主，如果裂殖形成的两个子细胞大小相同，称为同形裂殖。有少数细菌在陈旧培养基中生长，偶尔产生两个大小不等的子细胞，称为异形裂殖。多数细菌繁殖属同形裂殖，即对称的二等分裂方式繁殖。在电镜下观察，杆菌的二分裂主要经过了核质分裂、横隔壁形成和子细胞分离3个连续过程(图2-11)。

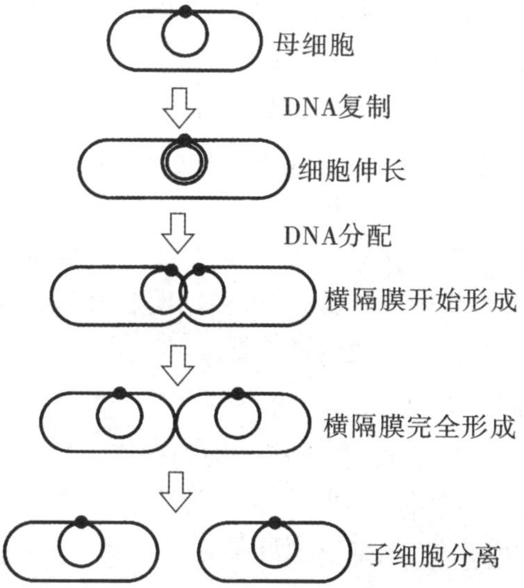

图2-11　杆菌二分裂繁殖示意图

(1)核质分裂　细菌生长到一定阶段，母细胞膨大拉伸，进行DNA复制，形成两个原核，随后原核彼此分开；同时细胞膜、细胞壁在相应位置向细胞质凹陷，使细胞质随原核分开，完成核质分裂。

(2)横隔膜形成　细胞膜、细胞壁向细胞质凹陷闭合，形成横隔膜，产生两个子细胞。

(3)子细胞分离　前两个过程完成后，两个子细胞即开始分离，形成两个完全独立的新细胞。

2.1.4 细菌的群体形态

2.1.4.1 固体培养基上(内)的群体形态

(1)细菌的菌落特征　将单个细胞或一小堆同种细胞接种在固体培养基表面(有时是内部),当它占有一定的发展空间并给予适宜的培养条件时,该细胞就迅速生长繁殖,结果会形成以母细胞为中心的肉眼可见的子细胞堆或子细胞团,这就是菌落(colony)。如果菌落是由一个单细胞发展而来的,则它就是一个纯种细胞群或克隆(clone)。由多个同种细胞密集接种长成的子细胞群体称为菌苔(lawn)。

常见细菌菌落特征及其描述

菌落特征往往从大小、颜色、形状、透明度、表面状态、质地、边缘状态、隆起程度等几个方面来描述。一般地,细菌菌落特征:表面较光滑、湿润,与培养基结合不紧密,易挑取,正反颜色一致。同一菌种在同一培养条件下所形成的菌落特征,有一定的稳定性和专一性,可作为鉴定菌种的重要依据之一。菌落还可以应用在微生物的分离、纯化、计数等研究工作和选种育种等实际工作中。

(2)细菌的斜面培养特征　采用划线接种的方法,把菌种接种到试管中固体培养基斜面上,在合适的条件下培养 3 ~5 d 后可对其进行斜面培养特征的观察。细菌的斜面培养特征包括菌苔的形状、颜色、隆起和表面状况等。

2.1.4.2 在半固体培养基上(内)的群体形态

纯种细菌可采用半固体培养法观察在半固体培养基上(内)的群体形态。通常把培养基灌注到试管中,形成高层直立柱,然后采用穿刺接种法接入试验菌种,则可根据直立柱表面和穿刺线上细菌群体生长状态和是否扩散等现象判断该菌的运动能力和其他特性。若采用明胶半固体培养基进行试验,则可根据明胶柱液化层中呈现的不同形状来判断某些细菌是否有蛋白酶产生及其他生理特征。

食品中常见的细菌

2.1.4.3 在液体培养基上(内)的群体形态

细菌在液体培养基上(内)生长时,会因其细胞特征、相对密度、运动能力和对氧气等关系的不同,形成不同的培养特征:多数表现为混浊,部分表现为沉淀,一些好氧性细菌则在液面上大量生长,形成菌膜、菌醭或菌环等。

2.2 放线菌

放线菌(actinomyces)是一类主要呈丝状生长和以孢子繁殖的陆生性较强的原核生物。由于它与细菌十分接近,至今发现的 80 余属放线菌几乎都是革兰氏阳性菌,因此可将放线菌定义为一类主要呈丝状生长和以孢子繁殖的革兰氏阳性菌。放线菌在自然界分布很广,在水、土壤及空气中都可存在。绝大多数是腐生,很少有寄生。

放线菌与人类关系极为密切。根据 2008 年统计,已知的微生物代谢产物已达 5 万种,其中 1 万余种由放线菌产生(其中链霉菌产 7500 种)。放线菌最突出的特性是产生抗生素,临床常用的抗生素多数是放线菌(其中以链霉菌属居首位)的代谢产物。放线菌还是酶类(葡萄糖异构酶、蛋白酶等)、氨基酸和核苷酸的产生菌。在非豆科植物根瘤中共生的固氮菌即是放线菌中的弗兰克氏菌属。此外，由于放线菌具有很强的分解纤维素、石蜡、琼脂、角蛋白和橡胶等复杂有机物的能力，故它们在自然界物质循环和提高土壤肥力等方面具有重要作用。但少数放线菌也能引起人类、动物的疾病或病害，如诺卡氏菌属的某些种可引起人和动物的诺卡氏菌病，还有少数放线菌能引起植物病害。

2.2.1 放线菌的形态构造

放线菌的细胞为丝状，称为菌丝。菌丝不断分枝缠绕形成具有一定空间形态特征的菌丝聚集体，称为菌丝体。在营养生长阶段，菌丝内无隔膜，因此一般呈多核的单细胞状态。放线菌具有原核生物的细胞结构，即细胞壁、细胞膜、细胞质及核质体。从形态及功能上来看，放线菌菌丝体可分为 3 部分，即基内菌丝、气生菌丝和孢子丝（图 2-12）。

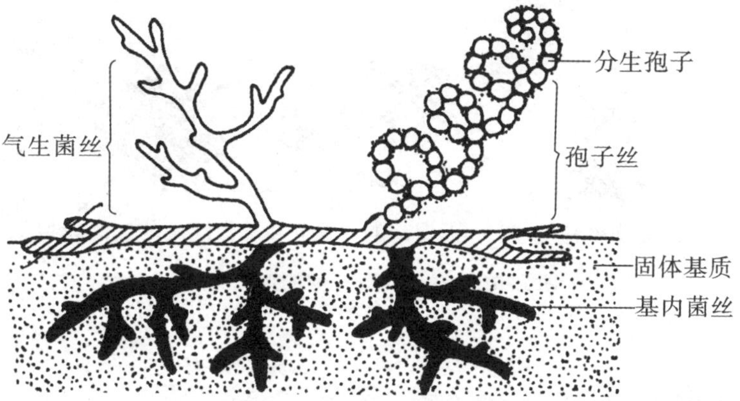

图 2-12 链霉菌的形态和构造

（1）基内菌丝　又称为营养菌丝，这种菌丝生长在培养基内或紧贴培养基表面，纠缠在一起形成密集分枝菌丝，主要用来吸收各种营养物质。基内菌丝大部分都有颜色，如白色、奶油色、黄色、粉色、橙色、绿色、棕色甚至黑色，其色素为水溶性或脂溶性的。色素的产生随菌种和培养基的成分不同而异。

（2）气生菌丝　它是基内菌丝生长到一定阶段后，从培养基表面伸向空气中的菌丝。气生菌丝一般颜色较深，较基质菌丝粗大，通常它的覆盖使菌落表面呈棉絮状、粉状和颗粒状。气生菌丝常有白、黄、红、橙、蓝、紫等颜色。

（3）孢子丝和孢子　孢子丝是由气生菌丝发育到一定阶段特化而成的，然后分裂成孢子。孢子丝在气生菌丝上着生的方式常有交替着生、丛生或轮生的区别，孢子丝的形状有直的、波曲的、螺旋的。螺旋则有松有紧，有大有小，有左旋、右旋之分。螺旋长的达 5 ~ 10 个，短的仅有 1 ~ 2 个。孢子丝是放线菌的繁殖器官，是分类鉴定的重要依据（图 2-13）。孢子丝生长到一定阶段，即产生成串的分生孢子。孢子的形态多样，有球形、椭圆形、杆形、柱形、瓜子形、梭形和半月形等。孢子的颜色有白、灰、黄、橙、红、蓝、绿等。在电子显微镜下观察其表面纹饰，有的光滑，有的有小疣或呈褶皱状、棘状、毛发状、鳞片状。一般直形或波曲的孢子丝，可产生表面光滑的孢子；螺旋状的孢子丝则有的产生表面光滑的孢子,有的产生刺状或毛发状的孢子。

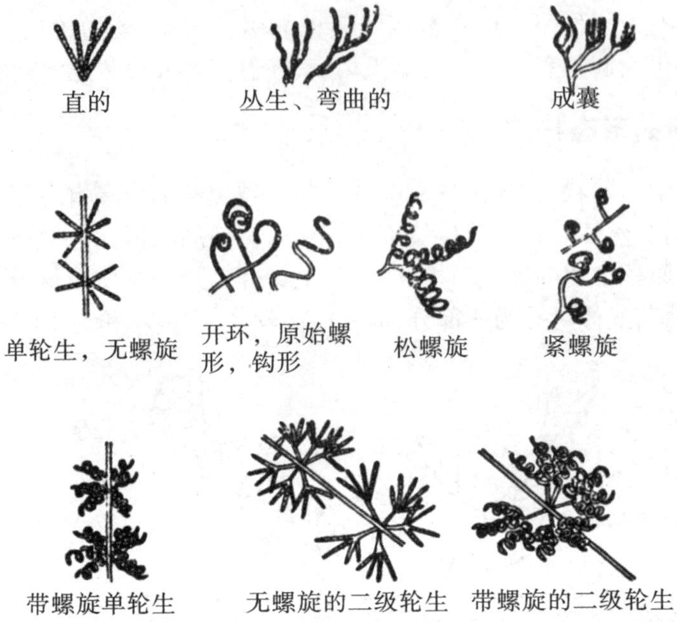

图 2-13　放线菌孢子丝的形态类型

2.2.2　放线菌的繁殖

放线菌主要通过形成无性孢子进行无性繁殖,放线菌产生的无性孢子主要有凝聚孢子、分生孢子、孢囊孢子。

2.2.2.1　凝聚孢子

大部分放线菌产生凝聚孢子。当孢子丝生长到一定阶段时,从顶端向基部,孢子丝中的细胞质分段围绕拟核物质逐渐凝聚成一串大小相似的小段,然后每小段收缩,并外生新的孢子壁而形成圆形或椭圆形孢子。孢子丝壁最后自溶或裂开,释放出成熟的孢子。如大多数链霉菌可产生凝聚孢子。

2.2.2.2　分生孢子

多数放线菌当菌丝生长到一定阶段后,一部分气生菌丝分化形成孢子丝,孢子丝逐渐成熟产生许多横隔膜,形成大小相近的小段,而后在横隔膜处断裂形成许多孢子,即为分生孢子(图 2-14)。横隔分裂产生的孢子常呈杆形或柱形。根据电子显微镜对放线菌孢子丝超薄切片的观察,孢子丝形成分生孢子的过程是通过横隔分裂,而不是凝聚分裂。横隔分裂的形式有两种:一种是由细胞膜内陷并形成横隔膜;另一种是细胞壁和细胞膜同时内陷,并逐步向内缢缩,最终将孢子丝缢裂成一串分生孢子。

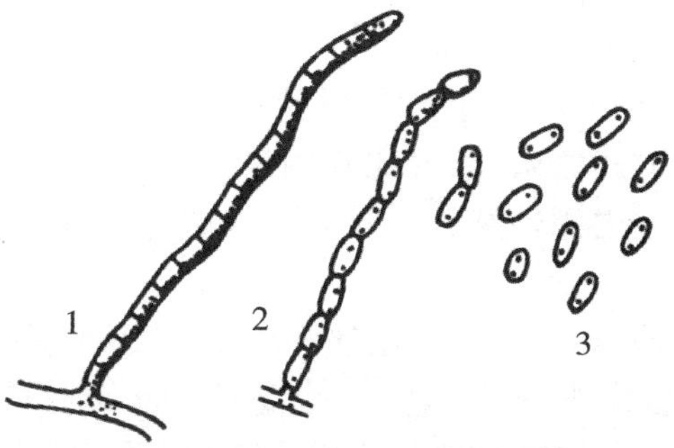

1—孢子丝形成横隔；2—横隔断裂形成杆状孢子；3—成熟的孢子

图 2-14　横隔分裂形成的分生孢子

2.2.2.3　孢囊孢子

链孢囊菌属(*Streptosporangium*)和游动放线菌属(*Actinoplanes*)等少数类群的放线菌可在气生菌丝或营养菌丝上形成孢子囊，而后在囊内形成孢囊孢子，孢子囊成熟后，可释放出大量孢囊孢子。

除了通过无性孢子繁殖之外，放线菌也可借菌丝断裂片段进行繁殖，这种繁殖方式常见于液体培养及液体发酵生产中。

2.2.3　放线菌的菌落特征

放线菌的菌落呈放线状，故名放线菌。菌落由菌丝体组成，菌丝分枝相互交织缠绕，形成质地致密、表面为较紧密的绒状（或者坚实、干燥、多皱）、体小而向外延伸的菌落。

放线菌的菌落特征因种而异，大致分为两类：一类是产生大量分枝的基内菌丝和气生菌丝，如链霉菌属，其基内菌丝伸入基质内，菌落紧贴培养基表面，极其坚硬，用针可以将整个菌落自培养基挑起而不破裂，菌落初期较光滑，后期产生孢子后，菌落表面呈絮状、粉末状或颗粒状。另一类是不产生大量菌丝的菌种，如诺卡氏菌属，该类菌落黏着力不强，结构为粉质状，用针挑取易破碎，在菌落表面常产生凝聚成滴状的白色或黄色的、不产生孢子的次生菌丝。

2.2.4　常见的放线菌

(1)链霉菌属(*Streptomyces*)　链霉菌的气生菌丝和基内菌丝有各种不同的颜色，有的菌丝还产生可溶性色素分泌到培养基中，使培养基呈现各种颜色。链霉菌的许多种类产生对人类有益的抗生素。链霉菌属是抗生素的主要生产菌属，约 90% 的抗生素由该属的放线菌生产。如链霉素、红霉素、四环素等都是由链霉菌属中的一些种产生的。

(2)诺卡氏菌属(*Nocardia*)　该菌属是一群需氧性放线菌，多为腐生菌，广泛分布于土壤，对人体致病的主要有 3 种：星形诺卡菌(*N. asteroides*)、巴西诺卡菌(*N. brasiliensis*)和豚鼠诺卡菌(*N. caviae*)。其中星形诺卡菌在我国最常见，致病力最强。所致疾病称为诺卡氏菌病，常表现为肺部化脓性炎症与坏死，严重者可通过血流播散至全身。诺卡氏菌属可用于石油脱蜡、烃类发酵等。有些种也可产生抗生素,如对结核分枝杆菌和麻风分枝杆菌有特效的利福霉素。

(3)放线菌属(*Actinomyces*) 非抗酸性丝状菌,菌丝细长无分隔,有分枝,直径0.5~0.8 μm 。放线菌以裂殖方式繁殖,培养比较困难。广泛分布于自然界,种类繁多,为人体的正常菌群成员,可引起内源性感染。对人致病的主要有衣氏放线菌,而牛放线菌可使牛和猪患病。

(4)小单胞菌属(*Micromonospora*) 菌丝体纤细,只形成基内菌丝,不形成气生菌丝,在基内菌丝上长出许多小分枝,顶端着生一个孢子。此属也是产生抗生素较多的一个属,如庆大霉素就是由该属的降红小单孢菌和棘孢小单孢菌产生的。

(5)链轮丝菌属(*streptoverticillum*) 气生菌丝对称轮生,孢子链较短,二级轮生,孢子光滑。在制药工业中主要用于生产各种抗肿瘤、抗霉菌、抗结核等的抗生素。

(6)链孢囊菌属(*Streptosporagium*) 基内菌丝分枝很多,横隔较少,气生菌丝呈丛、散生或同心环排列。本属菌有不少种可产生广谱抗生素,如多霉素、孢绿菌素、西伯利亚霉素。

思考题

1. 名词解释:原核生物;细菌;脂多糖;羧酶体;鞭毛;菌毛;荚膜;菌胶团;基内菌丝;气生菌丝。
2. 细菌的基本形态有哪些?
3. 细菌细胞的基本结构有什么?特殊结构有什么?
4. 叙述革兰氏染色的方法步骤,革兰氏阳性细菌与革兰氏阴性菌染色的结果如何?
5. 试比较细菌的细胞壁与细胞膜的功能。
6. 细菌细胞膜的主要成分有哪些?试述液态镶嵌学说理论要点。
7. 简述荚膜的成分组成及其功能特性。
8. 试述大肠杆菌鞭毛的结构。
9. 芽孢指的是什么,芽孢耐热的机制是什么,研究芽孢有何实践意义?
10. 试图示细菌的二分裂并说明其过程。
11. 什么是菌落?如何描述细菌菌落的特征?
12. 简述放线菌的菌丝形态及繁殖方式。

第3章　真核微生物的形态、构造和功能

【学习目标】

熟悉真核微生物细胞构造及特征;掌握以酵母菌和霉菌为代表的真核微生物的形态结构、化学组成和繁殖特征等;掌握蕈菌的生活史。

3.1　真核微生物概述

真核生物(eukaryotes)是一大类细胞核具有核膜,能进行有丝分裂,细胞之中存在线粒体或同时存在叶绿体等多种细胞器(organelle)的生物。真菌、显微藻类和原生动物等是属于真核生物类的微生物,故称为真核微生物。

真核生物与原核生物的比较

3.1.1　真核微生物的主要类群

真核微生物主要包括菌物界中的真菌、黏菌、假菌,植物界中的显微藻类和动物界中的原生动物。真菌是重要的真核微生物,它包括单细胞的酵母菌、丝状细胞的霉菌以及可产生大型子实体的蕈菌,它们的特点有:①无叶绿素,不能进行光合作用;②除酵母菌外,一般具有发达的菌丝体;③细胞壁多数含有几丁质;④营养方式是异养吸收型;⑤以产生大量无性或有性孢子的方式进行繁殖;⑥陆生性较强。

3.1.2　真核微生物的细胞结构

3.1.2.1　细胞壁

(1)真菌的细胞壁　真菌细胞壁厚约 100～250 nm,占细胞干物质的 30% 左右。真菌细胞壁的主要成分是多糖,另有少量的蛋白质和脂类。多糖构成了细胞壁中有形的微纤维和无定形基质的成分。微纤维部分可比作建筑物中的钢筋,使细胞壁保持坚韧性,它们都是单糖的 $\beta(1\rightarrow4)$ 聚合物,而基质好比混凝土等填充物,包括 $\beta(1\rightarrow3)$、$\beta(1\rightarrow6)$ 和 $\alpha(1\rightarrow3)$ 葡聚糖和甘露聚糖及少量蛋白质。低等真菌的细胞壁成分以纤维素为主,酵母菌以葡聚糖为主,高等陆生真菌则以几丁质为主。

(2)藻类的细胞壁　藻类的细胞壁厚度一般为 10～20 nm,有的仅为 3 nm,如蛋白核小球藻,其结构骨架多由纤维素组成,以微纤丝的方式层状排列,含量为干重的 50%～80%,其余部分为间质多糖,主要是杂多糖,其成分随种类而异,如褐藻酸、岩藻素或琼脂等。

3.1.2.2 鞭毛与纤毛

某些真核微生物细胞表面具有或长或短的毛发状、具有运动功能的细胞器,形态较长(150 ~ 200 μm)的称为鞭毛(flagellum),较短的(5 ~ 10 μm)则称为纤毛(cilia)。真核微生物与原核生物鞭毛均具备运动功能,但在构造、运动机制和消耗能源形式方面都有显著的差别。具有鞭毛的真核微生物有鞭毛纲的原生动物、藻类和低等水生真菌的游动孢子或配子等。具有纤毛的真核微生物主要是属于纤毛纲的各种原生动物,如常见的草履虫等。

3.1.2.3 细胞质膜

细胞质膜简称细胞膜,其为半透膜,其基本构架也是磷脂双分子层,真核微生物细胞与原核生物细胞的细胞膜在本质上没有区别,但在构造和功能上二者之间存在小的差异(表 3-1)。

表 3-1 真核微生物与原核生物细胞质膜比较

比较项目	真核微生物	原核生物
甾醇	有	无(支原体除外)
糖脂	有(具有细胞间识别和受体功能)	无
电子传递链	无	有
胞吞作用	有	无

3.1.2.4 细胞质及细胞器

位于细胞质膜内的透明、黏稠、不断流动并充满各种细胞器的溶胶,称为细胞质。

(1)细胞质基质及细胞骨架

1)细胞质基质(cytomatrix) 细胞质基质是除细胞器以外的胶状溶液,主要由蛋白质、糖类及盐类构成(水占 70% ~85%),其内含有赋予细胞一定机械强度的细胞骨架和丰富的酶等蛋白质、各种内含物及中间代谢产物等,为各种细胞器存在的必要环境和细胞代谢的基地。

2)细胞骨架(cytoskeleton) 真核细胞是通过微管蛋白组成的细胞骨架而得以稳定的,细胞骨架的构成包括微管(直径 25 nm)、微丝(直径 4 ~7 nm)和一种类似于收缩肌的肌动蛋白构成的中等纤维(直径 8 ~10 nm)。细胞骨架呈直立体网状结构,具有支持、运输和运动的功能。

(2)内质网及核糖体

1)内质网(endoplasmic reticulum,ER) 内质网(ER)是指细胞质中与细胞质基质相隔离但彼此相通的囊腔和细管系统,由脂质双分子层围成,它与细胞内的其他膜相连。ER 有 2 种类型。其一是膜上附着核糖体称为糙面型内质网(RER),核糖体的翻译和蛋白质的修饰作用在此处进行。这些蛋白质或是分泌到 ER 腔中,或是插入到膜内。另一是膜上不含核糖体的光滑型内质网(SER),它与磷脂和钙的合成有关。

2)核糖体(ribosome) 核糖体为细胞质和线粒体中无膜包裹的颗粒状细胞器。核糖体由蛋白质和RNA两种亚单位构成,它们是DNA翻译和蛋白质合成的场所。真核微生物的核糖体基本上与原核生物的相类似,但它们的更大一些,其沉降系数为80S,由60S和40S的两个小亚基构成。核糖体有的呈游离状态,有的与内质网及核膜结合。

(3)高尔基体(Golgi apparatus) 高尔基体也称为高尔基复合体,是一系列扁平的、由膜包被并具孔的囊和泡组成的膜聚合体。高尔基体与细胞的分泌机能有关,可产生某些酶原颗粒。高尔基体的功能是将糙面内质网合成的蛋白质进行浓缩,并与自身合成的糖类、脂质结合,经它加工、包装后形成糖蛋白、脂蛋白分泌泡。加工后的物质以小泡的形式从高尔基体中分泌出来,然后与其他细胞器或质膜融合。所以说,高尔基体是协调细胞生化功能和沟通细胞内外环境重要的细胞器。

(4)溶酶体和过氧化物酶体 溶酶体和过氧化物酶体是由内质网或高尔基体分泌的由膜包被的泡囊。

1)溶酶体(lysosome) 溶酶体是由单层膜包裹的细胞器,其包含的各种消化酶能分解蛋白质、脂肪、多糖等大分子物质,使细胞循环使用这些原材料用于新的生物合成。其主要功能是细胞内的消化作用,消化自身死亡蛋白质和外来异物。随着大分子在溶酶体中被水解,生成的单体从溶酶体转运到细胞质,供给细胞营养。

2)过氧化物酶体(peroxisome) 过氧化物酶体含有氨基酸和脂肪酸降解酶以及过氧化氢酶,为一个单位膜包裹的膜细胞器,其功能是利用各种氢供体,包括乙醇和长链脂肪酸,还原O_2产生H_2O_2,降解过程中产生的H_2O_2有解毒作用,过氧化物酶体内产生的H_2O_2经过过氧化氢酶催化分解为H_2O和O_2。过氧化物酶体可与细胞同步分裂,参与许多生命活动的重要过程,如脂肪酸氧化、活性氧降解、乙醛酸循环,以及真菌抗生素的生物合成、醇类代谢、光呼吸调节等。

(5)线粒体和氢化酶体

1)线粒体(mitochondria) 线粒体是由双层膜包被的细胞器,呼吸作用和氧化磷酸化作用在此处发生,其功能是把蕴藏在有机物中的化学潜能转化成生命活动所需能量(ATP)。线粒体的外形呈囊状,构造十分复杂,由内外两层膜包被,其中外膜平整,双层内层膜折叠成盘状或管状,称为嵴(cristae)。最原始的真核微生物的线粒体嵴是盘状的。真菌的线粒体是大的、高度分裂的扁平板状嵴,而藻类则具有更多膨大的管状嵴。

ATP的产生部位就在附着于嵴上的颗粒中,其数目在细胞中是变化的。其内含有一个小的环形DNA分子,负责编码部分线粒体蛋白和70S核糖体。线粒体内膜上含有一个ATP/ADP转运子,可以将线粒体内合成的ATP运送到细胞质中。线粒体在不同细胞或同一细胞的不同生理状态下有很大的数量变动,其数目的多少与细胞代谢活动的多少有关。

2)氢化酶体(hydrogenosomes) 在一些无线粒体的厌氧性的原生动物和真菌中发现了氢化酶体,它们是由膜包被的细胞器,具有电子转运途径,即氢化酶转运电子到最终电子受体,生成氢分子,并产生能量。

(6)叶绿体(chloroplast) 叶绿体是由双层膜包被的颗粒状细胞器,内含光合色素叶绿素。在叶绿体内是成层排列的扁平的泡囊,称为类囊体,光合系统位于此处。叶绿体由叶绿体外被、类囊体和基质3部分组成,它是一种含有叶绿素能进行光合作用的细胞器。叶绿体含有3种不同的膜——外膜、内膜、类囊体膜和3种彼此分开的腔——膜间隙、基质和类囊体腔。

3.2 酵母菌

酵母菌(yeasts)这个术语是无分类学意义的普通名称,一般泛指能发酵糖类的单细胞真菌。已知的酵母菌有500多种(1982年),共有56个属,分属于子囊菌亚门、担子菌亚门及半知菌亚门。

其特点概括起来有以下5点:①个体一般以单细胞状态存在;②多数营出芽繁殖;③能发酵糖类产能;④细胞壁常含甘露聚糖;⑤喜生活在含糖量较高、酸度较大的水生环境中。

3.2.1 酵母菌的分布与实践

酵母菌在自然界中分布很广,主要分布在含糖质较高的偏酸性环境,在水果(如葡萄、樱桃等)的表面分布很多,此外,在花蜜和植物叶子上,特别是果园的土壤中,也很常见,它们多数为腐生菌,少数为寄生菌。有的酵母菌可以利用烃类进行发酵,所以在油田和炼油厂附近的土层中也有酵母菌。

酵母菌与人类关系密切,大多数为有益微生物。酵母菌是人类利用最早的微生物之一,早在四千年前的殷商时代,我国劳动人民就用酵母菌酿酒。今天,利用酵母菌可生产调味品、饮料、面包等。此外,利用酵母菌体,还可提取核苷酸、辅酶A、细胞色素C、凝血质、核黄素等药物。若以造纸厂、糖厂、淀粉厂、木材水解厂的废液为原料,通过通气培养方式,便可进行酵母体(单细胞蛋白)工业化生产,用以补充食物或饲料等。有的酵母菌还具有氧化石蜡、降低石油凝固点的作用,或者以烃类为原料发酵制取柠檬酸、反丁烯二酸、脂肪酸、甘油、甘露醇、酒精等。

酵母菌也常给人类带来危害。腐生型酵母菌能使食物、纺织品和其他原料腐败变质,少数嗜高渗压酵母菌如鲁氏酵母(*Saccharomyces rouxii*)、蜂蜜酵母(*Saccharomyces mellis*)可使蜂蜜、果酱败坏;有的是发酵工业的污染菌,它们消耗酒精,降低产量或产生不良气味,影响产品质量。某些酵母菌可引起人或动植物的病害,例如白假丝酵母(*Candida albicans*)可引起皮肤、黏膜、呼吸道、消化道以及泌尿系统等多种疾病;新型隐球酵母(*Cryptococcus neoformans*)可引起慢性脑膜炎、肺炎等。

3.2.2 酵母菌的形态和构造

3.2.2.1 酵母菌的个体形态及大小

酵母菌是典型的真核微生物,细胞的形状因种而异,其基本形状为球形、卵圆形和圆柱形。有些酵母菌形状特殊,呈柠檬形、瓶形、三角形、弯曲形等。当它们进行一连串的芽殖后,如果长大的子细胞与母细胞并不立即分离,其间仅以极狭小的面积相连,这种藕节状的细胞串就称假菌丝(pseudohyphe)。

酵母菌的大小，不同种类间差别很大。一般长 5 ~ 30 μm，约为细菌细胞直径的 10 倍，有些种可达 20 ~ 50 μm，最长者可达 100 μm。其宽度变化较小，通常为 2 ~ 5 μm。发酵中常用的酵母菌细胞直径平均为 4 ~ 6 μm。各种酵母菌有其一定的形状和大小，但也受菌龄及环境条件的影响。

3.2.2.2　酵母菌的细胞构造及其功能

酵母菌的细胞构造与其他真核微生物相似，最典型和重要的酿酒酵母（*Saccharomyces cerevisiae*）的细胞构造如图 3-1 所示。

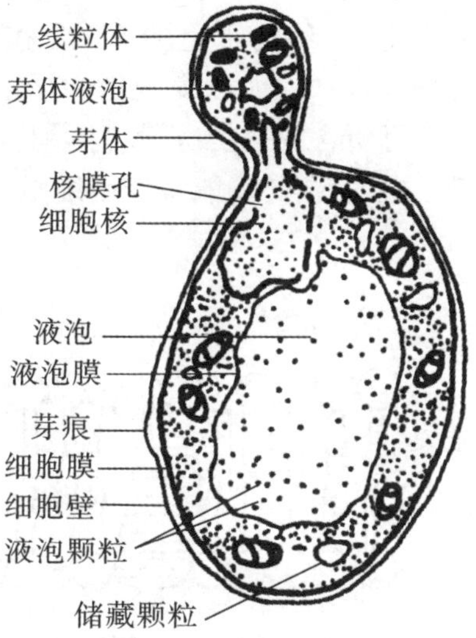

图 3-1　酵母菌的细胞构造

（1）细胞壁　细胞壁厚约 25 nm，约占细胞干重的 25%，是一种坚韧的结构，幼龄时较薄，有弹性，以后逐渐变厚、变硬，较坚韧。有些出芽繁殖的酵母菌，芽脱落后在母细胞壁上留下芽痕（bud scar）。计算芽痕的数目可确定某一细胞已产生的芽体数，测定细胞菌龄。细胞壁上存在菌的抗原物质，是血清学分类法的基础。酵母菌的细胞壁主要分为三层：外层为甘露聚糖，内层为葡聚糖，其间夹有一层蛋白质分子（图 3-2）。蛋白质约占细胞壁干重的 10%，其中有些是以与细胞壁相结合的酶的形式存在，例如葡聚糖酶、甘聚糖酶、蔗糖酶、碱性磷酸酶和脂酶等。此外，细胞壁上还含有少量类脂和以环状形式分布在芽痕周围的几丁质。

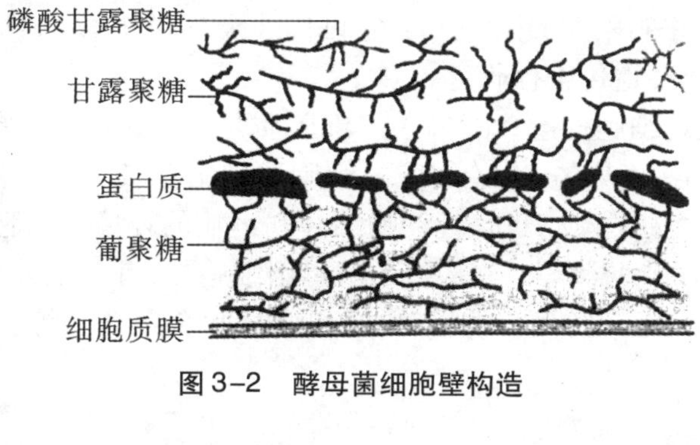

图 3-2　酵母菌细胞壁构造

细胞的形态靠细胞壁来维持,采用玻璃珠可破碎细胞,并分离出细胞壁。用玛瑙螺(helix pomatia)的胃液制得的蜗牛消化酶,内含纤维素酶、甘露聚糖酶、葡糖酸酶、几丁质酶和脂酶等30余种酶类,该消化酶对酵母菌的细胞壁具有良好的水解作用,因而可用来制备酵母菌的原生质体,也可用该消化酶来水解酵母菌的子囊壁,借以把能抗一般酶水解的子囊孢子分离出来。

(2)细胞膜　细胞膜紧贴着细胞壁的内侧,包裹着细胞核、细胞质和各类细胞内含物。酵母菌的细胞膜也是一种3层结构,由上、下两层磷脂分子以及镶嵌在其间的甾醇和蛋白质分子构成,其成分主要是由蛋白质(其中含有可吸收糖和氨基酸的酶,约占干重的50%)、类脂(甘油酯、磷脂、甾醇等,约为干重的40%)和糖类(甘露聚糖等)组成(图3-3)。酵母细胞膜上所含的各种甾醇中,尤以麦角甾醇居多。它经紫外线照射后,可形成一种维生素D_2。例如,发酵酵母所含的总甾醇量可达细胞干重的22%,其中的麦角甾醇达细胞干重的9.66%。细胞质膜的主要功能是控制细胞内外物质的交换,参与细胞壁和部分酶的合成。

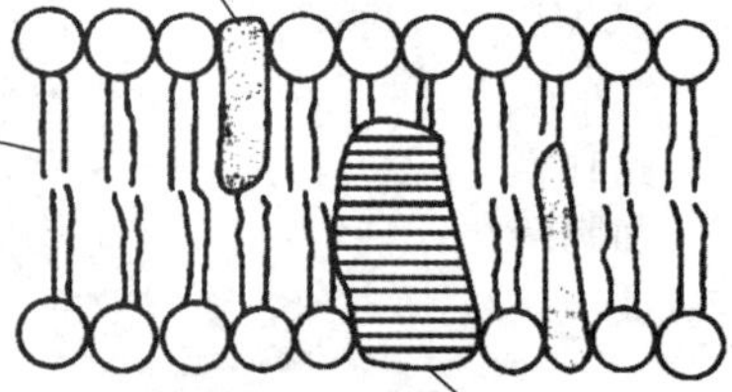

图3-3　酵母菌细胞膜构造

(3)细胞核　酵母菌具有多孔核膜包裹起来的细胞核,呈球形,直径约2 μm,在细胞中央与液泡相邻,有核膜、核仁和染色体。核膜为双层膜,在细胞生殖周期中保持完整,外层与内质网紧密相接。核膜上有许多直径为40~70 nm的核膜孔,这是细胞核与细胞质交换大分子物质的通道,能让核内制造的核糖核酸转移到细胞质中,为蛋白质的合成提供模板。核内有新月状的核仁和半透明的染色质。核仁粒状,表面无膜,富含蛋白质和RNA,是合成核糖体RNA和装配核糖体的场所。除细胞核外,在酵母的线粒体和环状的“2 μm质粒”中也含有DNA。可通过密度梯度离心而与染色体DNA相分离。线粒体上的DNA量约占酵母细胞总DNA量的15%~23%,它的复制是相对独立进行的。2 μm质粒是1967年后才在啤酒酵母中发现的,它可作外源DNA片段的载体,并通过转化而完成组建“工程菌”等重要遗传工程研究。

(4)细胞质及其他细胞构造　酵母菌的细胞质是一种透明、黏稠、流动的胶状物质。幼龄细胞的细胞质稠密而均匀,老龄细胞的细胞质则出现较大的液泡和多种储藏物质。它是细胞进行新陈代谢的场所,也是代谢物储存和运输的环境。细胞质内有大量的核糖体、异染颗粒、肝糖粒、脂肪滴等。在成熟的酵母菌细胞中,有一个大型的液泡(vacuole),其内含有一些水解酶以及聚磷酸、类脂、中间代谢物和金属离子等。液泡为营养物和水解酶类的储藏库,同时还有调节渗透压的功能。

3.2.3　酵母菌的繁殖

酵母菌的繁殖方式多样,繁殖方式是酵母菌鉴定的依据之一,主要的方式有以下几种(表 3-2)。

表 3-2　酵母菌的繁殖方式

繁殖方式	具体方式	代表菌属
无性繁殖	芽殖	各属酵母菌
	裂殖	裂殖酵母属
	产生无性孢子(掷孢子、厚垣孢子、节孢子)	掷孢酵母属、白假丝酵母、地霉属等
有性繁殖	产子囊孢子	酵母属、接合酵母属等

3.2.3.1　无性繁殖

(1)芽殖(budding)　出芽繁殖是酵母菌进行无性繁殖的主要方式,在良好的培养条件下,酵母菌生长迅速,成熟的酵母菌细胞,先长出一个小芽,芽细胞长到一定程度,脱离母细胞继续生长,尔后形成新个体。芽殖的方式很多,有多边出芽、两端出芽和三边出芽。某些生长旺盛的酵母菌出芽繁殖的速度很快,这时可以看到细胞都长出芽体,子细胞还没与母细胞分离,在芽体上又长出小芽体形成连串的细胞团,这种藕节状的细胞串称为假菌丝,如热带假丝酵母菌。而其间的横隔面积与细胞直径一致,则这种竹节状的细胞串就称为真菌丝(euhyphae)。

酵母菌的出芽繁殖过程如图 3-4 所示:①酵母菌生长到一定阶段,邻近细胞核的中心体产生一个小突起,同时在酵母菌将要形成芽体的部位,通过水解酶的作用使细胞壁变薄,大量新细胞物质堆积在芽体起始部位;②母细胞核分裂成两个子核,一个随母细胞的部分细胞质进入芽体,芽体逐渐长大,当芽体长大到接近母细胞的大小时,即成为子细胞;③子细胞与母细胞相连部位形成了一隔壁层;④子细胞与母细胞在隔壁层处分离成为独立的新个体。在母细胞上留下一个芽痕,在子细胞上相应地留下一蒂痕(birth scar)。

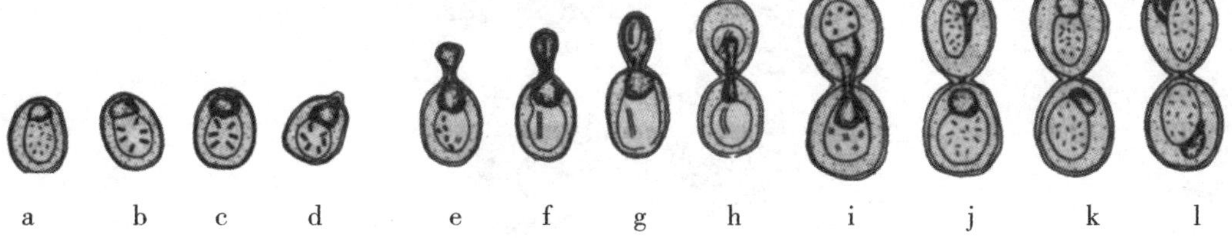

母细胞形成小突起(a→d);核裂(e→g);原生质分配(h→i);新膜形成(j→k);形成新细胞壁(l)

图 3-4　酵母菌出芽繁殖过程

(2)裂殖(fission)　少数种类的酵母菌与细菌一样,借细胞横分裂而繁殖。

(3)产生无性孢子　有些酵母菌可形成无性孢子进行繁殖。如掷孢酵母属可在卵圆形的营养细胞上长出小梗,其上产生肾形的掷孢子。待孢子成熟,可将掷孢子喷射出来。有的酵母菌如白假丝酵母菌能在顶端产生具有厚壁的厚垣孢子,还有一些酵母菌如地霉属则可让成熟菌丝呈竹节状断裂,产生大量的节孢子。

3.2.3.2 有性繁殖

凡能进行有性繁殖的酵母菌称为真酵母(euyeasts),归属于子囊菌,尚未发现有性繁殖的称假酵母(pseudo-yeasts),暂归为半知菌亚门。酵母菌以形成子囊(ascus)及子囊孢子(ascospore)进行有性繁殖。

(1)酵母菌的有性繁殖过程　当酵母菌发育到一定阶段,可经过如下几个阶段完成有性繁殖:①接触,两个性细胞接近,各伸出一个小的突起而相互接触,使两个细胞结合起来;②质配,接触处细胞壁溶解,两个细胞的细胞质通过所形成的融合管道进行质配;③核配,两个单倍体核也移至融合管道中发生核配形成二倍体核的接合子;④减数分裂,通过减数分裂可形成4或8个核;⑤子囊孢子成熟,核被各自周围的原生质包裹,在其表面形成孢子壁,这样子囊孢子成熟,而原有的营养细胞则成为子囊。

需说明的是,一般生长旺盛的幼龄细胞容易形成孢子,老龄细胞不易形成。此外,酵母菌形成子囊孢子还需要适宜的培养基和良好的生长条件。

(2)孢子的发育　孢子在适宜的条件(营养和温度等)下,可促使孢子膨胀进行发芽。发芽的方式随酵母菌的种而异,有2种类型:①直接发芽,即孢子直接发芽而形成营养细胞;②芽管发芽,即孢子先产生管状突起,称为芽管,在芽管上产生横隔而形成营养细胞。不同种的酵母菌所产生的孢子,均有一定形状与数目,为分类上的一项依据。

3.2.3.3 酵母菌的生活史

个体经一系列生长、发育阶段后而产生下一代个体的全部过程,就称为该生物的生活史或生命周期(life cycle)。酵母菌的生活史可分为3个类型,即单倍体型,如八孢裂殖酵母(图3-5);双倍体型,如路德类酵母(图3-6);单双倍体型,如酿酒酵母(图3-7)。

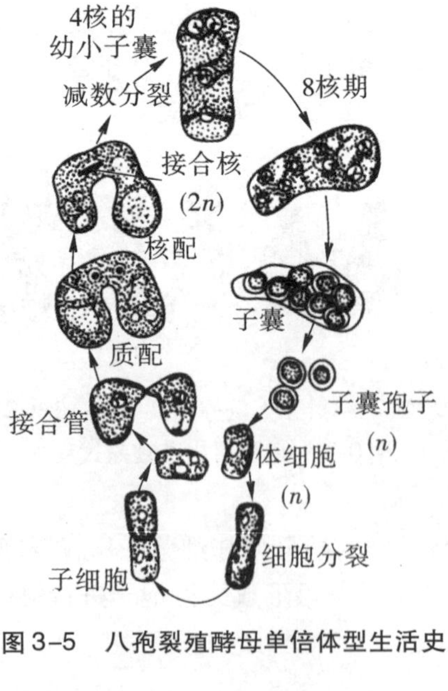

图3-5　八孢裂殖酵母单倍体型生活史

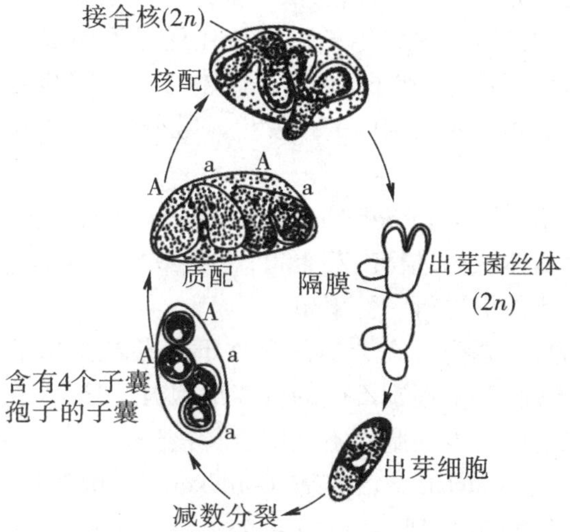

图 3-6　路德类酵母双倍体型生活史

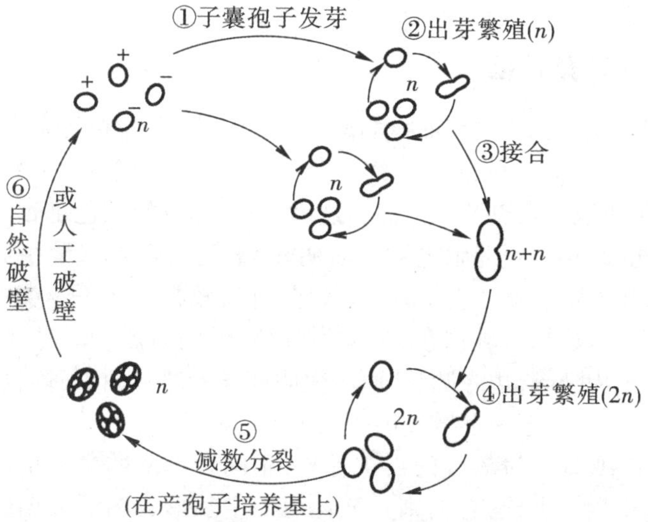

图 3-7　酿酒酵母单双倍体型生活史

（1）单倍体型　八孢裂殖酵母（*Schizosaccharomyces octosporus*）可作为这一类型的代表。其主要特点是：营养细胞为单倍体；无性繁殖以裂殖方式进行；二倍体细胞不能独立生活，故此阶段很短。

其生活史的过程为：单倍体营养细胞借裂殖进行无性繁殖；两个营养细胞接触后形成接合管，发生质配后即行核配；二倍体的核分裂 3 次，第一次为减数分裂；形成 8 个单倍体的子囊孢子；子囊破裂，释放子囊孢子。

（2）双倍体型　路德类酵母（*Saccharomycodes budwigii*）是这一类型的典型代表。其特点为：营养体为二倍体，不断进行芽殖，此阶段较长；单倍体的子囊孢子在子囊内发生接合;单倍体阶段仅以子囊孢子形式存在,故不能进行独立生活。

路德类酵母生活史的过程:单倍体子囊孢子在孢子囊内成对接合,并发生质配和核配;接合后的二倍体细胞萌发,穿破子囊壁;二倍体的营养细胞可独立生活,通过芽殖方式进行无性繁殖;在二倍体营养细胞内的核发生减数分裂,营养细胞成为子囊,其中形成4个单倍体子囊孢子。

(3)单双倍体型　酿酒酵母(*Saccharomyces cerevisiae*)是这一类型的代表。其特点为:一般情况下都以营养体状态进行出芽繁殖;营养体既可以单倍体形式存在,也能以二倍体形式存在;在特定条件下进行有性繁殖。

其生活史的过程为:子囊孢子在合适的条件下发芽产生单倍体营养细胞;单倍体营养细胞不断进行出芽繁殖;两个性别不同的营养细胞彼此接合,在质配后即发生核配,形成二倍体营养细胞;二倍体营养细胞并不立即进行核分裂,而是不断进行出芽繁殖;在特定条件(例如在含醋酸钠的McClary培养基、Gorodkowa氏培养基上)下,二倍体营养细胞转变成子囊,细胞核进行减数分裂,并形成4个子囊孢子;子囊经自然破壁或人为破壁(如加蜗牛消化酶溶壁,或加硅藻土和液体石蜡研磨等)后,释放出单倍体子囊孢子。啤酒酵母的二倍体营养细胞因其体积大、生活力强,故广泛地应用于工业生产、科学研究或遗传工程实践中。

3.2.4　酵母菌的培养特征

酵母菌都是单细胞微生物,且细胞都是粗短的形状,在细胞间充满着毛细管水,故它们在固体培养基表面形成的菌落也与细菌相仿,一般都有湿润、较光滑、有一定的透明度、容易挑起、菌落质地均匀以及正反面和边缘、中央部位的颜色都很均一等特点。但由于酵母菌的细胞比细菌的大,细胞内颗粒较明显、细胞间隙含水量相对较少以及不能运动等特点,故反映在宏观上就产生了较大、较厚、外观较稠和较不透明的菌落。酵母菌菌落的颜色比较单调,多数都呈乳白色,少数为红色,个别为黑色。另外,凡不产生假菌丝的酵母菌,其菌落更为隆起,边缘圆整,而产生假菌丝的酵母菌,菌落较平坦,表面和边缘较粗糙。酵母菌的菌落一般还会散发出一股悦人的酒香味。

在液体培养基中,基于对氧气的需求差异,不同酵母菌的生长情况不同。有的产生沉淀,有的在液体中均匀生长,有的则在液体表面生长形成菌醭或菌膜。有些假菌丝的酵母菌所形成的菌醭较厚,有些酵母菌形成的菌醭很薄,干而变皱。菌醭的形成及特征具有分类意义。

食品工业中常见的酵母菌

3.3　丝状真菌——霉菌

霉菌(mould)不是分类学上的名称,而是丝状真菌的统称。霉菌意即"发霉的真菌",通常指那些菌丝体比较发达而又不产生大型子实体的真菌。

3.3.1　霉菌的分布与实践

霉菌分布极其广泛,存在于土壤、空气、水和其他物品等处,一般存在有机物的地方都能找到它们的踪迹。它们在自然界中扮演着最重要的有机物分解者的角色。霉菌存在强大的酶系，可将其他生物难以分解利用的复杂有机物如纤维素、半纤维素、木质素等彻底分解转化，供绿色植物利用。

霉菌与工农业生产、医疗实践、环境保护和生物学基本理论研究等方面都有密切关系，是人类认识和利用最早的一类微生物。在食品制造方面，如酱油、豆豉、腐乳的酿造及干酪的制作等；发酵工业中用于生产乙醇、有机酸、酶制剂、抗生素、维生素、生物碱、真菌多糖等，此外，利用某些霉菌对甾族化合物进行生物转化以生产甾体激素类药物；霉菌在农业中也尝试应用于发酵饲料、植物生长刺激素、杀虫农药等的生产；在环境保护方面，利用腐生型霉菌具有分解各种复杂有机物（尤其是纤维素、半纤维素和木素）的能力，使数量巨大的动植物尤其是植物的残体重新转变为生态系统中绿色植物的养料，在自然界物质转化中具有重要作用，此外，霉菌在生物防治、污水处理和生物测定等方面也有应用。

霉菌也给人类带来危害。引起工农业产品的霉变，造成谷物、果蔬、纺织品、皮革、木器、纸张、光学仪器、电工器材和照相胶片等发霉变质；霉菌可引起植物传染性病害；不少致病真菌可引起人和动物的浅部病变（如皮肤癣菌引起的各种癣症）和深部病变（如既可侵害皮肤、黏膜，又可侵犯肌肉、骨骼和内脏的各种致病真菌）；引起食物中毒，部分霉菌产生的真菌毒素严重威胁人和动物的健康。

3.3.2　霉菌细胞的形态和构造

3.3.2 1　霉菌的细胞形态

（1）菌丝（hypha）　菌丝是真菌营养体的基本单位，它是由细胞壁包被的一种管状细丝，其直径一般为 3 ~ 10 μm，与酵母菌宽度相似，但比细菌或放线菌的细胞约粗 10 倍。菌丝是由霉菌的孢子萌发而形成的。幼龄菌丝一般无色透明。霉菌的菌丝分无隔菌丝和有隔菌丝两种类型。其中，毛霉属（*Mucor*）和根霉属（*Rhizopus*）低等霉菌的菌丝为无隔菌丝；而曲霉属（*Aspergillus*）和青霉属（*Penicillium*）高等真菌的菌丝为有隔菌丝，如图 3-8 所示。

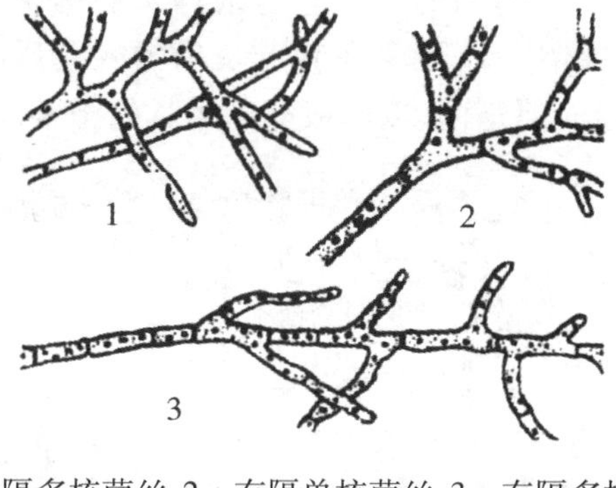

1—无隔多核菌丝；2—有隔单核菌丝；3—有隔多核菌丝

图 3-8　菌丝隔膜类型

1)无隔菌丝　菌丝内无隔膜,整个菌丝多为长管状的单细胞,细胞质内含有多个细胞核。在菌丝生长过程中只有细胞核的分裂和原生质量的增加,而无细胞数目的增多。

2)有隔菌丝　菌丝内有隔膜,将菌丝分隔成多个细胞,整个菌丝由多个细胞组成,每两节中间的一段菌丝称菌丝细胞,每个细胞内含有一个或多个细胞核。隔膜上有一个或多个小孔相通,使细胞之间的细胞质相互流通,进行物质交换,每个细胞的功能相同。菌丝生长的表现为细胞核的分裂并伴随着细胞数目的增多。

(2)菌丝体的分化及其特化形态　当霉菌孢子落在适宜的固体营养基质上后,就发芽产生菌丝,菌丝继续生长并向两侧分枝。由许多分枝菌丝相互交织而成的群体称为菌丝体。霉菌菌丝体在功能上有一定的分化,密布于营养基质内部主要执行吸收营养物功能的菌丝体称为营养菌丝体(vegetative mycelium);伸出培养基长在空气中的菌丝体则称为气生菌丝体(aerial mycelium);部分气生菌丝体生长到一定阶段,可以分化成产生生殖器官和生殖细胞、具有繁殖功能的菌丝体,称为繁殖菌丝体。在长期进化过程中,为了适应环境和自身生理功能的需要,霉菌菌丝体可分化出许多功能不同的特化形态,可分为营养菌丝体的特化形态和气生菌丝体的特化形态。

1)营养菌丝体的特化形态(表3-3)

表3-3　营养菌丝体的特化形态

形态构造名称	功能
假根、吸器	吸取营养
匍匐丝	延伸
附着胞、附着枝	附着
菌核、菌索	休眠或蔓延功能
菌环和菌网	捕食线虫

①匍匐丝(stoion)　又称匍匐枝(图3-9),毛霉目真菌在固体基质上常形成与平面平行、具有延伸功能的菌丝,称为匍匐丝。它是根霉属的霉菌营养菌丝分化形成的具有延伸功能的匍匐状菌丝。每隔一段距离在其上长出伸入基质的假根和伸向空间生长的孢囊梗,新的匍匐丝再不断向前延伸,以形成蔓延生长的菌苔。

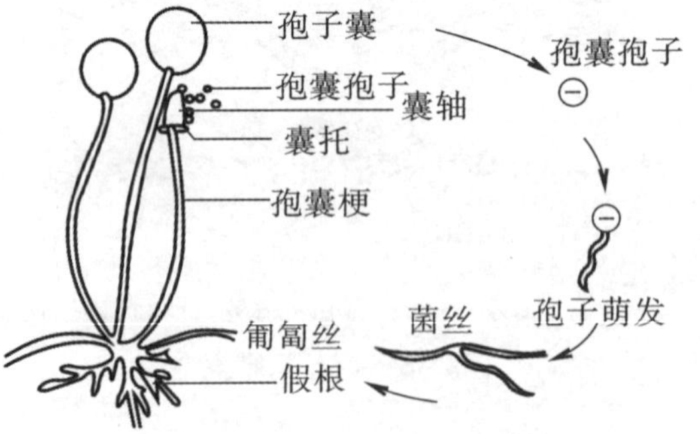

图3-9　根霉(假根与匍匐丝)形态与构造

②假根(rhizoid) 假根(图3-9)是根霉属的霉菌匍匐丝与固体基质接触处分化形成的根状菌丝,具有固着和吸收营养物质的功能。在显微镜下假根的颜色比其他菌丝要深。

③吸器(haustorium) 吸器是由专性寄生性真菌(如锈菌、霜霉菌和白粉菌等)从营养菌丝上产生出来的旁枝,它可侵入宿主细胞内并分化成指状、球状、丝状或丛枝状结构,用以吸收寄主细胞的养料(图3-10)。

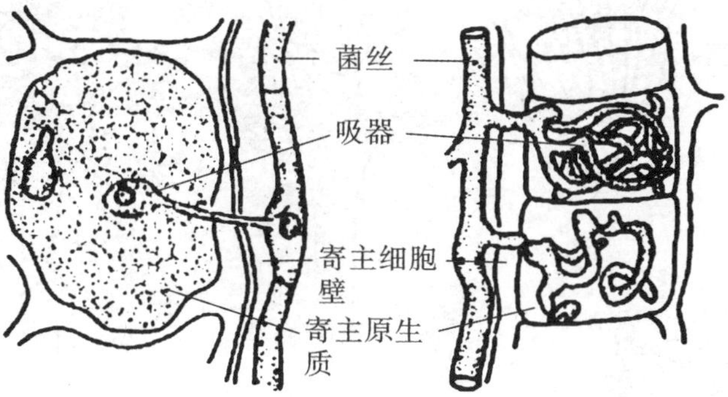

图3-10 根状吸器

④菌核(sclerotium) 它是由霉菌的菌丝团组成的一种外层色深、坚硬的休眠体,可保存数年的生命力。它对外界不良环境具有较强的抵抗力,在适宜条件下可萌发出菌丝,其内层疏松,大多呈白色。

⑤菌索(rhizomorph) 菌索一般由伞菌(如假蜜环菌)产生,为白色根状菌丝组织,其功能是促进菌体蔓延和抵御不良环境。

⑥附着胞(adhesive cell) 许多寄生于植物的致病菌在其芽管或老菌丝顶端发生膨大,分泌黏状物,借以牢固地黏附在宿主细胞上,称为附着胞。在其上再形成纤细的针状感染菌丝,以侵入宿主的角质表皮吸收营养物质。

⑦菌环(ring)和菌网(net) 捕虫菌目和一些半知菌目的菌丝会分化成圈环或网环的特化菌丝组织,用来捕捉线虫或其他微小动物,再从这类环或网上生出菌丝侵入线虫体内吸收营养物质(图3-11)。

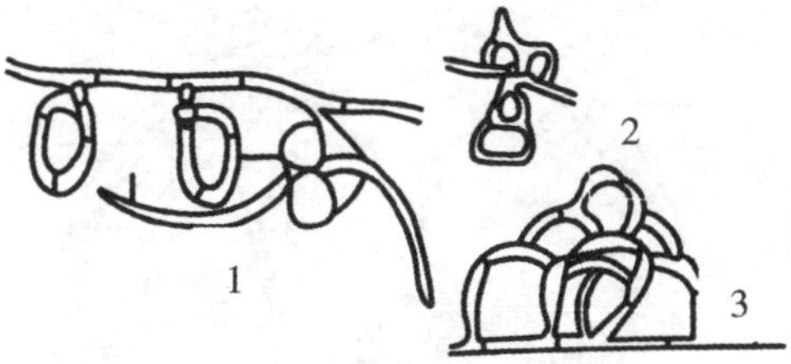

1—菌环;2—简单菌网;3—菌网

图3-11 真菌的菌环和菌网

2)气生菌丝体的特化形态 子实体(fruiting body)是指在其内部或表面产生无性或有性孢子,具有一定形状和构造的菌丝体组织,为气生菌丝体特化形成。结构简单的子实体有:曲霉属和青霉属等产生无性分生孢子的分生孢子头(图 3-12);根霉属和毛霉属等产生无性孢囊孢子的孢子囊;担子菌产生有性担孢子的担子。结构复杂的子实体有:产生无性孢子的分生孢子器、分生孢子座(sporodochium)和分生孢子盘(acervulus)等结构,能产生有性孢子的子囊果(ascocarp)。

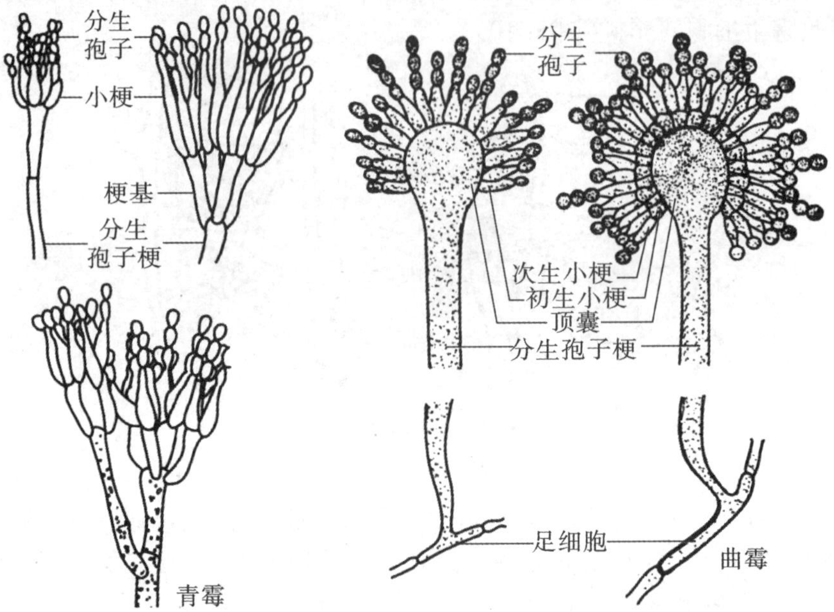

图 3-12　青霉和曲霉的分生孢子头

3.3.2.2　霉菌的细胞构造

丝状真菌具有典型的细胞构造(图 3-13),其菌丝细胞的构造与前述的酵母菌细胞十分相似。幼龄菌丝细胞质均匀透明,充满整个细胞;老龄菌丝细胞质黏稠,出现较大的液泡,内含肝糖粒、脂肪滴及异染颗粒等储藏物。此外,有些霉菌还有膜边体等特殊结构。其生长都是由菌丝顶端细胞的不断延伸实现的。随着顶端不断向前伸展,细胞壁和细胞质的形态、成分逐渐发生变化,细胞壁加厚并趋于成熟。

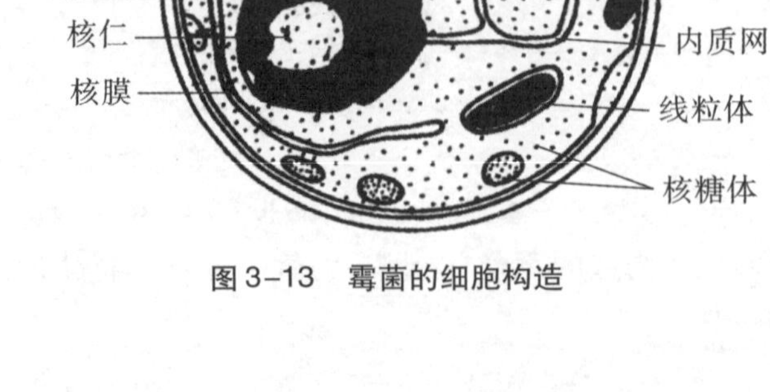

图 3-13　霉菌的细胞构造

3.3.3　霉菌的繁殖方式

霉菌的繁殖可分为无性繁殖和有性繁殖。霉菌的繁殖能力很强，且方式多样，除了菌丝片段可长成新的菌丝体外，还可产生多种无性孢子和有性孢子，孢子的类型及特点见表 3-4。

表 3-4　真菌孢子的主要类型及特点

孢子名称		染色体倍数①	外生或内生	外形
无性孢子	节孢子	n	外	柱状
	游动孢子	n	内	圆、梨、肾形
	厚垣孢子	n	外	近圆形
	孢囊孢子	n	内	近圆形
	分生孢子	n	外	外形多样
有性孢子	卵孢子	$2n$	内	近圆形
	接合孢子	$2n$	内	近圆形
	子囊孢子	n	内	外形多样
	担孢子	n	外	近圆形

①n 为单倍体，$2n$ 为二倍体。

3.3.3.1　无性繁殖

霉菌主要以产生无性孢子进行无性繁殖。

(1)节孢子(arthrospore)　由菌丝断裂而成，又称粉孢子或裂孢子。节孢子的形成过程是菌丝生长到一定阶段，菌丝上出现许多横隔，然后从横隔处断裂，产生许多形如短柱状、筒状或两端呈钝圆形的节孢子。常见于担子菌类的气生菌丝，如白地霉。

(2)游动孢子(zoospore)　游动孢子产生在由菌丝膨大而成的游动孢子囊内，孢子通常为圆形、梨形或肾形，具一根或两根鞭毛，能够游动。产生游动孢子的真菌多为水生真菌，大多数为鞭毛菌亚门的真菌。

(3)厚垣孢子(chlamydospore)　又称厚壁孢子。它是由菌丝中间(少数在顶端)的个别细胞膨大，原生质浓缩和细胞壁变厚而形成的休眠孢子。厚垣孢子是霉菌度过不良环境的一种休眠细胞，寿命较长，菌丝体死亡后，上面的厚垣孢子还存活，一旦环境条件好转，就能萌发成菌丝体。毛霉中有些种，特别是总状毛霉一般在菌丝中间形成许多这样的厚垣孢子。

(4)孢囊孢子(sporangiospore)　接合菌亚门无性生殖产生的孢子，其生在孢子囊内故称为孢囊孢子，也称为内生孢子，在孢子形成时，气生菌丝或孢囊梗顶端膨大，并在下方生出横隔与菌丝分开而形成孢子囊。孢子囊逐渐长大，然后在囊中形成许多核，每一个核包以原生质并产生孢子壁，即成孢囊孢子。孢子囊成熟后破裂，孢囊孢子扩散出来，遇适宜条件即可萌发成新个体。

(4)分生孢子(conidiospore) 分生孢子是有隔菌丝的霉菌中最常见的一类无性孢子,是大多数子囊菌亚门和全部半知菌亚门霉菌的无性繁殖方式。分生孢子生于菌丝细胞外,所以也称为外生孢子。菌丝从菌丝体上生出,延长形成分生孢子梗,分生孢子梗末端生出成串的或成簇的无性孢子,即分生孢子。这些单倍体孢子可借助风、水和动物传播。

3.3.3.2 有性繁殖

霉菌有性繁殖靠产生有性孢子进行。霉菌有性孢子是经过两个性细胞(或菌丝)的结合而形成的。霉菌有性孢子的形成过程一般分为三个阶段:①质配,即两个性细胞接触后细胞质融合在一起,但两个核并不融合,每一个核的染色体数目都是单倍的,这个细胞称双核细胞;②核配,质配后,双核细胞中的两个核融合,产生二倍体接合子核,其染色体数是双倍的;③减数分裂,核配以后,双倍体核通过减数分裂,细胞核中的染色体数目又恢复到单倍体状态。

在霉菌中,有性繁殖不及无性繁殖普遍,仅发生于特定条件下,一般培养基上不常出现。常见的霉菌有性孢子包括卵孢子、接合孢子、子囊孢子和担孢子。

(1)卵孢子(oospore) 卵孢子是由两个大小不同的配子囊结合发育而成的。小型配子囊称为雄器,大型的配子囊称为藏卵器。藏卵器中的原生质与雄器配合以前,收缩成一个或数个原生质团,称卵球。当雄器与藏卵器配合时,雄器中的细胞质和细胞核通过受精管而进入藏卵器与卵球配合,此后卵球生出外壁即成为卵孢子。卵孢子的数量取决于卵球的数量。其形成过程如图 3-14 所示。

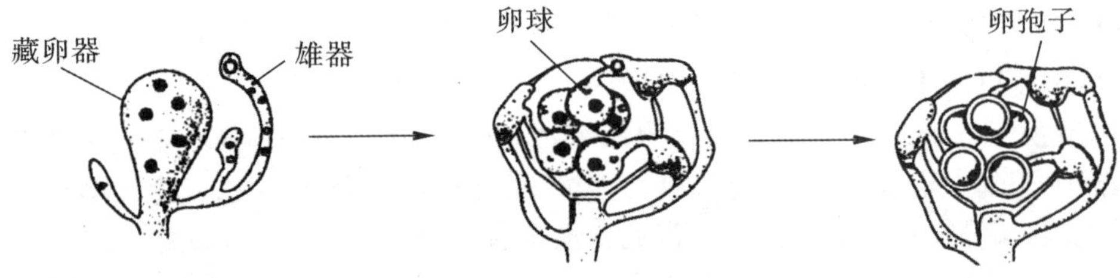

图 3-14 卵孢子的形成过程

(2)接合孢子(zygospore) 接合孢子是由菌丝生出的形态相同或略有不同的配子囊接合而成。其形成过程是:①两个相邻的菌丝相遇,各自向对方生出极短的侧枝,称为原配子囊;②原配子囊接触后,顶端各处膨大并形成横隔,即为配子囊,配子囊下面的部分称配囊柄;③相接触的两个配子囊之间的横隔消失,其细胞质与细胞核互相配合,同时外部形成厚壁,即为接合孢子。在适宜的条件下,接合孢子可萌发成新的菌丝体。

真菌接合孢子的形成有同宗配合(homothallism)和异宗配合(heterothallism)两种方式。同宗配合是雌雄配子囊来自同一个菌丝体,当两根菌丝靠近时,便生出雌雄配子囊,经接触后产生接合孢子,甚至在同一菌丝的分枝上也会接触而形成接合孢子,如有性根霉、接合霉属于此类。而异宗配合,是两种不同质菌系的菌丝相遇后形成的。这种有亲和力的菌丝,在形态上并无区别,毛霉目中大多数的种属于异宗配合。

(3)子囊孢子(ascospore) 子囊孢子是子囊菌亚门的主要特征。在子囊中形成的有性孢子叫子囊孢子。子囊是一种囊状结构,有圆球形、宽卵形、棒形或圆筒形等多种形状,因种而异。霉菌的子囊孢子的形成方式较为复杂,两性细胞已有分化,在形态上也有区别。首先是同一或相邻的两个菌丝形成两个异型配子囊,即较大的产囊器和较小的雄器,两者配合,经过一系列复杂的质配与核配后,形成子囊。然后,子囊中的二倍体细胞核经3次分裂,其中一次为减数分裂形成8个子核,并被周围原生质包裹产生孢子壁,形成子囊孢子。在子囊和子囊孢子发育过程中,原来的雄器和藏卵器下面的细胞生出许多菌丝,它们有规律地将产囊丝包围,于是形成了子囊果(ascocarp)(图3-15)。子囊果有3种类型:第一种为完全封闭圆球形,称为闭囊壳(cleistothecium);第二种有孔,称为子囊壳(perithecium);第三种呈盘状,称为子囊盘(apothecium)。子囊孢子成熟后即被释放出来。子囊孢子的形状、大小、颜色、纹饰等差别很大,多用来作为子囊菌的分类依据之一。

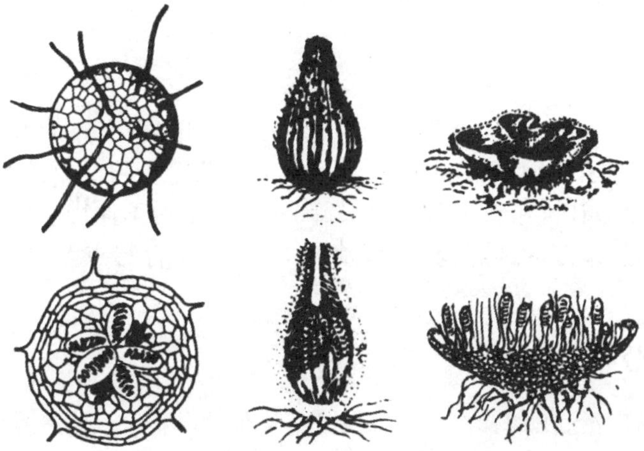

图3-15 子囊果的3种类型

(4)担孢子(basidiospore) 担孢子是担子菌独有的特征,为外生孢子(其具体形成过程见3.4.2部分)。

3.3.4 霉菌的培养特征

霉菌主要特征比较

3.3.4.1 霉菌的菌落特征

霉菌的菌落特征明显,外观上易于辨认。菌落直径大,质地疏松,外观干燥,不透明,菌丝疏松或紧密,孢子有颜色,与培养基结合紧密,不易挑起,有的表面有水滴状分泌物,有霉味,一般比细菌和放线菌菌落大几倍至几十倍。少数霉菌,如根霉、毛霉,生长很快,菌丝生长没有局限,可在固体培养基表面蔓延以至扩展到整个培养皿,看不到单独菌落。多数霉菌菌丝的蔓延有一定的局限性,所形成的菌落也有局限性,在一个培养皿内可清楚地看到有几个或十几个菌落。

四大类微生物的细胞形态及菌落特征比较

菌落正反面颜色呈现较为明显的差异,其原因主要是气生菌丝分化出来的子实体和孢子的颜色比深入在固体基质内的营养菌丝的颜色深。菌落颜色因种而异,在固体培养基上菌落最初常呈浅色或白色,当菌落产生各种颜色的孢子(如黑曲霉产黑色孢子、米曲霉产黄绿色孢子、青霉产铜绿色孢子、木霉产绿色孢子、红曲霉产红色孢子等)后,菌落表面往往呈现出肉眼可见的不同结构和颜色。菌落颜色也与菌丝菌龄有关,处于菌落中心的菌丝菌龄较大,位于边缘的菌丝则较幼小。菌落中心与边缘颜色不同,一般菌龄越大颜色越深。菌落特征是鉴定霉菌的重要依据之一,在霉菌研究中具有重要意义。

3.3.4.2 霉菌的液体培养特征

食品工业中常见的霉菌

霉菌在液体培养基中进行通气搅拌或振荡培养时,往往会产生菌丝球。此时,菌丝体相互紧密纠缠形成球状颗粒,均匀悬浮于培养液中,有利于氧的传递以及营养物和代谢产物的输送,对菌丝的生长和代谢产物形成有利。静止培养时,菌丝常生长在培养液表面,培养液不混浊,有时可用来检查培养物是否被细菌污染。

3.4 蕈菌

蕈菌(mushroom)又称伞菌,通常是指能形成大型肉质子实体的丝状真菌,在分类上分属于子囊菌纲和担子菌纲,具有丰富的营养价值和药用价值。蕈菌为生长基质上或地下的子实体,大小足以让肉眼辨识和徒手采摘,从外表来看不像微生物,过去一直为植物学的研究对象。但从蕈菌的细胞构造、繁殖方式、早期发育特点及进化水平等多种生物学性状来看,它们与显微真菌完全一致。

3.4.1 蕈菌的分布及应用

蕈菌分布较为广泛,在森林落叶地带更为广泛。蕈菌与人类关系密切,可供人类食用和药用。其中可供食用的种类就有2000多种(我国有1500余种),目前已利用的食用菌约有400种,其中约62种已能进行人工栽培(2006年),如常见的平菇、香菇、木耳、银耳、草菇、金针菇和竹荪等。还有许多蕈菌品种可供药用,如常见的灵芝、云芝和猴头等。但也有少数含有剧毒成分,可导致食用者中毒,甚至引起死亡,被称为毒蕈。

3.4.2 菌丝的发育及担孢子的产生

按照菌丝的分化,可将蕈菌的生活史划分为5个阶段:

(1)形成一级菌丝　担孢子萌发,形成由许多单核细胞构成的菌丝,称为一级菌丝,也称为初生菌丝。

(2)形成二级菌丝　不同性别的一级菌丝发生接合后,通过质配形成了由双核细胞构成的二级菌丝。它通过独特的"锁状联合"(图3-16),即形成喙状突起而联合两个细胞的方式不断使双核细胞分裂,从而使菌丝尖端不断向前延伸。"锁状联合"的具体过程如下:①双核菌丝的2个核开始分裂之前,两核之间生出一喙状突起并不断伸出和向下弯曲;②细胞内一个核进入喙突中;③两核同时分裂成4个核;④新分裂的两个核移入细胞的一端,一个核仍留在喙突中;⑤喙突向下弯曲与原细胞壁接触,接触处的壁溶解而沟通,同时喙突的基部产生隔膜;⑥喙突中的核向下移,在喙突的垂直方向产生一隔膜,一个细胞分成两个细胞,每个细胞具两个不同的子核,“锁状联合”完成。

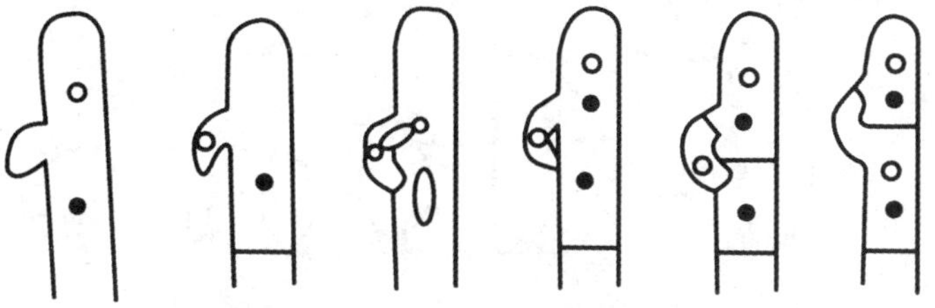

图 3-16　“锁状联合”的过程

(3)形成三级菌丝　条件适宜时,大量的二级菌丝分化为多种菌丝束,即为三级菌丝。

(4)形成实体　菌丝束在适宜条件下会形成菌蕾,然后再分化、膨大成大型子实体。

(5)产生担孢子　子实体成熟后,双核菌丝的顶端膨大,细胞质浓缩,在膨大的细胞内发生核配形成二倍体的核。二倍体的核经过减数分裂和有丝分裂,形成 4 个单倍体子核。这时顶端膨大细胞发育为担子,担子上部随即突出 4 个梗,每个单倍体子核进入一个小梗内,小梗顶端膨胀生成担孢子。由于担孢子是两性菌丝的接合,并经历质配、核配、减数分裂等过程,是典型的有性孢子(图 3-17)。

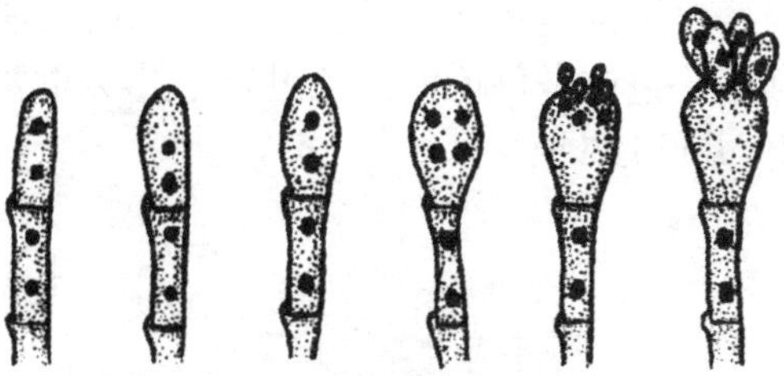

图 3-17　担孢子的形成

3.4.3　子实体形态构造

由“锁状联合”的双核菌丝,发育到一定阶段,达到一定生理成熟时,可产生果实和种子,这种结构称为子实体。蕈菌的最大特征是能形成形状、大小、颜色各异,肉眼明显可见的大型肉质子实体。担子菌的特化菌丝形成各种子实体,如蘑菇、香菇等子实体呈伞状,由菌盖、菌柄和菌褶等组成,菌褶处着生担孢子(图 3-18)。

图 3-18　蕈菌的典型构造及形成过程

思考题

1. 试比较真核生物与原核生物的主要区别。
2. 试比较真核微生物的各种细胞器在构造及功能上的区别。
3. 试述酵母菌的特点。
4. 酵母菌的繁殖方式有哪些？试简述其过程。
5. 试图示酿酒酵母的单双倍体型生活史，并阐述其过程及特点。
6. 霉菌营养菌丝体的特化结构有哪些？试说明各结构的功能。
7. 霉菌的繁殖方式有哪些？试举例说明繁殖过程中几类重要的孢子及其形成过程。
8. 试述蕈菌的生活史，并阐述“锁状联合”的过程。

第4章　病毒及亚病毒因子

【学习目标】

掌握病毒的特点、形态和结构组成；掌握噬菌体增殖过程及其效价的测定；了解亚病毒因子的种类及基本特性。

病毒(virus)是在19世纪末才被发现的一类微小病原体。病毒广泛存在于自然界，是微生物中最小的一个类群。病毒与人类关系密切，对人类重要传染病的防治、工农业生产和环境保护等意义重大。

20世纪30年代以后，随着电子显微镜和超速离心机的发展与应用，病毒的形态、结构、化学成分及作用行为也逐渐被人们所认识。病毒不具有细胞结构，必须进入活的宿主细胞才能完成复制周期，其独特的生命形式使之成为生物学重要的研究对象，同时也成为揭示生命奥秘的工具。随着研究的深入，现代病毒学家把这类非细胞生物分成真病毒和亚病毒因子两大类(表4-1)。

表4-1　病毒的分类及显著特征

非细胞生物		特征
真病毒		至少含有核酸和蛋白质两种组分
亚病毒因子	类病毒	只含具有独立侵染性的RNA组分
	拟病毒	只含不具独立侵染性的RNA组分
	卫星病毒	与真病毒伴生的缺陷病毒
	卫星RNA	只含与侵染无关的RNA组分
	朊病毒	只含有单一蛋白质组分

4.1　病毒

真病毒(euvirus，简称病毒)是一类比细菌更微小，能通过细菌滤器，只含一种类型的核酸(DNA或RNA)，仅能在活细胞内生长繁殖的非细胞形态的微生物。病毒粒(virion)又称病毒颗粒或毒粒，是指在细胞外环境中形态成熟、结构完整、具有感染性的单个病毒。病毒粒具有一定的大小、形态、结构、化学组成与理化性质，甚至可以结晶纯化。

病毒与其他细胞生物比较,具有下列基本特征:①形体极其微小,一般都能通过细菌滤器,电镜可见;②没有细胞构造,其主要成分仅为核酸和蛋白质两种,故又称“分子生物”;③每一种病毒只含有一种核酸,不是DNA就是RNA;④既无产能酶系,也无蛋白质和核酸合成酶系,只能利用宿主活细胞内现成代谢系统合成自身的核酸和蛋白质;⑤以核酸和蛋白质等“元件”的装配实现大量繁殖;⑥在离体条件下,能以无生命的生物大分子状态存在并可长期保持其侵染活力;⑦对抗生素不敏感,但对干扰素敏感;⑧有些病毒的核酸还能整合到宿主的基因组中,并诱发潜伏性感染。

基于上述特点,病毒是一类超显微的、结构极简单的、专性活细胞内寄生的、在活体外能以无生命的化学大分子状态长期存在,并保持其感染活性的非细胞生物。

4.1.1 病毒粒的形态、结构和化学成分

4.1.1.1 病毒粒的形态与大小

病毒粒常见的形态有球状、杆状和蝌蚪状。植物病毒和昆虫病毒的核型多角体病毒多呈杆状;动物病毒多呈球状或近球状;噬菌体多呈蝌蚪状。此外,病毒粒还可见其他形态,如呈砖形的天花病毒、呈弹状的狂犬病毒、呈弯曲丝状的甜菜黄化病毒等。病毒粒的大小用纳米(nm)来量度,精确测定其大小必须借助电镜。测量病毒粒大小的标准是病毒粒的直径。病毒粒的大小悬殊,一般直径为20~200 nm,通常在100 nm左右。

病毒粒形态及大小比例模式图

4.1.1.2 典型病毒粒的结构与功能

病毒粒的结构可分为存在于所有病毒粒中的基本结构和仅为某些病毒粒所特有的特殊结构(表4-2)。病毒粒的结构模式如图4-1所示。

表4-2 病毒粒的结构及组分

病毒粒		组成成分
基本结构	核心	DNA或RNA
	衣壳	蛋白质
特殊结构	包膜	蛋白质、多糖及脂类
	包膜刺突	糖蛋白

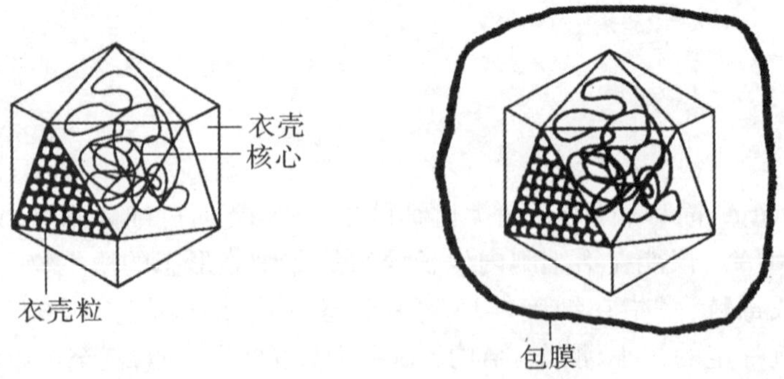

图4-1 病毒粒的结构模式图

(1)基本结构　病毒粒的基本结构即为核心(核酸)和衣壳组成的核衣壳。

1)核心(core)　病毒粒核心主要成分为核酸(DNA 或 RNA),此外还含有少量毒粒酶。核酸位于病毒粒内部,编码病毒所有结构蛋白(指蛋白衣壳、基质蛋白、包膜中蛋白等)和非结构蛋白(不作为病毒体的结构,但通常具有酶的活性)。

2)衣壳(capsid)　衣壳是指包裹或镶嵌于病毒核酸外面,由病毒基因组编码的一层蛋白质。衣壳由一定数量的衣壳粒组成,衣壳粒是包裹病毒核酸的形态学亚单位。每个衣壳粒由一条或几条多肽链折叠构成,电镜下可见衣壳粒呈特定的排列形式。衣壳是病毒粒的主要支架结构和抗原成分,对核酸有保护作用,如保护病毒核酸免受核酸酶和其他不利理化因素的破坏等。

(2)特殊结构　特殊结构是指仅部分病毒粒具有的结构。如在某些病毒(一般为动物病毒,如流感病毒)核衣壳之外,尚有包膜、包膜刺突、基质蛋白或被膜、触须等辅助结构。

1)包膜(envelope)　包膜也称囊膜,是包被在病毒核衣壳外面的一层较为疏松、肥厚的膜状结构。大多数有包膜的病毒呈球形,而痘病毒呈砖形,狂犬病病毒呈弹形。根据病毒有无包膜,可将其分为有膜病毒和无膜病毒(裸病毒)。包膜主要由脂类和糖蛋白等组成。与这些膜相连的是病毒的特异性蛋白,这些病毒特异性蛋白在病毒感染和复制过程中发挥作用。

2)包膜刺突　有的包膜表面还长有刺突(spike)或包膜突起等附属物,其主要成分为糖蛋白,每个包膜刺突在电镜下宛如大头针状,嵌附在病毒包膜脂质中,包膜刺突能与细胞表面的受体结合,使病毒黏附于靶细胞表面,并构成病毒的表面抗原,与病毒的分型、致病性和免疫性等有关,赋予病毒某些特殊功能。

4.1.1.3　病毒的化学成分

病毒的基本化学成分是核酸和蛋白质,有些病毒含有脂类和糖类,个别病毒还含有少量的聚胺化合物、无机阳离子等组分。

(1)核酸　核酸是病毒的重要成分,病毒核酸携带病毒的全部遗传信息,决定着病毒的遗传、变异、感染及增殖。一种病毒的病毒颗粒只含有一种核酸(DNA 或 RNA),至今还未发现一种病毒同时兼有两类核酸。但是,病毒核酸的类型是多样性的。病毒核酸以单链、双链或环状形式存在。DNA 病毒多数为双链,少数为单链;RNA 病毒多数是单链,极少数为双链。病毒核酸还有线状和环状之分(表4-3)。

表4-3　病毒核酸类型及其病毒代表

核酸类型			病毒代表		
			微生物病毒	植物病毒	动物病毒
DNA	ssDNA	线状	核盘菌 SsHADV-1 病毒	玉米条纹病毒等	细小病毒 H-1 病毒等
		环状	M13 噬菌体等	待发现	待发现
	dsDNA	线状	大肠杆菌 T 系噬菌体等	待发现	腺病毒等
		环状	铜绿假单胞菌的 PM2 噬菌体	花椰菜花叶病毒等	猿猴空泡病毒 40 等

续表 4-3

核酸类型			病毒代表		
			微生物病毒	植物病毒	动物病毒
RNA	ssRNA	线状	RNA 噬菌体等	豇豆花叶病毒等	脊髓灰质炎病毒等
	dsRNA	线状	各种真菌病毒等	玉米矮缩病毒等	呼肠孤病毒和昆虫质型多角体病毒等

此外,病毒核酸还有正负链之分。提纯的正链(+)核酸具有侵染性,可直接作为 mRNA 合成蛋白质,而提纯的负链(-)没有侵染性,必须依靠病毒本身携带的转录酶转录成正链后才能作为 mRNA 合成蛋白质。

(2)蛋白质 蛋白质是病毒的另一类重要成分,根据其是否存在于病毒粒中分为结构蛋白和非结构蛋白。无论是结构蛋白(衣壳、包膜)还是非结构蛋白都是由病毒的基因组编码的,这些蛋白在组织培养的复制中可以是必要或非必要的。蛋白质在病毒中的含量随病毒种类而异,如狂犬病病毒的蛋白质含量约占整个病毒粒的 96%,而大肠杆菌 T3、T4 噬菌体则只占 40%。

1)结构蛋白 结构蛋白又可分为衣壳蛋白、包膜蛋白和毒粒酶。这些蛋白对病毒基因组起保护作用,并且能够利用宿主上的受体在宿主间传递基因组。同样在病毒粒的装配过程中也起到了主要作用。特定的病毒有其特征性的衣壳粒蛋白组成及排列方式,是分类的依据之一。包膜蛋白可附着在宿主细胞表面特定的受体上,启动病毒感染的发生。少数病毒粒存在少量毒粒酶,可参与病毒的侵入和释放,有些可参与病毒大分子的合成。

2)非结构蛋白 非结构蛋白是指由病毒基因组编码的,在病毒复制或基因表达调控过程中具有一定功能,但最终并不结合生成成熟的病毒,不作为病毒结构一部分的蛋白。它们通常具有酶的活性,如具有聚合酶、蛋白酶和 DNA 连接酶活性,这对启动病毒的感染是必要的。

(3)脂类和糖类 少数有包膜的大型病毒粒除含有蛋白质和核酸外,还含有脂类和糖类等其他成分,病毒所含的脂类主要是一些磷脂、脂肪酸、甘油三酯和胆固醇等。这些脂类几乎都是由病毒粒在细胞内成熟后释放的过程中,直接从寄主细胞膜上得到的。病毒脂类的存在与病毒的吸附和侵入有关。病毒所含的糖类主要是葡萄糖、龙胆二糖、岩藻糖、半乳糖等,其组成与宿主细胞有关。

4.1.1.4 病毒的对称形态及其代表

根据病毒结构的对称性将病毒大致分为 3 类:

(1)螺旋对称(helical symmetry) 具有螺旋对称结构的病毒多数是单链 RNA 病毒,其粒子形态为线状(如大肠杆菌噬菌体 f1)、直杆状(如烟草花叶病毒)和弯曲杆状(如马铃薯 X 病毒)。烟草花叶病毒(tobacco mosaic virus,TMV),是一种在病毒学发展史各个阶段具有重要影响的模式生物,是螺旋对称病毒的典型代表(图 4-2),TMV 的杆状壳体由 2130 个壳粒螺旋状排列而成,约有 130 个螺旋,螺距为 2.3 nm,壳体全长约 300 nm。

ssRNA 由 6390 个核酸构成，相对分子质量 2×10^6，每 3 个核苷酸与 1 个蛋白质亚基相结合，每圈有 49 个核苷酸。核酸由合适的蛋白质外壳包裹和保护，故结构十分稳定，可在室温下存活多年而不丧失其侵染性。

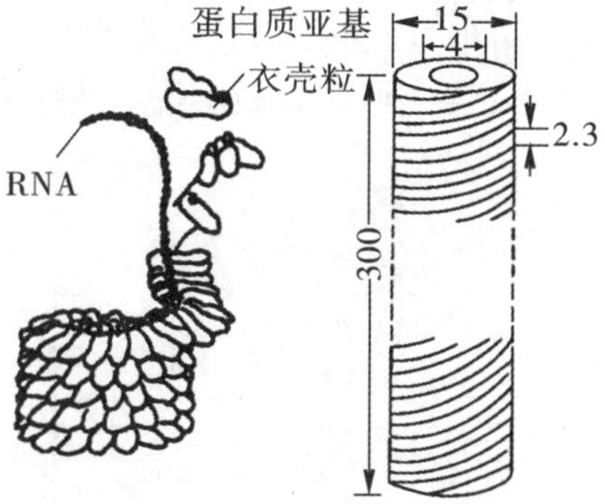

图 4-2　烟草花叶病毒结构模式图(单位为 nm)

(2)二十面体对称(icosahedral symmetry)　腺病毒是一类动物病毒，为这类病毒的典型代表(图 4-3)，球形，无包膜，直径 70～80 nm，有 12 个角、20 个面和 30 条棱，由 252 个球形的衣壳粒排列成一个二十面的对称体，其中五邻体 12 个(分布在 12 个顶角处)，以及六邻体 240 个(均匀分布在 20 个面)。每个五邻体上突出一个末端带有顶球的蛋白纤维，为刺突。腺病毒在宿主细胞核内增殖，并可在宿主细胞内形成包涵体。

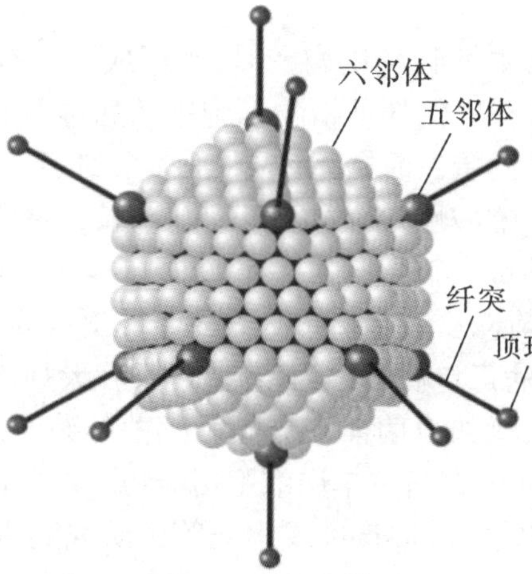

图 4-3　腺病毒结构模型

(3)复合对称(complex symmetry)　这类病毒的壳体是两部分组成的，既有螺旋对称部分，又有二十面体对称部分，故称复合对称。大肠杆菌 T4 噬菌体是这一类病毒的典型代表。T4 噬菌体如蝌蚪状，由头部、颈部、尾部三部分构成(图 4-4)。其头部外壳长 95 nm，宽 65 nm，由 8 种蛋白质组成呈椭圆形的二十面体，由 212 个直径为 6 nm 的衣壳粒构成,核酸为dsDNA,埋藏在蛋白质外壳中。颈部包括颈环和颈须2部分。颈环为一个六角形的盘状构造,其上有6根颈须,用以包裹吸附前的尾丝。T4噬菌体的尾部为螺旋对称结构,尾部由尾鞘、尾管、基板、刺突和尾丝构成。尾鞘长95 nm,由144个衣壳粒排成棒状,共分24个螺旋。尾部中央为尾髓,长95 nm,直径8 nm,中空,是注射核酸的通道。尾板是一个有中央孔的六角形盘状物,其上长有6个短直的刺突和6根细长的尾丝。刺突有吸附功能,而尾丝具有专一吸附在敏感寄主细胞表面相应受体上的功能。

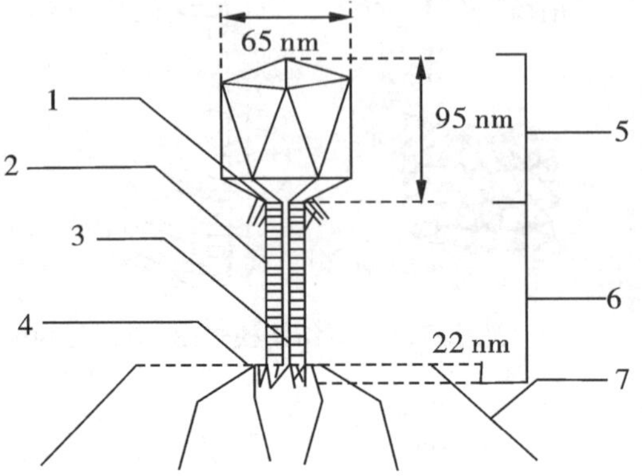

1—颈须;2—尾鞘;3—核心;4—刺突;5—头部;6—尾部;7—尾丝

图4-4 大肠杆菌T4噬菌体结构模式图

病毒增殖的一般特性

4.1.2 病毒的群体形态

当病毒大量聚集并使宿主细胞发生病变时,就形成了具有一定形态、构造并能用光镜加以观察和识别的特殊群体。例如动植物细胞中的病毒包涵体(inclusion body),它是寄主细胞被病毒感染后形成的蛋白质结晶体,内含1个到多个病毒粒子。包涵体的个体较大,多数位于细胞质内,具嗜酸性;少数位于细胞核内,具嗜碱性;也有细胞质和细胞核内都存在的类型。大多数病毒在宿主细胞中形成的包涵体是由完整的病毒颗粒或尚未装配的亚单位聚集而成的小体,少数包涵体为宿主细胞对病毒感染的反应产物。有的包涵体还有特殊名称,如天花病毒包涵体称为顾氏小体,狂犬病毒包涵体称为内基氏小体。此外,有的还可用肉眼观察,例如噬菌体在布满敏感菌的菌苔上增殖裂解形成的负菌落即噬菌斑(plaque),由动物病毒在宿主单层细胞培养物上形成的空斑(plaque),以及由植物病毒在植物叶片上形成的枯斑(lesion)或病斑等。研究病毒的这类群体形态,有助于对病毒进行分离、纯化、鉴别和计数等许多实际工作。

病毒的分类与命名

4.2 噬菌体

噬菌体(phage)具有病毒的一般特性,是原核生物的病毒,包括噬细菌体(bacteriophage),噬放线菌体(actinophage)和噬蓝细菌体(cyanophage)等。噬菌体具有严格的寄主特异性,必须在活的寄主细胞内增殖,而且只有一种核酸,即DNA或RNA,也能通过细菌滤器。噬菌体广泛存在于自然界中,如土壤、腐烂有机物、污水,尤其是发酵废液中都有噬菌体的存在。噬菌体与食品发酵工业关系密切,如何防止噬菌体的污染是发酵工业的一个重要课题。

4.2.1 噬菌体的形态

噬菌体基本形态有蝌蚪状、微球状和丝状 3 种。从结构看又可以分为 6 种不同的类型:①A 型,dsDNA,蝌蚪状,可收缩的长尾,有尾鞘;②B 型,dsDNA,蝌蚪状,不能收缩的长尾,无尾鞘;③C 型,dsDNA,蝌蚪状,不能收缩的短尾,无尾鞘;④D 型,ssDNA,无尾,二十面体球状,顶角为大壳微粒;⑤E 型,ssRNA,无尾,二十面体球状,顶角为小壳微粒;⑥F 型,ssDNA,纤丝状,无头尾。

4.2.2 噬菌体与寄主细胞的关系

根据噬菌体与寄主细胞的关系,可将其分为两类。一类在寄主细胞内复制增殖,产生许多子代噬菌体,并最终使寄主菌细胞裂解,这类噬菌体被称为烈(毒)性噬菌体(virulent phage)。另一类感染寄主细胞后不立即增殖,而是将其核酸整合到寄主细胞核酸中,随寄主细胞核酸的复制而复制,并随细胞的分裂而传代,这类噬菌体被称为温和噬菌体(temperate),而该寄主细胞叫溶源菌(lysogenic bacteria)。

4.2.2.1 烈性噬菌体的增殖

烈性噬菌体感染寄主细胞后进行大量增殖并最终引起菌细胞裂解。其溶菌过程包括吸附、侵入、生物合成、装配(成熟)和释放(裂解)5 个阶段(图 4-5)。从吸附到寄主菌细胞裂解释放子代噬菌体的过程,称为噬菌体的裂解性周期(lytic cycle)或增殖性周期(productive cycle)。

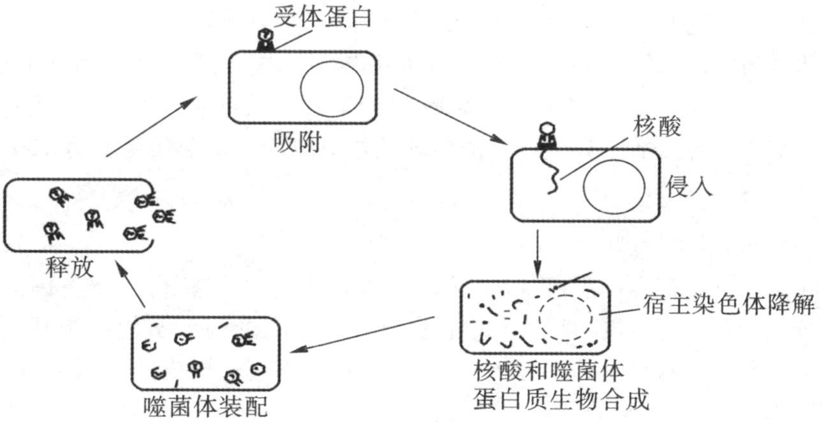

图 4-5 烈性噬菌体的增殖过程示意图

(1)吸附 当噬菌体与敏感的寄主细胞相遇后,尾丝尖端与寄主细胞表面的特异性受体(蛋白质、多糖或脂蛋白-多糖复合物)接触,即可触发颈须把卷紧的尾丝展开,随即就吸附在受体上,这是一种不可逆的特异性反应,随之刺突和基板固定在细胞表面。

(2)侵入　也称穿透,指噬菌体核酸进入寄主细胞的过程。T4 噬菌体以其尾部吸附到敏感菌表面后,将尾丝展开基板固着于细胞上。基板从尾丝获得构象刺激,促使尾鞘中的 144 个蛋白质亚基发生移位,尾鞘收缩,将头部的核酸通过中空的尾管压入细胞内,而蛋白质外壳则留在细胞外。此时,尾部的酶水解细胞壁的肽聚糖,使细胞壁产生一小孔,有利于侵入。其中 T4 噬菌体在条件适宜时,从吸附到侵入只需 15 s。

(3)生物合成　指病毒在寄主细胞内合成病毒蛋白质、复制核酸的过程。噬菌体核酸进入寄主细胞后,将会引起一系列变化。细菌的合成作用受到影响,噬菌体逐渐控制细胞的代谢。T4 噬菌体的增殖具有时序性,是按照早期(immediate early)、次早期(delayed early)、晚期(late)基因的顺序来进行转录、翻译和复制。早期基因的表达以噬菌体 DNA 为模板,在寄主 RNA 聚合酶的催化下,首先产生噬菌体的早期 mRNA,再利用寄主的核糖体翻译产生早期蛋白,这一过程称为早期转录。早期蛋白是一种更改蛋白,与寄主细胞原有 RNA 聚合酶结合后修饰后者性质,使其只能转录噬菌体的次早期基因,由此产生次早期 mRNA,次早期 mRNA 翻译后形成次早期蛋白,这一过程称为次早期转录。次早期蛋白包括一些分解宿主细胞 DNA 的 DNA 酶,复制噬菌体 DNA 的 DNA 聚合酶及供晚期基因表达的晚期 RNA 聚合酶等。晚期转录即为晚期基因产生晚期 mRNA,由此翻译成晚期蛋白,包括一大批可用于子代噬菌体装配的“部件”,如头部蛋白、尾部蛋白,还有在病毒装配中所需的非结构蛋白,如各种装配蛋白、溶菌酶等。

(4)装配　噬菌体的成熟过程就是把已合成的各种“部件”按照一定的顺序进行装配的过程。T4 噬菌体 DNA、头部蛋白质亚单位、尾鞘、尾管、基板、尾丝等部件合成后,噬菌体就要从成熟转向装配,其主要顺序为:①DNA 收缩聚集,被头部外壳蛋白质包围,形成二十面体的噬菌体头部;②尾丝与尾部的其他部件独立完成装配;③头部与尾部连接,最后装上尾丝,成为新的子代噬菌体。

(5)释放(release)　成熟的噬菌体能诱导形成脂肪酶和溶菌酶,分别作用于细胞膜和细胞壁,使菌体细胞裂解,从而完成大量子代噬菌体的释放。

噬菌体增殖所需时间。例如大肠杆菌 T 系噬菌体在合适温度等条件下增殖所需时间为 15 ~ 20 min。平均每一寄主细胞裂解后产生的子代噬菌体数称为裂解量(burst)。一个寄主菌细胞可释放数十到数百个成熟噬菌体,例如 T4 的裂解量约为 100 个,T2 裂解量为 150 个左右。

4.2.2.2　温和噬菌体与溶源菌

温和噬菌体感染寄主菌后不立即增殖,而是将其基因组整合到寄主菌的核酸中,并随寄主菌核酸的复制而复制,且伴随寄主菌分裂而分配到两个子代细菌基因中,即为溶源性或溶源状态。温和噬菌体一般有 3 种状态:①游离态,指成熟后被释放并有侵染性的游离噬菌体粒子;②整合态,指已整合到宿主基因组上的原噬菌体或前噬菌体状态;③营养态,指前噬菌体因自发或经外界理化因子诱导后,脱离宿主基因组而处于积极复制、合成和装配的状态。基因组上带有温和噬菌体基因组的细菌称为溶源菌或溶源性细菌。

(1)溶源菌的特点

1)遗传性　温和噬菌体 DNA 与宿主 DNA 结合,会随宿主 DNA 复制而复制,并平均分配到两个子代细胞中。

2)自发裂解性　多数溶源菌不发生裂解现象,能够正常繁殖,并将原噬菌体传至子代菌体中。只有极少数(约为 10^{-6})溶源菌(如芽孢杆菌、大肠杆菌、假单胞菌、棒状杆菌、沙门菌、葡萄球菌等)的原噬菌体脱离寄主菌的 DNA,并在寄主菌体内增殖产生成熟噬菌体,导致寄主菌细胞裂解,这种现象称为溶源菌的自发裂解。也就是说极少数溶源菌中的温和噬菌体变成了营养态噬菌体。

3)诱发裂解性　溶源菌在外界理化因素下,发生高频裂解的现象称诱发裂解。如用低剂量的紫外线照射处理,或用 X 射线、丝裂霉素 C、氮芥等其他理化因素处理,能够诱发大部分甚至全部溶源性细菌大量裂解,释放出噬菌体粒子。因此,温和噬菌体如 λ 噬菌体既有溶源性循环,又有裂解性循环,而烈性噬菌体只有裂解性循环(图 4-6)。

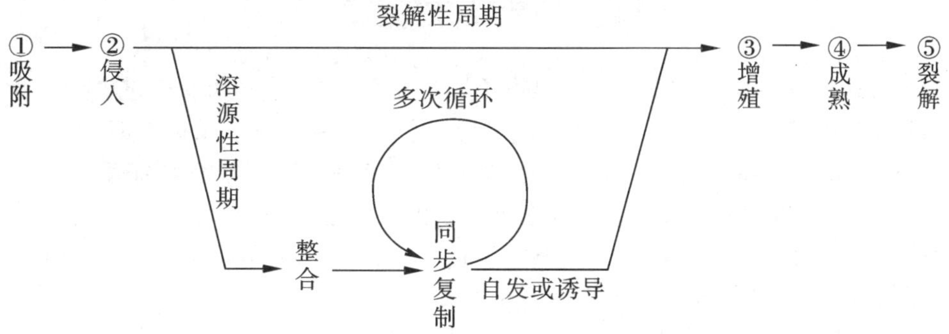

图 4-6　噬菌体的裂解性循环与溶源性循环

4)可复愈性　有极少数溶源菌其中的原噬菌体消失了,成为非溶源性细菌,此时既不会发生自发裂解现象,也不会发生诱发裂解现象,称为溶源菌的复愈或非溶源化。

5)对同源噬菌体的感染具有免疫性　溶源菌对本身产生的噬菌体或外来的同源噬菌体不敏感。这些噬菌体虽然可以进入溶源菌,但不能增殖,也不能导致溶源菌裂解。

6)溶源性转变　噬菌体 DNA 整合到细菌基因组中而改变了细菌的基因型,使溶源菌相应性状发生改变,称为溶源性转变。

(2)溶源性细菌的检测　将待测菌样于合适的液体培养基中培养,并在指数生长期进行紫外线照射,诱导原噬菌体复制。进一步培养,将培养物过滤,去除活菌体,将少量的滤液与大量的敏感指示菌(敏感的非溶源性菌株,易受溶源菌释放出的噬菌体感染发生裂解者)相混合,然后与营养琼脂混匀倒入平板,经培养后溶源菌长成菌落。当溶源菌中部分细胞发生诱发裂解或自发裂解释放出病毒粒时,这些病毒粒会感染溶源菌菌落周围的敏感指示菌,并反复侵染形成噬菌斑,最后形成了中央是溶源菌菌落,四周为透明裂解圈的特殊菌落(图 4-7)。

4.2.2.3　噬菌体效价的测定

在涂布有敏感寄主细胞的固体培养基表面接种相应噬菌体的稀释液,其中每一噬菌体粒子由于先感染和裂解一个细胞,然后以此为中心,再反复感染和裂解周围大量的细胞,结果在菌苔上形成一个具有一定形状、大小、边缘和透明度的噬菌斑(plaque)。因每种噬菌体的噬菌斑的性状不同,故可作为该噬菌体的鉴定指标,也可用于纯种分离和计数。据测定,一个直径仅 2 mm 的噬菌斑含噬菌体粒子数高达 $10^7 \sim 10^9$ 个。这种情况类似于利用菌落进行微生物的分离、计数和鉴定,所不同的是噬菌体形成“负菌落”而已。

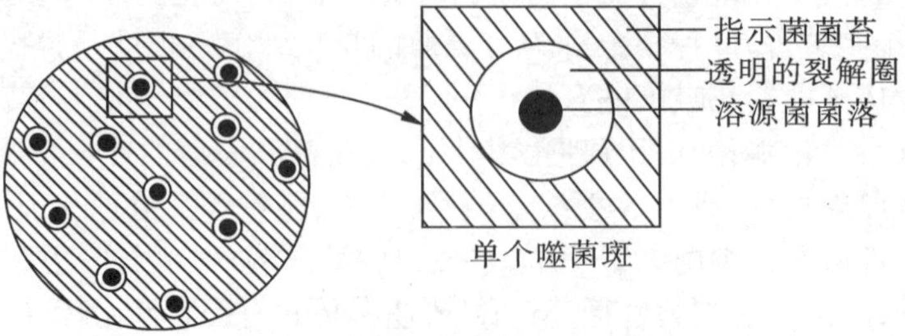

图 4-7　溶源菌及其特殊菌落模式图

效价(titre),这一名称在不同场合具有不同的含义,此处表示每毫升试样中所含具有侵染性的噬菌体粒子数,又称噬菌斑形成单位数(plaque-forming unit,PFU)或感染中心数(infective centre)。每一个噬菌斑由一个噬菌体侵染细菌后不断裂解细菌而形成,实验时将噬菌体经一定倍数稀释,通过噬菌斑计数可测知一定容积中噬菌体的数量。测定噬菌体效价的方法很多,如液体稀释法、玻片快速测定法及单层平板法等。较常用且较精确的方法为双层平板法(two layer plating method)。

双层平板法的主要操作步骤为:①预先分别配制含 2% 和 1% 琼脂的底层培养基和上层培养基,先在平皿中倾入一层底层培养基(7 ~ 8 mL);②待底层培养基凝固后,再将预先融化并冷却到 45 ℃以下,加有较浓的敏感寄主菌(对数期菌液 0.2 mL)和一定体积待测噬菌体样品(合适稀释液 0.1 mL)的上层培养基(3 mL)在试管中摇匀;③立即将上层培养基倒于底层培养基上,而后在 37 ℃下保温 10 余小时,并对噬菌斑计数。此法优点:由于增加了底层培养基,可弥补培养皿底部不平的缺陷,因而使所有噬菌斑都位于近乎同一平面上,且大小一致,边缘清晰,无重叠现象;又因上层培养基中琼脂较稀,故可形成形态较大、特征较明显以及便于观察和计数的噬菌斑。采用双层平板法计算出来的噬菌体效价比用电镜直接计数得到的效价低。这是因为前者测定的是具有侵染性的噬菌体粒子数,而后者为噬菌体的总数。

4.2.2.4　一步生长曲线

定量描述裂性噬菌体生长规律的实验曲线称为一步生长曲线(one-step growth curve),如图 4-8 所示。该曲线可反映 3 个重要特征参数:潜伏期、裂解期和裂解量。绘制一步生长曲线的基本实验步骤如下:①先将在对数期生长的敏感菌悬浮液与适量的噬菌体相混合,通常噬菌体和细菌的混合比例为 1∶10,避免几个噬菌体同时侵染一个细菌细胞;②经数分钟吸附后,在混合液中加入一定量的该噬菌体的抗血清,以中和尚未吸附的噬菌体;③然后用培养液进行高倍稀释,以免发生第二次吸附和感染;④培养后定时取样,将含噬菌体的样品与敏感细菌混合,在平板上培养,计算噬菌斑数;⑤期间每隔数分钟取样,连续测定噬菌体效价;⑥以感染后的时间为横坐标,噬菌斑数为纵坐标,绘制获得一步生长曲线。

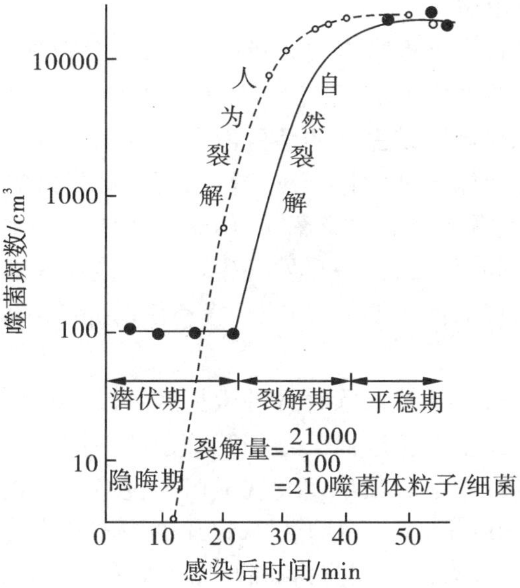

图 4–8　烈性噬菌体(T4 噬菌体)的一步生长曲线

(1)潜伏期(latent phase)　噬菌体的核酸侵入寄主细胞后至第一个成熟噬菌体粒子装配前的一段时间称为潜伏期。潜伏期亦可分为两个阶段:①隐晦期,指在潜伏前期人为地裂解宿主细胞后,此裂解液仍无侵染性的一段时间,此时细胞正处于复制噬菌体核酸和合成其蛋白质衣壳的阶段;②胞内累积期,即潜伏后期,这个时期意味着细胞内开始装配噬菌体粒子,在电镜下可见完整的噬菌体。

(2)裂解期(rise phase)　紧接在潜伏期后的一段时间,寄主细胞迅速裂解,表现为平板中的噬菌斑数急剧增多的一段时间称为裂解期。但事实上寄主细胞群体中各个细胞的裂解不是同步的,故裂解期会经历较长一段时间。

(3)平稳期(plateau)　感染后的寄主细胞已全部裂解,噬菌斑数目在最高处达到稳定的一段时间称为平稳期,此时噬菌体效价达到最大。用平稳期的噬菌斑数(为噬菌体的释放数)除以潜伏期的噬菌斑数(为感染噬菌体的细菌数),得到的裂解量即为每个被感染细菌释放的新噬菌体颗粒的平均数。

4.2.3　噬菌体的危害与应用

4.2.3.1　噬菌体的危害

在发酵工业和食品工业中,噬菌体带来的危害主要有污染生产菌种,造成菌体裂解,无法累积发酵产物和发生倒罐事件等,损失极其严重。例如生产谷氨酸的北京棒状杆菌,生产酸乳的乳酸菌,生产食醋的醋酸菌,生产丙酮、丁醇的丙酮丁醇梭菌,生产链霉素的灰色链霉菌等若受到相应噬菌体感染,则菌体因细胞裂解而很快消失,发酵液变得澄清,不积累发酵产物,使发酵作用完全停止。故在微生物发酵工业中,必须采取一定预防措施以减少由噬菌体污染而造成的损失。

4.2.3.2 噬菌体的防治措施

要防治噬菌体危害,首先是提高有关人员的思想认识,建立"防重于治"的观念。预防的措施主要有:①搞好发酵工厂的环境清洁卫生和生产设备、用具的消毒杀菌工作;②妥善处理好发酵废液,对排放或丢弃的活菌液要严格消毒或灭菌后才能排放;③严格无菌操作,防止菌种被噬菌体污染,对空气过滤器、管道和发酵罐要经常严格灭菌;④定期轮换生产菌种或筛选抗噬菌体的生产菌株,由于噬菌体对寄主专一性较强,一种噬菌体通常只侵染细菌的个别品系,因此一旦发现生产菌种被噬菌体污染,可通过轮换不同品系的生产菌种(每隔一段时间更换一次)或选育和使用抗噬菌体的生产菌株,可达到防治噬菌体的目的。

一旦发现噬菌体污染,要及时采取合理补救措施:针对噬菌体对其宿主范围要求严格的特点,可准备发酵特征基本相近而又不相互抑菌的不同菌株,大量接入另一菌株的种子液或发酵液,继续进行发酵。当早期发现噬菌体侵染且残糖较高时,可先将温度升高到85~95 ℃,并维持10~15 min,这样可有效减少培养基成分的破坏,又可杀灭噬菌体。另外,尽快提取成品,并合理使用药物抑制,加入某些金属螯合剂、抗生素、表面活性剂等也可减少噬菌体污染。

4.2.3.3 噬菌体的应用

(1)用于细菌鉴定和分型　噬菌体裂解细菌具有种与型的高度特异性,即一种噬菌体只能裂解和它相应的该种细菌的某一型,故可用已知型的噬菌体对某细菌进行鉴定与分型。噬菌体分型法在流行病学调查上,特别是在追查传染源,判定传播途径方面具有重要作用。此外,噬菌体在检测和控制食品和环境中致病菌及腐败菌等方面也有一定的应用。

(2)用于诊断和治疗疾病　利用噬菌体裂解相应细菌这一特性可将已知噬菌体加入被检材料中,如出现噬菌体效价增长,一方面可证明材料中有相应细菌存在,另一方面,鉴于细菌耐药现象给人类带来的困惑,在疾病治疗中可使用噬菌体裂解耐药性细菌,如铜绿假单胞菌、葡萄球菌、链球菌、痢疾志贺菌、克雷伯菌等病原菌,已获得了肯定的治疗效果。

(3)作为分子生物学研究的重要实验工具　由于噬菌体结构简单,基因数目较少,易于获得大量突变体,噬菌体变异或遗传性缺陷株又容易辨认、选择和进行遗传性分析,使之成为分子生物学研究的重要工具。基因工程操作中,把外援目的基因导入受体细胞并使之表达的中介体,称为载体。噬菌体作为载体已被广泛应用于基因工程。

4.3 植物病毒

植物病毒(plant virus)大部分属于ssRNA病毒,其基本形态有杆状、丝状和等轴对称的近球状二十面体,一般没有包膜。只有少数种类才有包膜,例如植物弹状病毒组的莴苣坏死黄化病病毒等。

植物病毒寄主专一性不强,一种病毒可寄生于不同科、属、种的植物,绝大多数为种子植物，尤其是禾本科、葫芦科、豆科、十字花科等植物易发生病毒病。其主要症状有：①破坏叶绿体或不能形成叶绿素，表现为花叶、黄化或红化等；②阻碍植株发育导致植株矮化、丛枝和畸形；③杀死植物细胞形成枯斑或坏死。感染病毒的植株细胞内可形成包涵体。

4.4　动物病毒

4.4.1　脊椎动物病毒

脊椎动物病毒是指寄生在哺乳动物、禽类、爬行类、两栖类和鱼类等脊椎动物细胞内的病毒，引起人和其他脊椎动物各种严重疾病。已知与人类健康有关的病毒超过 300 种，与其他脊椎动物有关的病毒超过 900 种。人类 80% 左右的传染病，如流行性感冒、肝炎、水痘、麻疹、腮腺炎、流行性乙型脑炎和脊髓灰质炎、狂犬病等，均由病毒引起。病毒病传染性强，流行广，死亡率高，有的目前还不能有效控制，如艾滋病（acquired immunodeficiency syndrome，AIDS）便是其中的一种，该传染病由人类免疫缺陷病毒（human immunodeficiency virus，HIV）引起，传染性很强，死亡率极高，号称现代瘟疫。此外，据统计，人类恶性肿瘤中约有 15% 是由病毒感染诱发的。肿瘤病毒中 2/3 为 RNA 病毒，1/3 为 DNA 病毒。前者主要引起白血病和淋巴瘤，以及一小部分小鼠乳腺癌；后者包括乳头状瘤病毒、多瘤病毒、腺病毒和疱疹病毒等，可引起多种肿瘤（不引起白血病和淋巴瘤）。与人类肿瘤发生关系密切的有 4 类病毒：逆转录病毒（如 T 细胞淋巴瘤病毒）、乙型肝炎病毒（hepatitis B virus，HBV）、乳头状瘤病毒（human papillomavirus，HPV）和 EB 病毒（epstein-barr virus，EBV），后三类都是 DNA 病毒。

疫苗简介

4.4.2　无脊椎动物病毒

无脊椎动物病毒主要在昆虫中发现，其他如蜘蛛纲、甲壳纲、原生动物和软体动物等体内也有病毒。昆虫病毒数量较多，在病毒学领域内，昆虫病毒的研究和开发工作起步较晚，但发展较快。从生物学角度讲，可以认为昆虫是这些病毒真正的宿主，但习惯上仍把昆虫当作这些病毒的媒介看待，理由之一是这些病毒与昆虫已建立了平衡关系，虽然能在昆虫体内增殖，但一般对昆虫不表现病原性。故此狭义地，昆虫病毒是指以昆虫为宿主并对昆虫有致病性的病毒。

大多数昆虫可在宿主细胞内形成包涵体。在光学显微镜下观察，昆虫病毒包涵体一般呈多角状，因此称之为多角体（polyhedron）。多角体一般是外形呈多角状的多面体，大小一般在 0.5 ~ 10 μm，多数约为 3 μm；多角体成分为碱溶性结晶蛋白，其内包裹着数目不等的病毒粒子。包涵体可在细胞核或细胞质内形成，根据包涵体的有无及其在细胞中的位置、形状，可将昆虫病毒分为核型多角体病毒（nuclear polyhedrosis viruses，NPV）、质型多角体病毒（cytoplasmic polyhedrosis virus，CPV）、颗粒体病毒（granulosis virus，GV）、昆虫痘病毒（entomopoxvirus，EPV）及非包涵体病毒等。

4.5 亚病毒因子

亚病毒因子(subvirus agents)是指在核酸和蛋白质两种成分中,只含其中之一的分子病原体或由缺陷病毒构成的功能不完整的病原体。目前已发现的亚病毒因子包括类病毒、拟病毒、卫星病毒、卫星 RNA 和朊病毒 5 类。

4.5.1 类病毒

类病毒(viroid)是一类无蛋白衣壳,仅有一条裸露的闭合环状单链 RNA 分子,能感染寄主细胞并在其中自我复制,使寄主产生病症的病原体。它是目前已知的最小可传染致病因子,只在植物体中发现。类病毒的相对分子质量小,仅为最小 RNA 病毒的 1/10 左右,由 246 ~ 600 个核苷酸组成。类病毒对热和脂溶剂有抗性。类病毒通常通过种子或花粉传播。类病毒最早由在美国工作的瑞士学者迪纳(Diener)于 1971 年在马铃薯纺锤块茎病(potato spindle tuber disease,PSTD)中发现。迄今已鉴定的类病毒达 20 多种,每种类病毒都有一定的寄主范围。类病毒能引起马铃薯、番茄、苹果、柑橘、椰子等许多经济植物发生缩叶病、矮化病等严重病害。

典型的类病毒是马铃薯纺锤块茎病类病毒(PSTV)。它仅由一个含 359 个核苷酸的单链环状 RNA 分子组成,长 50 nm,整个环由 2 个互补的半体组成,其中一个含 179 个核苷酸,另一个含 180 个核苷酸。该分子内约 70% 碱基通过氢键配对形成一系列短的双链螺旋区,未配对的碱基则形成单链环状区,双链螺旋区与不配对的单链环状区相间排列形成一个伸长的棒状结构(图 4-9)。

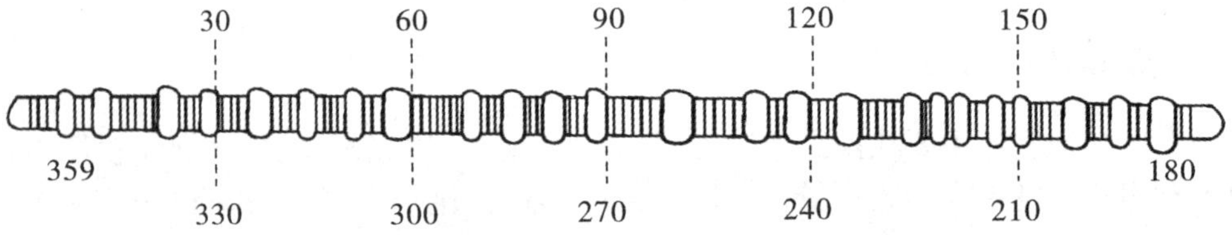

图 4-9 马铃薯纺锤块茎病类病毒(PSTV)的模式结构

类病毒的发现是生命科学的重大事件,它可为生物学家探索生命起源提供一个新的低层次的对象,可为分子生物学家研究功能生物大分子提供一个绝好的材料,也可为病理学家揭开人类和动、植物各种传染病的病因提供一个新的视角。

4.5.2 拟病毒

拟病毒(virusoid)是指一类包裹在真病毒粒中的有缺陷的类病毒。拟病毒极其微小,一般由裸露的 RNA(300 ~ 400 个核苷酸)组成。它的寄生对象是病毒。被拟病毒“寄生”的真病毒又称辅助病毒(helper virus),拟病毒的复制必须依赖辅助病毒的协助,同时,拟病毒也可干扰辅助病毒的复制和减轻其对宿主的病害,这可用于生物防治中。

拟病毒首次在绒毛烟斑驳病毒(velvet tobacco mottle virus,VTMoV)中分离并发现,

VTMoV 的基因组除含有一种大分子线状 ssRNA 外，还含有一种类似于类病毒的环状 ssRNA 分子。这两种 RNA 分别单独接种宿主时都不能感染和复制，只有把两者合在一起时才能感染和复制。现已发现的拟病毒除绒毛烟斑驳病毒（VTMoV）外，还有莨菪斑驳病毒（SNMV）、苜蓿暂时性条斑病毒（LTSV）和地下三叶草斑驳病毒（SCMoV）等。

4.5.3　卫星病毒

卫星病毒（satellite virus）是一类基因组缺损、需要依赖辅助病毒才能复制和表达，并完成增殖的亚病毒因子，其不单独存在，常伴随着其他病毒一起出现。某种小分子 RNA 病毒的复制专门依赖于另一种病毒，前者称为卫星病毒，如腺联病毒（AAVs）、大肠杆菌噬菌体 P4、卫星烟草坏死病毒（STNV）、卫星烟草花叶病毒（STMV）、丁型肝炎病毒（HDV）等，后者则称为辅助病毒。

其中，植物卫星病毒已发现多种，都依赖辅助病毒提供复制酶进行复制，并都编码壳体蛋白。植物卫星病毒对辅助病毒的依赖专一，如 STNV 复制只能依赖烟草坏死病毒（TNV）的辅助。有一类称作腺联病毒（AAVs）的卫星病毒，如 AAV-2，在其侵染宿主细胞的起始阶段是不必依赖辅助病毒，这时若有辅助病毒同时感染宿主，则 AAV-2 就可复制和转录，然后其 mRNA 发生翻译，于是产生有感染力的卫星病毒；反之，若无辅助病毒存在，则 AAV-2 只能整合到宿主基因组上并以前病毒形式进入潜伏期（即对宿主无致病性）。另外，大肠杆菌噬菌体 P4 是一种复杂的卫星病毒，当缺乏专一的辅助噬菌体 P2 时，它虽可复制 DNA 和通过与寄主基因组整合并以前噬菌体形式使寄主细胞溶源化，但不能复制产生成熟的子代噬菌体颗粒。

4.5.4　卫星 RNA

卫星 RNA 是一类小的非编码 RNA，通常不编码蛋白，是一类存在于某专一病毒粒，即辅助病毒的衣壳内，并完全依赖辅助病毒来完成复制、包被、移动和传播才能复制自己的小分子的 RNA 病原因子，且和其辅助病毒的基因组不存在序列同源性。因后来又发现少数种类是 DNA，故有人把卫星 RNA 称为卫星核酸。

卫星 RNA 不同于卫星病毒，它们是一些必须完全依赖辅助病毒进行复制的小分子单链 RNA，对寄主植物无独立的感染性。部分卫星 RNA 可以影响辅助病毒在寄主植物上诱发的症状，多数为减轻症状，少数会加重寄主症状。传统理论认为卫星 RNA 是通过与辅助病毒竞争复制酶，减少了辅助病毒的复制，从而减轻了寄主症状。

4.5.5　朊病毒

朊病毒（prion virus）又称朊粒、感染性蛋白质、蛋白质侵染子，是一类能侵染动物并在宿主细胞内复制的小分子无免疫性疏水蛋白质。朊病毒在 1982 年由美国学者 S. B. Prusiner 研究羊瘙痒病时发现。纯化的感染因子称为朊病毒蛋白（PrP），致病性的朊病毒用 PrP^{Sc} 表示。朊病毒能引起宿主体内现成的同类蛋白质分子（PrP^{c}）发生与其相似的变化，从而使宿主致病。许多致命的哺乳动物中枢神经系统机能退化病均与朊病毒有关。如人的库鲁病（一种颤抖病）、克雅氏病（一种阿尔茨海默病）、致死性家族失眠症及动物的羊瘙痒病、牛海绵状脑病等。

朊病毒（PrP^{Sc}）是一类小型蛋白质颗粒，约由250个氨基酸组成，大小仅为最小病毒的1%。它对高温、紫外线、辐射、非离子型去污剂、蛋白酶等能使病毒灭活的理化因子有较强的抗性。

目前已知，朊病毒的发病机制是由于存在于宿主细胞内的一些正常形式的细胞朊蛋白（PrP^{c}）发生错误后变成致病朊蛋白（PrP^{Sc}）而引起的。PrP^{c}和PrP^{Sc}均来源于宿主中同一编码基因，并具有相同的氨基酸序列，所不同的是它们的结构差异极大。翻译后的PrP^{c}受PrP^{Sc}的作用而发生相应的构象变化。朊病毒蛋白在寄主蛋白合成中（或合成后）起修饰作用。它不是破坏寄主细胞的酶，而是使正常的寄主基因产生更多的致病蛋白质。由于朊病毒与以往任何病毒有完全不同的成分和致病机制，故此它的发现被认为是20世纪生命科学包括生物化学、病原学、病理学的一件大事。

思考题

1. 名词解释：噬菌斑；烈性噬菌体；温和噬菌体；噬菌斑形成单位数；溶源性；溶源性细菌；前噬菌体；亚病毒因子；类病毒；拟病毒；朊病毒。
2. 图示病毒的典型构造。
3. 病毒粒有哪几种对称体制？试举例说明。
4. 简要叙述病毒的特点。
5. 试述烈性噬菌体的增殖过程。
6. 溶源性细菌的特性有哪些？试加以阐述。
7. 噬菌体效价是指什么？简述采用双层平板法测定的过程。
8. 什么是一步生长曲线？简述其绘制过程。
9. 谈谈该如何防止噬菌体对发酵工业的危害。

第5章　微生物的营养和培养基

【学习目标】

熟悉微生物营养物质的种类及功能；了解微生物营养类型的分类依据及特点；掌握微生物吸收营养物质的方式；掌握培养基配制原则、类型、应用和功能。

营养或营养作用(nutrition)是指生物体从外部环境摄取对其生命活动必需的能量和物质,以满足正常生长和繁殖的最基本生理功能。营养是一个过程,凡能满足生物体生长繁殖和完成各种生理活动所需要的物质称为营养物质或营养物(nutrient)。微生物在生命活动中,需要不断从外部环境中吸收所需要的各种物质,通过新陈代谢获得能量,合成细胞物质,同时排出代谢产物,使机体正常生长繁殖。微生物的营养是一切微生物新陈代谢的物质基础,它可为微生物的正常生命活动提供所需要的结构物质、能量、代谢调节物质和必要的生理环境。

学习和掌握微生物的营养理论及其规律,是认识、利用和深入研究微生物的必要条件,有目的地选用、改造和设计符合微生物生理要求的培养基,对进行科学研究或用于生产实践具有极其重要的意义。

5.1　微生物细胞的组成

微生物细胞的化学组成与成分含量可反映微生物生长代谢过程中所需营养物质的类别及数量。故此,分析微生物细胞的化学组成,是了解微生物营养需求的基础,也是配制培养基的重要理论依据之一。

5.1.1　微生物细胞的元素组成

分析结果表明,构成微生物细胞的物质基础是各种化学元素。根据微生物对各类化学元素需要量的大小,可将它们分为主要元素(macroelement)和微量元素(microelement)。主要元素包括C、H、O、N、P、S、K、Na、Mg、Ca、Fe等,其中C、H、O、N、P、S六种元素约占微生物细胞干重的97%以上(表5-1)。微量元素包括Zn、Mn、Cu、Co、Mo等。微生物细胞的化学元素组成的比例常因微生物种类的不同而异。

表 5-1　微生物细胞中主要元素占细胞干重百分数　%

元素	细菌	酵母菌	霉菌
C	50	49.8	47.9
N	15	12.4	5.2
H	8	6.7	6.7
O	20	31.1	40.2
P	3	—	—
S	1	—	—

5.1.2　微生物细胞的化学组成

微生物细胞中的这些元素主要以水、有机物和无机盐的形式存在。

5.1.2.1　微生物细胞的水分

水(water)是微生物细胞中含量最大的成分,是维持细胞正常生命活动必不可少的一类重要物质。微生物细胞含水量较高,约占细胞质量的70% ~90% 。它以两种形式存在于细胞内,一部分为游离水(自由水),另一部分为结合水。两者的生理作用不同。结合水不易挥发,不冻结,不能作溶剂,也不能渗透。不同种类的微生物含水量不同。细菌细胞游离水含量平均为鲜重的75% ~85%,酵母菌为70% ~85%,霉菌为85% ~95%。同一种微生物的含水量随发育阶段和生活条件不同也有差别。一般衰老细胞较幼龄细胞含水少,休眠体含水量较营养体要少得多。微生物细胞的水分可采用低温真空干燥、红外线快速烘干或高温(105 ℃,恒重)烘干等方法测定。

5.1.2.2　微生物细胞的有机物质

细胞的有机物主要有蛋白质、核酸、碳水化合物、脂类、维生素及其降解产物。根据其作用可分为3类:①结构物质,它是细胞壁、细胞核、细胞质和细胞器等的主要结构成分;②储藏物质,主要是多糖和脂类;③代谢底物和产物,包括存在于细胞内的糖、氨基酸、核苷酸、有机酸和维生素等低相对分子质量化合物。各种有机物的含量随着微生物的种类、菌龄和生活环境条件的不同而改变。微生物细胞中干物质的含量占细胞总物质的10% ~30%,其中90%左右的干物质为有机物(表5-2)。

表 5-2　微生物细胞中主要干物质含量(占总干物质百分数)　%

微生物	蛋白质	碳水化合物	脂类	核酸
细菌	50 ~ 80	12 ~ 28	5 ~ 20	10 ~ 20
酵母菌	40 ~ 60	25	2 ~ 5	6 ~ 8
霉菌	20 ~ 40	20	8 ~ 40	1

5.1.2.3　微生物细胞的无机盐类

微生物细胞内含有各种无机盐类，其含量占固体成分的 3% ~10%。无机元素除少量以游离态存在外，大部分以无机盐的形式存在或结合于有机物质中。其中，磷的含量最高，占无机元素的 50% 左右，大部分存在于核酸和细胞膜中。这些无机元素大多参与细胞的结构组成。

5.2　微生物的营养物质及其生理功能

营养物质按其在微生物细胞中的生理功能可划分为：碳源、氮源、能源、生长因子、无机盐和水六大类。

5.2.1　碳源

碳源（carbon source）是指能在微生物生长过程中为微生物提供碳素来源的营养物质。微生物细胞碳含量约为其干重的 50%，因此碳源是除水分外需要量最大的营养物，又称为大量营养物（macronutrients）。将微生物界作为一个整体，其可利用的碳源范围，称为碳源谱（spectrum of carbon sources）。由此可见，微生物可利用的碳源范围非常广泛，根据其来源分为有机碳源和无机碳源两大类（表 5-3）。碳源的生理功能主要有：可通过复杂的化学变化来构成微生物自身的细胞物质和代谢产物。同时多数碳源物质在细胞内生化反应过程中还能为机体提供维持生命活动的能量，但有些以 CO_2 为唯一或主要碳源的微生物生长所需的能源则不是来自 CO_2。

表 5-3　微生物的碳源谱

类型	元素水平	化合物水平	培养基原料水平
有机碳	C·H·O·N·X①	复杂蛋白质、核酸等	牛肉膏、蛋白胨、花生饼粉等
	C·H·O·N	多数氨基酸、简单蛋白质等	一般氨基酸、明胶等
	C·H·O	糖、有机酸、醇、脂类等	葡萄糖、蔗糖、各种淀粉、糖蜜等
	C·H	烃类	天然气、石油及其馏分、液体石蜡等
无机碳	C(?)②	—	—
	C·O	CO_2	CO_2
	C·O·X	$NaHCO_3$、$CaCO_3$ 等	$NaHCO_3$、$CaCO_3$、白垩等

①X 指除 C、H、O、N 外的任何一种或几种元素，下同；
②C(?)表示假设，目前还未发现纯 C 可作为微生物的碳源。

由表可知，微生物能利用的碳源大大超过了动物界或植物界所能利用的范围。凡必须利用有机碳源的微生物，就是为数众多的异养微生物（heterotrophic microorganisms）；反之，凡是以无机碳源作主要碳源的微生物，则是种类较少的自养微生物（autotrophic microorganisms）。需说明的是，从简单的无机含碳化合物，如 CO_2 和碳酸盐到各种各样的天然有机化合物都可作为微生物的碳源,但不同的微生物利用含碳物质,利用能力也存在差异。异养微生物在元素水平上的最适碳源是"C·H·O"型。具体地说,"C·H·O"型中的糖类是最广泛利用的碳源,其次是有机酸类、醇类和脂类等。在有机碳源中,"C·H·O·N"型和"C·H·O·N·X"型虽也可被利用,但在设计培养基时,应尽量避免把这2类主要用作氮源的化合物当碳源使用。对一切异养微生物来说,其碳源同时又兼作能源,因此,这种碳源又被称作双功能营养物(difunctional nutrient)。

实验室常用的碳源主要有葡萄糖、蔗糖、淀粉、甘露醇、有机酸等。发酵工业中常根据微生物对营养需求的不同,利用各种农副产品,如麦麸、甘薯、野生植物淀粉。另外,某些工业生产的副产品,如糖蜜也经常作为廉价碳源使用。

5.2.2 氮源

氮源(nitrogen source)是指能被微生物用来构成细胞物质或代谢产物中氮素来源的营养物质。氮是构成重要生命物质蛋白质和核酸等的主要元素,占细菌干重的12%~15%,是微生物的主要营养物。将微生物界作为一个整体,其可利用的氮源范围即氮源谱(spectrum of nitrogen source)。微生物的氮源谱也十分广泛,可分为有机氮和无机氮两大类(表5-4)。

表5-4 微生物的氮源谱

类型	元素水平	化合物水平	培养基原料水平
有机氮	N·C·H·O·X	复杂蛋白质、核酸等	牛肉膏、酵母膏、饼粕粉、蚕蛹粉等
	N·C·H·O	尿素、一般氨基酸、简单蛋白质等	尿素、蛋白质、明胶等
无机氮	N·H	NH_3、铵盐等	$(NH_4)_2SO_4$等
	N·O	硝酸盐等	KNO_3等
	N	N_2	空气

由表5-4可知,微生物的氮源谱与碳源谱类似,也明显较动物或植物广泛。根据微生物所能利用氮源种类,可将其分成两大类:一类是不需要以氨基酸为氮源,而能将尿素、铵盐、硝酸盐、氮气等简单氮源自行合成所需的氨基酸的微生物称为氨基酸自养型生物(amino acid autotrophs);反之,另外一类需要吸收外界现成的氨基酸为氮源的微生物,称为氨基酸异养型生物(amino acid heterotrophs)。凡是能被微生物直接吸收利用的氮源称为速效性氮源,而需进一步降解成小分子的肽和氨基酸后才能被微生物吸收利用的氮源称为迟效性氮源。速效性氮源有利于菌体的生长,迟效性氮源有利于代谢产物的形成。速效性氮源与迟效性氮源按一定比例制成混合氮源加入培养基中,以控制微生物的生长周期与代谢产物形成期的长短,达到提高产量的目的。

需指出的是,微生物对氮源的利用具有选择性,如玉米浆相对于豆饼粉,NH_4^+相对于NO_3^-为速效性氮源。铵盐作为氮源时会导致培养基pH值下降,称为生理酸性盐,而以硝酸盐作为氮源时培养基pH值会升高,称为生理碱性盐。

实验室中常用到的氮源有硫酸铵、碳酸铵、硝酸盐、尿素、牛肉膏、蛋白胨等，而发酵工业中的氮源主要来源于动物、植物及微生物体，例如鱼粉、蚕蛹粉、黄豆饼粉、花生饼粉、麸皮、玉米浆等。

微生物利用的碳源与氮源物质

5.2.3 能源

能源(energy source)是指能够为微生物生命活动提供最初能量来源的营养物或辐射能。微生物利用的能源因种而异，主要是一些有机物、无机物或光。对于异养微生物来讲，其碳源就是能源，因此，它们的能源谱就显得十分简单。化能自养微生物的能源十分独特，它们都是一些还原态的无机物质，例如 NH_4^+、NO_2^-、S、H_2S、H_2 和 Fe^{2+} 等。能利用这种能源的微生物都是一些原核生物，包括亚硝酸细菌、硝酸细菌、硫化细菌、硫细菌、氢细菌和铁细菌等。一部分微生物能够利用辐射能(光能)进行光合作用获得能源，称为光能营养型。

在能源中，对照碳源谱与氮源谱，某一具体营养物质可同时兼有几种营养要素功能。例如日光辐射能是单功能营养物(能源)，还原态的 NH_4^+ 是自养微生物的双功能营养物(能源和氮源)，而氨基酸是异养微生物的三功能的营养物(碳源、能源和氮源)。

5.2.4 生长因子

生长因子(growth factor)是某些微生物正常代谢所必需，但不能用简单的碳源、氮源自行合成，需从外界提供但需求量很少的一类有机物的统称。狭义的生长因子一般仅指维生素，广义的生长因子除了维生素外，还包括氨基酸、碱基、卟啉及其衍生物、甾醇、胺类、脂肪酸等。

生长因子虽属一类重要的营养要素，但它们与碳源、氮源有所区别，不是所有微生物均需要从外界获取生长因子，按微生物从外界获取生长因子与否，将它们分为 3 种类型。

(1)生长因子自养型微生物　不需要从外界吸收任何生长因子，多数真菌、放线菌和部分细菌，如 *E. coli* 等都属这类。

(2)生长因子异养型微生物　需要从外界吸收多种生长因子才能维持正常生长。如各种乳酸菌、动物致病菌、支原体和原生动物等。例如，一般乳酸菌都需要多种维生素；营养缺陷型突变株常需要碱基；支原体常需要甾醇等。

(3)生长因子过量合成型微生物　少数微生物在其代谢活动中，能合成并大量分泌某些维生素等生长因子，因此，可作为有关维生素的发酵生产菌种。例如生产维生素 B_2 的阿舒假囊酵母，生产维生素 B_{12} 的谢氏丙酸杆菌及某些链霉菌。

在配制培养基(特别是种子培养基)时，通常可用含丰富天然物质的原料以保证微生物对生长因子的需要，这部分天然物质常选用酵母膏、玉米浆、麦芽汁、肝浸汁或其他新鲜动植物的浸提液等。

5.2.5 无机盐

无机盐(inorganic salt)是指为微生物生长提供的除碳源、氮源以外的各种必需矿物元素。无机盐是微生物生长必不可少的一类营养物质，它们在机体中的生理功能主要有:①构成细胞的组成成分,维持生物大分子和细胞结构的稳定性;②参与酶的组成,作为酶活性中心的组分,以及作为酶的辅助因子和激活剂;③调节并维持细胞的渗透压平衡、控制细胞的氧化还原电位和作为某些微生物生长的能源物质等。凡生长所需浓度在 $10^{-4} \sim 10^{-3}$ mol/L 范围内的元素,可称为大量元素(macroelements),如 P、S、K、Mg、Na 和 Fe 等。在配制微生物培养基时,对大量元素来说,只要加入相应化学试剂即可,但其中首选的应是 K_2HPO_4 和 $MgSO_4$,因为它们可同时提供 4 种需要量最大的元素。

微生物所需大量元素与微量元素的功能

生长所需浓度在 $10^{-8} \sim 10^{-6}$ mol/L 范围内的元素,则称微量元素(microelements),如 Cu、Zn、Mn、Mo 和 Ni、Sn、Se 等,微量元素在微生物的生长代谢过程中起到重要的生理调节作用。微生物在生长过程中缺乏微量元素,会导致细胞生理活性降低甚至停止生长。由于不同微生物对营养物质的需求不尽相同,微量元素这个概念也是相对的。微量元素通常混杂在天然有机营养物、无机化学试剂、自来水、蒸馏水、普通玻璃器皿中,如果没有特殊原因,在配制培养基时没有必要额外添加微量元素。

5.2.6 水

水是微生物细胞的重要组成成分,也是细胞维持正常生命活动必不可少的物质。水在细胞中的生理功能有:①它是微生物细胞重要的组成成分,占鲜细胞总重的 75% ~ 90%;②它是一种良好的溶剂,可保证几乎一切生物化学反应的进行;③它可维持各种生物大分子结构的稳定性,并参与某些重要的生物化学反应;④它还有许多优良的物理性质,诸如高比热、高汽化热、高沸点以及固态时密度小于液态等,都是保证生命活动十分重要的特性。

微生物细胞中的含水量很高,但也与其生长阶段及结构部位等因素有关,如霉菌孢子水含量约为 39%,而细菌芽孢核心部分的含水量低于 30%。

5.3 微生物对营养物质的吸收方式

营养物质能否被微生物利用的一个决定性因素是这些营养物质能否进入微生物细胞。除原生动物可通过胞吞作用和胞饮作用摄取营养物质外,其他各类有细胞的微生物均是通过细胞膜的渗透和选择吸收作用从外界获得营养物质。营养物质进出微生物细胞是一个复杂的生理过程。根据物质运输过程的特点,可将微生物吸收营养物质方式分为单纯扩散、促进扩散、主动运输和基团移位。

5.3.1 单纯扩散

单纯扩散(simple diffusion),也称被动运输,指疏水性双分子层细胞膜(包括孔蛋白在内)在无载体蛋白的参与下,单纯依靠物理扩散的方式让许多小分子、非电离分子尤其是亲水性分子被动通过的一种物质运送方式。

单纯扩散是一种最为简单的营养物质进入细胞的方式。营养物质在扩散过程中不消耗能量,物质扩散的动力来自参与扩散的物质在膜内外的浓度差,营养物质不能逆浓度运输,其化学结构也不发生变化(图 5-1)。细胞膜内外表面为极性表面,中间为疏水层，因而物质跨膜扩散的能力和速率与营养物质的性质有关，相对分子质量小、脂溶性、极性小的物质易通过扩散进出细胞。另外，温度高时，细胞膜的流动性增加，有利于物质通过扩散进出细胞，而 pH 与离子强度通过影响物质的电离程度而影响物质的扩散速率。

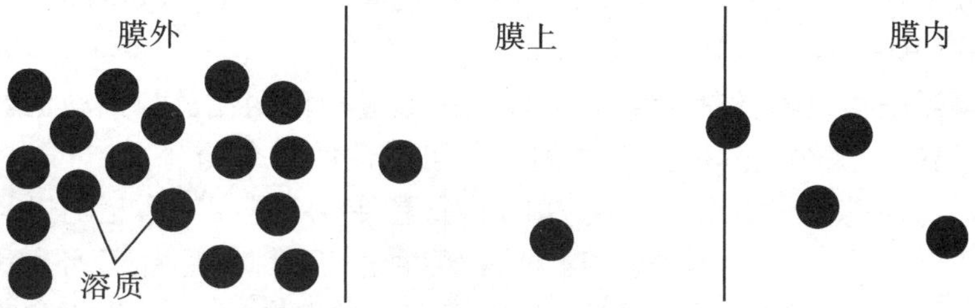

图 5-1　单纯扩散模式图

单纯扩散并不是微生物细胞吸收营养物质的主要方式，通过这种方式运送的物质种类不多，主要是水、气体分子（O_2、CO_2）、乙醇、甘油及某些氨基酸等。

5.3.2　促进扩散

促进扩散（facilitated diffusion）又称协助扩散，是指营养物质在运送过程中，必须借助存在于细胞膜上的特异性底物载体蛋白的协助，但不消耗能量的一类扩散性运动方式。

促进扩散与单纯扩散的主要区别在于：通过促进扩散进行跨膜运输的物质需要借助载体蛋白（carrier protein）的作用力才能进入细胞，而且每种载体蛋白只运输相应的物质，具有高度的专一性。被运输物质在细胞内外与相应载体蛋白之间亲和力大小不同，营养物质先在细胞外与载体蛋白结合，然后在细胞内表面释放，其分子结构不发生变化（图 5-2）。载体蛋白能促进物质进行跨膜运输，但营养物质仍不能逆浓度吸收。通过促进扩散进入细胞的营养物质主要有氨基酸、单糖、维生素及无机盐等，促进扩散的运输方式多见于真核微生物。

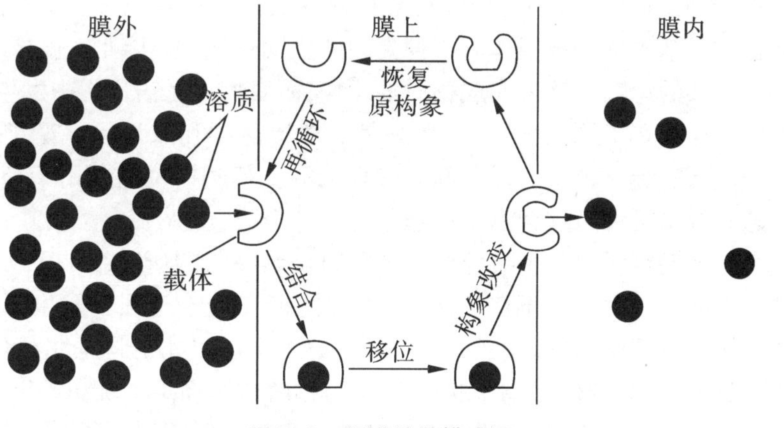

图 5-2　促进扩散模式图

5.3.3 主动运输

主动运输(active transport)指一类须提供能量(包括 ATP、质子动势或“离子泵”等)并通过细胞膜上特异性载体蛋白构象的变化,而使膜外环境中低浓度的溶质运入膜内的一种运送方式,其运输模式如图 5-3 所示。

主动运输需底物载体蛋白的参与,载体蛋白通过构象变化及与被动运输物质之间亲和力大小的差异,使底物与载体蛋白之间发生可逆性的结合与分离,进而完成营养物质的跨膜运输。与促进扩散相比,主动运输的一个重要特点是在物质运输过程中需要消耗能量,而且可以进行逆浓度运输,这对许多生存于低浓度营养环境中的贫养菌(oligophyte)的生存极为重要。主动运输广泛存在于微生物中,是微生物吸收营养物质的主要方式。通过这种方式吸收的营养物质主要有无机离子、有机离子和一些糖类(乳糖、葡萄糖、麦芽糖或蜜二糖)。

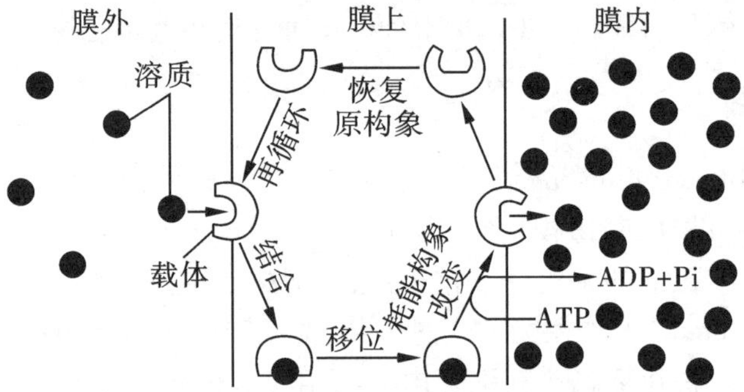

图 5-3 主动运输模式图

5.3.4 基团移位

基团移位(group translocation)指既需要特异性底物载体蛋白参与,又消耗能量的一种物质转运方式。基团移位被视作另一种类型的主动运输,与主动运输方式的不同之处在于它有一个复杂的运输系统来完成物质的运输,而底物在运输过程中发生化学变化。

基团移位广泛存在于原核生物中,尤其是一些厌氧型和兼性厌氧型细菌中,如大肠杆菌、鼠伤寒沙门菌、金黄色葡萄球菌和乳酸杆菌等。基团移位主要用于糖的运输,脂肪酸、核苷酸、碱基等也可通过这种方式运输。

大肠杆菌对葡萄糖吸收和金黄色葡萄球菌对乳糖吸收的研究结果表明,这些糖进入细胞后以磷酸糖的形式存在于细胞质中,表明这些糖在运输过程中发生了磷酸化作用,其中的磷酸基团来源于胞内的磷酸烯醇式丙酮酸(PEP),因此也将基团移位称为磷酸烯醇式丙酮酸-己糖磷酸转移酶运输系统(PTS),简称磷酸转移酶系统。PTS 通常由 5 种蛋白质组成,包括酶Ⅰ、酶Ⅱ(包括 a、b、c 三个亚基)和一种低相对分子质量的热稳定蛋白质(HPr)。酶Ⅰ和 HPr 是非特异性的细胞质蛋白,酶Ⅱa 为可溶性细胞质蛋白,亲水性酶Ⅱb 与位于细胞膜上的酶Ⅱc 相结合。在糖的运输过程中,PEP 上的磷酸基团逐步通过酶Ⅰ、HPr 的磷酸化与去磷酸化作用,最终在酶Ⅱ的作用下转移到糖,生成磷酸糖释放于细胞质中。此运输过程可分两步进行(图 5-4)。

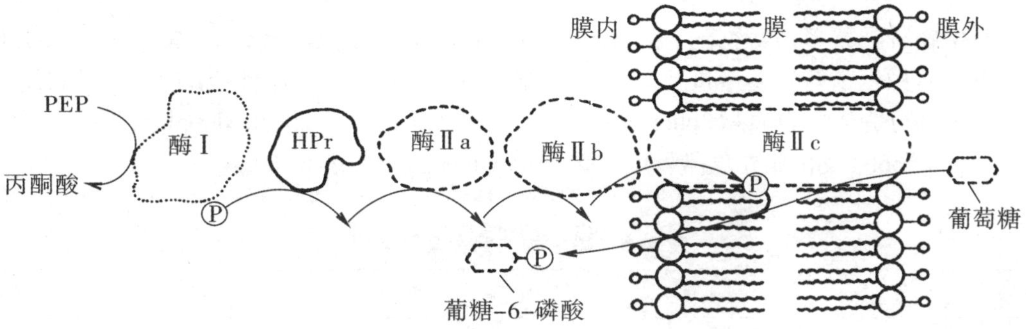

图 5-4　糖分子经基团移位转移进入细胞内模式图

(1)热稳载体蛋白(HPr)的激活　细胞内高能化合物——磷酸烯醇式丙酮酸(PEP)的磷酸基团通过酶Ⅰ的作用而把 HPr 激活:

PEP +HPr ⟶Pyr(丙酮酸)+ P ~ HPr

HPr 是一种低相对分子质量的可溶性蛋白,结合在细胞膜上,起着高能磷酸载体的作用。酶Ⅰ是一种可溶性细胞质蛋白。HPr 和酶Ⅰ在磷酸转移酶系统中,均无底物特异性。

(2)糖经磷酸化而运入细胞膜内　膜外环境中的糖分子先与细胞膜外表面上的底物特异膜蛋白——酶Ⅱc 结合,接着糖分子被由 P ~ HPr →酶Ⅱa→酶Ⅱb 逐级传递来的磷酸基团激活,最后通过酶Ⅱc 再把这一磷酸糖释放到细胞质中。酶Ⅱ共有 3 种,其中Ⅱa 为细胞质蛋白,无底物特异性,Ⅱb 和Ⅱc 均为膜蛋白,它们对底物具有特异性,可通过诱导产生,因此种类很多。有关四类营养物质吸收的方式及特点可见表 5-5。

表 5-5　四类营养物质吸收的方式及特点

比较项目	单纯扩散	促进扩散	主动运输	基团移位
特异载体蛋白	无	有	有	有
运输速度	慢	快	快	快
物质运输方向	由浓至稀	由浓至稀	由稀至浓	由稀至浓
胞内外浓度	相等	相等	胞内浓度高	胞内浓度高
运输分子	无特异性	特异性	特异性	特异性
能量消耗	不需要	不需要	需要	需要
运输后物质的结构	不变	不变	不变	改变
运送物质	H_2O、CO_2、O_2、甘油、乙醇、少量氨基酸等	SO_4^{2-}、PO_4^{3-}、糖	氨基酸、乳糖等;Na^+、Ca^{2+} 等无机离子	葡萄糖、果糖、甘露糖、嘌呤、核苷酸及脂肪酸等

5.4　微生物的营养类型

微生物种类繁多,其营养类型(nutritional types)划分依据较多,人们常在不同层次和侧重点上对微生物营养类型进行划分。根据碳源、能源及氢供体性质的不同,可将绝大部分微生物分为光能自养型(photoautotroph)、光能异养型(photoheterotroph)、化能自养型(chemoautotroph)及化能异养型(chemoheterotroph)四大类(表5-6)。

表5-6　微生物的四大营养类型

营养类型	氢供体	碳源	能源	举例
光能自养型(光能无机营养型)	无机物	CO_2	光能	蓝细菌、紫硫细菌、绿硫细菌、藻类等
光能异养型(光能有机营养型)	有机物	CO_2及简单有机物	光能	红螺细菌
化能自养型(化能无机营养型)	无机物	CO_2	无机物①	硝化细菌、硫化细菌、铁细菌、氢细菌、硫磺细菌等
化能异养型(化能有机营养型)	有机物	有机物	有机物	绝大多数细菌和全部真菌和原生动物

①为 H_2、S、H_2S、Fe^{2+}、NH_4^+、NO_2^-等。

另外,微生物的分类还有其他划分标准(表5-7)。如根据化能异养型微生物利用的有机物性质的不同,又可将它们分为腐生型(metatrophy)和寄生型(paratrophy)两类,前者可利用无生命的有机物(如动植物尸体和残体)作为碳源,后者则寄生在活的寄主机体内吸取营养物质,离开寄主就不能生存;在腐生型和寄生型之间还存在一些中间类型,如兼性腐生型(facultive metatrophy)和兼性寄生型(facultive paratrophy);某些菌株发生突变(自然突变或人工诱变)后,失去合成某种(或某些)对该菌株生长必不可少物质(通常是生长因子如氨基酸、维生素)的能力,必须从外界环境获得该物质才能生长繁殖,这种突变型菌株称为营养缺陷型(auxotroph),与之相反的称为野生型(wild)或原养型(prototroph)等。

表5-7　微生物营养类型的分类

分类标准	营养类型	分类标准	营养类型
以能源分	光能营养型	以生长因子分	野生型或原养型
	化能营养型		营养缺陷型

续表 5–7

分类标准	营养类型	分类标准	营养类型
以氢供体分	无机营养型	以取食方式分	渗透营养型
	有机营养型		吞噬营养型
以碳源分	自养型	以获得死的或活的有机物分	腐生型
	异养型		寄生型
以合成氨基酸能力分	氨基酸自养型	以所需营养物浓度分	贫氧菌
	氨基酸异养型		富养菌

5.4.1　光能自养型

光能自养型又称光能无机营养型，这类微生物含有叶绿素或细菌叶绿素等光合色素（含镁的卟啉色素），能利用光能转化成化学能（ATP），供机体直接利用。光能自养型主要表现在能以 CO_2 为唯一碳源或主要碳源并利用光能进行生长，能以水、硫化氢、硫代硫酸钠等还原态无机物为氢供体，将 CO_2 固定并还原成细胞结构物质，并且伴随元素氧（硫）的释放。藻类、蓝细菌、绿硫细菌、紫硫细菌属于这一类营养类型。

5.4.2　光能异养型

光能异养型又称光能有机营养型，这类微生物具有光合色素，但不能以 CO_2 作为唯一碳源或主要碳源，它们需要以简单有机物作为碳源及氢供体，利用光能将 CO_2 还原为细胞物质。红螺属的一些细菌就是这一营养类型的代表，光能异养型细菌在生长时通常需要外源的生长因子，它们在含有机物、无机硫化物和有光、缺氧的条件下，能利用有机酸、醇等简单有机物作氢供体，将 CO_2 还原成细胞物质，同时积累其他有机物。

光能自养型与光能异养型微生物都可以利用光能生长，在地球早期生态环境的演化过程中起着重要作用，此两者的主要区别在于氢供体和电子供体的来源不同。前者可单独利用 CO_2 作为唯一碳源或主要碳源，并以无机物作为氢供体，将 CO_2 还原成细胞物质；而后者虽然能利用 CO_2，但必须在低分子有机物同时存在时才能迅速生长繁殖，并以简单有机物作为氢供体，将 CO_2 还原成细胞物质。

5.4.3　化能自养型

化能自养型又称化能无机营养型，这类微生物利用无机物氧化过程中放出的化学能作为它们生长所需的能量，以 CO_2 或碳酸盐作为唯一或主要碳源进行生长，利用电子供体如 H_2、H_2S、Fe^{2+}、NH_3 或 NO_2^- 等使 CO_2 还原成细胞物质。硫化细菌、硝化细菌、氢细菌与铁细菌等属于这类微生物的类群。它们广泛分布于土壤和水中，在自然界物质循环中起着重要作用。例如，铁细菌可通过铁的氧化获得能量，通常存在于含铁量高的酸性环境中，将亚铁离子氧化成高铁离子，释放能量。氧化亚铁硫杆菌具有将硫或硫代硫酸盐氧化生成硫酸和将亚铁氧化成高铁的能力，目前已用于尾矿或低品矿藏中铜等金属元素的浸出。

5.4.4 化能异养型

化能异养型又称化能有机营养型,这类微生物以有机物氧化(氧化磷酸化)所产生的化学能(ATP)为能源,以有机碳化合物,如糖类、醇类和有机酸等作为碳源,对于该类微生物,同一有机物既是碳源又是能源。目前在已知的微生物中大多数属于化能异养型,如绝大多数的细菌、全部真菌、原生动物等。

需说明的是,上述4种营养类型的划分并非绝对。在自养型和异养型之间,光能型和化能型之间都存在中间过渡类型,即兼性自养型和兼性光能型。异养型微生物并非绝对不能利用CO_2,只是不能以CO_2为唯一或主要碳源进行生长,而且在有机物存在情况下也可将CO_2合成为细胞物质。同样,自养型微生物也并非不能利用有机物进行生长。

5.5 培养基

培养基(medium,复数为media)是指由人工配制的用于微生物生长繁殖或累积代谢产物用的混合营养基质。配制好培养基是科学研究、发酵生产微生物制品等工作的基础。

5.5.1 配制培养基的基本原则

5.5.1.1 明确培养目的并选择合适营养物质

配制培养基前首先要明确培养目的,根据不同的培养目的,配制不同的培养基。例如,拟培养何菌?获何产物?是用作实验室研究还是实践大生产?是进行一般研究还是作精密的生理、生化或遗传学研究?是生产含氮量低的发酵产物(如乙醇、乳酸、丙酮、柠檬酸等)还是生产含氮量高的产物(如氨基酸、酶制剂、SCP等)?是用作种子培养基还是用作发酵培养基?

实践中,为了获得菌体蛋白,培养基的营养成分特别是含氮量需高些,尤其是对于种子培养基来讲,这有利于菌体蛋白质的合成。为了获得代谢产物,则要考虑微生物的生理和遗传特性,以及代谢产物的化学组成,一般要求C/N比应高些,这可促使代谢产物的积累。在有些代谢产物的生产中还要加入作为它们组成部分的元素或前体物质,如生产苄青霉素时要加入其前体物质苯乙酸。通常菌体的数量与代谢产物的积累量成正比。为了获得较多的代谢产物,必须先培养大量的菌体。例如,利用酵母菌发酵生产乙醇,在菌体生长阶段要供应充足的氮源,在发酵积累乙醇阶段则要减少氮素供应,以抑制菌体过快生长,降低葡萄糖的消耗,提高乙醇得率。发酵工业中常采用增加培养基中营养物质的含量和中途补料等措施提高产量。

5.5.1.2 营养物质浓度及比例协调

微生物只有在营养物质浓度适当、各营养物质比例合适时才能生长良好。营养物质浓度过低不能满足其生长的需要,过高则会抑制其生长。培养基提供给微生物的营养要与其细胞组成元素协调一致，这是设计培养基时的重要参考依据。微生物细胞内各种成分间有一较稳定的比例。对于为大多数化能异养微生物配制的培养基而言，除水分外，碳源（兼能源）的含量最高，其后依次是氮源、大量元素和生长因子。它们间大体上存在着 10 倍序列的递减关系。即：H_2O >C 源+能源 > N 源 > P、S > K、Mg > 生长因子。

碳源与氮源含量之比即称碳氮比（C/N 比），严格讲来，C/N 比是指在微生物培养基中所含的碳源中的碳原子物质的量与氮源中的氮原子物质的量之比。控制碳氮比可以有效调节微生物的生长及代谢产物的累积。生产中各营养物质的配比直接影响发酵产量，一般在生长初期合成菌体物质多，要求营养丰富，C/N 比应较低，而在生长后期 C/N 比应较高。例如，在利用微生物发酵生产谷氨酸的过程中，培养基碳氮比为 4：1 时，菌体大量繁殖，谷氨酸积累少；当培养基碳氮比为 3：1 时，菌体繁殖受到抑制，谷氨酸产量则大量增加。一般来说，真菌需 C/N 比较高的培养基（似动物的“素食”），细菌尤其是动物病原菌需 C/N 比较低的培养基（似动物的“荤食”）。一般细菌与酵母菌细胞的 C/N 比约为 5：1，霉菌细胞约为 10：1，故此，霉菌的培养基的 C/N 比应较大，要求有丰富的碳源物质；细菌及酵母菌的培养基 C/N 比较小，培养基中要求氮源较丰富。

除此之外，添加生长因子要比例适当，以保证微生物对各生长因子的平衡吸收，若一种氨基酸含量过多会发生氨基酸不平衡，抑制对其他氨基酸的吸收。使用无机元素时也必须注意它们的浓度，并且各离子间的比例须适当，避免单盐离子产生的毒害作用。很多无机盐在低浓度时为微生物最适生长所必需，但高浓度的无机盐超出微生物生长范围，则转变为其生长的抑制因子。

5.5.1.3　理化条件适宜

培养基的 pH 值、渗透压、水分活度和氧化还原电势等物理化学条件与微生物的生长关系极为密切。配制培养基时须控制理化条件在适宜的范围。

（1）控制培养基的 pH 值　从整体上来看，各类微生物都有其生长适宜的 pH 值范围，如细菌为 pH7.0～8.0，放线菌为 pH7.5～8.5，酵母菌为 pH3.8～6.0，霉菌为 pH4.0～5.8。但对某一具体微生物来说，其生长最适 pH 值则常可跨越上述界限，其中一些嗜极菌尤为突出。

微生物在生长代谢过程中，由于营养基质的消耗及代谢产物（如有机酸等）的不断累积，会引起培养基 pH 值的改变，如不及时调节，就会导致生长受到抑制，甚至细胞出现死亡。为此，通常需要在培养基中添加一些物质来维持培养基 pH 值的相对稳定性。一类是通过培养基内在成分所起的调节作用，可称作 pH 值的内源调节，主要有以下 2 种方式：

1）借磷酸缓冲液进行调节　例如，调节 K_2HPO_4 和 KH_2PO_4 两者浓度比即可获得 pH 6.0～7.6 间一系列稳定的 pH 值，当两者为等摩尔浓度比时，溶液的 pH 值可稳定在 6.8。其反应原理是两者在不同酸碱条件下的相互转变。但 KH_2PO_4 和 K_2HPO_4 缓冲系统只能在一定的 pH 值范围（6.4～7.2）内起调节作用。

2）以 $CaCO_3$ 作“备用碱”进行调节　有些微生物，如乳酸菌能大量产酸，上述缓冲系统就难以起到缓冲作用，此时可在培养基中添加难溶的碳酸盐（如 $CaCO_3$）来进行调节。$CaCO_3$ 难溶于水，不会使培养基 pH 值过度升高，但它可以不断中和微生物产生的酸，同时

释放出 CO_2,将培养基 pH 值控制在一定范围内。但当微生物生长过程中不断产酸时,便可溶解它,从而发挥其调节培养基 pH 值的作用。但是由于它既不溶于水又是沉淀性的,故配制培养基时很难使它分布均匀,因此有时可用 $NaHCO_3$代替。

另一类是 pH 值的外源调节,这是一类根据实际需要不断从外界流加酸液或碱液,以调节培养液 pH 值的方法。

(2)调节渗透压　渗透压(osmotic pressure)表示两种不同浓度的溶液间若被一个半透性薄膜隔开时,稀溶液中的水分子会因水势的推动而透过隔膜流向浓溶液,直至浓溶液所产生的机械压力足以使两边水分子的进出达到平衡为止,这时由浓溶液中的溶质所产生的机械压力。

与微生物细胞渗透压相等的等渗溶液最适宜微生物的生长,高渗溶液则会使细胞发生质壁分离,而低渗溶液则会使细胞吸水膨胀,因此,配制培养基时要掌握营养物质的浓度。常在培养基中加入适量的 NaCl 调节渗透压。据测定,G^+细菌的渗透压可达 20 个大气压(1 个大气压为 1.013×10^5 Pa),G^-细菌的则可达到 5 ~ 10 个大气压。实践中,在不影响微生物生理特性和代谢转化率的情况下,常采用高浓度发酵以提高生产率和设备利用率。

(3)控制水分活度　水分活度(water activity)即 a_w是一个比渗透压更有生理意义的物理化学指标,它表示在天然或人为环境中,微生物可实际利用的自由水或游离水的含量。其定量含义为在同温同压下,某溶液的蒸气压(p)与纯水蒸气压(p_0)之比。因此,a_w也等于该溶液的百分相对湿度值(ERH):

$$a_w = p/p_0 = \text{ERH}/100$$

各种微生物生长繁殖范围的 a_w值在 0.60 ~0.998 之间:

生长最低 a_w
- 细　菌
  - 一般:0.90 ~0.98
  - 嗜盐菌:0.75
- 酵母菌
  - 一般:0.87 ~0.91
  - 高渗酵母:0.60
- 霉　菌
  - 一般:0.80 ~0.87
  - 耐旱菌:0.60 ~0.75

掌握了各类微生物生长的 a_w后,不仅有利于设计它们的培养基,而且还对防止食品的腐败变质具有指导意义。

(4)调节氧化还原电势　氧化还原电势(redox potential)又称氧化还原电位,是量度某氧化还原系统中还原剂释放电子或氧化剂接受电子趋势的一种指标。氧化还原电势一般以 E_h 表示,是指以氢电极为标准时某氧化还原系统的电极电位值,单位是 V(伏)或 mV(毫伏)。

各类微生物对培养基的氧化还原电势要求不同。一般好氧菌生长的 E_h 值为+0.3 ~ +0.4 V,兼性厌氧菌在+0.1 V 以上时进行好氧呼吸产能,在+ 0.1 V 以下时则进行发酵产能;而厌氧菌只能生长在+0.1 V 以下的环境中。在实验室中,为了培养严格厌氧菌,除应驱走空气中的氧外,还应在培养基中加入适量的还原剂,包括巯基乙酸、抗坏血酸(维生素 C)、硫化钠、半胱氨酸、铁屑、谷胱甘肽等,以降低它的氧化还原电势。发酵生产上常采用深层静置发酵法创造厌氧条件。

测定氧化还原电势值除用电位计外，还可使用化学指示剂，例如刃天青等。刃天青在无氧条件下呈无色，在有氧条件下，其颜色与溶液的 pH 值相关，一般在中性时呈紫色，碱性时呈蓝色，酸性时呈红色，在微含氧溶液中，则呈现粉红色。

5.5.1.4　注重经济节约

配制培养基还应遵循节省的原则，尽量选用价格便宜、来源方便的原料。特别是在工业生产中，培养基用量大，注意经济节约以降低生产成本。实际运用过程中大体可从以下几方面实施这一原则：①以粗代精，以粗制的培养基原料代替纯净原料，例如使用糖蜜代替蔗糖，以红薯代替淀粉；②以废代好，将生产中营养较为丰富的废弃物料作为微生物培养基，如豆制品厂的黄浆水可培养白地霉等；③以纤代糖，在允许情况下，以可再生的纤维素代替淀粉或糖类原料，以降低生产成本；④以烃代粮，指以石油或天然气作为碳源培养某些微生物，从而减少粮食原料的使用等；⑤以国产代替进口，尤其是要注意用国产原料代替进口原料，不仅可以降低成本，而且能保证稳定供应。

培养基灭菌处理的注意事项

5.5.2　培养基的类型及其应用

培养基种类繁多、功能各异，根据其成分来源、物理状态和用途可将培养基分为三种类型。

5.5.2.1　根据培养基的成分来源划分

(1)天然培养基(complex media)　指一类利用动、植物或微生物体包括其提取物制成的培养基。如培养细菌的牛肉膏蛋白胨培养基，培养酵母菌的麦芽汁培养基就属于此类。

这类培养基成分较复杂，生长因子含量较丰富，但常因原料来源的差异，化学组成及比例通常不稳定。常用的天然有机营养物质包括牛肉浸膏、蛋白胨、酵母浸膏、豆芽汁、玉米粉、土壤浸液、麸皮、牛奶、血清、番茄汁、胡萝卜汁、椰子汁等。

天然培养基具有价格便宜、配制方便、营养丰富等优点，适合实验室一般性的菌种培养，以及发酵生产中大规模培养微生物及生产微生物制品。但其营养组分比例及含量有时不稳定，进行精细的定量分析实验重现性差，往往达不到定量分析的要求。

(2)组合培养基(chemically defined media)　指一类按微生物培养要求精确设计后采用多种高纯化学试剂配制成的培养基，也称合成培养基。例如，培养一些链霉菌的淀粉硝酸盐培养基(高氏 1 号培养基)，培养真菌的蔗糖硝酸盐培养基(查氏培养基)就属于此种类型。

组合培养基具有成分精确、重现性好等优点。与天然培养基相比其成本较高，配制较烦琐，微生物在其中生长速率较慢。一般适用于在实验室用来进行有关微生物营养需求、代谢、生理、生化、分类鉴定、生物量测定、菌种选育及遗传分析等方面的研究工作。

(3)半组合培养基(semi-defined media)　又称半合成培养基，指一类在天然培养基的基础上适当加入已知成分的化学试剂，如无机盐类，或在组合培养基的基础上添加某些天然成分，如马铃薯等，使之更充分满足微生物对营养物质的要求。培养真菌的马铃薯蔗糖培养基就属于半组合培养基。

5.5.2.2 根据培养基的物理状态划分

按照培养基中凝固剂的有无及含量的多少,可将培养基划分为固体培养基、半固体培养基和液体培养基 3 种类型。

(1)固体培养基(solid media) 指一类外观呈固体状态的培养基,根据固态的性质主要可分为以下 4 种。

1)固化培养基(solidified media) 常称作固体培养基,在液体培养基中加入一定量凝固剂,使其成为固体状态即为固化培养基。常用的凝固剂有 1% ~2% 琼脂(agar)、5% ~12% 明胶(gelatin)。理想的凝固剂应具备以下条件:①不被所培养的微生物分解利用;②在微生物生长的温度范围内保持固体状态,在培养嗜热细菌时,由于高温容易引起培养基液化,通常在培养基中适当增加凝固剂来解决这一问题;③凝固剂凝固点温度不能太低,否则将不利于微生物的生长;④凝固剂对所培养的微生物无毒害作用;⑤凝固剂在灭菌过程中不会被破坏;⑥透明度好,黏着力强;⑦配制方便且价格低廉。

琼脂是由藻类(海产石花菜)中提取的一种高度分支的复杂多糖。明胶是由胶原蛋白制备得到的产物,是最早用来作为凝固剂的物质,但由于其凝固点太低,而且某些细菌和许多真菌产生的非特异性胞外蛋白酶以及梭菌产生的特异性胶原酶都能液化明胶,所以目前,琼脂是较为理想的凝固剂。

2)非可逆性固化培养基 指一类一旦凝固后不能再重新融化的固化培养基,如血清培养基或无机硅胶培养基等。后者专门用于化能自养细菌的分离和纯化等方面。

3)天然固态培养基 由天然固态基质直接配制成的培养基。例如,由马铃薯块、小米、面包、麸皮及米糠等天然成分制成固体状态的培养基就属于此类。又如生产食用菌的棉籽壳培养基,生产酒的酒曲也属于此类。

4)滤膜(membrane filter) 是一种坚韧且带有无数微孔(孔径为 0.22 ~0.45 μm)的醋酸纤维薄膜。若把滤膜制成圆片覆盖在营养琼脂或浸有液体培养基的纤维素衬垫上,就形成具有固化培养基性质的培养条件。滤膜主要用于对含菌量很少的水中微生物进行过滤、浓缩,然后揭下滤膜,把它置于含有适当液体培养基的衬垫或直接覆盖于营养琼脂上培养,待长出菌落后,就可计算单位水样中的实际含菌量。

固体培养基在科学研究和生产实践上用途广泛。科学研究中,固体培养基常用来进行微生物的分离、鉴定、活菌计数、生物活性物质的测定及菌种保藏等。生产实践中,固体培养基可用于微生物的固体培养及工业化生产等。

(2)半固体培养基(semisolid media) 指在液体培养基中加入少量的凝固剂而制成的半固体状态的培养基,培养基中琼脂含量一般为 0.5% 左右。半固体培养基可用于细菌的动力观察,趋化性研究,厌氧菌的培养及细菌和酵母菌菌种的保藏等。此外,用于双层平板法中,还可测定噬菌体效价。

(3)液体培养基(liquid media) 液体培养基中未加任何凝固剂。在用液体培养基培养微生物时,通过振荡或搅拌可以增加培养基的通气量,同时使营养物质分布均匀。液体培养基常用于大规模工业生产以及在实验室进行微生物的基础理论和应用方面的研究。

除以上3种类型外，脱水培养基或预制干燥培养基也被广泛应用。这类培养基含有除水分外的一切营养成分，使用时只需加入适量水并加以灭菌、分装即可。

5.5.2.3　根据培养基的用途划分

根据培养基的特殊用途可分为选择性培养基、鉴别性培养基和其他培养基。

（1）选择性培养基　选择性培养基是一类根据某种微生物的特殊营养需求或其对化学、物理因素抗性的原理而设计的培养基。它广泛应用于菌种的筛选，具有将混合菌样的劣势菌变成优势菌的功能。选择性培养基又可分为以下2类：

1）加富性选择培养基（enrichment selected media）　其原理是利用待分离微生物对某种营养物有特殊嗜好，向基础培养基中加入某些特殊营养物质制成的一类营养丰富的培养基，这些特殊营养物质包括血液、血清、酵母浸膏、动植物组织液等。加富性选择培养基一般用来培养营养要求比较苛刻的异养型微生物，如培养百日咳博德特氏菌需要含有血液的加富性培养基。加富性选择培养基还可用来富集和分离某种微生物，这是因为加富性选择培养基含有某种微生物所需的特殊营养物质。用于加富的营养物质通常是被富集对象专门需要的碳源和氮源，例如富集纤维素分解菌的纤维素，富集石油分解菌的液体石蜡等。采用这种“投其所好”的策略，就可使原来极少数的筛选对象在数量上接近或超过原试样中其他占优势的微生物，从而容易达到富集、增殖或分离该微生物的目的。

2）抑制性选择培养基（inhibited selected media）　另一类选择性培养基是利用分离对象对某种制菌物质所特有的抗性，在培养基中加入某种物质，培养后，使原有试样中对此抑制剂表现敏感的优势菌的生长受到抑制，而原先处于劣势的分离对象迅速增殖，最终成为优势菌。该制菌物质对所需分离的微生物无害，但可以抑制或杀死其他微生物，例如，在培养基中加入数滴10%酚可以抑制细菌和霉菌的生长，从而从混杂的微生物群体中分离出放线菌；在培养基中加入染料亮绿或结晶紫，可以抑制G^+细菌的生长，从而达到分离革兰氏阴性细菌的目的；在培养基中加入青霉素、四环素或链霉素，可以抑制细菌和放线菌生长，而将酵母菌和霉菌分离出来。现代基因克隆技术中也常用抑制性选择培养基，在筛选含有重组质粒的基因工程菌株过程中，利用质粒上具有的对某种（些）抗生素的抗性选择标记，在培养基中加入相应抗生素，就能比较方便地淘汰非重组菌株，以减少筛选目标菌株的工作量。

（2）鉴别性培养基（differential medium）　鉴别性培养基是指一类在成分中添加能与目的菌的无色代谢产物发生显色反应的指示剂，而这种代谢产物可以与培养基中的特殊化学物质发生特征性变化，从而达到只需用肉眼判断就能方便地从近似菌落找到目的菌落的培养基。鉴别性培养基主要用于微生物的快速分类鉴定，以及分离和筛选产生某种代谢产物的微生物菌种。

鉴别性培养基及其应用示例

最常见的鉴别性培养基是伊红美蓝乳糖培养基，即EMB培养基（EMB medium）。它在饮用水、牛奶的大肠菌群数等细菌学检查和在*E. coli*的遗传学研究工作中有着重要的用途。EMB培养基中的伊红和美蓝两种苯胺染料可抑制G^+细菌和一些难培养的G^-细菌。在低酸度下，这两种染料会结合并形成沉淀，起着产酸指示剂的作用。因此，试样中多种肠道细菌会在EMB培养基平板上产生易于用肉眼识别的多种特征性菌落，尤其是*E. coli*，因其能强烈分解乳糖而产生大量混合酸，菌体表面带H^+，故可染上酸性染料伊红,而伊红与美蓝结合,可使菌落染上深紫色,且从菌落表面的反射光中还可看到绿色金属闪光(似金龟子色),其他几种产酸力弱的肠道菌的菌落也有相应的棕色。

需说明的是,以上关于选择性培养基和鉴别性培养基的划分只是人为的、为理解方便而定的理论标准。在实际应用时,这两种功能常常有机地结合在一起,例如,上述EMB培养基除有鉴别不同菌落特征的作用外,同时兼有抑制 G^+ 细菌和促进 G^- 肠道细菌生长的作用。

(3)其他培养基　除上述2种主要类型外,培养基按用途划分还有很多种,比如:基础培养基,指含有一般微生物生长繁殖所需的基本营养物质的培养基,可作为一些特殊培养基的基础成分;还原性培养基(reduced medium),专门用来培养厌氧型微生物;分析培养基(assay medium),常用来分析某些化学物质(抗生素、维生素)的浓度,还可用来分析微生物的营养需求;组织培养物培养基(tissue-culture medium)含有动、植物细胞,用来培养病毒、衣原体、立克次氏体及某些螺旋体等专性活细胞寄生的微生物。

思考题

1. 名词解释:营养;微生物的营养物;双功能营养物;碳氮比;水分活度;促进扩散;主动运输;培养基;天然培养基;组合培养基;鉴别性培养基。
2. 简述微生物六大营养物质及其功能。
3. 试以碳源及能源对微生物的营养类型进行分类,并举例说明。
4. 生长因子包括哪些化合物?试根据微生物与生长因子的关系进行分类。
5. 试简述四类营养方式的相同点及不同点。
6. 试述配制培养基的基本原则。
7. 阐述微生物在培养基中生长代谢引起pH值变化的表现及调节方法。
8. 渗透压对微生物生长的影响如何?举例说明其在食品生产加工中的应用。
9. 什么是水分活度?试述其对微生物生长的意义。
10. 什么是氧化还原电势?谈谈控制氧化还原电势对微生物生长的影响。
11. 试比较天然培养基与组合培养基的应用范围。
12. 选择性培养基指的是什么?试举例说明其应用。
13. 简述EMB鉴别肠道细菌(大肠杆菌)的原理。

第 6 章　微生物的代谢

【学习目标】

掌握生物氧化的类型、生物氧化链与 ATP 产生的方式；掌握碳水化合物、蛋白质、脂肪的分解过程；熟悉葡萄糖分解的途径、特点及生理意义；了解分解代谢与合成代谢及其产物；掌握微生物的代谢调控在发酵生产中的应用。

6.1　微生物的能量代谢

6.1.1　生物氧化作用

所谓生物氧化(biological oxidation)就是指活细胞内一切产能性的氧化反应的总称。它们在氧化过程中能产生大量的能量，分段释放，并以高能磷酸键形式储藏在 ATP 分子内，供需要时用。

生物氧化的过程包括底物脱氢(或电子)、递氢(或电子)和受氢(或电子)3 个阶段，在此过程中，凡是失去电子的物质，叫电子供体，脱去氢的物质叫氢供体，获得电子的物质叫电子受体，获得氢的物质叫氢受体。

6.1.2　生物氧化的类型

根据生物氧化过程中最终电子受体(氢受体)的不同，可将生物氧化的作用分为有氧呼吸、无氧呼吸与发酵 3 种类型。

6.1.2.1　有氧呼吸

有氧呼吸(aerobic respiration)是指基质彻底氧化时，以分子氧作为最终电子受体的生物氧化过程。许多异养微生物以有机物作为氧化基质进行有氧呼吸获得能量。这种呼吸作用脱下的氢必须通过完整的呼吸链或电子传递链，最终被外源分子氧接受，产生二氧化碳和水，同时释放出能量。

以葡萄糖为基质的有氧呼吸可分为两个阶段。第一阶段是葡萄糖在细胞质中经糖酵解途径(EMP 途径)生成丙酮酸；第二阶段是在有氧条件下，丙酮酸进入 TCA 循环，通过一系列氧化还原反应最后转化为 CO_2 和 H_2O。在 EMP 和 TCA 途径中，脱下的氢或释放出的电子经过电子传递链的传递作用，最后传递到 O_2，于是葡萄糖被彻底氧化，O_2被还原，最终产物为 CO_2和 H_2O。需氧菌和兼性菌在有氧条件下可以进行有氧呼吸，同时产生

38 分子的 ATP,总反应式为:

$$C_6H_{12}O_6 + 6O_2 + 38ADP + 38Pi \longrightarrow 6CO_2 + 5H_2O + 38ATP$$

6.1.2.2 无氧呼吸

无氧呼吸(anaerobic respiration)又称厌氧呼吸,是以外源无机氧化物作为最终电子受体的生物氧化过程。一些厌氧菌和兼性厌氧菌在无氧条件下,可以无机氧化物(如 NO_3^-、NO_2^-、SO_4^{2-}、$S_2O_3^{2-}$、CO_2 等)为最终电子受体,进行无氧呼吸。在无氧呼吸过程中,从底物脱下的氢和电子经过呼吸链的传递,最终由氧化态的无机物受氢(电子),并伴随氧化磷酸化作用产生 ATP,这是一类在无氧条件下进行的产能效率较低的呼吸作用。根据呼吸链末端氢受体的不同,无氧呼吸有多种类型,如硝酸盐呼吸、硫酸盐呼吸、硫呼吸、铁呼吸、碳酸盐呼吸、延胡索酸呼吸等(表 6-1)。

表 6-1 无氧呼吸的类型

无氧呼吸	具体类型	氢受体	产物
无机盐呼吸	硝酸盐呼吸	NO_3^-	NO_2^-、N_2O、N_2
	硫酸盐呼吸	SO_4^{2-}	SO_3^{2-}、$S_2O_3^{2-}$、H_2S
	碳酸盐呼吸	CO_2	CH_4、CH_3COOH
	铁呼吸	Fe^{3+}	Fe^{2+}
	硫呼吸	S^0	HS^-、S^{2-}
有机物呼吸	延胡索酸呼吸	延胡索酸	琥珀酸
	甘氨酸呼吸	甘氨酸	乙酸

6.1.2.3 发酵

(1)狭义的发酵　指在无氧条件下,底物脱氢后产生还原[H],不经过呼吸链,而直接交给某一内源氧化性中间代谢产物的一类低效率产能反应。在此种发酵过程中,一般由底物脱下的电子和氢交给 NAD(P)(辅酶Ⅰ和辅酶Ⅱ),使之还原成 $NAD(P)H_2$,后者将电子和氢交给作为最终电子受体的中间代谢产物(有机物),完成氧化还原反应。在此过程中,电子的传递不经过细胞色素等中间电子传递体,而是分子内部的转移。这种氧化不彻底,最终形成还原性产物,只释放出一部分能量。

(2)广义的发酵　指任何利用好氧或兼性厌氧、厌氧微生物生产有用代谢产物的一类生产方式。它包括好氧呼吸、厌氧呼吸和发酵三个方面的过程。

6.1.3 生物氧化链与 ATP 的产生

6.1.3.1 生物氧化链

微生物从呼吸底物脱下的氢和电子向最终电子受体的传递过程中,要经过一系列的中间传递体,并有顺序地进行,它们相互"连控"如同链条一样,故称为呼吸链(respiratory chain,RC)。呼吸链主要由脱氢酶、辅酶Ⅰ、黄素蛋白、辅酶 Q 和细胞色素等组分组成。

它主要存在于真核生物的线粒体中，在原核生物中，则和细胞膜、中间体结合在一起，其功能是传递氢和电子，同时将电子传递过程中释放的能量合成 ATP。

6.1.3.2　ATP 的产生

生物氧化的结果不仅使许多还原型辅酶 I 得到了再生，更重要的是为生物体的生命活动提供了能量。ATP 的产生就是电子从起始的电子供体经过呼吸链至最终电子受体的结果。ATP 是典型的高能磷酸化合物，是生物界普遍使用的能量物质。当微生物获得能量后，都是先将它们转换成 ATP。当需要能量时，ATP 分子上的高能键水解，重新释放出能量，又可通过氧化磷酸化重新合成，从而形成 ATP 循环。ATP 可通过光合磷酸化和氧化磷酸化产生。

(1) 光合磷酸化　光合磷酸化是指植物叶绿体的类囊体或光合细菌的载色体在光下催化 ADP 和无机磷酸(Pi)合成 ATP 的过程。光能是一种辐射能，它能被微生物直接利用，只有当光能被光合生物的光合色素吸收并转变成 ATP 以后，才能用于微生物的代谢或其他生理活动。可见，光能转换是光合生物获得能量的一种主要方式。

(2) 氧化磷酸化　利用生物氧化过程中释放的能量，合成 ATP 的反应，称为氧化磷酸化，生物体内氧化磷酸化是普遍存在的，有机物降解反应和生成物合成反应通过氧化还原而偶联起来，使能量得到产生、保存和释放。微生物通过氧化磷酸化生成 ATP 的方式有两种。

1) 底物水平磷酸化　指在被氧化的底物上发生磷酸化作用，即底物在被氧化的过程中形成了某些高能磷酸化合物，通过酶的作用可使 ADP 磷酸化生产 ATP。底物水平磷酸化是微生物捕获能量的一种方式，其与氧气的存在与否无关，是以发酵作用进行生物氧化获取能量的唯一方式。

2) 电子传递磷酸化　指底物在生物氧化过程中形成的 $NADH_2$ 和 $FADH_2$ 通过位于线粒体内膜和细菌质膜上的电子传递系统将氢或电子传递给氧或其他氧化型物质，在此过程中偶联产生 ATP。1 分子 $NADH_2$ 可产生 3 个 ATP，1 分子 $FADH_2$ 可产生 2 个 ATP。

生物氧化中的脱氢、递氢与受氢

由此，生物氧化的 3 种类型的异同可见表 6-2。

表 6-2　有氧呼吸、无氧呼吸和发酵的比较

比较项目	有氧呼吸	无氧呼吸	发酵
氢供体	呼吸链	呼吸链	无
氢受体	O_2	无机或有机氧化物	中间代谢产物(丙酮酸、乙醛等)
终产物	H_2O	还原后的有机或无机氧化物	还原后的中间代谢物(乳酸、乙醇等)
产能方式	氧化磷酸化	氧化磷酸化	底物水平磷酸化
产 ATP 效率	高	中	低

6.2 微生物的分解代谢与合成代谢

几类生物大分子分解代谢3阶段

6.2.1 生物大分子的分解代谢

本小节主要介绍与食品关系密切的几种生物大分子的降解过程。

6.2.1.1 碳水化合物的分解

(1)淀粉的分解　淀粉是植物中最重要的储藏多糖,它是人类粮食及动物饲料的重要来源,也是多数微生物的重要碳源。淀粉是葡萄糖通过糖苷键连接而成的一种大分子物质。淀粉有直链淀粉和支链淀粉之分。前者为α-1,4-糖苷键组成的直链分子;后者相对分子质量较大,除由α-1,4-糖苷键连接成直链外,还有许多分支,分支点由α-1,6-糖苷键结合。一般天然淀粉中,直链淀粉占10%~20%,支链淀粉占80%~90%。微生物对淀粉的分解,主要靠淀粉酶来完成,主要的淀粉酶有以下几类:

1)α-淀粉酶　又称液化型淀粉酶。α-淀粉酶可从淀粉分子内部任意水解α-1,4-糖苷键,但不能作用于淀粉分子的α-1,6-糖苷键以及靠近分支点的α-1,4-糖苷键。α-淀粉酶可以一种无规则的方式水解直链淀粉,生成麦芽糖和葡萄糖的混合物,作用于支链淀粉时,分解除产生麦芽糖、低聚糖外,还有一些小分子的极限糊精。淀粉被α-淀粉酶水解后,黏度出现下降,表现为液化。发酵工业中常用枯草芽孢杆菌生产中温α-淀粉酶,用地衣芽孢杆菌生产高温α-淀粉酶。此外,黑曲霉、米曲霉和根霉也可产生α-淀粉酶。

2)β-淀粉酶　又称淀粉β-1,4-麦芽糖苷酶,是一种外切型淀粉酶。β-淀粉酶作用于淀粉时从非还原性末端依次切开相隔的α-1,4糖苷键,每次分解出一个麦芽糖分子,可将直链淀粉彻底水解成麦芽糖。由于不能作用于α-1,6-糖苷键,也不能越过此键继续作用α-1,4-糖苷键,因此,当它们遇到支链淀粉分支点上的α-1,6-糖苷键时,就停止作用,因此分解支链淀粉时,产物为麦芽糖和极限糊精。根霉、米曲霉和内孢霉等可产生大量的β-淀粉酶。

3)糖化酶　又称淀粉-1,4-葡萄糖苷酶。糖化酶从淀粉分子的非还原端开始,将以α-1,4-糖苷键结合的葡萄糖分子依次一个个切下,但不能水解α-1,6-糖苷键,因此,直链淀粉的水解产物几乎都是葡萄糖。支链淀粉的水解产物除葡萄糖外,还有带有α-糖苷键的寡糖。此酶的生产菌主要有黑曲霉、根霉、拟内孢霉和红曲霉等。

4)异淀粉酶　又称淀粉α-1,6-葡萄糖苷酶,此酶可分解淀粉中的α-1,6-糖苷键,生成较短的直链淀粉。异淀粉酶用于水解由α-淀粉酶产生的极限糊精和由β-淀粉酶产生的极限糊精。异淀粉酶存在于产气杆菌、中间埃希氏菌、软链球菌、链霉菌等。

(2)纤维素的分解　纤维素是植物细胞壁的主要成分,是葡萄糖通过β-1,4-糖苷键组成的直链大分子化合物。人和动物不能消化纤维素,而有些微生物具有分解纤维素的能力。纤维素不溶于水,在环境中比较稳定,只有在纤维素酶作用下或含有纤维素酶的微生物存在下,纤维素才被分解成简单的糖类。分解纤维素的微生物具有纤维素酶。纤维素酶是一类纤维素水解酶的总称，或称纤维素酶的复合物。根据其作用方式不同可分为C_1酶、C_X酶（又分为C_{X_1}、C_{X_2}酶两种）和纤维二糖酶（β-葡萄糖苷酶）3类。

1）C_1酶　C_1酶是纤维素酶系中的重要组分，在天然纤维素的降解过程中起主导作用。主要作用于天然纤维素，使之转变成水合非结晶纤维素。

2）C_X酶　又称β-1，4-葡聚糖酶，其具有外切酶和内切酶活性。内切酶可水解水合非结晶纤维素分子内部的β-1，4-糖苷键，生成纤维糊精、纤维二糖和葡萄糖；外切酶是从纤维素的非还原性末端依次切下一个纤维二糖，这种作用类似于β-淀粉酶作用于淀粉。它对纤维寡糖的亲和力强，能迅速水解内切酶作用产生的纤维寡糖。

3）纤维二糖酶　又称β-葡萄糖苷酶。它能水解纤维二糖、纤维三糖和短链的纤维寡糖，生成葡萄糖。

纤维素酶可破解富含纤维的细胞壁，使其包含的蛋白质、淀粉等营养物质释放出来并加以利用，同时又可将纤维素降解为可被畜禽消化的还原糖，从而提高饲料的利用率。目前，用于生产纤维素酶的微生物主要有木霉、曲霉、根霉和青霉，以木霉属菌种居多。此外，嗜纤维菌、产黄纤维单胞菌、侧胞菌、黏细菌、梭状芽孢杆菌等也可产纤维素酶。

（3）半纤维素的分解　半纤维素是由几种不同类型的单糖构成的异质多聚体，这些糖是五碳糖和六碳糖，包括木糖、阿拉伯糖和半乳糖等。半纤维素根据其结构可概括为2类：一类是同聚糖，仅包含一种单糖，如木聚糖、半乳聚糖、甘露聚糖等；另一类是异聚糖，包括两种以上的单糖或糖醛酸，几种不同的糖同时存在于一个半纤维素分子中。最常见的半纤维素是木聚糖。与纤维素相比，半纤维素更易被微生物分解。半纤维素的组成类型多样，故此，分解它们的酶也各不相同。例如，木聚糖酶催化木聚糖水解成木糖，阿拉伯聚糖酶催化阿拉伯聚糖水解成阿拉伯糖等。

半纤维素酶主要由曲霉、根霉与木霉等发酵产生。半纤维素酶通常与纤维素酶、果胶酶混合使用，从而可以改善植物性食品的质量，提高淀粉质发酵原料的利用率、果汁饮料的澄清度和加酶洗涤剂的使用效果等。

（4）果胶物质的分解　主要存在于植物的初生细胞壁和细胞之间的中层内。果胶物质是细胞壁的基质多糖，在浆果、果实和茎中最丰富。果胶物质主要是由D-半乳糖醛酸通过α-1，4-糖苷键连接而成的直链状的高分子聚合物。大部分D-半乳糖醛酸上的羧基可为甲醇所酯化形成甲酯，不含甲酯的果胶物质称为果胶酸。果胶物质包括果胶酸和果胶质。

天然的果胶质常称为原果胶（不可溶果胶）。在原果胶酶作用下，它被转化成水可溶性的果胶，再进一步被果胶甲酯水解酶（果胶酯酶）催化去掉甲酯基团，生成果胶酸，最后被聚半乳糖醛酸酶（果胶酸酶）水解，切断α-1，4-糖苷键，生成半乳糖醛酸。后者进入糖代谢途径被分解释放能量。由此可见，分解果胶质的酶是多酶复合物，是指分解果胶质的多种酶的总称，它可分为果胶酯酶和聚半乳糖醛酸酶两种。

分解果胶的微生物主要是一些细菌和真菌。例如梭状芽孢杆菌属和芽孢杆菌属的一些种，以及曲霉属、葡萄孢霉属和镰刀菌属等都是分解果胶能力较强的微生物。

6.2.1.2　蛋白质及氨基酸的分解

蛋白质、氨基酸等含氮有机化合物是微生物常用的氮源。由于蛋白质是由氨基酸以肽键结合组成的大分子物质,不能直接通过菌体细胞膜,故微生物对蛋白质不能直接吸收利用。微生物利用蛋白质时,先分泌蛋白酶至细胞外,将蛋白质水解成为短肽后透过细胞,再由细胞内的肽酶将短肽水解成氨基酸后才被利用。

(1)蛋白质的分解　微生物对蛋白质的水解,主要靠蛋白酶来完成。蛋白酶按照水解蛋白的方式不同,可分为内肽酶(作用于多肽链内部)和端肽酶(作用于多肽链的末端)。蛋白质的分解分两步完成:首先在微生物分泌的胞外蛋白酶的作用下水解生成短肽,然后在肽酶的作用下进一步被分解成氨基酸,微生物分解蛋白质的一般过程为:

$$\text{蛋白质}\xrightarrow{\text{蛋白酶}}\text{短肽}\xrightarrow{\text{肽酶}}\text{氨基酸}$$

产生蛋白酶的微生物很多,细菌中好氧的如枯草芽孢杆菌、马铃薯芽孢杆菌、假单胞菌等,兼性厌氧的如变形杆菌属,厌氧的如梭状芽孢杆菌属、生孢梭状芽孢杆菌等;放线菌中不少链霉菌可产生蛋白酶;真菌如曲霉属、毛霉属等均可产生蛋白酶。

在食品工业中,传统的酱制品,如酱油、豆豉、腐乳等的制作也都利用了微生物对蛋白质的分解作用。但微生物对蛋白质的分解作用可引起食品的腐败变质,尤其是动物性原料及加工食品,对此需加以控制和防止。

(2)氨基酸的分解　微生物可直接利用氨基酸合成菌体蛋白质所需的氮源,此外,还可分解氨基酸生成氨、有机酸、胺等物质作为碳源和能源。微生物对氨基酸的分解及进一步利用主要是由脱氨作用和脱羧作用来完成的。

1)脱氨作用　有机氮化合物经微生物作用产生氨的过程称氨化作用。脱氨方式与微生物种类、氨基酸种类以及环境条件有关,主要有以下几种方式:

①氧化脱氨　指在有氧条件下,氨基酸在氨基酸氧化酶催化作用下,脱氨生成 α-酮酸和氨的过程,生成的酮酸被微生物继续转化为羟酸和醇。它是好氧菌进行脱氨的一种方式。

例如,丙氨酸氧化脱氨生成丙酮酸,丙酮酸可进入三羧酸循环而继续氧化。

$$\underset{\text{丙氨酸}}{CH_3CHNH_2COOH}+1/2O_2\xrightarrow{\text{氨基酸氧化酶}}\underset{\text{丙酮酸}}{CH_3COCOOH}+NH_3$$

②还原脱氨　指在无氧条件下,氨基酸在氨基酸脱氢酶催化作用下以还原方式脱氨生成饱和脂肪酸和氨的过程。它是专性厌氧菌和兼性厌氧菌进行脱氨的一种方式。如梭状芽孢杆菌可使丙氨酸还原脱氨生成丙酸。

$$\underset{\text{丙氨酸}}{CH_3CHNH_2COOH}+2H\xrightarrow{\text{氨基酸脱氢酶}}\underset{\text{丙酸}}{CH_3CH_2COOH}+NH_3$$

③水解脱氨　指在厌氧条件下,氨基酸在水解酶作用下水解脱氨生成羟酸与氨。如丙氨酸可经水解脱氨生成乳酸和氨。

$$\underset{\text{丙氨酸}}{CH_3CHNH_2COOH}+H_2O\xrightarrow{\text{水解酶}}\underset{\text{乳酸}}{CH_3CHOHCOOH}+NH_3$$

羟酸脱羧生成一元醇,或有的氨基酸在水解脱氨的同时又脱羧,生成少一个碳原子的一元醇。如丙氨酸水解脱氨和脱羧后生成乙醇、氨和二氧化碳。

$$\underset{\text{丙氨酸}}{CH_3CHNH_2COOH} + H_2O \longrightarrow \underset{\text{乙醇}}{CH_3CH_2OH} + CO_2 + NH_3$$

④直接分解脱氨　氨基酸在直接脱氨的同时，生成不饱和酸和氨，此反应为可逆反应，也可通过不饱和有机酸合成氨基酸。例如，大肠杆菌中的 L-天冬氨酸裂解酶可将 L-天冬氨酸减饱和脱氨生成延胡索酸和氨。

$$HOOC—CH_2—CHNH_2—COOH \xleftrightarrow{\text{L-天冬氨酸裂解酶}} COOH—CHCH—COOH + NH_3$$

⑤氧化-还原脱氨（Stickland 反应）　Stickland 发现在某些梭菌中存在由两种氨基酸参与的脱氨基反应，一种氨基酸被氧化，在脱氨的同时脱下氢和电子，同时另一种氨基酸被还原，得到氢和电子的同时脱下氨基。

2）脱羧作用　许多腐败细菌和真菌细胞内具有氨基酸脱羧酶，可催化相应的氨基酸脱羧，生成减少一个碳原子的胺和 CO_2。一元氨基酸脱羧生成一元胺，二元氨基酸脱羧生成二元胺。如酪氨酸脱羧形成酪胺，精氨酸脱羧形成精胺，色氨酸脱羧形成色胺，组氨酸脱羧形成组胺等，这些脱羧产物可作为评价食品新鲜度的指标。脱羧作用通式如下：

$$R—CHNH_2—COOH \xrightarrow{\text{氨基酸脱羧酶}} R—CH_2—NH_2 + CO_2$$

毛霉属、曲霉属、根霉属、青霉属的许多种都具有较强的蛋白质和氨基酸的分解能力，细菌中分解氨基酸能力较强的有大肠杆菌、变性杆菌和铜绿假单胞菌。此外土壤中许多放线菌可分泌蛋白酶，也具有较强的蛋白质分解能力。

6.2.1.3　脂肪和脂肪酸的分解

脂肪是脂肪酸的甘油三酯。脂肪和脂肪酸可作为微生物的碳源和能源，但利用较慢。微生物在利用脂肪时，需经脂肪酶作用（胞外酶对胞外的脂肪作用，胞内酶对胞内脂肪作用），水解成甘油和脂肪酸。

甘油可被微生物迅速吸收利用。甘油在甘油激酶催化下生成 3-磷酸甘油，后者再由 3-磷酸甘油脱氢酶催化产生磷酸二羟丙酮。磷酸二羟丙酮可进入糖酵解途径（EMP 途径）或其他途径被进一步氧化。

脂肪酸的生物氧化主要是通过 β-氧化途径，该途径在原核细胞的细胞膜上和真核细胞的线粒体内进行，由于脂肪酸氧化断裂发生在 β-碳原子上而得名。在 β-氧化过程中，能产生大量的能量，最终产物是乙酰 CoA；若脂肪酸分子的碳原子数为奇数，则同时得到丙酰 CoA。乙酰 CoA 直接进入 TCA 循环被降解，丙酰 CoA 则经过琥珀酰 CoA 进入 TCA 循环被氧化降解或以其他途径被氧化降解。

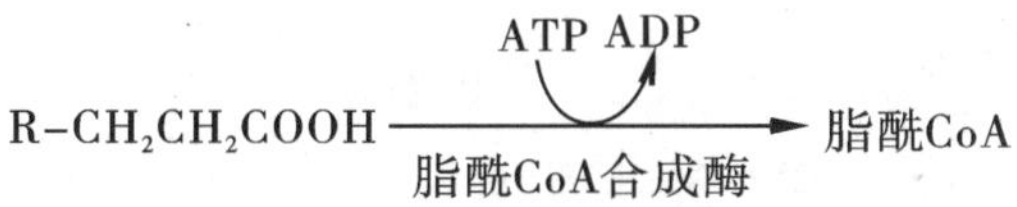

$$\text{丙酰CoA} + CO_2 + ATP \xrightarrow{\text{丙酰CoA羧化酶}} \text{琥珀酰CoA} + ATP + Pi$$

脂肪酶广泛存在于细菌、放线菌和真菌中,以真菌居多。如细菌中的荧光假单胞菌、黏质沙雷菌(又名灵杆菌)、分枝杆菌等,放线菌中的小放线菌,霉菌中的曲霉、青霉、白地霉等都能分解脂肪和高级脂肪酸。一般真菌产生脂肪酶能力较强,而细菌产生脂肪酶的能力较弱。

6.2.1.4 葡萄糖的分解代谢途径

葡萄糖是微生物最好的碳源和能源,这里以葡萄糖作为微生物氧化的典型底物,它在生物氧化的脱氢阶段中,可通过4条代谢途径,即EMP途径、HMP途径、ED途径、磷酸解酮酶途径完成脱氢反应,并伴随还原力[H]和能量的产生。每条途径都有脱氢、产能和产生多种形式小分子中间代谢产物。而中间代谢产物丙酮酸可进入TCA循环而被彻底氧化、脱羧,形成CO_2、H_2O和$NADH_2$。

(1)EMP途径(embden-meyerhof-parnas pathway)　又称糖酵解途径或二磷酸己糖途径。生物体内葡萄糖被降解成丙酮酸的过程称为糖酵解,这是多数微生物共有的基本代谢途径。糖酵解产生的丙酮酸可进一步通过TCA循环继续彻底氧化(图6-1)。

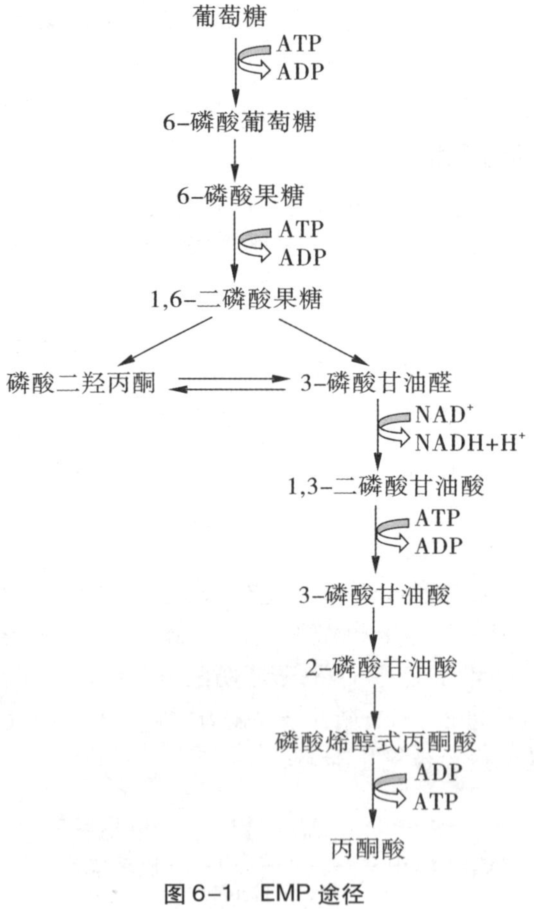

图6-1　EMP途径

通过 EMP 途径,1 分子葡萄糖经 10 步反应转变成 2 分子丙酮酸,产生 2 分子 ATP 和 2 分子 $NADH_2$。其总反应式为:

$$C_6H_{12}O_6 + 2NAD^+ + 2ADP + 2Pi \longrightarrow 2CH_3COCOOH + 2NADH_2 + 2ATP + 2H_2O$$

在 EMP 途径终反应中,$2NADH_2$ 在有氧条件下,可经呼吸链的氧化磷酸化反应产生 6ATP, 而在无氧条件下,则可将丙酮酸还原成乳酸,或将丙酮酸脱羧成乙醛,后者还原为乙醇。

如图 6-1 所示,EMP 途径的特征性酶是 1,6-二磷酸果糖醛缩酶,它催化 1,6-二磷酸果糖裂解生成 3-磷酸甘油醛和磷酸二羟丙酮。其中磷酸二羟丙酮在丙糖磷酸异构酶作用下转变为 3-磷酸甘油醛。2 个 3-磷酸甘油醛经磷酸烯醇式丙酮酸在丙酮酸激酶作用下生成 2 分子丙酮酸。丙酮酸是 EMP 途径的关键产物,由它出发在不同的微生物中可进行多种发酵。

EMP 途径是多种微生物所具有的一条主流代谢途径,虽产能效率低,但具有重要的生理功能:①供应 ATP 形式的能量和 $NADH_2$ 形式的还原力;②是连接其他几个重要代谢途径的桥梁,包括 TCA 循环、HMP 途径和 ED 途径等;③产生的多种中间产物为合成反应提供原材料;④通过逆向反应可进行多糖合成。若从 EMP 途径与人类生产实践的关系来看,则它与乙醇、乳酸、甘油、丙酮和丁醇等的发酵生产关系密切。

(2)HMP 途径(hexose monophosphate pathway)　HMP 途径是从 6-磷酸葡萄糖为起始底物,即在一磷酸己糖基础上开始降解,故此为己糖-磷酸支路,又称磷酸戊糖途径。这是一条能产生大量 $NADPH_2$ 形式还原力和多种重要中间代谢产物而并非产能的代谢途径。葡萄糖经 HMP 途径而不经 EMP 和 TCA 循环可以得到彻底氧化。HMP 途径与 EMP 途径有着密切的关系,HMP 途径中的 3-磷酸甘油醛可以进入 EMP 途径。

HMP 途径可分为 3 个阶段:①葡萄糖分子通过几步氧化反应产生 5-磷酸核酮糖和 CO_2;②磷酸核酮糖发生同分异构化而分别产生 5-磷酸核糖和 5-磷酸木酮糖;③上述各种磷酸戊糖在没有氧参与的条件下,发生碳架重排,产生了磷酸己糖和 3-磷酸甘油醛,后者可通过以下两种方式进行代谢。一种方式是进入 EMP 途径生成丙酮酸,再进入 TCA 循环进行彻底氧化,许多微生物利用 HMP 途径将葡萄糖完全分解成 CO_2 和 H_2O。另一种方式是通过二磷酸果糖醛缩酶和果糖二磷酸酶的作用而转化为磷酸己糖。HMP 途径如图 6-2 所示。

HMP 途径一次循环需要 6 分子葡萄糖同时参与,其中有 5 分子 6-磷酸葡萄糖再生,消耗 1 分子葡萄糖,产生大量 $NADPH_2$ 形式的还原力。其总反应式为:

6 6-磷酸葡萄糖 + $12NADP^+ + 6H_2O \rightarrow$ 5 6-磷酸葡萄糖 + $12NADPH_2 + 6CO_2 + Pi$

HMP 途径在微生物生命活动中具有重要的生理功能:①提供合成原料,提供核酸、核苷酸、FAD(FMN)等生物合成所需的磷酸戊糖,反应中的 4-磷酸赤藓糖可用于合成芳香族氨基酸,如苯丙氨酸、酪氨酸、色氨酸和组氨酸;②产还原力,该途径可产生大量的 $NADPH_2$ 形式的还原力,不仅提供合成脂肪酸、类固醇等重要细胞物质的氢供体,还可通过呼吸链产生大量能量;③连接 EMP 途径,如果微生物对戊糖的需要超过 HMP 途径的正常供应量时,可通过 EMP 途径与 HMP 途径在 1,6-二磷酸果糖和 3-磷酸甘油醛处的连接加以调剂,为生物合成提供更多的戊糖;④扩大碳源利用范围,反应中存在 $C_3 \sim C_7$ 的各种糖,使得具有 HMP 途径的微生物的碳源利用范围更广;⑤代谢产物多,通过 HMP 途径可产生的重要发酵产物很多,例如核苷酸、若干氨基酸、辅酶等。

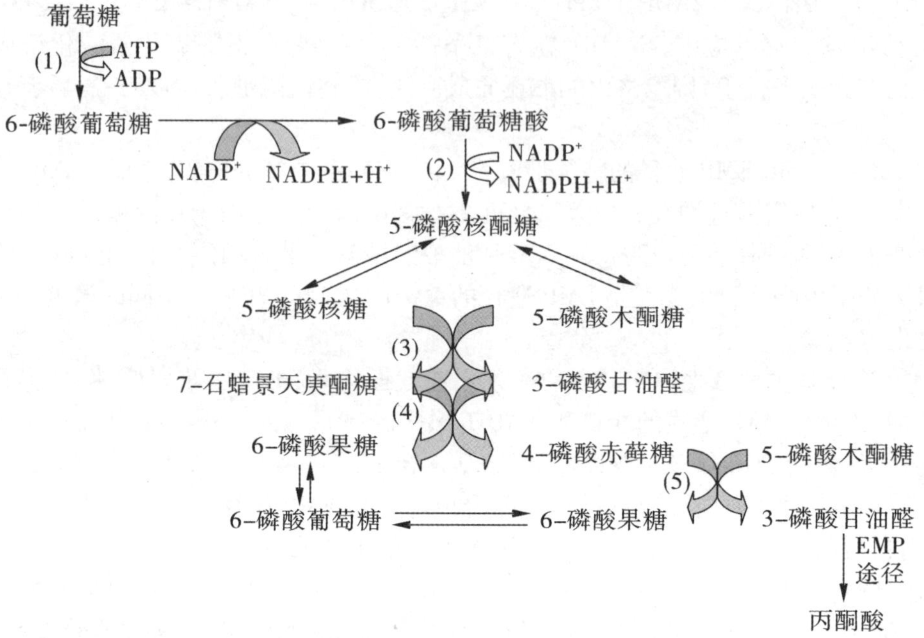

(1)为己糖激酶;(2)为磷酸葡萄糖酸脱氢酶;(3)、(5)为转酮醇酶(转羟乙醛基酶);(4)为转醛醇酶(转二羟丙酮基酶)

图 6-2 HMP 途径

具有 HMP 途径的多数好氧菌和兼性厌氧菌中往往同时存在 EMP 途径。单独具有 HMP 途径的微生物少见,已知的仅有弱氧化醋杆菌(*Acetobacter suboxydans*)、氧化醋单胞菌(*Acetomonas oxydans*)和氧化葡萄糖酸杆菌(*Gloconobacter oxydans*)。

(3)ED 途径(entner-doudoroff pathway) 又称为 2-酮-3-脱氧-6-磷酸葡萄糖酸(KDPG)裂解途径。它是少数缺乏完整 EMP 途径的细菌所特有的、利用葡萄糖的替代途径。在 ED 途径中,6-磷酸葡萄糖首先脱氢产生 6-磷酸葡萄糖酸,继而在脱水酶和醛缩酶的作用下,产生 1 分子 3-磷酸甘油醛和 1 分子丙酮酸,然后 3-磷酸甘油醛进入 EMP 途径转变成丙酮酸。1 分子葡萄糖经 ED 途径最后生成 2 分子丙酮酸、1 分子 ATP、1 分子 $NADPH_2$ 和 1 分子 $NADH_2$。其总反应式为:

$$C_6H_{12}O_6 + ADP + Pi + NADP^+ + NAD^+ \longrightarrow 2CH_3COCOOH + ATP + NADPH_2 + NADH_2$$

ED 途径如图 6-3 所示,其特点是:①葡萄糖经快速反应获得丙酮酸(仅 4 步反应);②6 碳的关键中间代谢产物是 KDPG;③特征性酶是 KDPG 醛缩酶;④特征性反应是 KDPG 裂解生成丙酮酸和 3-磷酸甘油醛;⑤产能效率低,1 分子葡萄糖经 ED 途径分解只产生 1 分子 ATP。

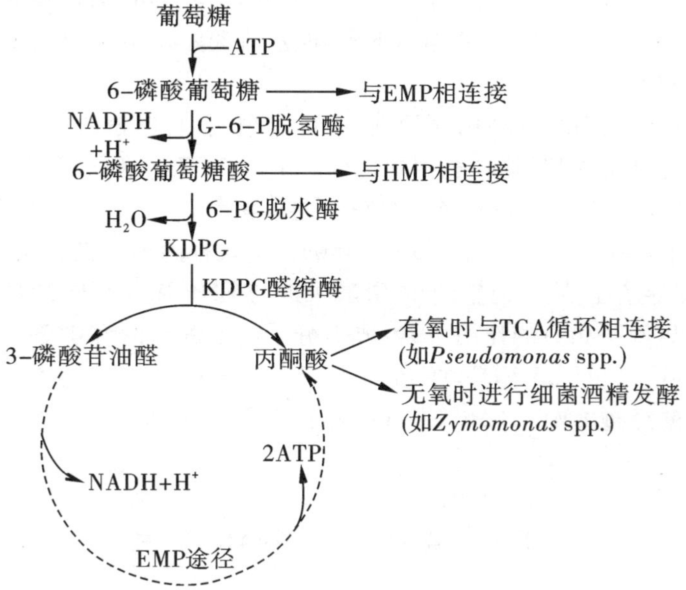

图 6-3　ED 途径

ED 途径可与 EMP 途径、HMP 途径和 TCA 循环等各种代谢途径相连接，因此，可以相互协调，以满足微生物对还原力、能量和不同中间代谢产物的需要。例如，通过与 HMP 途径连接可获得必要的戊糖和 $NADPH_2$ 等。此外，经 ED 途径中所产生的丙酮酸，在有氧时进入 TCA 循环，在无氧时进行酒精发酵，即丙酮酸脱羧生成乙醛，乙醛进一步被还原为乙醇。此种由 ED 途径发酵产生乙醇的过程与酵母菌经 EMP 途径生产乙醇不同，称为细菌酒精发酵。

ED 途径在 G^- 菌中分布较广，特别是假单胞菌和某些固氮菌中较多存在，如嗜糖假单胞菌（*Pseudomonas saccharophila*）、荧光假单胞菌（*Ps. fluorescen*）、铜绿假单胞菌、林氏假单胞菌（*Ps. lindneri*）和运动发酵单胞菌（*Zymomonas mobilis*）等。

（4）磷酸解酮酶途径　磷酸解酮酶途径是明串珠菌进行异型乳酸发酵过程中分解己糖和戊糖的途径。该途径的特征性酶是磷酸解酮酶。根据解酮酶的不同，将具有磷酸戊糖解酮酶的途径叫 PK 途径，具有磷酸己糖解酮酶的途径叫 HK 途径（图 6-4）。

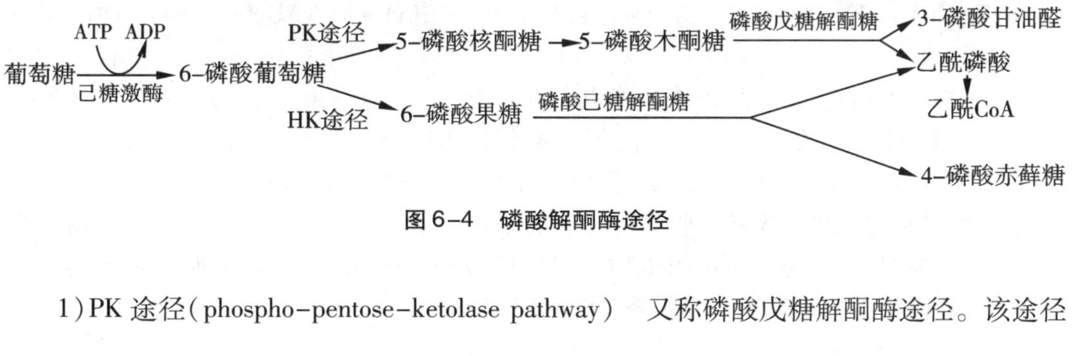

图 6-4　磷酸解酮酶途径

1）PK 途径（phospho-pentose-ketolase pathway）　又称磷酸戊糖解酮酶途径。该途径

是 HMP 途径的变异途径,从葡萄糖到 5-磷酸木酮糖均与 HMP 途径相同,然后又在这条途径的关键酶(磷酸戊糖解酮酶)的作用下,生成乙酰磷酸和 3-磷酸甘油醛,两者可进一步代谢产生乙醇和乳酸。

这条途径使得微生物既可利用葡萄糖,又可利用戊糖,但是产能效率比较低。如肠膜明珠菌肠膜亚种可通过 PK 途径利用葡萄糖产生乳酸、乙醇、CO_2,而利用核糖时可产生乳酸和乙酸,利用果糖可产生乳酸、乙酸、CO_2、甘露醇等。

2)HK 途径(phospho-hexose-ketolase pathway)　又称磷酸己糖解酮酶途径。该途径是 EMP 途径的变异途径,从葡萄糖到 6-磷酸果糖与 EMP 途径相同,然后又在这条途径的关键酶(磷酸己糖解酮酶)的作用下,生成 1 分子的乙酰磷酸和 1 分子的 4-磷酸赤藓糖,这两种化合物可以和 TCA 循环联系起来。

1 分子葡萄糖经过 EMP、HMP、ED、PK 途径脱氢产生丙酮酸及其他产物情况见表 6-3。

表 6-3　葡萄糖经不同途径降解产物比较

降解产物	EMP	HMP	ED	PK
ATP	2	—	1	1
$NADH_2$	2	—	1	1
$NADPH_2$	—	2	1	2
丙酮酸	2	—	2	1
CO_2	—	1	—	1

(5)三羧酸循环(tricarboxylic acid cycle)　简称 TCA 循环,又称柠檬酸循环,是指在有氧条件下,由丙酮酸经过一系列循环式反应而彻底氧化、脱羧,形成 CO_2、H_2O 和 $NADH_2$的过程。它是所有生物体获得能量的有效途径,三羧酸循环反应如图 6-5 所示。

从图 6-5 可知,TCA 循环共分 10 步:丙酮酸脱羧后,形成 $NADH_2$,并产生乙酰 CoA,它与草酰乙酸经 TCA 循环的关键酶(柠檬酸合成酶)作用,缩合形成柠檬酸。通过一系列氧化和转化反应,重新合成草酰乙酸,再由草酰乙酸接受来自下一个循环的乙酰 CoA 分子。以乙酰 CoA 为起始物,TCA 循环的总反应式为:

$$乙酰\ CoA + 3NAD^+ + FAD + GDP + Pi + 2H_2O \longrightarrow 2CO_2 + 3(NADH + H^+) + FADH_2 + CoA + GTP$$

TCA 循环的特点:①氧虽不直接参与其中反应,但必须在有氧条件下运转(因 NAD 和 FAD 再生时需氧);②每分子丙酮酸可产 4 个 $NADH_2$、1 个 $FADH_2$和 1 个 GTP,总共相当于 15 个 ATP,因此产能效率极高;③循环中的某些中间代谢产物是一些重要的细胞物质,如各种氨基酸、嘌呤、嘧啶和脂类等生物合成前体物;④TCA 位于一切分解代谢和合成代谢中的枢纽地位,为微生物的生物合成提供各种碳架原料;⑤TCA 循环是糖类有氧降解的主要途径,也是脂肪、蛋白质降解的必经途径。

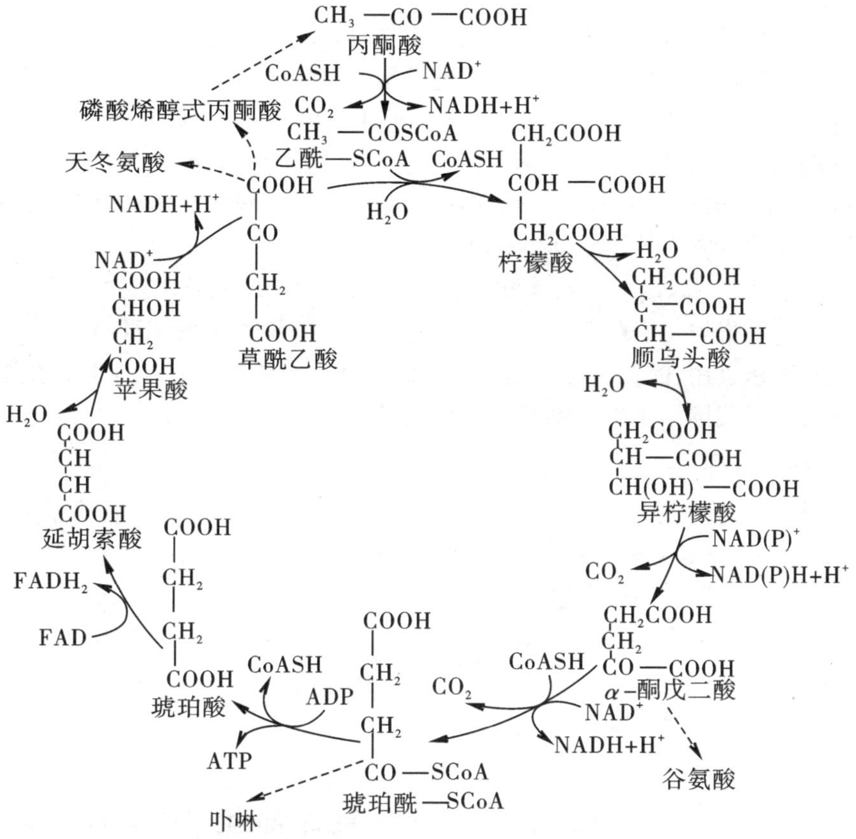

图 6-5 三羧酸循环（虚线表示可用于各种生物合成中间代谢物）

需指出的是，在真核微生物中，TCA 循环的反应在线粒体内进行，大多数酶定位于线粒体的基质中；在原核生物中，大多数酶位于细胞质中（琥珀酸除外，在线粒体或原核细胞中都是结合在膜上）。

6.2.2 食品中常见的发酵途径

由于微生物种类繁多，能在不同条件下对不同物质或对基本相同的物质进行不同的发酵。而不同微生物对不同物质发酵时可以得到不同的产物，不同的微生物对同一种物质进行发酵，或同一种微生物在不同条件下进行发酵都可得到不同的产物，这些都取决于微生物本身的代谢特点和发酵条件，现将食品工业中常见的微生物及其发酵途径介绍如下。

6.2.2.1 醋酸发酵

参与醋酸发酵的微生物主要是细菌，统称为醋酸细菌。它们之中既有好氧性的醋酸细菌，例如纹膜醋酸杆菌（*Acetobacter aceti*）、氧化醋酸杆菌（*Acetobacter oxydans*）、巴氏醋酸杆菌（*Acetobacer pasteurianus*）、氧化醋酸单胞菌（*Acetomonas oxydans*）等；也有厌氧性的醋酸细菌，例如热醋酸梭菌（*Clostriolium themoacidophilus*）、胶醋酸杆菌（*Acetobacter* xylinum)等。

好氧性的醋酸细菌进行的是好氧性的醋酸发酵,在有氧条件下,能将乙醇直接氧化为乙酸,是醋酸细菌的好氧性呼吸,其氧化过程是一个脱氢加水的过程,其反应式为:

$$CH_3CH_2OH + O_2 \longrightarrow CH_3COOH + H_2O + 4.9\times10^5 J$$

厌氧性的醋酸细菌进行的是厌氧性的醋酸发酵,其中热醋酸梭菌能通过 EMP 途径发酵葡萄糖,产生 3 分子的醋酸。研究证明该菌只有丙酮酸脱羧酶和辅酶(CoM),能利用 CO_2 作为受氢体生成乙酸,其反应总反应式为:

$$C_6H_{12}O_6 + 4(ADP+Pi) \longrightarrow 3CH_3COOH+4ATP$$

好氧性的醋酸发酵是制醋工业的基础。制醋原料或酒精接种醋酸细菌后,即可发酵生成醋酸发酵液供食用,醋酸发酵液还可经提纯制成一种重要的化工原料(冰醋酸)。厌氧性的醋酸发酵是我国用于酿造糖醋的主要途径。

6.2.2.2 柠檬酸发酵

关于柠檬酸发酵途径曾有多种论点,但目前大多数学者认为柠檬酸并非单纯由 TCA 循环所积累,而是由葡萄糖经 EMP 途径形成丙酮酸,再由 2 分子丙酮酸之间发生羧基转移,形成草酰乙酸和乙酰 CoA,草酰乙酸和乙酰 CoA 再缩合成柠檬酸。

能够累积柠檬酸的霉菌以曲霉属、青霉属和桔霉属为主。其中以黑曲霉、米曲霉、灰绿青霉、淡黄青霉等产酸量最高。柠檬酸发酵广泛被用于制造柠檬酸盐、香精、饮料、糖果、发泡缓冲剂等,在食品工业中起重要的作用。

6.2.2.3 酒精发酵

酒精发酵是酿酒工业的基础,它与白酒、果酒、啤酒等的生产有着密切关系。进行酒精发酵的微生物主要是酵母菌,如啤酒酵母等,此外还有少数细菌如发酵单胞菌、嗜糖假单胞菌、解淀粉欧文氏菌等也能进行酒精发酵。

(1)第一型发酵　酵母菌在无氧和酸性条件下(pH 3.5~4.5),经过 EMP 途径将葡萄糖分解为丙酮酸,丙酮酸再由丙酮酸脱羧酶作用形成乙醛和 CO_2,乙醛作为 $NADH_2$ 的氢受体,在乙醇脱氢酶的作用下还原为乙醇。

$$C_6H_{12}O_6+2NAD^++2H_3PO_4+2ADP \longrightarrow 2CH_3COCOOH+2NADH_2+2ATP+2H_2O$$

$$2CH_3COCOOH \longrightarrow 2CH_3CHO+2CO_2$$

$$2CH_3CHO+2NADH_2 \longrightarrow 2CH_3CH_2OH+2NAD^+$$

乙醛　　　　　　　　乙醇

总反应式为:$C_6H_{12}O_6+2ADP+2H_3PO_4 \longrightarrow 2CH_3CH_2OH+2CO_2+2ATP$

在正常条件下,酵母菌的酒精发酵可按上式进行,如果改变发酵条件,还会出现第二型酒精发酵和第三型酒精发酵而产生甘油。

(2)第二型发酵　第二型发酵是在有亚硫酸氢钠的情况下发生的,它可以和乙醛发生加成反应,生成难溶性结晶状磺化羟基乙醛,迫使磷酸二羟丙酮代替乙醛作为氢受体,生成 α-磷酸甘油。后者在 α-磷酸甘油脱氢酶的催化下,再水解脱去磷酸生成甘油,使乙醇发酵变成甘油发酵。

(3)第三型发酵　在偏碱性条件下(pH 7.6),乙醛不能作为氢受体被还原成乙醇,而是两个乙醛分子发生歧化反应，一分子乙醛氧化成乙酸，另一分子乙醛还原成乙醇，由此迫使磷酸二羟丙酮作为 $NADH_2$ 的氢受体，还原为 α-磷酸甘油，再脱去磷酸最终生成甘油，这称为碱法甘油发酵。这种发酵方式不产生能量。

$$2C_6H_{12}O_6 \longrightarrow 2HOCH_2CHOHCH_2OH + CH_3COOH + CH_3CH_2OH + CO_2$$

需指出的是，采用该法生产甘油时，必须使发酵液保持碱性，否则由于酵母菌产酸使发酵液 pH 值降低，使第三型发酵回到第一型发酵。由此可见，酵母菌的乙醇发酵所产生的发酵产物与发酵条件紧密相关。

6.2.2.4　乳酸发酵

乳酸是细菌发酵中最常见的产物之一，一些能够产生大量乳酸的细菌称为乳酸细菌。在乳酸发酵过程中，发酵产物中只有乳酸的称为同型乳酸发酵；发酵产物中除乳酸外，还有乙醇、乙酸及 CO_2 等其他产物的，称为异型乳酸发酵。

（1）同型乳酸发酵（homolactic fermentation）　同型乳酸发酵的基质主要是己糖，同型乳酸发酵菌发酵己糖是通过 EMP 途径产生乳酸的。其发酵过程是葡萄糖经 EMP 途径降解为丙酮酸后，不经脱羧，而是在乳酸脱氢酶的作用下，直接被还原为乳酸，反应如下：

$$C_6H_{12}O_6 + 2NAD^+ + 2H_3PO_4 + 2ADP \longrightarrow 2CH_3COCOOH + 2NADH_2 + 2ATP + 2H_2O$$

$$2CH_3COCOOH + 2NADH_2 \longrightarrow 2CH_3CHOHCOOH + 2NAD^+ + 2ATP$$

丙酮酸　　　　　　　　　　　　　乳酸

总反应式为：$C_6H_{12}O_6 + 2ADP + 2H_3PO_4 \longrightarrow 2CH_3CHOHCOOH + 2ATP$

进行同型乳酸发酵的细菌称为同型乳酸发酵菌，如乳酸乳球菌乳酸亚种（*Lactococcus lactis* subsp. *lactis*）、乳酸乳球菌乳脂亚种（*Lactococcus lactis* subsp. *cremoris*）、嗜热链球菌（*Streptococcus thermophilus*）、德氏乳杆菌保加利亚亚种（*Lactobacillus delbrueckii* subsp. *bulgaricus*，旧称保加利亚乳杆菌）、嗜酸乳杆菌（*Lactobacillus acidophilus*）等。

（2）异型乳酸发酵（heterolactic fermentation）

1）异型乳酸发酵的"经典"途径　异型乳酸发酵基本都是通过磷酸戊糖解酮酶途径（即 PK 途径）进行的。其中肠膜明串球菌、葡萄糖明串球菌、短乳杆菌、番茄乳酸杆菌等是通过磷酸戊糖解酮酶（PK）途径将 1 分子葡萄糖发酵产生 1 分子乳酸、1 分子乙醇和 1 分子 CO_2，并且只产生 1 分子 ATP。总反应式如下：

$$C_6H_{12}O_6 + ADP + Pi \longrightarrow CH_3CHOHCOOH + CH_3CH_2OH + CO_2 + ATP$$

2）异型乳酸发酵的双歧杆菌途径　两歧双歧乳酸杆菌（*Bifidobacterium bifidum*）、双叉乳酸杆菌（*Lactobacillus bifidum*）等双歧杆菌分解葡萄糖的非典型异型乳酸发酵，为 HMP 途径的变异途径。该途径与其他乳酸菌异型发酵不同，双歧杆菌无醛缩酶，也无 6-磷酸葡萄糖脱氢酶，但含有活性的磷酸解酮酶类，这是双歧途径的关键酶。通过双歧途径可将 2 分子葡萄糖发酵产生 2 分子乳酸和 3 分子乙酸，并产生 5 分子 ATP，总反应式为：

$$2C_6H_{12}O_6 + 5ADP + 5Pi \longrightarrow 2CH_3CHOHCOOH + 3CH_3COOH + 5ATP$$

由上可知，1 分子葡萄糖产 ATP 及降解产物在不同乳酸发酵途径中存在差异（表 6-4）。

表 6-4　同型乳酸发酵与异型乳酸发酵的比较

类型	途径	产物	产能	菌种代表
同型	EMP	2 乳酸	2ATP	德式乳杆菌、粪肠球菌
异型	PK	1 乳酸、1 乙醇、1CO_2	1ATP	肠膜明串珠菌、发酵乳杆菌
	双歧杆菌途径	1 乳酸、1.5 乙酸	2.5ATP	两歧双歧乳酸杆菌

目前,乳酸发酵广泛应用于发酵食品和农牧业中,如泡菜、酸菜、酸牛奶、乳酪以及青贮饲料等都是利用乳酸发酵的发酵制品。由于乳酸细菌累积乳酸,使基质环境 pH 值降低,抑制了其他微生物(尤其是腐败微生物)的生长,故此,提高了发酵产品的储藏性。

6.2.3　微生物的合成代谢

所谓合成代谢,是指微生物利用能量将简单的无机或有机的小分子前体物质同化成高分子或细胞结构物质。微生物进行合成代谢时,必须具备三个条件,那就是代谢能量、小分子前体物质和还原力,只有具备了这三个基本条件,合成代谢才能进行。微生物的合成代谢内容繁多,这里主要对微生物独特的肽聚糖的合成代谢途径加以阐述。

细胞壁肽聚糖的合成过程是一个极其复杂的过程,根据反应进行的部位不同,整个合成过程可分为在细胞质中、在细胞膜上和在细胞膜外三个阶段。

6.2.3.1　在细胞质中合成

(1)由葡萄糖合成 *N*-乙酰葡萄糖胺和 *N*-酰胞壁酸(图 6-6)。

(2)由 *N*-乙酰胞壁酸合成"Park"核苷酸　"Park"核苷酸即 UDP-*N*-乙酰胞壁酸五肽,这一过程需要 4 步反应,它们都需要尿嘧啶二磷酸(UDP)作为糖的载体,另外还有合成 D-丙氨酰胺-D-丙氨酸的两步反应,这些反应都可被环丝氨酸所抑制(图 6-7)。

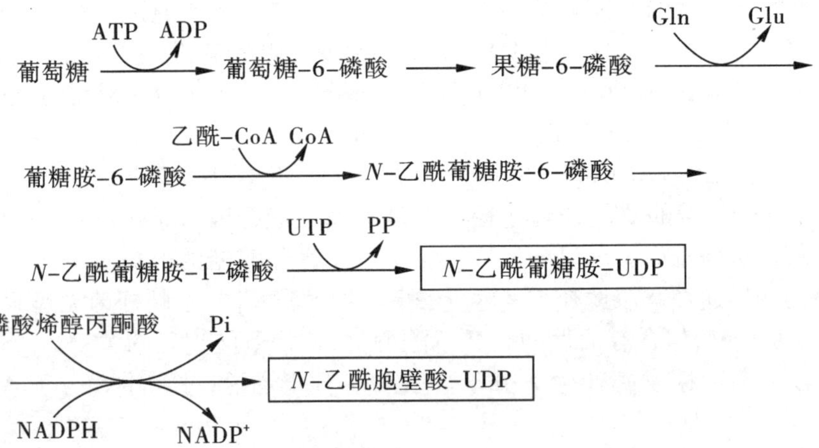

图 6-6　由葡萄糖合成 *N*-乙酰葡糖胺和 *N*-酰胞壁酸

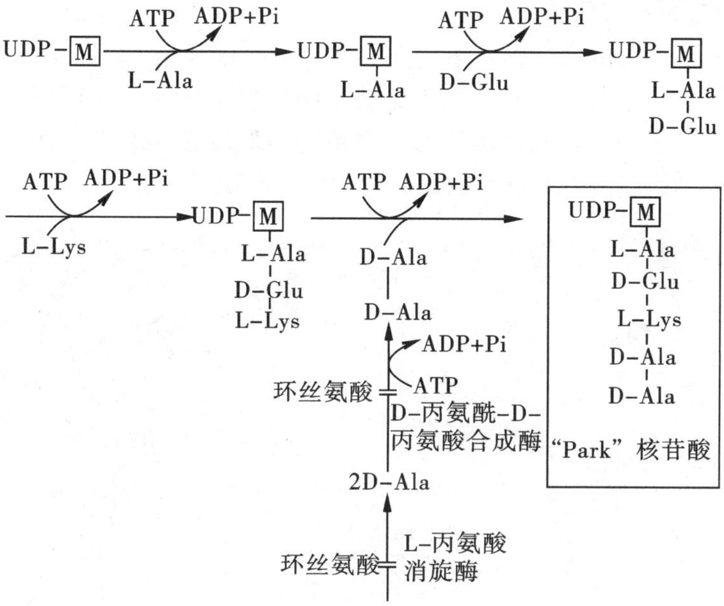

图 6-7　金黄色葡萄球菌由 *N*-乙酰胞壁酸合成"Park"核苷酸

6.2.3.2　在细胞膜上合成

由"Park"核苷酸合成肽聚糖亚单位的过程是在细胞膜上完成的，在细胞质内合成"Park"核苷酸后，穿入细胞膜并进一步接上 *N*-乙酰葡萄糖胺和甘氨酸五肽，即合成了肽聚糖亚单位。这个肽聚糖亚单位通过一个类脂载体（十一异戊烯磷酸）携带到细胞膜外，进行肽聚糖合成，由"Park"核苷酸合成肽聚糖亚单位的过程总计有五步反应（图 6-8）。

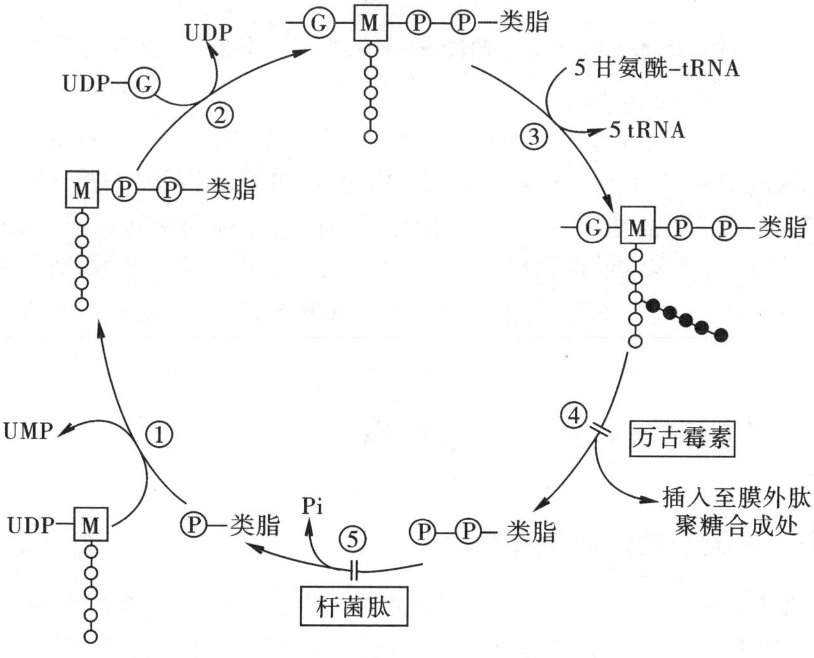

图 6-8　肽聚糖亚单位的形成

6.2.3.3 在细胞膜外的合成

被运送到细胞膜外的肽聚糖亚单位在必须有细胞壁残余(至少 6 ~8 个肽聚糖亚单位)作引物的条件下,肽聚糖亚单位与引物分子间先发生转糖基作用使多糖横向延伸一个双糖单位,然后,再通过转肽作用使两条多糖链间形成甘氨酸五肽而发生纵向交联反应。有关转糖基、转肽作用的反应过程见图 6-9。

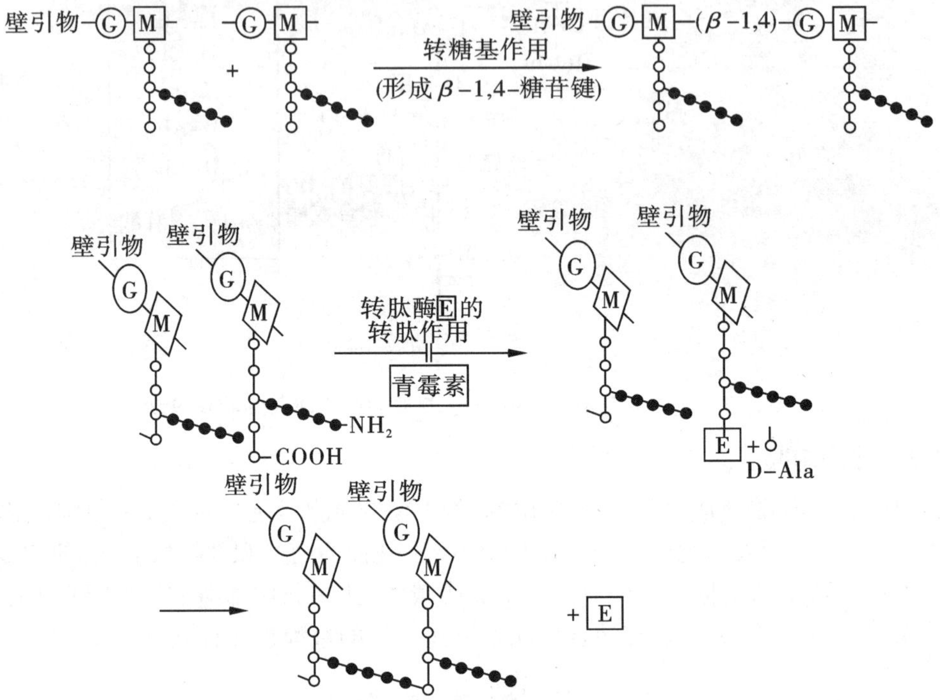

图 6-9　肽聚糖合成的最后阶段——转糖基(上)、转肽(下)作用的反应

从图 6-9 可以看出,青霉素可抑制转肽作用进行,其作用机制是:青霉素是肽聚糖亚单位五肽末端的 D-丙氨酰胺-D-丙氨酸的类似物,两者竞争转肽酶的活性中心,从而竞争性抑制了肽聚糖的转肽作用,使得肽聚糖分子不能发生纵向交联反应,肽聚糖不能形成细胞壁层。可见,青霉素的抑菌作用,只能是对处于活跃生长的细菌,对处于休眠阶段的细菌几乎无作用。此外,衣霉素、环丝氨酸、万古霉素、杆菌肽等也可干扰或抑制肽聚糖的合成。

6.3 微生物的初级代谢与次级代谢

6.3.1 微生物的初级代谢及其产物

初级代谢(primary metabolism)是指微生物从外界吸收各种营养物质,通过分解代谢与合成代谢,生成维持生命活动所需要物质和能量的过程。这一过程的产物,如糖、氨基酸、脂肪酸、核苷酸以及由这些化合物聚合而成的化合物(如多糖、蛋白质、脂类和核酸等),即为初级代谢产物,初级代谢产物与微生物的生长、繁殖密切相关。与食品有关的微生物初级代谢产物有酸类、醇类、氨基酸类和维生素等。

(1)酸类　微生物可产生有机酸,如乳酸、乙酸、丙酸、丁酸等,这些酸类物质与农畜产品加工利用有关。有些微生物可产生无机酸,如硫酸和硝酸与土壤肥力有关系。这些酸类可结合成各种盐在基质中积累。

(2)醇类　微生物在代谢过程中可产生醇类、酯类和其他芳香物,这些物质与工业和农畜产品加工利用有关。如利用微生物分解碳水化合物生成的醇类,也具有一定的芳香味,在酱油、酸乳、干酪等制造过程中可产生醇类、酯类物质使产品有芳香味。

(3)氨基酸类　微生物的正常代谢过程受到各种形式的抑制,微生物就在培养基中过量积累氨基酸这类代谢产物,如谷氨酸、赖氨酸、苏氨酸等,这类代谢产物已经在食品工业、饲料工业、医药工业中获得广泛的应用。

(4)维生素　维生素是微生物所必需的营养物质。有些微生物没有合成某些维生素的能力,需要由外界提供才能正常生长。细菌、放线菌、霉菌、酵母菌的一些种,在特定条件下会合成超过本身需要的维生素。机体含量过多时可分泌到细胞外。如丙酸杆菌产生维生素 B_{12};分枝杆菌利用碳氢化合物产生吡哆醇(维生素 B_6);酵母菌细胞中除含有大量B族维生素如硫胺素(维生素 B_1)、核黄素(维生素 B_2)外,还含有各种固醇,其中麦角固醇是维生素D的前体,经紫外线照射能变成维生素D;醋酸杆菌合成维生素C;人、畜肠道内某些细菌能合成维生素 B_6、维生素 B_{12}、维生素K等;总之,人类需要的各种维生素都可以由微生物合成后提取得到。维生素除临床医药用外,还可以用于强化食品和饲料。

6.3.2　微生物的次级代谢及其产物

次级代谢(secondary metabolism)是指微生物在一定的生长时期,以初级代谢产物为前体物质,通过支路代谢合成一些对自身生命活动无明确功能物质的过程。这一过程产生的物质称为次级代谢产物。次级代谢产物的形成与微生物的生长和繁殖无关,既不参与细胞的组成,也不是酶的活性基团和细胞的储存物质,大多分泌于胞外。次级代谢产物种类很多,大多数是分子结构比较复杂的化合物,根据其具有的生物效应,可分为抗生素、维生素、毒素、色素、激素、生物碱等。

(1)抗生素　抗生素是生物在代谢过程中产生的能抑制其他生物生命活动的次级代谢产物及其人工衍生物的总称。抗生素主要来源于微生物,特别是某些放线菌、细菌和真菌。抗生素已广泛应用于临床、农业及畜牧业生产中。

(2)维生素　在这里,维生素是指某些微生物在特定条件下合成远远超过产生菌本身正常需求的那部分维生素。如丙酸细菌、芽孢杆菌、某些链霉菌和耐高温放线菌在培养过程中可累积维生素 B_{12},某些分枝杆菌能利用碳氢化合物合成吡哆醛与烟酰胺,某些醋酸细菌可过量合成维生素C,各种霉菌不同程度地积累核黄素,酵母类细胞中除含有大量硫胺素、核黄素、烟酰胺、泛酸外,还含有各种固醇,其中麦角固醇为维生素D的前体。目前,医药上应用的各种维生素主要是各种微生物生物合成后提取的。

(3)毒素　某些微生物在代谢过程中,能产生某些对人和动物有毒害的物质,这些物质称为毒素。能产生毒素的微生物在细菌和霉菌中较为多见。细菌产生的毒素可分为外毒素和内毒素两种。存在于粮食、食品或饲料中,由真菌产生的能引起人或动物病理变化或生理变化的代谢产物被称为真菌毒素。

(4)色素　色素是指由微生物在代谢中合成的积累于胞内或分泌于胞外的各种呈色次生代谢产物。根据它们的性质可分为水溶性色素和脂溶性色素,产生的水溶性色素使培养基着色,如绿脓菌色素、蓝乳菌色素、荧光菌的荧光素等。有的产生脂溶性色素,使菌落呈各种颜色,如黏质沙雷菌的红色素、金黄色葡萄球菌的金黄色素等。还有一些色素,既不溶于水,也不溶于有机溶剂,如酵母和霉菌的黑色素和褐色素等。

(5)激素　某些微生物能产生刺激动物生长或性器官发育的一类生理活性物质,称为激素,如赤霉素、细胞分裂素、生长刺激素等。其中,生长刺激素是由某些细菌、真菌、植物合成,能刺激植物生长的一类生理活性物质。

(6)生物碱　大部分生物碱由植物合成,在微生物中某些霉菌也可合成生物碱(如麦角生物碱),即属次级代谢产物。

微生物的代谢产物,特别是次级代谢产物,大部分尚未很好地利用。微生物次级代谢产物的资源很丰富,潜力很大,具有极其广阔的应用前景。

初级代谢与次级代谢的关系

6.4　微生物代谢的调节与调控

6.4.1　微生物代谢的调节

6.4.1.1　微生物产生的酶类

(1)常见的微生物酶类　微生物在生命活动过程中,对各种营养物质分解、氧化和物质合成途径繁简不一,所需要的酶系统也不相同。根据酶的催化反应和各种酶的作用性质,常见的微生物所产生的酶主要有以下几大类。

1)水解酶类　此类酶是由微生物体内产生而分泌到细胞外的酶,其整个水解作用都是在细胞外进行。它可将大分子的有机物分解成较简单的小分子化合物,在所有分解过程中,都有水分子的直接参与,故将这种酶类称为水解酶。如淀粉酶可将大分子淀粉催化水解为麦芽糖;麦芽糖酶可催化麦芽糖水解为两个分子的葡萄糖;乳糖酶能催化乳糖水解为葡萄糖和半乳糖;蛋白酶能催化蛋白质水解成多肽,最后分解为氨基酸;脂肪酶能将脂肪水解为甘油和脂肪酸;脲酶能催化尿素水解为氨和二氧化碳。目前,水解酶被广泛应用于工业、食品、医药等方面。

2)裂解酶类　又称为裂合酶类。此类酶能催化一种化合物通过裂解、脱羧、脱氨等作用生产另外几种化合物。它在细胞内物质转化和能量转化反应中起重要作用。例如,醛缩酶可催化裂解1,6-二磷酸果糖为磷酸二羟基丙酮和3-磷酸甘油醛;又如,羧化酶能催化丙酮酸脱羧生成乙醛和二氧化碳。

3)氧化还原酶类　此类酶主要在细胞内催化氧化还原反应。微生物细胞内各种有机物所含的能量是通过该酶所催化的一系列的氧化还原反应而释放出来的,从而使微生物维持正常的生命活动。氧化还原酶包括氧化酶类和脱氢酶类。氧化酶类主要有细胞色素酶、细胞色素氧化酶、多酚氧化酶等。脱氢酶类有乙醇脱氢酶、乳酸脱氢酶等。很多氧化还原酶都是双成分酶,由主酶和辅酶组成全酶。例如乙醇脱氢酶,其辅酶是 $NADH_2$(辅酶Ⅰ),能催化乙醛还原生成乙醇。

4)合成酶类　此类酶能催化两种化合物结合而形成新的物质,一般有三磷酸腺苷(ATP 或其他高能键)参与这类合成反应。如柠檬酸缩合酶催化草酰乙酸和乙酰 CoA 缩合形成柠檬酸的反应,就是由高能硫酯键水解释放大量的能量,推动合成柠檬酸。

5)转移酶类　此类酶能催化一种化合物上的基团转移到另一种化合物的分子上,如磷酸基、醛基、酮基、氨基等的转移。例如谷氨酸生产菌的细胞中存在氨基转移酶,可使氨基酸与 α-酮戊二酸生成谷氨酸,此类酶也可称之为“激酶”,如己糖激酶(磷酸基转移酶),可催化 D-葡萄糖转化为6-磷酸葡萄糖。

6)异构酶类　此类酶能催化同分异构体分子之间的相互转化。如磷酸己糖异构酶催化6-磷酸葡萄糖转变成6-磷酸果糖。

(2)微生物的胞内酶和胞外酶

1)胞内酶(endoenzyme)　由菌体细胞产生后并不分泌到细胞外而在细胞内部引起催化作用的酶。此酶种类很多,如转移酶、氧化还原酶、裂解酶、异构酶与合成酶等。胞内酶集中在菌体细胞内,虽容易与发酵液分开,但胞内酶不易从细胞中游离出来,且与细胞内其他酶分开较困难。目前,工业生产上的微生物酶制剂只有少数为胞内酶。

2)胞外酶(exoenzyme)　由菌体细胞内产生后分泌到细胞外面进行催化作用的酶。胞外酶是一种较简单的蛋白质,主要是单成分的水解酶类,如淀粉酶、蛋白酶、脂肪酶、果胶酶等。这类酶能催化环境中一些复杂的大分子物质,这些大分子物质是不易透过细胞质膜的化合物,将它们水解成比较简单的小分子化合物,而被细胞吸收。工业生产上微生物酶制剂大都是胞外酶。此类酶容易采用添加表面活性剂等方法增加其产量。

(3)微生物的组成酶和诱导酶　根据酶的合成方式和存在时间,微生物细胞内的酶可分为组成酶和诱导酶。

1)组成酶(constitutive enzyme)　又称固有酶。组成酶是细胞内一直存在的酶,它的合成仅受遗传物质的控制。该酶的产量可因培养液环境因素而稍有增减,但不因环境中缺少底物而停止产生。可通过优化发酵工艺条件,提高基因的表达量,来提高组成酶的合成量。

2)诱导酶(induced enzyme)　又称适应酶,是在环境中有诱导物(通常是酶的底物)存在的情况下,由诱导物诱导而生成的酶。该酶不是微生物所必需的酶,在一般情况下并不产生,只有在环境中有诱导物存在时才能产生,这种诱导物可以是酶的作用底物还可以是底物结构相似物。

6.4.1.2　微生物代谢的调节类型

微生物的代谢调节主要有两种类型,即酶合成的调节与酶活性的调节,微生物的各种代谢及其代谢产物均由酶的催化作用控制,而酶受基因的控制,由此形成了基因决定酶,酶决定代谢途径,代谢途径决定代谢产物的机制。反过来,代谢产物又可反馈调节酶的合成、活性及其基因的表达。

(1)酶合成的调节　酶合成的调节是一种通过调节酶的合成量从而调节代谢速率的调节机制,这是一种在基因水平上的代谢调节。主要包括酶合成的诱导作用和酶合成的阻遏作用。

1)诱导作用　当加入诱导物后,微生物可同时或几乎同时诱导几种酶的合成,称为同时诱导;当加入诱导物后,可以先后合成能分解底物的酶,再依次合成各中间代谢物的酶,称为顺序诱导。如大肠杆菌,当培养基中含有阿拉伯胶糖或木胶糖时,才产生阿拉伯胶糖酶或木胶糖酶。又如,催化淀粉分解为糊精、麦芽糖等的 α-淀粉酶也是一种诱导酶。如果将能合成 α-淀粉酶的菌种培养在不含淀粉的葡萄糖溶液中,它就直接利用葡萄糖而不产生 α-淀粉酶;如果将它培养在含淀粉的培养基中,它就会产生活性很高的 α-淀粉酶。需指出的是,诱导酶的合成除取决于诱导物以外,还取决于细胞内所含的基因。如果细胞内没有控制某种酶合成的基因,即便有诱导物存在也不能合成这种酶。因此,诱导酶的合成取决于内因和外因两个方面。

2)阻遏作用　在微生物的代谢过程中,当代谢途径中某末端产物过量时,除可用反馈抑制的方式抑制该途径中关键酶的活性以减少末端产物的生成外,还可通过阻遏作用阻遏代谢途径中包括关键酶在内的一系列酶的生物合成,从而更彻底地控制代谢和减少末端产物的合成。阻遏作用有利于生物体节省有限的养料和能量,防止浪费。阻遏的类型主要有末端代谢产物的阻遏和分解代谢产物的阻遏两种。

①末端代谢产物的阻遏(end-product repression)　指由代谢途径末端产物的过量积累而引起的阻遏现象。该阻遏常出现在氨基酸、嘌呤和嘧啶的生物合成中。如精氨酸的直线式生物合成中即存在末端产物阻遏,即过量的精氨酸阻遏了参与合成精氨酸的许多酶的合成(图 6-10)。这种阻遏作用的结果保证了微生物细胞内氨基酸浓度的稳定。

②分解代谢产物的阻遏(catabolite repression)　分解代谢产物的阻遏是指培养基中同时存在两种分解代谢底物(两种碳源或氮源)时,微生物细胞利用快的那种分解底物会阻遏利用慢的那种分解底物有关酶合成的现象。分解代谢产物的阻遏作用,并非是由快速利用的分解底物本身直接作用的结果,而是通过其分解过程中所产生的中间代谢物所引起的阻遏作用。例如,将 *E. coli* 培养在含有乳糖和葡萄糖的培养基上,优先利用葡萄糖,并于葡萄糖耗尽后才开始利用乳糖,这就产生了在两个对数生长期中间隔开一个生长迟缓期的"二次生长现象"。其原因是:葡萄糖分解的中间代谢产物阻遏了分解乳糖酶系的合成,这一现象又称为葡萄糖效应。此外,采用山梨醇或乙酸代替乳糖时,也存在该效应。

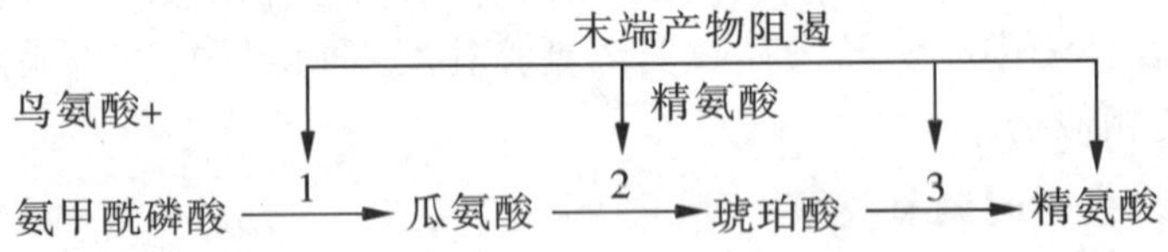

1—氨甲酰基转移酶;2—精氨酸琥珀酸合成酶;3—精氨酸琥珀酸裂合酶

图 6-10　精氨酸合成中的末端产物阻遏

(2)酶活性的调节　酶活性的调节是一定数量的酶,通过其分子构象或分子结构的改变调节其催化反应的速率,该调节包括酶活性的激活和抑制。

1)酶活性的激活　酶活性的激活常存在于分解代谢途径中,是指后面的反应可被较前面反应的中间产物所促进。如粪肠球菌的乳酸脱氢酶活力被1,6-二磷酸果糖所促进,粗糙脉孢霉的异柠檬酸脱氢酶活力被柠檬酸所促进。在反应系列中,前面的代谢产物对后面的酶起激活作用,使反应向前进行称为前体激活;发生在两个相关途径中,它们需要一个共同前体称为补偿激活。

2)酶活性的抑制　酶活性的抑制类型很多,反馈抑制是微生物代谢过程中酶活性抑制的主要方式,具体是指代谢途径的终产物直接抑制该途径中第一个酶的活性,减缓甚至完全抑制终产物的生成,从而避免终产物的过多累积。

①直线式代谢途径中的反馈抑制　直线式代谢途径中的反馈抑制是较为简单的抑制类型。如大肠杆菌在合成异亮氨酸时,当末端产物异亮氨酸过多时,可反馈抑制途径中第一个酶(苏氨酸脱氨酶)的活性,从而α-酮丁酸及其以后的一系列中间代谢物都无法合成,最后导致异亮氨酸合成的停止,避免末端产物过多积累(图6-11)。另外,谷氨酸棒杆菌利用谷氨酸合成精氨酸的途径也存在直线式反馈抑制。

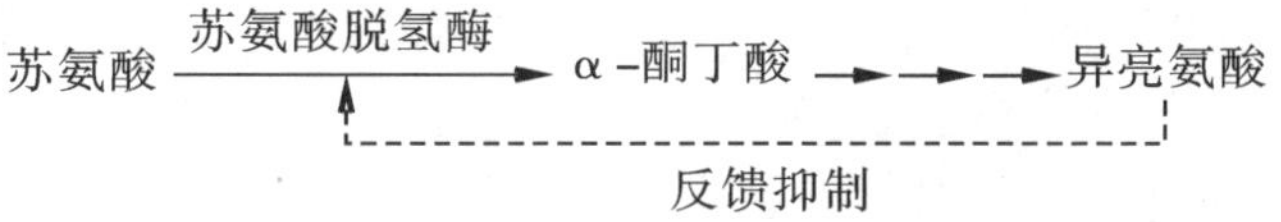

图6-11　末端产物反馈抑制模式图

②分支代谢途径的反馈抑制　所谓分支代谢是指一种底物可经过不同的代谢路径生成不同的代谢产物。在有两种或两种以上的末端产物的分支代谢途径中,调节方式较为复杂。其共同特点是每个分支途径的末端产物控制分支点后的第一个酶,同时每个末端产物又对整个途径的第一个酶有部分的抑制作用。微生物自身可通过多种调节方式来保证代谢产物的顺利合成,以避免在一分支上的产物过多,而影响另一分支上产物的供应。具体的反馈调节方式有下列多种。

Ⅰ.同工酶调节　同工酶(isozyme)是一类作用于同一底物,催化同一反应,但酶的分子构型不同,并能分别受不同末端产物抑制的一组酶。具体的,在分支反应中,若在分支点以前的一个反应由几个同工酶同时催化,通常几个最终产物会分别对这几个同工酶发生抑制作用。图中A→B的反应由2个同工酶(E_1和E_2)所催化,它们受最终产物D、F抑制,当环境中只有一种产物过量时,就只对相应酶的活力起抑制作用,而不会影响其他几种终产物的合成(图6-12)。该调节方式的典型例子是大肠杆菌的天冬氨酸族氨基酸合成的途径。

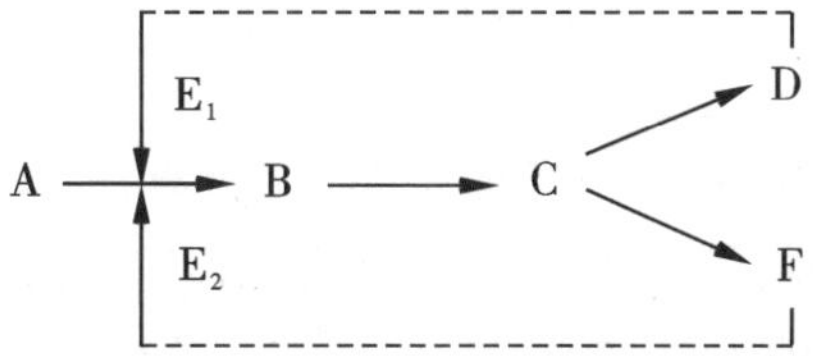

图6-12　同工酶反馈抑制模式图(虚线表示反馈抑制)

Ⅱ. 协同反馈抑制(concerted feedback inhibition)　在分支代谢途径中,几种末端产物同时过量,才对途径中的第一个酶具有抑制作用。若某一末端产物单独过量则对途径中的第一个酶无抑制作用,但对这一分支反应中的第一个酶起抑制作用(图 6-13)。这种需要各个末端产物同时过量才能引起反馈抑制的方式称为协同反馈抑制。例如,多黏芽孢杆菌的天冬氨酸激酶受终产物苏氨酸与赖氨酸的协同反馈抑制,这种抑制在苏氨酸或赖氨酸单独过量时并不会发生,只有苏氨酸与赖氨酸在胞内同时积累,才能抑制天冬氨酸激酶的活性。

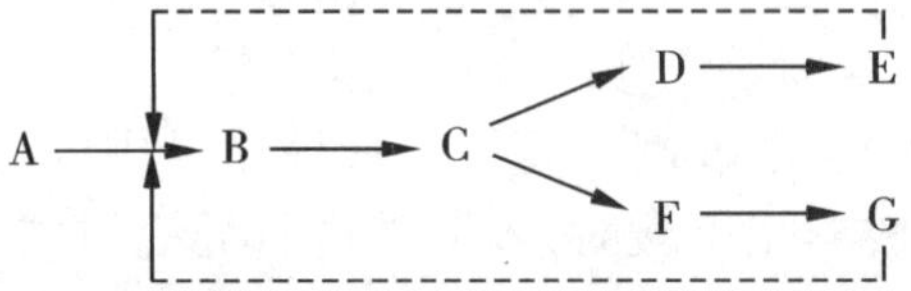

图 6-13　协同反馈抑制模式图(虚线表示反馈抑制)

Ⅲ. 累加反馈抑制(cumulative feedback inhibition)　在分支代谢途径中,任何一种末端产物过量时都能对共同途径中的第一个酶起抑制作用,而且各种末端产物的抑制作用互不干扰。当各种末端产物同时过量时,它们的反馈抑制作用相累加。如图 6-14 所示,末端产物 E 和 G 单独过量时分别可抑制途径中第一个酶活性的 20% 和 50%,二者同时过量可抑制该酶活性的 60%。累加反馈抑制最早在 *E. coli* 的谷氨酰胺合成酶调节中发现,该酶受 8 个最终产物的累加反馈抑制,只有当它们同时存在时,酶活力才被全部抑制。如色氨酸单独存在时,可抑制酶活力的 16%,CTP 相应为 14%,氨基甲酰磷酸为 13%,AMP 为 41%。这 4 种末端产物同时存在时,酶活力的抑制程度可这样计算:色氨酸先抑制 16%,剩下的 84% 又被 CTP 抑制掉 11.8%(即 84%×14%);留下的 72.2% 活性中,又被氨基甲酰磷酸抑制掉 9.4%(即 72.2%×13%),还剩余 62.8%;这 62.8% 再被 AMP 抑制掉 25.8%(即 62.8%×41%),最后只剩下原活力的 37%。当 8 个产物同时存在时,酶活力才被全部抑制。

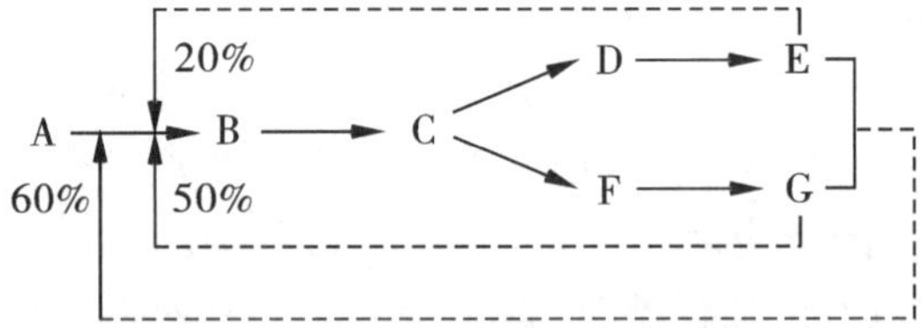

图 6-14　累加反馈抑制模式图

Ⅳ. 顺序反馈抑制　分支代谢途径中的两个末端产物,不能直接抑制代谢途径中的第一个酶,而是分别抑制分支点后的反应步骤,造成分支点上中间产物的积累,这种高浓度的中间产物再反馈抑制第一个酶的活性。因此,只有当两个末端产物都过量时,才能对途径中的第一个酶起到抑制作用。如图 6-15 所示,当 E 过量时,可抑制 CD 间的反应,当 G 过量时,可抑制 CF 间的反应,最终造成 C 浓度过大,进而抑制 AB 间的反应。即只有当两个终产物同时过量时,才会对反应中第一个酶起抑制作用。

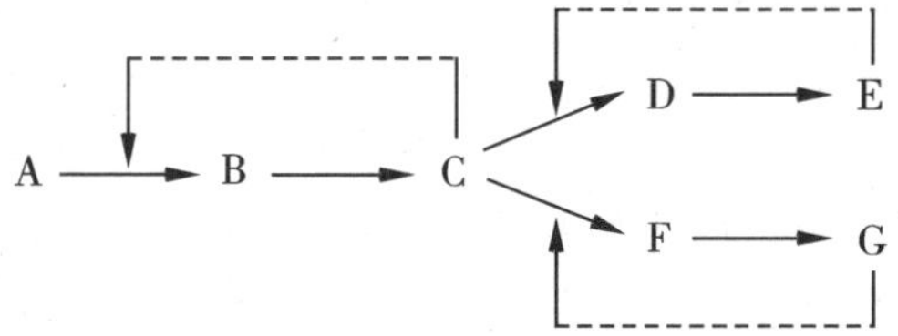

图 6-15　顺序反馈抑制模式图

需指出的是,反馈抑制类型多样,但其主要的作用方式是终产物对反应途径中第一个酶的抑制。第一个酶通常是变构酶或调节酶。这种抑制是可逆的,当代谢终产物在细胞内浓度高时,它即与第一个酶结合,降低酶的活性,当浓度低时,它就不再与酶结合,酶的催化作用便可继续进行。

6.4.2　微生物代谢的调控

在正常生理条件下,微生物通过其代谢调节系统吸收利用营养物质用于合成细胞结构,进行生长和繁殖,它们通常不浪费原料和能量,也不积累中间代谢产物。在发酵工业中,为了大量积累某一代谢产物,常人为地打破微生物细胞的自动代谢调控机制,使代谢产物朝人们所希望的方向前进,这就是所谓的代谢调控。常用的调控方法有控制发酵条件、控制细胞膜的渗透性以及改变微生物的遗传特性等。

6.4.2.1　控制发酵条件

菌种的生理特性对于目的产物的生产是关键因素,但基质成分及其环境因素(如温度、pH 值、溶解氧等)的控制也极大地影响代谢产物的产量。

(1)限制终产物的累积　生物合成酶往往受终产物的阻遏,可通过限制终产物在胞内的积累使酶产量明显增加。最有效的方法是控制营养缺陷型菌株所需物质的补加量,使菌体细胞处于半饥饿状态,可提高中间产物或最终产物的浓度。

(2)避免使用阻遏营养物　工业上生产的酶大多受分解阻遏或分解抑制的控制,因此,在培养基中避免使用可阻遏的碳源或氮源,这将极大促进分解阻遏敏感酶的产生。

此外,还可采用加料的方式来限制生长速率,使酶产量升高;在培养基中添加产物的前体物质,绕过反馈阻遏,也可提高某些代谢产物的产量。

6.4.2.2　控制细胞膜的渗透性

微生物的细胞膜对于细胞内外物质的运输具有高度选择性。细胞内的代谢产物通常以较高浓度累积着,并通过反馈阻遏限制了它们的进一步合成。实践中,采取生理学或遗传学方法,可改变细胞膜的渗透性,使细胞内的代谢产物迅速渗漏到细胞外。这种解除末端产物反馈抑制作用的菌株,可以提高发酵产物的产量。

(1)通过生理学手段控制细胞膜的渗透性　在谷氨酸发酵生产中,生物素的浓度对谷氨酸的累积有着明显的影响,只有把生物素的浓度控制在亚适量情况下,才能分泌出大量的谷氨酸。生物素影响细胞膜渗透性的原因,是由于它是脂肪酸生物合成中乙酰

CoA 羧化酶的辅基,此酶可催化乙酰 CoA 的羧化并生成丙二酸单酰 CoA,进而合成细胞膜磷脂的主要成分——脂肪酸。因此,控制生物素的含量就可以改变细胞膜的成分,进而改变膜的渗透性和影响谷氨酸的分泌。当培养液内生物素含量很高时,只要添加适量的青霉素也有提高谷氨酸产量的效果。其原因是青霉素可抑制细菌细胞壁肽聚糖合成中转肽酶的活性,结果引起其结构中肽桥间无法进行交联,造成细胞壁的缺损。这种细胞的细胞膜在细胞膨压的作用下,利于代谢产物的外渗,并因此降低了谷氨酸的反馈抑制,提高了产量。

(2)通过细胞膜缺损突变而控制其渗透性　应用谷氨酸产生菌的油酸缺陷型菌株,在限量添加油酸的培养基中,也能因细胞膜发生渗漏而提高谷氨酸的产量。这是因为油酸是一种含有一个双键的不饱和脂肪酸(十八碳烯酸),它是细菌细胞膜磷脂中的重要脂肪酸。油酸缺陷型突变株因其不能合成油酸而使细胞膜缺损,结果增加了细胞膜的通透性,提高了谷氨酸的产量。

6.4.2.3　改变微生物的遗传特性

改变微生物的遗传特性将会影响细胞原有的代谢调控机制,有可能使某一产物大量累积,满足人们的需求,常用的方法有下列几种。

(1)应用营养缺陷型菌株以解除正常的反馈调节　这是提高氨基酸生产菌产氨基酸量最有效的方法。对于营养缺陷型菌株,由于发生基因突变,使得菌株失去合成某种物质的能力,即合成途径中某一步发生突变,使合成反应不能完成,最终产物不能积累到引起反馈调节的浓度,从而有利于中间产物的积累。

在直线式的合成途径中,营养缺陷型突变株只能累积中间代谢物而不能累积最终代谢物。在分支代谢途径中,通过解除某种反馈调节,就可使某一分支途径的末端产物得到累积。在氨基酸发酵生产中,多数利用营养缺陷型菌株。例如,可采用天冬氨酸为原料,通过分支代谢途径可合成赖氨酸、苏氨酸和甲硫氨酸。其中苏氨酸和赖氨酸的累积会协同反馈抑制共同代谢途径中天冬氨酸激酶的活性。为解除正常代谢调节以获得赖氨酸的高产菌株,工业上选用谷氨酸棒杆菌的高丝氨酸缺陷型菌株作为赖氨酸的发酵菌种,由于该缺陷型菌株不能合成高丝氨酸脱氢酶,故不能合成高丝氨酸,也就不能产生苏氨酸和甲硫氨酸,从而解除了对天冬氨酸激酶的协同反馈抑制,这样即可大量合成赖氨酸(图 6-16)。

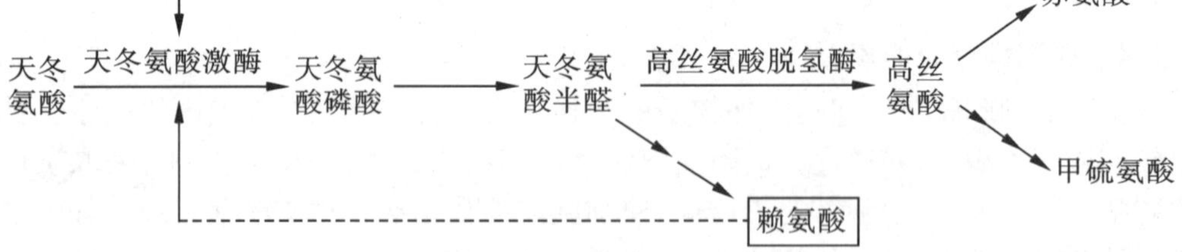

图 6-16　高丝氨酸缺陷型菌株合成赖氨酸的调节

(2)应用抗反馈调节的突变株解除反馈调节　抗反馈调节突变菌株,指对反馈抑制不敏感或对阻遏有抗性的组成型菌株,或兼而有之的菌株。在这类菌株中,因其反馈抑制或阻遏已解除,或是反馈抑制和阻遏已同时解除,所以能分泌大量的末端代谢产物。例如,当把钝齿棒杆菌培养在含苏氨酸和异亮氨酸的结构类似物 AHV(α-氨基-β-羟基戊酸)的培养基上时,由于 AHV 可干扰该菌高丝氨酸脱氢酶、苏氨酸脱氢酶以及二羧酸脱水酶,所以抑制了该菌的正常生长。如果采用诱变(如用亚硝基胍作为诱变剂)后所获得的抗 AHV 突变株进行发酵,就能分泌较多的苏氨酸和异亮氨酸。这是因为,该突变株的高丝氨酸脱氢酶或苏氨酸脱氢酶和二羧酸脱水酶的结构基因发生了突变,故不再受苏氨酸或异亮氨酸的反馈抑制,于是有大量的苏氨酸和异亮氨酸的累积。如进一步再选育出甲硫氨酸缺陷型菌株,则其苏氨酸产量还可进一步提高,原因是甲硫氨酸合成途径上的两个反馈阻遏也被解除了。

思考题

1. 试比较有氧呼吸、无氧呼吸、发酵的异同。
2. 试比较底物水平磷酸化、氧化磷酸化和光合磷酸化产能的异同。
3. 试述微生物对淀粉、纤维素、果胶质的分解过程,并指出各过程的关键酶。
4. 简述微生物对蛋白质及氨基酸的分解作用,并说明其实践意义。
5. 简述脂肪经微生物分解的过程。
6. 试比较同型乳酸发酵与异型乳酸发酵。
7. 酒精发酵的3种类型是指什么？试加以比较。
8. 微生物利用葡萄糖进行分解代谢的途径有哪些？
9. 试述 EMP 途径的主要过程及生理作用。
10. 肽聚糖的合成有哪几个阶段,试图示加以说明。
11. 什么叫初级代谢,其产物主要有哪些？
12. 什么叫次级代谢,其产物主要有哪些？
13. 微生物代谢的调节方式有哪些？
14. 试举例说明微生物代谢的调控在发酵工业中的应用。

第 7 章　微生物的生长与控制

【学习目标】

熟悉微生物生长量及繁殖数的测定方法；掌握单细胞微生物群体生长繁殖的规律；掌握影响微生物生长繁殖的主要因素及其作用；熟悉有害微生物的常见控制方法，并掌握各类高温灭菌方法的应用及特点。

一个微生物细胞在合适的外界环境条件下，不断地吸收营养物质，并按其自身的代谢方式进行新陈代谢。当同化作用的速度超过了异化作用，则其原生质的总量（质量、体积、大小）就不断增加，于是出现了个体细胞的生长（growth）。微生物的个体生长是细胞物质有规律、不可逆地增加，促使细胞体积增大的生物学过程。繁殖（reproduction）是微生物的个体生长到一定阶段，由于细胞结构的复制与重建并通过特定方式产生新的生命个体，即引起生命个体数目增加的生物学过程。这时，原有的个体已经发展成一个群体。随着群体中各个个体的进一步生长，就引起了这一群体的生长，这可从其质量、体积、密度或浓度等指标来衡量。故此，个体与群体间存在如下的关系：

个体生长→个体繁殖→群体生长

群体生长=个体生长+个体繁殖

无菌操作技术简介

由此可见，微生物的生长与繁殖是两个不同但又相互联系的概念。个体生长是一个逐步累积的量变过程，繁殖是一个产生新的生命个体的质变过程。除了特定目的以外，在微生物的研究和应用中，只有群体的生长才有实际意义，在微生物学中提到的“生长”，一般均指群体生长（culture growth），这一点与研究高等生物时有所不同。微生物的生长繁殖是其在内外各种环境因素相互作用下的综合反映，因此，生长繁殖情况就可作为研究各种生理、生化和遗传等问题的重要指标。同时，微生物在生产实践中的各种应用或对致病菌、霉腐微生物的防治，也都与微生物的生长繁殖及控制紧密相关。

7.1　微生物生长繁殖的测定方法

获得纯培养的常见方法

生长意味着原生质的增多，微生物生长情况可通过测定单位时间内微生物数量或生物量（biomass）的变化来评价。通过微生物生长测定可客观地评价培养条件、营养物质等对微生物生长的影响，评价不同的抗菌物质对微生物产生抑制或杀灭作用的效果，客观地反映微生物生长的规律。因此微生物生长量及繁殖数的测定在理论上和实践上有着重要的意义。

7.1.1　测定生长量

测定微生物生长量的方法有很多,适用于一切微生物,这些方法可根据研究目的和条件不同选择性使用,测定方法一般可分为两大类。

7.1.1.1　间接法

(1)比浊法(turbidimetry)　细胞培养物在生长过程中,由于微生物数量的增加,会引起培养物浊度的升高。一定的范围内(通常是相对低的细胞浓度),光吸收值的大小与菌液中细胞数目及细胞物质的量成正比,因而可用作菌液中总细胞的计数,但需用显微镜计数法或平板菌落计数法制作标准曲线进行换算。测量菌液浊度常采用的波长范围为 450～650 nm。比浊法具有简便、快速、不干扰(或破坏)样品等优点,但其灵敏度稍差。目前,此法广泛应用于细菌生长曲线的测定、微生物培养过程中数量的消长与控制等。

(2)生理指标法

1)测含氮量法(nitrogen content measurement)　蛋白质是细胞的主要成分,含量也比较稳定,其中氮是蛋白质的重要组成元素。大多数细菌的含氮量为其干重的 12.5%,酵母菌的为 7.5 %,霉菌的为 6.0%。从一定体积的样品中分离出细胞,洗涤后,按凯氏定氮法测出总氮量。用含氮量乘以 6.25,即为粗蛋白的含量,然后再换算成生物量。此法适用于细胞浓度较高的样品,由于操作过程烦琐,主要用于科学研究中。

2)测 ATP 含量法　微生物细胞中都含有相对恒定量的 ATP,而 ATP 与生物量之间又有一定的比例关系。如果从培养物中提取出 ATP,然后利用分光光度计测定其荧光素-荧光素酶的反应强度,再经换算就能求得生物量。此法灵敏度高,但容易受到培养基中磷含量的影响。目前,基于此原理设计的手持式 ATP 荧光检测仪已广泛应用于食品、医药卫生、日化、海关出入境检疫等多个领域及场合。

3)测 DNA 含量法　核酸 DNA 是微生物的重要遗传物质,每个细菌的 DNA 含量恒定,平均为 8.4×10^{-5} ng。因此从一定体积的细菌悬液中所含的细菌中提取 DNA,求得 DNA 含量,再计算出这一定体积的细菌悬液所含的细菌总数。该法结果准确,但操作较为费时。

4)其他生理指标测定法　其他生理指标包括微生物的 RNA、DAP(二氨基庚二酸)、呼吸强度、耗氧量、酶活性、产 CO_2 量等。根据在微生物生长过程中伴随出现相应的生理指标,样品中微生物数量越多或生长越旺盛,这些指标越明显。实践中,可以借助特定的仪器如华勃氏微量呼吸仪、微量量热仪等设备来测定相应的指标。这类测定方法主要用于科学研究,分析微生物生理活性等。

7.1.1.2　直接法

(1)测体积法　这是一种较为粗放的方法,适用于初步比较。例如,把待测培养液置于刻度离心管中做自然沉降或适当离心,然后观察微生物细胞沉降物的体积。

(2)称干重法　即测定培养物中菌体的干重,可采用离心或过滤法收集菌体,无菌水洗涤 3～5 次,进行干燥;干燥可用烘箱在 100～105 ℃下烘干,也可在 60～80 ℃下真空烘干,或采用红外线烘干,恒重后称重,即可得干重。一般干重为湿重的 10%～20%。此法较为烦琐,当获取的微生物产品为菌体时,常采用这种方法,如活性干酵母、以微生物菌体为活性物质的饲料和肥料等。

7.1.2 计繁殖数

与测定生长量不同,此法通常用来测定样品中所含细菌、孢子、酵母菌等单细胞微生物的数量。计数法又分为间接计数法和直接计数法 2 类。

7.1.2.1 间接计数法

(1)平板菌落计数法(plate colony counting) 此法又称活菌计数法,可通过浇注平板法、涂布平板法、滚管法等方法进行,其原理是:每一个活细菌(在适宜的培养基和良好的生长条件下)可通过生长形成一个单菌落,此即菌落形成单位(colony forming unit,CFU),根据每皿上形成的 CFU 数乘上稀释度就可推算出菌样的含菌量。具体操作是:将待测样品经一系列 10 倍稀释,然后选择三个稀释度的菌液,分别移取 0.2 mL 菌样于无菌平皿中央,再倒入适量的已熔化并冷至 45 ℃左右的培养基,与菌液混匀,冷却、凝固后,置于适宜温度的培养箱或温室培养,长出菌落后,计数。此法可因操作不熟练造成污染,或因培养基温度过高损伤细胞等原因造成结果不稳定。尽管如此,由于该方法能测出样品中微量的菌数,仍是教学、科研和生产上常用的一种测定细菌数的有效方法。土壤、水、牛奶等食品和其他材料中所含细菌、酵母、芽孢与孢子等的数量均可用此法测定。

需说明的是,使用此法要掌握好菌液系列稀释技术并使样品中菌体充分分散,以确保计数准确。现已有多种微型、快速、用于菌落计数的小型纸片和密封琼脂板。利用加在培养基中的活菌指示剂 TTC(2,3,5-氯化三苯基四氮唑),可使菌落在很微小时就染成易于观察的玫瑰红色。目前,市场已开发了应用于菌落计数的快速检测仪,具有快速、准确、灵敏度高等特点,但设备成本较高。

(2)膜过滤培养计数法 此法常用来测定量大、含菌浓度很低的流体样品,如水、空气中的微生物数量。实践操作中,可将待测样品先通过微孔薄膜(如硝化纤维素膜、醋酸纤维素膜)过滤浓缩,再与膜一起置于培养基进行培养,计算菌落数,再求出样品中的含菌数。

(3)膜过滤计数法 用特殊的膜过滤器过滤一定体积的待测样品,经吖啶橙等荧光染色,在显微镜下观察细胞的荧光,活细胞会发出橙色荧光,而死细胞则发出绿色荧光。

7.1.2.2 直接计数法

直接计数法是在显微镜下直接观察细胞并进行计数的方法,计数结果包括死细胞在内的总菌数。本法仅适用于细菌或酵母菌等单细胞微生物,测定时需用到细菌计数器(适用于细菌)或血球计数板(适用于酵母菌、真菌孢子等)。待测样品注入检测室,在显微镜下计算一定容积里样品中微生物的数量,然后换算出待测样品的细胞数。

此法的缺点不能区分死菌与活菌。以血细胞计数板(25×16 型)为例,计数板是一块特制的载玻片,上面有一个特定的面积 1 mm^2 和高 0.1 mm 的计数室,在 1 mm^2 的面积里又被刻画成 25 个中格,每个中格进一步划分成 16 个小格,即计数室由 400 个小格组成。将稀释的样品滴在计数板上,盖上盖玻片,然后在显微镜下计算 4 ~ 5 个中格的细菌数,并求出每个小格所含细菌的平均数，再求出每毫升样品所含的细菌数。用直接计数法的菌液浓度不宜过高或过低，一般细菌控制在 10^7 个/mL 左右，而酵母菌和真菌孢子应为 $10^5 \sim 10^6$ 个/mL。

7.2　微生物的生长规律

7.2.1　微生物的个体生长和同步生长

微生物的个体生长是微生物群体生长的基础。在分批培养中，单细胞群体以一定速率生长，但所有细胞并非同时进行分裂，即使培养中的细胞处于同一生长阶段，它们的生理状态和代谢活动也不完全一样。所以，要研究每个细胞所发生的变化是很困难的，为了解决这一问题，就必须设法使微生物群体处于同一发育阶段，使群体和个体行为变得一致，所有的细胞都能同时分裂，因而出现并发展了单细胞的同步培养(synchronous culture)技术。

同步培养技术是指设法使某一群体中的所有个体细胞尽可能都处于同样的细胞生长和分裂周期中，这样便可通过研究该群体各阶段的生物化学变化规律，来间接了解单个细胞相应的变化规律。通过这种手段使培养物中的群体细胞都处于同一生长阶段，并同时分裂的生长方式，称为同步生长。同步培养所得到的培养物叫同步培养物。同步培养物常用于微生物生理及遗传特性研究，作为工业发酵的种子。获得同步培养物的方法很多，常用的有环境条件诱导法、机械筛选法等。

获得同步培养物的方法

7.2.2　单细胞微生物的典型生长曲线

定量描述液体培养基中微生物群体生长规律的实验曲线，称为生长曲线(growth curve)。当把少量纯种单细胞微生物接种到恒定容器的液体培养基中进行分批培养，在适宜条件下，该群体就出现有规律性的生长。以细胞数目的对数值为纵坐标，以培养时间为横坐标就可绘出一条由延滞期、对数期、稳定期和衰亡期 4 个阶段组成的曲线，这就是单细胞微生物的典型生长曲线。说其“典型”是因为它只适合单细胞的细菌、酵母菌，而对丝状生长的放线菌或霉菌而言，只能绘出非“典型”的生长曲线。根据微生物生长速率常数(growth rate constant)，即每小时分裂的次数(R)的不同，可将其分为延滞期、对数期、稳定期和衰亡期 4 个时期(图 7-1)。

7.2.2.1　延滞期

延滞期(lag phase)，又叫适应期、缓慢期或调整期，是指把少量微生物接种到新培养液后，在开始培养的一段时间细胞数目不增加的时期。一般认为，当细胞接种到新的环境(如从固体培养基接种到液体培养基)后，需要重新合成必需的酶类、辅酶或某些中间代谢产物，以适应新的环境。

延滞期有如下几个特点：①生长速率常数 R 为零；②细胞的体积增大；③DNA、RNA 尤其是 rRNA 含量增多，为分裂做准备；④合成代谢旺盛，核糖体、酶类和 ATP 的合成加快，易产生诱导酶；⑤对不良环境因素，如 pH 值、NaCl 溶液浓度、温度和抗生素等理化因素敏感度高,易出现死亡。

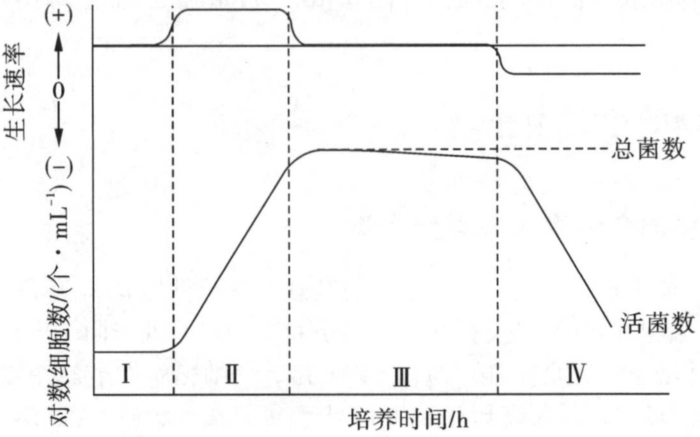

Ⅰ—延滞期;Ⅱ—对数期;Ⅲ—稳定期;Ⅳ—衰亡期

图7-1 单细胞微生物的典型生长曲线

为了提高生产效率,发酵工业中常需采取措施缩短延滞期:①以对数期的菌体作种子菌,因对数期的菌体生长代谢旺盛,繁殖力强,抗不良环境和噬菌体的能力强,采用对数期的菌体作种子,延滞期就短。②适当增大接种量,接种量大,延滞期短,接种量小,则延滞期长。一般采用3%～8%的接种量,根据生产上的具体情况而定,但不宜超过10%。③调整培养基的成分,常在种子培养基中加入生产培养基的某些营养成分,即种子培养基尽量接近发酵培养基。④微生物生长在营养丰富的天然培养基中比生长在营养单调的组合培养基中快,延滞短。但是,在食品防腐保鲜方面,采用低温处理延长延滞期有利于食品的储藏与保鲜,如在此期进行杀菌,效果更好。

7.2.2.2 对数期

对数期(logarithmic phase),又叫指数期,指在生长曲线中,紧接着延滞期后的一段时期。此阶段的特点是:①菌体细胞生长的速率常数 R 最大,细胞每分裂繁殖一次所需的时间,即代时(generation time, G)最短;②细胞进行平衡生长,菌体各部分的成分均匀;③菌体内酶系活跃,代谢旺盛;④菌体数目以几何级数增加,用指数形式表示为 $2^0 \to 2^1 \to 2^2 \to 2^3 \to \cdots \to 2^n$,这里的 n 就是细菌分裂代数,也就是 1 个细菌繁殖 n 代后产生 2^n 个细菌,此时期细菌数的对数值与培养时间呈直线关系;⑤群体的形态与生理特征一致;⑥抗不良环境的能力强。

在对数期,以下 3 个参数尤为重要。设对数期开始时的时间为 t_1,菌数为 x_1,对数期结束时的时间为 t_2,菌数为 x_2。

$$x_2 = x_1 \times 2^n$$

①繁殖代数(n) 由图 7-1 并计算可得:

$$n = 3.322(\lg x_2 - \lg x_1)$$

②生长速率常数(R) 如前所述生长速率常数的定义可知:

$$R=\frac{n}{t_2-t_1}=\frac{3.322(\lg x_2-\lg x_1)}{t_2-t_1}$$

③代时(G)　如前所述平均代时的定义可知：

$$G=\frac{1}{R}=\frac{t_2-t_1}{3.322(\lg x_2-\lg x_1)}$$

影响微生物对数期代时(G)的因素较多，主要有：

(1)菌种　不同微生物代时差别大，即使是同一菌种，由于培养基成分和物理条件(如培养温度、培养基的 pH 和营养物性质)的不同，其对数期的代时也不同(表 7-1)。

表 7-1　几种细菌的代时

菌名	培养基	温度/℃	代时/min
漂浮假单胞菌	肉汤	27	9.8
大肠杆菌	肉汤	37	17
乳链球菌	牛乳	37	26
金黄色葡萄球菌	肉汤	37	27～30
枯草芽孢杆菌	葡萄糖肉汤	25	26～32
肉毒梭菌	葡萄糖肉汤	37	35
梅毒螺旋体	家兔	37	1980

(2)营养成分　同种微生物，营养丰富的培养基其代时就短，反之则长。

(3)营养物浓度　营养物浓度在一定范围内，既可影响微生物的生长速率，又可影响其生长总量。凡在较低浓度范围便可影响生长速率和菌体产量的某营养物，称为生长限制因子(growth limited factor)。当营养物浓度升高到一定程度时，生长速率不再受影响，而只影响生长总量。随着营养物浓度的进一步提高，则生长速率和生长总量均不受影响。

(4)培养温度　温度是影响微生物生长速率的重要物理因素。在微生物的最适生长温度范围时，代时就短(表 7-2)。

表 7-2　大肠杆菌在不同温度下的代时

温度/℃	代时/min	温度/℃	代时/min
10	860	35	22
15	120	40	17.5
20	90	45	20
25	40	47.5	77
30	29		

处于指数期(尤其是指数中期)的微生物因其具有整个群体的生理特性比较一致、细胞各成分平衡增长和生长速率恒定等优点,故是用作代谢、生理和酶学研究的良好材料,是发酵生产用作种子的理想实验材料,是增殖噬菌体的最适宿主。但在食品保藏中,应尽量避免食品中有害微生物进入此阶段。

7.2.2.3 稳定期

稳定期(stationary phase)又叫最高生长期或恒定期。处于稳定期的微生物特点有:①生长速率常数等于零,新繁殖的细胞数与衰亡细胞数几乎相等,即是正生长与负生长达动态平衡;②细胞内开始积累糖原、异染颗粒和脂肪等内含物;③多数芽孢菌在此时开始形成芽孢,许多重要的发酵代谢产物在此阶段累积并达到峰值。

稳定期的出现原因主要有:①营养物质特别是生长限制因子的耗尽,营养物质的比例失调,例如 C/N 比值不合适等;②酸、醇、毒素或过氧化氢等有害代谢产物的累积;③pH 值、氧化还原电势等环境条件越来越不适宜等。

稳定期的生长规律对生产实践有着重要的指导意义,例如,对以生产菌体或与菌体生长相平行的代谢产物(SCP、乳酸等)为目的的某些发酵生产来说,稳定期是产物的最佳收获期;对维生素、碱基、氨基酸等物质进行生物测定来说,稳定期是最佳测定时期,生产上常常通过补料、调节温度和 pH 值等措施,延长稳定期,以积累更多的代谢产物。

7.2.2.4 衰亡期

衰亡期(decline phase)是指稳定期后,微生物死亡率逐渐增加,以致死亡数大大超过新生细胞数,群体中活菌数目急剧下降的一个阶段。此时期的特点有:①生长速率常数(R)小于零;②细胞内颗粒明显,细胞出现多形态、畸形,生理、生化出现异常;③有的微生物因蛋白水解酶活力的增强发生自溶(autolysis);④对于芽孢菌,芽孢在此时期开始释放;⑤有的微生物在此时产生抗生素等次生代谢产物。

产生衰亡期的原因主要是外界环境对继续生长的微生物越来越不利,从而引起微生物细胞内的分解代谢大大超过合成代谢,导致菌体死亡。

7.2.3 微生物的连续培养

连续培养(continuous culture)又叫开放培养(open culture),是相对分批培养(batch culture)或密闭培养(closed culture)而言的。

分批培养是指微生物置于一定容积的培养基中,培养一段时间后,最后一次性地收获。在分批培养中,培养基是一次性加入,不再补充,随着微生物的生长繁殖活跃,营养物质逐渐消耗,有害代谢产物不断积累,细菌的对数生长期不可能长时间维持。而连续培养是在研究典型生长曲线的基础上,认识到了稳定期到来的原因,并采取相应的防止措施加以实现的。一方面,采取在培养器中不断补充新鲜营养物质,并搅拌均匀;另一方面,及时不断地以同样速度排出培养物(包括菌体和代谢产物)。此时,微生物可长期保持在对数期的平衡生长状态和稳定的生长速率上,达到稳定、高速培养微生物或产生大量代谢产物的目的。需说明的是,连续培养中微生物的生长速率、代谢活动处于恒定状态,但这种恒定状态与单批培养中的稳定期有本质的区别(图 7-2)。

连续培养不仅可为微生物的研究工作提供一定生理状态的实验材料，而且可提高发酵工业的生产效益和自动化水平，此法已成为目前发酵工业的发展方向。连续培养主要有恒化法与恒浊法两大类。

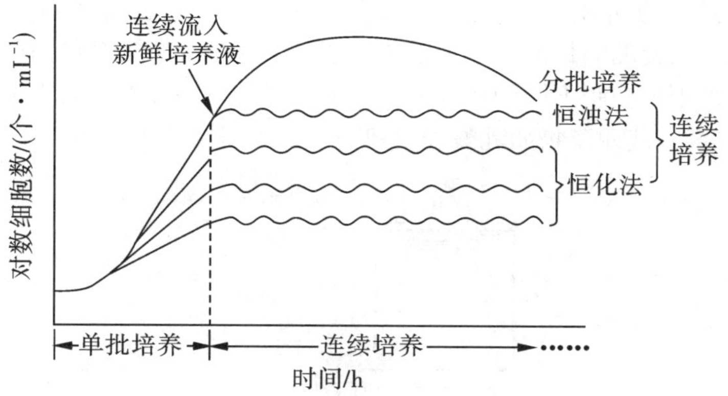

图 7-2　分批培养与连续培养的比较

7.2.3.1　恒化法

恒化法是控制培养液流速恒定，使微生物始终在低于最高生长速率条件下进行生长繁殖的一种连续培养方法。恒化法通常采用恒化器（图 7-3）对培养液流速进行外控制。通过控制某一种营养物的浓度（如碳源、氮源、生长因子等），使其成为生长限制因子，而其他营养物均为过量，这样，微生物的生长速率将取决于生长限制因子的浓度。随着微生物的生长，恒化器中菌体的密度会随时间的延长而增高，而生长限制因子的浓度又会随时间的延长而降低。两者互相作用促使微生物的生长速率正好与恒速加入的新鲜培养基流速相平衡。这样，恒化器中的营养物始终保持较丰富的状态，由此既可获得一定生长速率的均一菌体，又可获得虽低于最高菌体产量，但能保持稳定菌体密度的菌体。

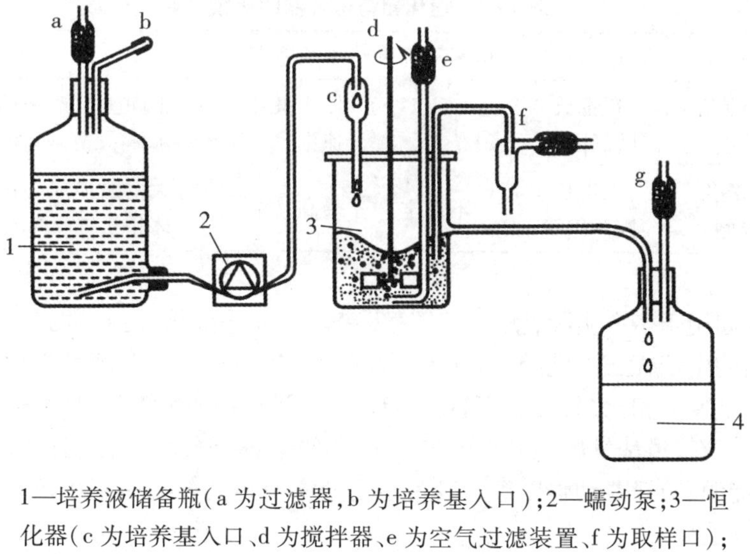

1—培养液储备瓶（a 为过滤器，b 为培养基入口）；2—蠕动泵；3—恒化器（c 为培养基入口、d 为搅拌器、e 为空气过滤装置、f 为取样口）；4—收集瓶（g 为过滤器）

图 7-3　连续培养（恒化器）结构模式图

7.2.3.2 恒浊法

恒浊法是借光电控制系统来检测培养液的浊度(即菌液浓度),并根据光电效应产生的电信号强弱变化自动调节新鲜培养基流入和培养物流出速度的一类连续培养法。当恒浊器(图7-4)中浊度增高时,通过光电控制系统的调节,可促使培养液流速加快,反之则慢,以此来达到恒密度的目的。在恒浊器中的微生物,始终能以最高生长速率进行生长,并可在允许范围内控制不同的菌体密度。在生产实践上,为了获得大量菌体或与菌体生长相平行的某些代谢产物如乳酸、乙醇时,可以采用恒浊法。

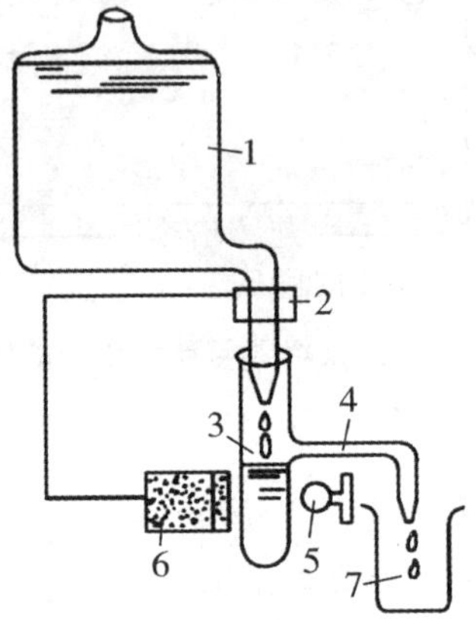

1—培养基储存器;2—流速控制阀;3—培养室;4—排出管;
5—光源;6—光电池;7—排出液

图7-4 连续培养(恒浊器)结构模式图

上述的恒化法与恒浊法分别采用恒化器与恒浊器进行控制,两者比较见表7-3。

表7-3 恒化器与恒浊器的比较

装置	控制对象	培养基	培养基流速	生长速率	产物	应用范围
恒化器	培养基流速(外控制)	有生长限制因子	恒定	低于最高速率	不同生长速率的菌体	实验室为主
恒浊器	菌体密度(内控制)	无生长限制因子	不恒定	最高速率	大量菌体或与菌体相平行的产物	生产为主

连续培养如用于生产实际,就称为连续发酵。目前连续培养技术已广泛应用于酵母菌单细胞蛋白的生产,乙醇、乳酸、丙酮等的发酵,自然菌种或混合菌种进行的污水处理。连续发酵与单批发酵相比,具有如下优点:①提高了设备利用率,减少了非生产时间(包括装料、灭菌、出料、清洗发酵罐等单元操作);②便于进行自动化控制;③产品质量稳定性好;④节省能源、减轻劳动强度等。其不足之处主要是营养物质利用率较低,杂菌易污染,菌种易出现退化。

7.3　环境因素对微生物生长的影响

微生物广泛存在于自然界中，它们通过新陈代谢与周围环境因素相互作用。影响微生物生长的外界因素很多，主要包括营养物质（请参见第 5 章）与环境因素两个方面。现就环境因素如温度、水分、氧气、pH 值、渗透压等加以阐述。

7.3.1　温度

温度是影响微生物生长最重要的环境因素之一。环境温度的变化必然影响微生物细胞内的许多反应，从而影响微生物的生命活动。温度对微生物生长的影响具体表现在：①影响酶的活性，温度变化影响酶促反应速率，最终影响细胞物质的合成与分解。②影响细胞膜的流动性，温度高，流动性大，有利于营养物质的运输；反之，温度低，流动性降低，不利于物质运输。③影响物质的溶解度，从而影响细胞对营养物质的吸收或代谢产物的分泌，最终影响微生物的生长。④影响机体生物大分子（核酸、蛋白质等）的活性。

7.3.1.1　微生物生长的温度三基点

从总体上看，微生物生长和适应的温度范围很宽，从−10 ~ 100 ℃均可生长，极端下限为−30 ℃，极端上限可达 300 ℃。但对于特定的微生物而言，其只能在一定温度范围内生长。在这个范围内，每种微生物都有生长的温度三基点（three cardinal point），即最低生长温度、最适生长温度和最高生长温度（表 7−4）。

表 7−4　微生物生长的温度三基点

类型	温度三基点/℃		
	最低生长温度	最适生长温度	最高生长温度
专性嗜冷微生物	−10	5 ~ 15	15 ~ 20
兼性嗜冷微生物	−5 ~ 0	10 ~ 20	25 ~ 30
嗜温微生物	10 ~ 20	20 ~ 40	40 ~ 45
嗜热微生物	45	50 ~ 60	80
超嗜热微生物	65	80 ~ 95	100 以上

微生物在温度三基点内都能生长，但生长速率随着温度的不同而发生变化。只有在最适生长温度时，其生长速率常数最大，代时最短。当低于或高于最低或最高生长温度时，微生物就停止生长，甚至死亡。

（1）最低生长温度　指微生物能进行繁殖的最低温度界限。处于这种温度条件下的微生物生长速率很低，如果低于此温度则生长完全停止，甚至出现死亡。不同微生物的最低生长温度不一样，这与它们的原生质物理状态和化学组成有关系，也可随环境条件而变化。

(2)最适生长温度(optimum growth temperature)　指某菌分裂代时最短或生长速率最高时的培养温度。对于同一微生物,不同的生理生化过程有着不同的最适温度,也就是说,最适生长温度并不等于生长量最高时的培养温度,也不等于发酵速率最高时的培养温度或累积代谢产物量最高时的培养温度(表7-5)。因此,生产上要根据微生物不同生理代谢过程温度的特点,采用分段式变温培养或发酵。

表7-5　同一微生物不同生理阶段的不同最适温度

菌名	生长温度/℃	发酵温度/℃	累积产物温度/℃
嗜热链球菌	37	47	37
乳酸链球菌	34	40	产细胞为25~30;产乳酸为30
灰色链霉菌	37	28	—
产黄青霉	30	25	20
北京棒杆菌	32	33~35	—

(3)最高生长温度　指微生物生长的最高温度界限。在此温度下,微生物细胞易于衰老和死亡。微生物所能适应的最高生长温度与其细胞内酶的性质有关。例如细胞色素氧化酶以及各种脱氢酶的最低破坏温度常与该菌的最高生长温度有关。

7.3.1.2　不同温度类型的微生物

微生物按其生长温度范围可分为低温型微生物、中温型微生物和高温型微生物3类。

(1)低温型微生物　又称嗜冷微生物,在-10~20 ℃能生长,其最适生长温度在10~15 ℃。它们常分布在地球两极地区的水域和土壤中,即使在其微小的液态水间隙中也有微生物的存在。常见的有产碱杆菌属、假单胞菌属、黄杆菌属、微球菌属等,这类微生物常使冷藏食品腐败变质。

(2)中温型微生物　又称嗜温微生物,绝大多数微生物属于这一类。最适生长温度在20~40 ℃,最低生长温度在10~20 ℃,最高生长温度在40~45 ℃。它们又可分为室温菌和体温菌。体温菌多寄生在人及温血动物体内,室温菌则广泛分布于土壤、水、空气及动植物表面及体内。引起人和动物疾病的病原微生物、发酵工业应用的微生物菌种以及导致食品原料和成品腐败变质的微生物,大多属于这类微生物。

(3)高温型微生物　又称嗜热微生物,它们适于在45 ℃以上的温度生长,以50~60 ℃为最适生长温度。在自然界中的分布仅局限于某些地区,如温泉、日照充足的土壤表层、堆肥、发酵饲料等腐烂有机物中,如堆肥中温度可达60~70 ℃。能在55~70 ℃中生长的微生物有芽孢杆菌属(*Bacillus*)、梭状芽孢杆菌属(*Clostridium*)、嗜热脂肪芽孢杆菌(*B. stearothermophilus*)、高温放线菌属(*Thermoactinomyces*)、甲烷杆菌属(*Methanobacterium*)等。

这类高温型的微生物给罐头工业、发酵工业的杀菌等带来了一定难度。此外,高温菌在生长曲线的各个时期均较短暂，故此常在腐败变质食品中检测不到活菌，这在食品检验中须加注意。

7.3.1.3　温度对微生物的影响

（1）高温对微生物的影响

1）高温对微生物的致死作用　当温度超过最高生长温度时，可导致微生物的死亡，其作用机理是高温下微生物的蛋白质和核酸等生物大分子发生不可逆的变性。食品工业中微生物耐热性常用以下几个参数进行衡量。

①TDT 值　也称热（力致）死时间（thermal death time），指在特定的条件和特定的温度下，杀死一定数量微生物所需要的时间。

②*D* 值　也称指数递减时间（decimal reduction time），在一定温度下加热，活菌数减少 90% 所需要的时间，即为 *D* 值。*D* 值在数值上等于热力致死速率曲线横过一个对数循环所需要的时间（min）（图 7-5）。测定 *D* 值时的加热温度，即在 *D* 的右下角标明。例如：含菌数为 10^5 个/mL 的菌悬液，在 100 ℃的水浴温度中，活菌数降低至 10^4 个/mL 时，所需时间为 10 min，该菌的 *D* 值即为 10 min，即 $D_{100}=10$ min。如果加热的温度为 121.1 ℃，其 *D* 常用 *D*r 表示。

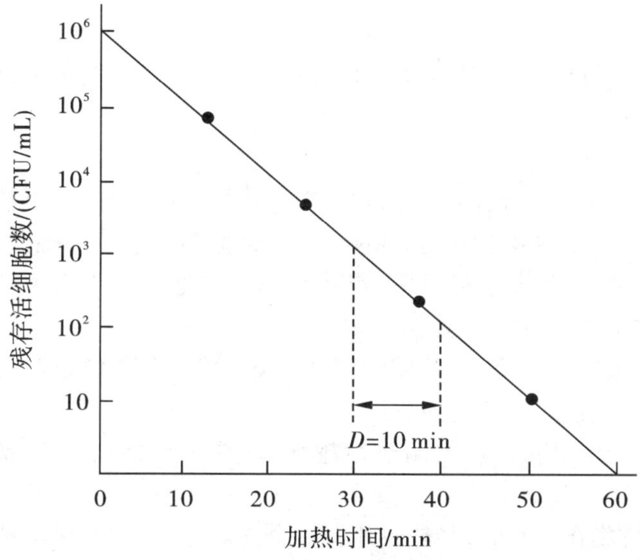

图 7-5　热力致死速率曲线

③*Z* 值　热力致死时间曲线中，时间降低一个对数周期（即缩短 90% 的加热时间）所需升高的摄氏度数（℃），即为 *Z* 值。*Z* 值是衡量温度变化时，微生物死亡速率变化的一个尺度，可反映微生物在不同致死温度下的相对耐热性（图 7-6）。

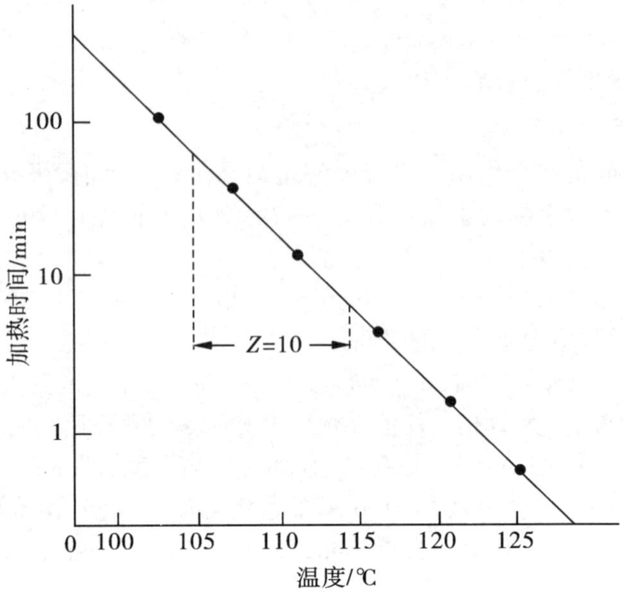

图 7-6　热力致死时间曲线

④F 值　在一定的基质中,其温度为 121.1 ℃,加热杀死一定数量微生物所需要的时间(min),即为 F 值。

2)影响微生物耐热性的因素

①菌种　不同微生物由于细胞结构和生物学特性不同,对热的抵抗力也不同。一般的规律为:嗜热菌的耐热性大于嗜温菌和嗜冷菌,芽孢菌大于非芽孢菌,球菌大于非芽孢杆菌,G^+菌大于 G^-菌,霉菌大于酵母菌,霉菌和酵母的孢子大于其菌丝体和营养体。细菌的芽孢和霉菌的菌核耐热性特别强。

②菌龄　相同条件下,对数生长期的菌体耐热性较差,而稳定期的老龄菌体耐热性较强,细菌的老龄芽孢较幼龄芽孢的耐热性强。

③菌体基数　菌体基数越大,耐热性越强,加热杀死最后一个微生物所需的时间也长。

另外,微生物群集在一起时,受热致死有一个先后过程,同时菌体能分泌一些有保护作用的蛋白质物质,菌数多,分泌的保护物质也多,这些保护物质一定程度上会提高菌体的耐热性。

④微生物所处环境因素　微生物的耐热性随含水量减小而增大,同一种微生物在干热环境中比在湿热环境中耐热力强;基质中的一定含量的脂肪、糖、蛋白质等对微生物具有保护作用;微生物 pH 值在 7 左右,耐热性最强,pH 值升高或下降都可降低微生物的耐热性,酸性环境对微生物的耐热性减弱效果尤为明显。

⑤加热的温度与时间　加热的温度越高,微生物的耐热性越弱,越容易死亡。加热的时间越长,热致死作用越大。一定高温范围内,温度越高,杀死微生物所需时间越短。

(2)低温对微生物的影响　多数微生物所处环境温度降到最低生长温度时,新陈代谢活动会减弱到最低程度,微生物的生命活动几乎停止,但仍能在较长时期内维持生命,有少数微生物在低于最低生长温度时(如冷冻情况)会迅速出现死亡(但不会全部死亡)。一般情况下,当温度上升到微生物生长最适温度时,存活的微生物又开始正常生长繁殖。

1)冷藏对微生物的影响　冷藏一般指-1 ~8 ℃,在此温度区间,微生物的生长繁殖减缓或停止,酶的活性显著降低。

2)冷冻对微生物的影响　当环境温度低至可使细胞内水冻结时,细胞内的游离水形成冰晶体,对细胞膜与细胞壁有机械的物理刺伤作用,特别是游离水被冻结,使细胞脱水浓缩引起细胞质黏度增大,电解质浓度增高,细胞质的氢离子浓度和胶体状态发生改变,可引起细胞质内蛋白质部分变性等,如此可能导致微生物少量死亡,而一部分虽存活但处于休眠状态,缓冻后仍可复苏存活。

冷冻对微生物的影响与以下因素有关:①微生物的特性,不同微生物对冷冻有不同的抵抗力。一般来说,G^+球菌比 G^-杆菌具有较强的抗冷冻能力;引起食物中毒的病原菌中葡萄球菌属和梭状芽孢杆菌属较沙门菌属有较强抵抗力;细菌的芽孢和真菌的孢子等休眠体有较强的耐冷性。②冷冻方式,一般认为缓慢冻结可导致细胞内的游离水形成大冰晶体,造成菌体细胞死亡,而在快速冻结时细胞质内的水结成均匀的玻璃胶状或小冰晶,对菌体挤压损害较小。③冷冻基质条件,微生物在冰冻时受所处的基质成分、浓度、氢离子浓度等因素的影响。一般在高酸度、多水分的冻结食品中可加速细胞死亡,食品中一定浓度的糖、蛋白质及水解物等物质可提高微生物的耐冷性。此外,冻结前是否预冷、降温幅度大小、是否添加抗冻剂等也会影响微生物的耐冷性。

实践中,由于低温对微生物有抑制和致死效应,故可用于食品的储藏与保鲜。但是低温对微生物的这种抑制效应是可逆的,在温度上升至适宜其生长时,微生物将大量增殖。故此,需注意由于温度上升或波动导致的食品腐败变质。

7.3.2 水分

7.3.2.1 水分活度与微生物的生长

微生物的生命活动离不开水,微生物可利用的水通常用水分活度(a_w)表示。水分活度越低,水的可利用性就越低。不同微生物生长所需的 a_w范围不同,绝大多数微生物生长的 a_w范围为 0.6 ~0.99,当 a_w在 0.6 以下时,大多数微生物均停止活动(表 7-6)。

表 7-6　微生物生长所需的水分活度范围

微生物	a_w	微生物	a_w
多数细菌	0.90 ~0.99	嗜盐性细菌	0.75
多数酵母菌	0.87 ~0.92	耐高渗酵母菌	0.60 ~0.65
多数霉菌	0.80 ~0.87	耐干霉菌	0.65 ~0.75

7.3.2.2 水分活度与食品保藏

干燥是降低 a_w 的一种常用方式,在食品保藏中被广泛应用。新鲜食品,如鱼、肉、乳、水果和蔬菜等含有较多的水分,它们的 a_w 一般在 0.98 ~ 0.99 范围内,适于多种微生物生长繁殖。若将食品的 a_w 降至 0.60 ~ 0.70,除少数真菌(如某些曲霉菌)外,多数微生物停止代谢活动,处于休眠状态,严重时引起脱水、蛋白质变性,导致死亡。实践中,常采用添加腌制剂(盐或糖)、冻结、浓缩、脱水干燥等方法降低食品的 a_w 来控制微生物及酶的活性,从而延长食品储藏期。

7.3.3 氧气

7.3.3.1 微生物的分类

氧气对微生物的生命活动有着重要影响。按照微生物与氧气的关系,可把它们分成好氧菌(aerobe)和厌氧菌(anaerobe)两大类。好氧菌中又分为专性好氧菌、兼性厌氧菌和微好氧菌,厌氧菌分为耐氧菌、专性厌氧菌。上述微生物在半固体琼脂柱的生长模式如图 7-7 所示。

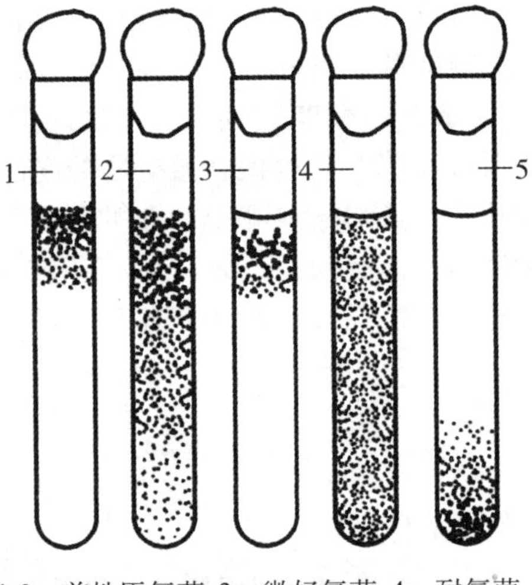

1—专性好氧菌;2—兼性厌氧菌;3—微好氧菌;4—耐氧菌;5—专性厌氧菌

图 7-7 氧气对各类微生物的影响

(1)专性好氧菌(strict aerobe) 要求必须在有较高浓度分子氧(约 20.2 kPa)的条件下才能生长,有完整的呼吸链,以分子氧作为最终氢受体,细胞有超氧化物歧化酶(superoxide dismutase,SOD)和过氧化氢酶,绝大多数真菌和许多细菌都是专性好氧菌,如米曲霉、醋酸杆菌、荧光假单胞菌、枯草芽孢杆菌等。

(2)兼性厌氧菌(facultative anaerobe) 在有氧或无氧条件下都能生长,但有氧的情况下生长得更好;有氧时进行呼吸产能,无氧时进行发酵或无氧呼吸产能;细胞含 SOD 和过氧化氢酶。许多酵母菌和细菌都是兼性厌氧菌。

(3)微好氧菌(microaerophilic bacteria) 只能在较低的氧分压(1.01 ~ 3.04 kPa)下

才能正常生长的微生物,该类微生物可通过呼吸链以氧为最终氢受体而产能。例如霍乱弧菌、一些氢单胞菌属、拟杆菌属和发酵单胞菌属。

(4)耐氧菌(aerotolerant anaerobe)　为耐氧性厌氧菌的简称,一类可在分子氧存在时进行厌氧呼吸的厌氧菌,即它们的生长不需要氧,但分子氧存在对它也无毒害。它们不具有呼吸链,仅依靠专性发酵获得能量。细胞内存在 SOD 和过氧化物酶,但没有过氧化氢酶。一般乳酸菌多数是耐氧菌,如乳链球菌、乳酸乳杆菌、肠膜明串珠菌和粪链球菌等。

(5)专性厌氧菌(anaerobe)　专性厌氧菌的主要特征有:分子氧存在对它们有毒害作用,即使是短期接触空气,也会抑制其生长甚至导致其死亡;在空气或含10% CO_2的空气中,它们在固体或半固体培养基的表面上不能生长,只能在深层无氧或低氧化还原电势的环境下才能生长;其生命活动所需能量是通过发酵、无氧呼吸、循环光合磷酸化或甲烷发酵等提供;细胞内缺乏 SOD 和细胞色素氧化酶,大多数还缺乏过氧化氢酶。常见的厌氧菌有梭菌属、拟杆菌属、双歧杆菌属以及各种光合细菌和产甲烷菌等。

关于厌氧菌的氧毒害机理曾有学者提出过多种假说,其中1971年提出 SOD 的学说被广泛认可。该学说认为厌氧菌缺乏 SOD,因此易被生物体内产生的超氧阴离子自由基毒害致死。超氧阴离子自由基($\cdot O_2^-$)是活性氧的形式之一,在体内可由酶促或非酶促反应形成,其反应力强,性质极不稳定,在细胞内可破坏各种重要生物大分子和膜,也可形成其他活性氧化物,对生物体有害。除分子氧、单体氧对专性厌氧菌有毒外,活性氧如过氧化氢(H_2O_2)和羟自由基($\cdot OH$)等对专性厌氧菌也有毒害作用。

生物在进化过程中,逐渐形成了消除超氧阴离子自由基($\cdot O_2^-$)等各种有害活性氧的机制。氧之所以对除专性厌氧菌以外的4类微生物不产生致死作用,是因为它们的细胞中具有的 SOD,可将 $\cdot O_2^-$歧化成毒性相对较低的 H_2O_2,然后再由过氧化氢酶或过氧化物酶催化生成 H_2O。

7.3.3.2　氧气与氧化还原电势(E_h)的关系

氧化还原电势也称氧化还原电位。环境中 E_h 与氧分压有关,环境中氧气浓度越高,E_h 越高。各种微生物生长所需要的 E_h 存在差异,一般好氧菌在+0.1 V 以上均可生长,以在+0.3~0.4 V 时为宜;厌氧菌在+0.1 V 以下生长。好氧菌在代谢活动时不断消耗培养基质中的氧气,并产生抗坏血酸、硫化氢、含巯基化合物等还原性物质而使 E_h 下降。故此,培养好氧菌时,可向培养基中添加高铁化合物等氧化剂和通入氧气或空气,维持适当的 E_h;向培养基中加入还原剂,如抗坏血酸、硫化氢、铁、含巯基的二硫苏糖醇、半胱氨酸和谷胱甘肽等可以降低 E_h,以培养厌氧菌。

食品基质环境的 E_h 可影响其上微生物的生长,反过来,微生物的生长也会改变其 E_h。如肉类中所含的含巯基化合物及蔬菜、水果中含有的还原糖(葡萄糖、果糖等)、抗坏血酸等还原性物质首先被好氧菌代谢分解导致 E_h 降低,较低的 E_h 促使厌氧菌的增殖,因此好氧菌的生长可为厌氧菌的生长提供有利的 E_h。食品中的很多腐败变质是好氧菌引起的,为了抑制好氧菌的增殖,可在密闭容器中加入除氧剂(铁粉、辅料和填充剂)或真空包装或充入氮气。

7.3.4 pH 值

7.3.4.1 微生物生长的 pH 值范围

不同的微生物生长都有一定的 pH 值范围,即最高、最适、最低生长 pH 值。各类微生物对环境 pH 值适应的范围差异很大(表 7–7)。

表 7–7 各类微生物及其 pH 值范围

微生物种类	最低 pH 值	最适 pH 值	最高 pH 值
细菌	3.0~5.0	6.5~7.5	8.0~10.0
放线菌	5.0	7.5~8.5	10.0
酵母菌	2.0~3.0	5.0~6.0	7.0~8.0
霉菌	1.0~3.0	5.0~6.0	7.0~9.0

除不同的微生物有其最适的生长 pH 值范围外,同一微生物在其不同的生长阶段和不同的生理、生化过程中,也要求不同的最适 pH 值。故此,发酵工业中 pH 值的控制对微生物的生长及产物积累有重要意义。例如,黑曲霉最适生长 pH 值为 5.0~6.0,在 pH 值为 2.0 ~2.5 时有利于产柠檬酸,在 pH 值为 7.0 左右时,则以合成草酸为主。由此,调节和控制发酵液 pH 值就可改变微生物的代谢方向以获得需要的代谢产物。另外,抗生素生产菌的最适生长 pH 值与最适合成抗生素 pH 值也不一致(表 7–8)。故此,发酵工业中常需分段控制发酵液的 pH 值来提高发酵生产效率。

表 7–8 几种抗生素产生菌的生长及合成抗生素最适 pH 值比较

抗生素产生菌	生长最适 pH 值	合成抗生素最适 pH 值
灰色链霉菌	6.3~6.9	6.7~7.3
红霉素链霉菌	6.6~7.0	6.8~7.3
产黄青霉	6.5~7.2	6.2~6.8
金霉素链霉菌	6.1~6.6	5.9~6.3
龟裂链霉菌	6.0~6.6	5.8~6.1
灰黄青霉	6.4~7.0	6.2~6.5

7.3.4.2 pH 值对微生物生长的影响机制

微生物在其代谢过程中,细胞内的 pH 值相对稳定,一般都接近中性。但随着外界环境 pH 值的改变,微生物的生长将受到影响:①引起细胞膜电荷的变化,影响膜的渗透性和膜结构稳定性,以及影响营养物质的溶解度和解离状态(电离度或离子化程度),进而影响微生物对营养物质的吸收;②影响代谢反应中各种酶的活性,从而影响微生物的正常代谢活动;③引起代谢途径的变化;④引起细胞一些成分的破坏,如细胞内的叶绿素、DNA 和 ATP 易在 pH 呈酸性下破坏,而 RNA 和磷脂则对碱性环境敏感;⑤影响环境中有害物质如消毒剂的电离度,从而影响消毒剂对微生物的毒性。

7.3.4.3　微生物培养过程中 pH 值的变化及其调节

微生物的生长过程中,由于代谢活动而引起营养基质的消耗及代谢产物的累积,会导致基质的 pH 值发生改变。其主要表现有:①糖类、脂肪等有机物的分解导致 pH 值下降;②蛋白质、尿素等有机物的利用导致 pH 值上升;③$(NH_4)_2SO_4$ 中 NH_4^+ 被选择吸收,导致 pH 值下降;④$NaNO_3$ 中 NO_3^- 选择吸收导致 pH 值上升。环境 pH 值的改变又会影响微生物的生长、代谢活动,当超过微生物生长的 pH 值范围时,微生物的生长则受到抑制甚至导致其死亡。

为了维持微生物生长过程的 pH 值稳定,在配制培养基及发酵过程中需注意及时调节 pH 值。在实验室常采用在培养基中直接添加稀盐酸或氢氧化钠溶液调整 pH 值,另外,在配制培养基时加入适当的缓冲剂也可使培养基 pH 值维持在较佳的范围内。发酵工业中,及时调节发酵液的 pH 值,有利于代谢产物的积累,是生产中一项重要的措施。通常,当发酵液过酸时添加适量的氮源,提高通气量,而当发酵液过碱时,添加适量碳源,减少通气量。

7.3.5　渗透压

微生物细胞膜为半渗透性单位膜,能调节细胞内外渗透压的平衡。大多数微生物适于在等渗的环境生长,若置于高渗溶液中,细胞内的水将通过细胞膜进入细胞周围的溶液中,造成细胞脱水而引起质壁分离,使细胞不能生长甚至死亡;若将微生物置于低渗溶液或水中,外环境中的水从溶液进入细胞内引起细胞膨胀甚至破裂,致其死亡。

各种微生物对盐浓度的耐受力不同,耐盐能力随微生物的种类各异(表 7-9),当食盐浓度高于微生物可耐受的最高食盐浓度时,微生物的生长即受到抑制。食品工业中常利用添加盐或糖等腌制剂以提高食品环境的渗透压来保存食品。需注意的是,相同质量浓度的盐溶液和糖溶液所产生的渗透压不同,如蔗糖要达到食盐相同的抑菌效果,其浓度一般为食盐浓度的 8 倍左右。

表 7-9　各类微生物可耐受的最高食盐浓度

菌名	大肠杆菌	肉毒杆菌	丁酸菌	变形杆菌	乳酸杆菌	霉菌	酵母菌
食盐浓度/%	6	6	8	10	8 ~ 13	20	25

7.4　有害微生物的控制

在周围环境中,有一部分微生物是对人类有害的微生物。有害微生物主要包括引起食品或工农业产品腐败的细菌和霉变的霉菌,引起人类食物中毒的病原菌,通过食品传播人畜共患病的病原菌、病毒,以及使人和动植物患其他各种疾病的病原菌等。它们可通过气流、水流、接触(人与人,人与动、植物,人与物,生物之间)和人工接种等方式,传播到合适的基质(培养基、食品及其原料、生化试剂、生物制品或药物)或生物对象(微生物细胞、动植物组织或细胞纯培养物)上而造成各种危害。对这些有害微生物必须采取有效措施加以抑制、杀灭或去除。

7.4.1 控制微生物的基本概念

(1)防腐(antisepsis) 指利用某些物理、化学或生物因子,防止或抑制物体上微生物生长繁殖的方法。防腐是一种抑菌作用,它常用于防止食品的腐败变质和其他物品的霉变。防腐的方法很多,如低温、缺氧、干燥、高渗、盐腌、糖渍、添加防腐剂等。

(2)消毒(disinfection) 指杀死或消除所有病原微生物,而对被消毒对象基本无害的措施。如巴氏消毒,皮肤表面的酒精消毒等。

(3)灭菌(sterilization) 指用强烈物理或化学因子,使存在于物体中所有的微生物,永久地丧失其活力,包括最耐热的细菌及芽孢。这是一种彻底的杀菌方式。

(4)商业灭菌(commercial sterilization) 指食品经过杀菌处理后,按照所规定的微生物检验方法,在所检食品中无活的微生物检出,或者仅能检出极少数的非病原微生物,并且它们在食品保藏过程中,不可能进行生长繁殖。

(5)化疗(chemotherapy) 指利用某些具有选择毒力的化学药物来抑制宿主体内病原菌的生长繁殖,借以达到治疗该宿主传染病的一种措施。一般来说,化疗对宿主没有或基本上没有损害。

上述对微生物的控制措施及方法都与作用的强度、时间、浓度等因素有关。实践中,了解和应用任何一种理化与生物因素对微生物的抑制或致死作用时,还应考虑多种因素的协同效应。

7.4.2 控制微生物的物理方法

7.4.2.1 高温灭菌

常用的高温消毒或灭菌方法较多,主要有干热灭菌法和湿热灭菌法两大类(表7-10)。

表7-10 高温灭菌方法及其参数控制

高温灭菌		方法要点与参数
干热灭菌法	火焰灭菌法	利用火焰直接灼烧
	干热空气灭菌法	烘箱,150~170 ℃维持1~2 h
湿热灭菌法	煮沸消毒法	100 ℃维持30 min
	巴氏消毒法	63 ℃维持30 min或85 ℃维持15 s
	间歇灭菌法	80~100 ℃维持30 min,并反复3次
	超高温瞬时灭菌法	135~142 ℃维持3~5 s
	高压蒸汽灭菌法	121 ℃维持20 min

(1)干热灭菌法(dry heat sterilization)　干热灭菌法包括火焰灭菌法和干热空气灭菌法。

1)火焰灭菌法　将物品在火焰中灼烧,使所有的生物质炭化。其特点是灭菌快速、彻底。常用于接种工具和污染物品(如染有传染病的畜体),如微生物接种时使用的接种环、镊子就是用火焰灭菌法,该法使用范围受限。

2)干热空气灭菌法　主要在干燥箱中利用热空气进行灭菌。通常 150 ~ 170 ℃维持 1 ~ 2 h 可达到灭菌的目的。该方法可保持物品的干燥,但干热空气传热及穿透力差,菌体在脱水状态下不易被杀灭,所以加热温度高,作用时间长。该法适用于玻璃器皿、金属用具等耐热物品的灭菌。

(2)湿热灭菌法(moist heat sterilization)　同一温度下湿热灭菌的效果要明显优于干热灭菌,其主要原因是水蒸气穿透力强,易于热量的传递,更容易破坏菌体内蛋白质的氢键结构,加速其凝固变性。不同微生物的湿热灭菌条件可见表 7-11。该法广泛应用于培养基、家庭烹饪、各类加工食品及发酵设备等的灭菌。

表 7-11　不同微生物的湿热灭菌条件

微生物	营养细胞	孢子
细菌	60 ~ 70 ℃维持 10 min	100 ℃维持 2 ~ 800 min(孢子);121 ℃维持 20 min(芽孢)
酵母菌	50 ~ 60 ℃维持 5 min	70 ~ 80 ℃维持 5 min
霉菌	63 ℃维持 30 min	80 ℃维持 5 min
病毒	63 ℃维持 30 min	—

1)煮沸消毒法　物品在水中 100 ℃煮沸 15 min 以上,可杀死细菌的营养细胞和部分芽孢,如在水中加入 1% 碳酸钠或 2% ~ 5% 石炭酸,则效果更好。这种方法适用于注射器、解剖用具等的消毒,也常用于家庭烹饪的消毒与灭菌。

2)巴氏消毒法(pasteurization)　该法为一种低温消毒法,其处理温度变化较大,通常消毒温度在 60 ~ 85 ℃,其目的是杀死其中的病原菌(如牛乳中的结核分枝杆菌、布鲁氏菌、沙门菌等),并尽可能减少食品营养成分的损失和风味的改变。具体方法可分为 2 类:第一类为经典的低温维持法(low temperature holding,LTH),如牛奶采用 63 ℃维持 30 min 即可;第二类为高温短时杀菌法(high temperature short time,HTST),如可采用 85 ℃维持 15 s 对牛奶进行消毒杀菌。巴氏消毒法可杀死营养细胞,但达不到完全灭菌的目的,食品工业中适用于如牛乳、酱腌菜类、酱油、醋、果汁、啤酒、果酒和蜂蜜等的消毒及灭菌。

3)间歇灭菌法(fractional sterilization)　又称分段灭菌法或丁达尔灭菌法。此法温度常不超过 100 ℃,每日一次,加热时间为 30 min,连续 3 次灭菌,杀死微生物的营养细胞。每次灭菌后,将灭菌的物品在 28 ~ 37 ℃温度内培养,促使芽孢发芽并发育,以便在连续灭菌中将其杀灭。此法适用于不耐高温的物品灭菌,但不适合于高压灭菌的特殊培养基、药品等。

4)超高温瞬时灭菌法(ultra-high temperature short time,UHT) 灭菌的温度在135～142 ℃并维持3～5 s,可杀死微生物的营养细胞和耐热性强的芽孢细菌。此法具有以下特点:①温度控制准确,设备精密;②温度高,杀菌时间极短,杀菌效果显著,引起的化学变化少;③适于连续自动化生产;④蒸汽和冷源的消耗较高。目前,UHT法已广泛用于食品工业中果汁、牛乳等液态食品的杀菌。

5)高压蒸汽灭菌法(autoclaving) 高压蒸汽灭菌是在高压蒸汽锅内进行的,锅有立式和卧式两种,其原理相同:将待灭菌的样品置于盛有适量水的高压灭菌锅内,加热排出空气,待空气排出,关闭排气阀继续加热,锅内蒸汽压逐渐升高,达到高于100 ℃进行灭菌。实验室常用于培养基、各种缓冲液、玻璃器皿等的灭菌。罐头工业中要根据食品的种类和杀菌的对象、罐装量的多少等决定杀菌条件。

就灭菌效果来讲,采用高压蒸汽灭菌时需考察以下几个方面因素:①物体含菌量,初始含菌量越高,需要的灭菌时间越长,如用天然原料配制的培养基所需要的灭菌时间要比组合培养基长;②灭菌锅内空气排出程度,使用过程中必须排净锅内的空气;③灭菌对象的pH值,pH < 6.0时,微生物易死亡,pH值在6.0～8.0时,不易死亡;④灭菌对象的体积,体积会影响热传导速率和热容量,故会明显影响灭菌效果,在实验室工作中,在对大容量培养基灭菌时,必须注意相应延长灭菌时间;⑤加热和散热速度,即"上磅"与"下磅"的时间需根据灭菌样品的装载量或灭菌时所处的季节等因素进行综合考虑,并加以控制。

7.4.2.2 辐射灭菌

辐射主要有强可见光、紫外线、电离辐射等,可用于控制微生物生长和保存食品。

(1)强可见光 太阳光有杀菌作用,主要是紫外线的作用。含有400～700 nm波长范围的强可见光有直接的杀菌效应,它们能够作用于细菌细胞内的光敏感物质分子,如核黄素和卟啉环(构成氧化酶的成分)。光敏色素吸收光能后被激发或活化,并将吸收的能量传递给氧,产生的氧自由基作用于细胞导致机体突变或死亡。

(2)紫外线 紫外线波长以200～300 nm的杀菌力最强。紫外线的杀菌机理较复杂,一般认为当紫外线作用于核酸时,引起核酸分子结构的变化(主要是对DNA的作用),最明显的是诱导胸腺嘧啶二聚体,阻碍蛋白质和酶的合成,引起细胞死亡。适量的紫外线照射,可引起微生物的核酸物质DNA结构发生变化,可用于培育新性状的菌种。

紫外线的杀菌效果,因菌种及生理状态而异,照射的时间、距离和剂量大小对其也有影响。由于紫外线的穿透能力差,不易透过不透明的物质,即使透过薄层玻璃也会被滤掉大部分,在食品工业中适于厂房内空气及物体表面消毒,也可用于饮用水消毒等。

(3)电离辐射 也称高频辐射,其频率较高、能量大,如X射线、γ射线等。电离辐射直接作用于生物大分子,促使氢键断裂、氧化双键或使某些分子聚合,破坏或改变生物大分子的结构,抑制或杀死微生物。另外,电离辐射对水(微生物细胞或微生物外环境中的水)的作用明显,可使水分解为相关离子和游离基,它们再与氧结合产生具有强氧化作用的过氧化物,使细胞蛋白质和酶的巯基氧化,使细胞损伤或死亡。目前,电离辐射广泛应用于食品的灭菌处理,如谷物及其制品、干果果脯类、熟畜禽肉类、冷冻包装畜禽肉类、香辛料类及新鲜水果和蔬菜类等。

7.4.2.3　超声波

超声波(频率在 20 000 Hz 以上)具有强烈的生物学作用。超声波使微生物细胞致死的机理是形成强烈的冲击波并引起微生物细胞破裂,内含物溢出。另外,机械能转变为热能,溶液温度升高也是导致微生物死亡的一个原因。超声波的作用效果与处理频率,处理时间,微生物种类,细胞大小、形状及数量等有关系,一般频率高比频率低杀菌效果好,而病毒和细菌芽孢对超声波具有较强的抗性。由于超声波可破碎细胞,常用来提取细胞的组成物质,如细胞中酶、免疫物质、核酸类物质。

实验室常见的过滤除菌装置

7.4.3　控制微生物的化学方法

抑制或杀灭微生物的化学物质种类极多,用途广泛,性质各异,用于化学控菌的化学物质可分为表面消毒剂、化学治疗剂两大类。

7.4.3.1　表面消毒剂

表面消毒剂(surface disinfectant)是指对一切活细胞都有毒性,不能用作活细胞内化学治疗用的化学药剂。它们的种类很多,杀菌强度各不相同。

一般来讲,当表面消毒剂处于低浓度时,对微生物的生命活动起刺激作用,随着浓度的增加,就相继出现抑菌和杀菌作用。为比较各种表面消毒剂的相对杀菌强度,常采用在临床上最早使用的消毒剂(石炭酸)作为比较标准,并提出了石炭酸系数这一指标。所谓的石炭酸系数,是指在一定时间内被试药剂能杀死全部供试菌的最高稀释度与达到同效的石炭酸的最高稀释度的比值。一般规定处理时间为 10 min,而供试菌定为伤寒沙门菌。例如,某药剂以 1∶300 的稀释度在 10 min 内杀死所有供试菌,而达到同效的石炭酸的最高稀释度为 1∶100,则该药的石炭酸系数等于 3,即:$P.C.=300/100=3$。各类表面消毒剂作用机制及应用范围如表 7-12 所示。

表 7-12　各类表面消毒剂作用机制及应用范围

类型	名称及使用浓度	作用机制	应用范围
重金属盐类	0.05% ~0.1% 升汞	与蛋白质的巯基结合使失活	非金属器皿等
	2% 汞溴红	与蛋白质的巯基结合使失活	皮肤、黏膜、伤口等
	0.01% ~0.1% 硫柳汞	与蛋白质的巯基结合使失活	皮肤、手术部位、生物制品等
	0.1% ~1% $AgNO_3$	沉淀蛋白质使其变性	皮肤、滴新生儿眼睛
	0.1% ~0.5% $CuSO_4$	与蛋白质的巯基结合使失活	防治植物病害等
酚类	3% ~5% 石炭酸	蛋白质变性,损伤细胞膜	地面、家具、器皿
	2% 甲酚皂溶液	蛋白质变性,损伤细胞膜	皮肤
醇类	70% ~75% 乙醇	蛋白质变性,损伤细胞膜,脱水等	皮肤、器械等
酸类	5% ~10% 乙酸/m^3	破坏细胞膜和蛋白质	房间
醛类	0.5% ~10% 甲醛	破坏蛋白质氢键及氨基	物品表面、接种箱、接种室等
	2% 戊二醛	破坏蛋白质氢键及氨基	精密仪器等

续表 7-12

类型	名称及使用浓度	作用机制	应用范围
气体	600 mg/L 环氧乙烷	有机物烷化,酶失活	手术器械、毛皮、食品等
氧化剂	0.1% $KMnO_4$	氧化蛋白质的活性基团	皮肤、尿道、水果、蔬菜
	3% H_2O_2	氧化蛋白质的活性基团	皮肤、污染物件表面
	0.2%~0.5% 过氧乙酸	氧化蛋白质的活性基团	皮肤、水果、蔬菜、塑料等
卤素及化合物	0.2~0.5 mg/L 氯气	破坏细胞膜、酶、蛋白质	饮水、游泳池水
	10%~20% 漂白粉	破坏细胞膜、酶、蛋白质	地面、厕所
	0.5%~1% 漂白粉	破坏细胞膜、酶、蛋白质	饮水、空气(喷雾)、体表
	0.2%~0.5% 氯胺	破坏细胞膜、酶、蛋白质	室内空气、物体表面
	4 mg/L 二氯异氰尿酸钠	破坏细胞膜、酶、蛋白质	饮水
	3% 二氯异氰尿酸钠	破坏细胞膜、酶、蛋白质	空气(喷雾)、排泄物、分泌物
	2.5% 碘酒	酪氨酸卤化,酶失活	皮肤
表面活性剂	0.05%~0.1%“新洁尔灭”	蛋白质变性,破坏膜	皮肤黏膜、手术器械
	0.05%~0.1%“杜米芬”	蛋白质变性,破坏膜	皮肤、金属、棉织品、塑料
染料	2%~4% 龙胆紫	与蛋白质的羧基结合	皮肤、伤口

常见表面消毒剂的特性及其应用

7.4.3.2 化学治疗剂

(1)抗代谢药物(antimetabolite) 又称代谢拮抗物或代谢类似物。有些化合物在结构上与生物体所必需的代谢物很相似,以至可以和特定的酶结合,从而阻碍酶的功能,干扰代谢的正常进行,这些物质称为抗代谢药物。抗代谢药物具备良好的选择毒力,因此是一类重要的化学治疗剂。抗代谢药物的种类较多,均为有机合成药物,如叶酸对抗物(磺胺类药物)、嘌呤对抗物(6-巯基嘌呤)、氨基酸对抗物(5-甲基色氨酸)、吡哆醇对抗物(异烟肼)等。

抗代谢药物的 3 种作用:①与正常代谢物一起共同竞争酶的活性中心,从而使微生物正常代谢所需的重要物质无法正常合成;②“假冒”正常代谢物,使微生物合成出正常生理活性的假产物;③某些抗代谢药物与某一生化合成途径的终产物的结构类似,可通过反馈调节破坏正常代谢调节机制,例如,6-巯基腺嘌呤可抑制腺嘌呤核苷酸的合成。现以磺胺药为代表简述其作用机制。

1940 年,Wood 和 Fildes 研究了磺胺的作用机制,并阐明因为它的结构与细菌的生长因子——对氨基苯甲酸(PABA)高度相似(图 7-8),因而两者发生了竞争性拮抗作用。磺胺类药物被微生物吸收后,可在二氢叶酸合成中取代对氨基苯甲酸,阻断二氢叶酸的合成。这导致微生物的叶酸合成受阻,从而抑制病原菌的生长。磺胺类药物具有很强的选择毒力,以 PABA 为生长因子的病原菌,如溶血性链球菌、肺炎链球菌、痢疾志贺氏菌、布鲁氏菌、金黄色葡萄球菌等会因磺胺类药的存在受到抑制。由于人体缺乏合成叶酸的相关酶(二氢叶酸合成酶),不能用外界提供的 PABA 自行合成叶酸,而必须直接利用现成的叶酸,故此,磺胺类药物对人体自身代谢无影响。磺胺药的种类很多,至今仍常用的有磺胺、磺胺胍(脒)、磺胺嘧啶和磺胺二甲嘧啶等。

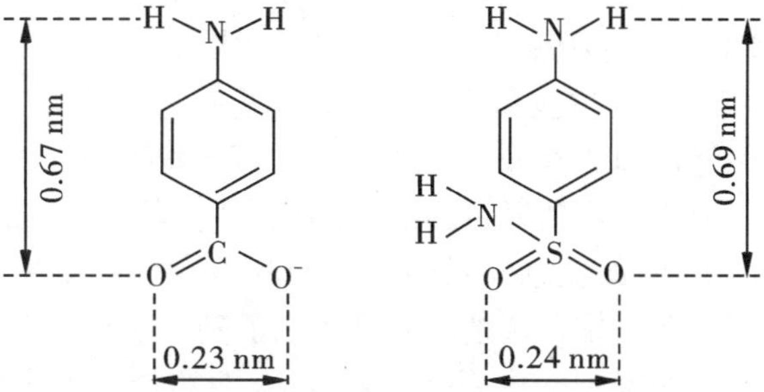

(a)正常代谢物　　(b)代谢拮抗物

图 7-8　PABA(a)与磺胺(b)结构的比较

(2)抗生素

1)定义　抗生素(antibiotics)是生物在其生命过程中产生的一种次生代谢产物或其人工衍生物,它们在很低浓度时就能抑制或影响其他生物的生命活动,因而可用作优良的化学治疗剂。自从英国细菌学家弗莱明于 1929 年发现第一种广泛用于医疗上的青霉素以来,至今已找到 1 万种以上的新抗生素,并合成了 7 万多种半合成抗生素,而真正应用于临床的常用抗生素仅五六十种。

2)抗生素的作用机制　抗生素的种类很多,制菌谱各异,应用范围广泛,其作用机制有:

①抑制细胞壁的合成　细胞壁有维持细胞外形和保护细胞的功能,因此抑制细胞壁的合成会导致细菌细胞破裂死亡。例如,青霉素、氨苄青霉素和头孢霉素对 G^+ 菌有特异的杀菌作用,青霉素主要作用于细胞壁中 *N*-乙酰胞壁酸上的短肽与另一条短肽的相连处(肽桥),抑制肽尾与肽桥间的转肽作用,从而抑制细胞壁肽聚糖的合成,导致细菌因失去细胞壁的保护而在高渗或低渗溶液中死亡。这类抗生素对生长旺盛的细胞有明显效果,而对静息的细胞作用不明显。

②影响细胞膜的功能　一些抗生素可与细胞膜相互作用引起细胞膜的损伤,导致膜的渗透性升高,使菌体内盐类离子、蛋白质、核酸和氨基酸等重要物质外漏,这对细胞具有致命的作用。而细菌细胞膜与人体细胞膜基本结构有若干相似之处,因此该类抗生素对人有一定的毒性。以这种方式作用的抗生素有多黏菌素和短杆菌素。

③干扰蛋白质的合成　干扰蛋白质的合成意味着细胞存活所必需的酶不能被合成。以这种方式作用的抗生素包括卡那霉素、红霉素、四环素和氯霉素等。细菌蛋白质的合成是在核糖体上进行的,其核糖体由 50S 和 30S 两个亚基组成。其中,四环素类抗生素作用于 30S 亚基,而氯霉素、林可霉素类等主要作用于 50S 亚基,抑制蛋白质合成的起始反应、肽链延长过程和终止反应。

④抑制核酸复制和转录　许多抗生素能抑制 DNA 或 RNA 的合成,进而抑制微生物细胞的正常生长繁殖,以这种方式作用的抗生素包括丝裂霉素、利福霉素等。

3)微生物的抗药性　微生物产生抗药性的原因主要有:

①产生药物水解酶　例如抗青霉素或头孢霉素的菌株可产生 β-内酰胺酶,从而使两

类抗生素核心结构中的内酰胺键断裂而丧失活性。

②作用靶位改变　抗链霉素的菌株可通过突变使30S核糖体亚单位的P10蛋白组分改变,从而使链霉素不再与这种变更的30S亚单位结合。

③形成“救护途径”　即通过被药物阻断的代谢途径发生变异,而变成仍能合成原来产物的新途径。如金黄色葡萄球菌和一些肠道菌的耐磺胺变异。

④阻止药物进入细胞膜　包括通过酶的作用把药物改变成易外渗的衍生物,把药物变成不能进入细胞的衍生物,改变细胞膜的透性以阻断药物渗入等。

⑤药物排出　通过主动外排系统把进入细胞内的药物泵出细胞外。

4)抗生素的使用　人类发现并应用抗生素,是人类的一大革命。但随着抗生素在临床上的广泛使用,很快便出现了耐药性,不仅使抗生素的使用出现了危机,而且“超级耐药菌”的出现使人类的健康又一次受到了严重的威胁。使用抗生素治疗由细菌引起的疾病时需注意以下几点:①对症用药。抗生素的使用要依据抗生素的适应证进行选用。②控制剂量及疗程。抗菌药物应用的剂量与给药次数要适当,疗程要足够。剂量过小或者疗程过短会影响疗效,还能导致细菌产生耐药性,剂量过大或者疗程过长不但导致浪费,还会引起不良反应。③联合应用。不同的抗生素(或与其他药物)联合使用,提高疾病治疗效果。④抗生素的改造与筛选。对现有抗生素进行改造,筛选新的更有效的抗生素,不仅可提高治疗效果,而且不会使细菌产生抗药性。

思考题

1. 名词解释:菌落形成单位;生长限制因子;同步生长;纯培养;连续培养;灭菌;消毒;防腐;湿热灭菌法;巴氏消毒法;抗生素。
2. 简述测定微生物生长繁殖的方法。
3. 简述平板菌落计数法的原理、操作要点及注意事项。
4. 什么叫典型生长曲线,可划分为几个期,划分依据是什么?
5. 延滞期是指什么?实践中,如何缩短延滞期?
6. 对数期有何特点?简述处于对数期的微生物在实践中的应用。
7. 试阐述影响代时的因素。
8. 稳定期的特点及稳定期到来的原因是什么?
9. 试分析高温对微生物生长的影响,并指出影响微生物耐热性的因素有哪些。
10. 低温对微生物生长的影响趋势是什么?举例说明其在生产实践中的应用。
11. 微生物的生命活动对环境pH值的影响表现主要有哪些,实践中如何进行pH值的调节?
12. 简述氧对厌氧菌的毒害机制。
13. 试述水分活度与微生物生长的关系,举例说明其在生产实践中的应用。
14. 试述高温灭菌的种类及应用范围。
15. 试罗列常见的表面消毒剂,并举例说明其在食品生产中的应用。
16. 简述抗生素的制菌机制。

第8章　微生物遗传变异与育种

【学习目标】

熟悉微生物遗传变异与育种的相关概念与原理；掌握证明核酸是遗传变异物质基础的3个经典实验；掌握基因突变的特点、突变机制与诱变育种的一般程序；熟悉各类微生物基因重组的方式、特点与区别；掌握菌种防止衰退、进行复壮与保藏的方法。

遗传（heredity）和变异（variation）是生物体最本质的属性之一。

所谓遗传是指生物体的上一代将自己的遗传因子传递给下一代的行为或功能，具有极其稳定的特性。在一定条件下，由于微生物遗传物质的结构或数量发生变化，而引起某些相应性状发生改变的行为或功能，称为变异，这种变异是可遗传的。有时由于环境条件的改变，子代也会表现出与亲代不同的特征，但如果这种差异不是因遗传物质的结构改变而引起，则不是真正的变异，亦不能遗传给子代。遗传只是相对的，而变异是绝对的。遗传保证了物种的存在和延续，而变异推动了物种的进化和发展。有关遗传与变异的几个重要概念如下：

（1）遗传型（genotype）　某一生物所含有的全部遗传因子所携带的遗传信息。遗传型是一种内在可能性或潜力，其实质是遗传物质上所负载的特定遗传信息。具有某遗传型的生物只有在适当的环境条件下通过自身的代谢和发育，才能将它具体化，即产生表型。

（2）表型（phenotype）　指某一生物体所具有的一切外表特征及内在特性的总和，是遗传型在合适环境条件下的具体体现，是一种现实性。

（3）变异（variation）　生物体在某种外因或内因作用下引起的遗传物质结构或数量的改变，亦即遗传型的改变。变异的特点有：在群体中以极低概率（一般为 $10^{-10}\sim10^{-5}$）出现；性状变化幅度大；变化后的新性状是稳定且可遗传的。

（4）饰变（modification）指不涉及遗传物质结构改变而只发生在转录、转译水平上的表型变化。其特点是：整个群体中几乎每一个体都发生变化；性状变化的幅度小；因遗传物质不变，故饰变是不可遗传的。如黏质沙雷菌（*Serratia marcescens*）在25 ℃下培养时会产生深红色的灵杆菌素，在37 ℃时不产生色素。

8.1　遗传变异的物质基础

20世纪40年代以前，遗传物质的基础是蛋白质还是核酸，曾是生物学争论的重点问题之一,许多学者认为蛋白质对于遗传变异起着决定性的作用,而通过对高等动物和植物染色体的化学分析,发现染色体由核酸和蛋白质组成,并且主要是脱氧核糖核酸(DNA)组成。直到以微生物作为研究对象,通过肺炎双球菌的转化实验、噬菌体感染实验及植物病毒感染与重建实验,才充分证明了遗传变异的物质基础是核酸,即 DNA 或 RNA。

8.1.1 证明遗传物质的3个经典实验

8.1.1.1 肺炎双球菌的转化实验

肺炎双球菌的转化现象最早是 1928 年由英国细菌学家格里菲斯(F. Griffith)发现的。肺炎双球菌(*Streptococcus pneumoniae*)是一种病原菌,存在 2 种类型,即光滑型(smooth,S 型)和粗糙型(rough,R 型)。其中 S 型的菌株产生荚膜,有毒,在人体内它导致肺炎,在小鼠体中它导致败血症,并使小鼠患病死亡,其菌落是光滑的。R 型的菌株不产生荚膜,无毒,在人或动物体内不会导致病害,其菌落是粗糙的。

格里菲斯以 R 型和 S 型菌株作为实验材料及研究对象进行遗传物质的实验(表 8-1)。实验表明,S 型死菌体内有一种物质通过某种方式进入 R 型细胞,并使 R 型细菌获得表达 S 型性状的遗传特性,格里菲斯称这一现象为转化作用,这种转化的物质(转化因子)究竟是什么? 格里菲斯对此并未做出回答。

表 8-1 转化实验及其结果

供试菌株	操作	实验动物	结果
R 型活细菌	注射	小白鼠	不死亡
S 型活细菌	注射	小白鼠	死亡,且分离出S 型细菌
加热后杀死的 S 型细菌	注射	小白鼠	不死亡
R 型活细菌+加热后杀死的 S 型细菌	混合注射	小白鼠	死亡,分离出S 型死菌

1944 年美国的埃弗雷(O. T. Avery)、麦克利奥特(C. M. MacLeod)及麦克卡蒂(M. McCarty)等人在格里菲斯工作的基础上,对转化的本质进行了深入的研究。在离体条件下,进行精确的转化实验,并最终确定了转化因子。他们从 S 型活菌体内提取 DNA、RNA、蛋白质和荚膜多糖,将它们分别和 R 型活菌混合均匀后注射入小白鼠体内,结果只有注射 S 型菌 DNA 和 R 型活菌混合液的小白鼠才死亡,这是一部分 R 型菌转化产生有毒的、有荚膜的 S 型菌所致,并且它们的后代都是有毒、有荚膜的。由此说明 RNA、蛋白质和荚膜多糖均不引起转化,而 DNA 却能引起转化。如果用 DNA 酶处理 DNA 后,则转化作用丧失。这就有力地证明了 S 型转移给 R 型的并不是遗传性状本身(在此我们看到的是具备荚膜多糖),而是以 DNA 为物质基础的遗传信息。

8.1.1.2 噬菌体的感染实验

1952 年美国的赫尔希(A. D. Hershey)和蔡斯(M. Chase)等人利用 T2 噬菌体的感染

实验也证明了 DNA 是遗传物质。实验采用同位素标记 T2 噬菌体，首先分别以放射性的$^{32}PO_4^{3-}$和$^{35}SO_4^{2-}$作为磷源和硫源的培养基培养大肠杆菌，再用该大肠杆菌培养其噬菌体 T2，故此 T2 噬菌体的头部 DNA 标上^{32}P，其蛋白质衣壳被标上^{35}S。完成同位素标记后，用标上^{32}P和^{35}S的 T2 噬菌体感染大肠杆菌，经短时间（10 min）的保温后，T2 噬菌体完成了吸附和侵入的过程。将被感染的大肠杆菌洗净置于组织捣碎器内强烈搅拌，然后离心沉淀。分别测定沉淀物和上清液中的同位素标记，结果全部^{35}S和噬菌体在上清液中，全部^{32}P和细菌聚集在沉淀物中，并以此做对照实验（图 8-1）。

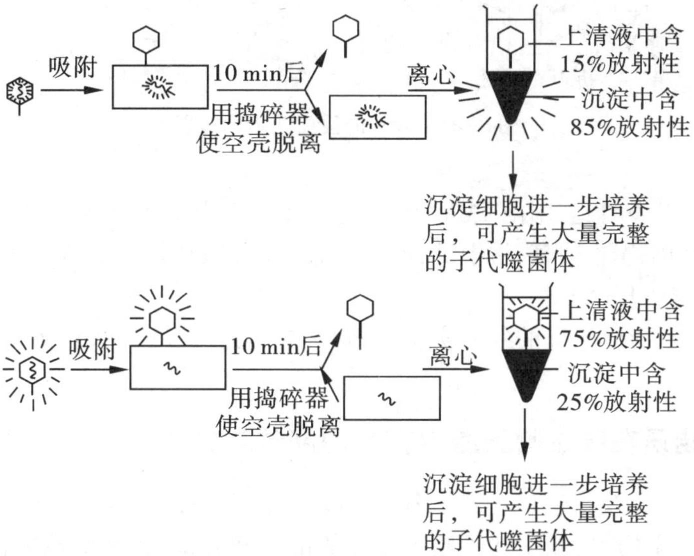

上：标记有^{32}P-DNA 核心的噬菌体作感染；下：标记有^{35}S-蛋白质外壳的噬菌体作感染

图 8-1　大肠杆菌 T2 噬菌体的感染实验

由上述两组实验可以看出，在感染过程中噬菌体的 DNA 进入大肠杆菌细胞中，它的蛋白质外壳留在菌体外，T2 噬菌体 DNA 利用大肠杆菌体内的 DNA、酶及核糖体复制大量子代 T2 噬菌体，又一次证明了 DNA 是遗传物质。

8.1.1.3　植物病毒的感染与重建实验

烟草花叶病毒（TMV）由蛋白质外壳和核糖核酸（RNA）核心所构成，可从 TMV 分别抽提得到它的蛋白质部分和 RNA 部分，把这两个部分放在一起，可以得到具有感染能力的烟草花叶病毒颗粒。

（1）感染实验　1965 年，美国的法朗克-康勒特（H. Fraenkel -Conrat）将烟草花叶病毒（TMV）拆成蛋白质和 RNA，分别对烟草进行感染实验，结果发现只有 RNA 能感染烟草，并在感染后的寄主中分离到完整的具有蛋白质外壳和 RNA 核心的烟草花叶病毒。

（2）重建实验　实验选用与 TMV 近缘的霍氏车前花叶病毒（HRV）进行重建实验，实验过程如图 8-2 所示。

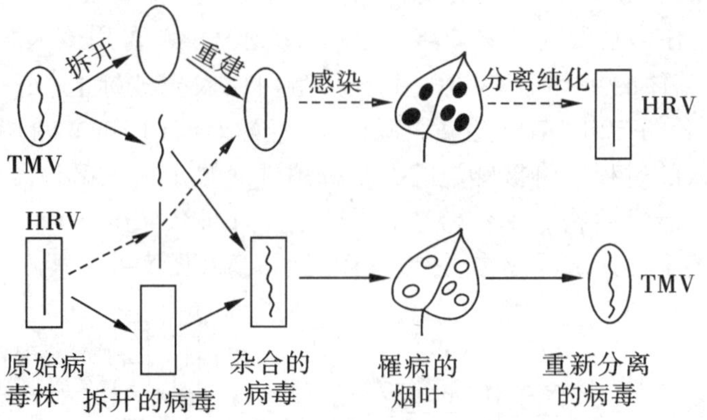

图8-2 TMV 的重建实验示意图

这一实验结果表明,当用由 TMV-RNA 与 HRV-衣壳重建后杂合病毒感染烟草时,烟草出现的是典型的 TMV 枯斑,从中可分离出的病毒为 TMV。由此证明 RNA 病毒遗传物质的基础也是核酸(RNA)。

通过三个具有历史意义的经典实验,得到一个结论:核酸(DNA 或 RNA)是负载遗传信息的物质基础。

8.1.2 遗传物质在微生物细胞内存在的部位和方式

核酸的化学本质及其生物合成途径等知识已在生物化学等课程中有详细介绍。这里仅从七个水平阐述遗传物质在细胞中存在的部位和方式,并对原核生物的质粒加以简要介绍。

8.1.2.1 遗传物质的存在部位

(1)细胞水平 从细胞水平看,原核生物与真核微生物的大部分 DNA 都集中于核区或细胞核中,每个细胞都存在该生物的全套遗传信息。不同微生物或同种微生物的不同细胞中细胞核的数目常有所不同。有的只有一个细胞核,如球菌、酵母菌等;有的有两个细胞核,如担子菌等;有的有多个细胞核,如许多真菌和放线菌的菌丝体等,但孢子只有一个核。

(2)细胞核水平 从细胞核水平看,真核微生物的 DNA 与组蛋白结合在一起形成染色体,由核膜包裹,形成有固定形态的真核。组蛋白对 DNA 结构有保护作用,并能影响 DNA 上基因的表达。原核生物的 DNA 一般不与任何蛋白质结合,近来发现有少数与类组蛋白的碱性蛋白结合形成松散无定形的染色质,无核膜包裹。不论是真核微生物的细胞核还是原核生物的核区都是该微生物遗传信息最主要的负载者,称为核基因组,简称基因组(genome)。除细胞核外,在细胞质中还含有一类 DNA 含量少、能自主复制的遗传物质即核外染色体,如原核生物的质粒,真核微生物的线粒体、叶绿体、2 μm 质粒等。

(3)染色体水平 不同生物核内染色体的数目不同。真核微生物细胞核中的染色体数目较多,如酿酒酵母单倍体细胞含有 16 条主要由 DNA 构成的染色体,而原核生物中只有一条。除染色体的数目外,染色体的套数也不相同。如果一个细胞中只有一套染色体,就称单倍体(haploid)。绝大多数微生物是单倍体。如果一个细胞中含有两套相同功能的染色体,则称为双倍体(diploid)。少数微生物(如酿酒酵母)的营养细胞及单倍体的性细胞接合或体细胞融合后所形成的合子是双倍体,而高等动植物的体细胞为双倍体。

(4)核酸水平　从核酸的种类看,大多数微生物的遗传物质是 DNA,只有少数病毒的遗传物质是 RNA。在真核微生物中,DNA 总是与组蛋白缠绕着同时存在,而原核生物的 DNA 单独存在,真病毒的核酸由衣壳包裹。从核酸的结构看,有双链和单链之分。绝大多数微生物的 DNA 是双链的,只有少数病毒的 DNA 是单链,如 fd 噬菌体 DNA 为单链;绝大多数 RNA 是单链,少数是双链。核酸的长度一般可用 bp(碱基对)、kb(千碱基对)、Mb(兆碱基对)作为单位。不同微生物基因组的大小相差很大,一般地,真核微生物的 DNA 比原核生物的长得多。

(5)基因水平　基因(gene)最早是由丹麦植物学家、遗传学家约翰森创造的。基因是指生物体内具有自主复制能力的遗传功能单位,它是具有特定核苷酸顺序的核酸区段。根据功能,原核生物的基因可分为调节基因、启动基因、操纵基因和结构基因。几个关系密切的基因(启动基因、操纵基因和结构基因)组成一个操纵子(operon)。结构基因是指决定某种酶及结构蛋白质分子结构的基因,它所编码的蛋白质合成与否,受调节基因和操纵基因的控制。调节基因是指能调节操纵子中结构基因活动的基因。操纵基因则能控制结构基因转录的开放或关闭。启动基因则是 RNA 聚合酶附着和启动的部位。一个基因的相对分子质量大约为 6.7×10^5,平均大小为 1000 ~ 1500 bp。具体基因大小差别很大,可从几十个碱基对至上万个碱基对。

(6)密码子水平　遗传密码(genetic code)是指 DNA 链上决定各具体氨基酸的特定核苷酸排列顺序。遗传密码的单位是密码子。密码子是由核酸分子上三个连续核苷酸序列决定的。三联密码子一般都用 mRNA 上的三个核苷酸顺序表示。A、C、G、U4 种核苷酸三个一组可排列 64 种密码子,编码 20 个氨基酸绰绰有余,其中会出现同一氨基酸可由几个密码子编码的现象,另外,还有不代表任何氨基酸的“无意义密码子”(如 UAA、UGA 及 UAG 仅表示转译中的终止信号)。

(7)碱基水平　核苷酸单位(碱基单位)是一个最低突变单位或交换单位。在绝大多数微生物的 DNA 中,都只含有腺苷酸(AMP)、胸苷酸(TMP)、鸟苷酸(GMP)和胞苷酸(CMP)4 种脱氧核糖核苷酸。当其中某一个核苷酸中的碱基发生变化时,则导致一个密码子的意义改变,进而导致整个基因信息的改变,指导合成新的蛋白质,引起性状改变。

有关碱基的几个数据可供参考:每个碱基对(bp)的平均相对分子质量约为 650;1×10^6的 dsDNA 约为 1.5 kb;3 nmol 碱基的质量约为 1 μg;多数细菌的基因组为 1 ~9 Mb。

8.1.2.2　原核生物的质粒

(1)定义和特点　许多细菌除了染色体之外,还有大量小型的环状 DNA 分子,这就是质粒(plasmid)。质粒通常以共价闭合环状的超螺旋双链 DNA 分子,即 cccDNA(circular covalently closed DNA),存在于各种微生物细胞中。从细胞中分离的质粒大多有 3 种构型,即 CCC 型、开环状(open circular form,OC 型)和线型(linear form,L 型)。质粒的大小一般为 1.0 ~ 1000 kb,相对分子质量为 10^6 ~ 10^8,大小仅相当于核基因组的 1%。近年来,在链霉菌、酵母菌等微生物中又发现了线型双链 DNA 质粒和 RNA 质粒。

质粒所含的基因对寄主细胞一般是非必需的,只是在某些特殊条件下,质粒能赋予寄主细胞特殊机能和生长优势。若质粒的复制行为与核染色体的复制同步,称为严紧型复制控制,这类细胞中一般只含 1 ~ 2 个质粒。若质粒的复制与核染色体的复制不同步,称为松弛型复制控制,这类细胞一般含 10 ~ 15 个甚至更多的质粒。

典型质粒及其功能简介

含质粒的细胞在正常培养基上生长时,由于其复制受抑制而核染色体的复制仍继续进行,可引起子代细胞的消除,消除后并不引起原细胞的生存。质粒消除可自发产生,也可采用吖啶橙染料或丝裂霉素 C、紫外线、利福平、重金属离子或高温等理化因素处理,人为提高其消除率。常见的质粒有 F 质粒、R 质粒、Col 质粒、Ti 质粒、降解性质粒、Ri 质粒、mega 质粒等。

(2)质粒的应用　转移性质粒广泛用于基因工程,作为目的基因转移的载体,主要有以下优点:①相对分子质量小,便于 DNA 的分离和操作;②呈环状,使其在分离中保持性能稳定;③有不受核基因组控制的独立复制起始点;④含有多种限制性酶的单一识别位点;④通过转化或电穿孔法极易导入寄主细胞;⑤拷贝多,可使外源 DNA 快速扩增;⑥具有抗药性等选择性标记,便于含质粒克隆的检出和选择。

8.2　基因突变和诱变育种

8.2.1　基因突变

基因突变(gene mutation)简称突变,泛指细胞内(或病毒粒子内)遗传物质的分子结构或数量发生了可遗传的变化。基因突变可自发或诱导产生。狭义的突变专指基因突变(点突变),包括一对或几对碱基的缺失、插入或置换;而广义的突变则包括基因突变和染色体畸变。染色体畸变又包括染色体的缺失、重复、插入、倒位和易位。从自然界中分离到的菌株一般称为野生型菌株(wild type strain),简称野生型。野生型经突变后形成的带有新性状的菌株,称为突变株(mutant)或突变型。

8.2.1.1　基因突变的类型

按照表型变化进行划分,突变型可分为以下几种类型。

(1)形态突变型(morphological mutant)　指野生型由于基因突变引起的细胞形态结构或菌落形态发生改变的突变类型。如细菌的鞭毛、芽孢或荚膜的有无,菌落的大小,外形的光滑或粗糙及颜色的变异;放线菌或真菌产孢子的多少,外形及颜色的变异;噬菌斑的大小和清晰程度的变异等。

(2)条件致死突变型(conditional lethal mutant)　某菌株或病毒经基因突变后,在某种条件下可正常生长繁殖并呈现其固有的表型,而在另一种条件下却无法生长繁殖,这种突变类型称为条件致死突变型。广泛应用的一类是温度敏感突变型,例如,大肠杆菌的某些菌株可在 37 ℃下正常生长,却不能在 42 ℃下生长;又如,某些 T4 噬菌体突变株在 25 ℃下可感染其宿主大肠杆菌,而在 37 ℃下却不能感染等。

(3)营养缺陷型(auxotroph)　指野生型经基因突变而引起微生物代谢过程中某些酶合成能力丧失的突变型,它们必须在基本培养基中添加相应的营养成分才能正常生长繁殖。这种突变型在遗传学、分子生物学、遗传工程等研究中应用非常广泛。

(4)抗性突变型(resistant mutant)　指野生型发生基因突变,而产生对某化学药物、致死物理因子或噬菌体抗性的突变型。这些突变型在遗传学基本理论的研究中非常有用,常以抗性突变为选择标记,例如,对一些抗生素具有抗药性的菌株等。

(5)抗原突变型(antigenic mutant)　指由于基因突变引起细胞抗原结构发生变异的类型,如细胞壁缺陷变异、荚膜、鞭毛的成分变异等。

(6)其他突变型　如毒力、糖发酵能力、代谢产物的种类和产量及对某种药物的依赖性等突变型。

8.2.1.2　突变率

某一细胞(或病毒粒)在每一世代中某一性状发生突变的概率称突变率(mutation rate)。为方便起见,突变率可用某一单位群体在每一世代(即分裂 1 次)中产生突变株的数目来表示。例如 1 个含 10^7 个细胞的群体,当其分裂成 2×10^7 个细胞时,平均发生 1 次突变的突变率为 10^{-7}。因为双重或多重基因突变的概率是各个基因突变概率的乘积,所以在同一细胞中同时发生两个或两个以上基因突变的概率极低。例如某一基因突变率为 10^{-7},另一为 10^{-6},则双重突变的概率仅为 10^{-13}。据测定,一般基因的自发突变率为 10^{-6},转座突变率为 10^{-4},无义突变或错义突变的突变率约为 10^{-8}。

8.2.1.3　基因突变的特点

不经过诱变处理而自然发生的突变称为自发突变,其特点如下:

(1)自发性　由于自然界环境因素的影响和微生物内在的生理生化特点,在没有人为诱发因素的情况下,各种遗传性状的改变可以自发地产生。

(2)稀有性　自发突变的频率极低,一般在 $10^{-9}\sim10^{-6}$。

(3)诱变性　通过各种物理、化学或生物因素的诱发作用,可以提高突变率,一般可提高 $10\sim10^5$ 倍。

(4)突变的结果与原因之间的不对应性　即突变后表现的性状与引起突变的原因之间无直接对应关系。

(5)独立性　在一个群体中,各种性状都可能发生突变,但彼此之间独立进行。

(6)稳定性　发生基因突变后产生新的遗传性状具有相对的稳定性,可以稳定地传给下一代。

(7)可逆性　原始的野生型可以通过变异成为突变型,此过程称为正向突变;相反,突变型也可以发生相反的回复突变。

8.2.1.4　基因突变自发性和不对应性的试验证明

现介绍 3 个具有创新思维的著名试验,即鲁里亚等的变量试验、纽康布的涂布试验和莱德伯格等的影印培养试验,来证明基因突变的自发性与不对应性。

(1)变量试验(fluctuation test)　又称彷徨试验或波动试验。1943 年鲁里亚(S. E. Luria)和德尔波留克(M. Delbrück)采用 T1 噬菌体与大肠杆菌敏感菌进行了抗性试验(图 8-3)。试验过程主要步骤有:先将对 T1 噬菌体敏感的大肠杆菌悬液经 18 h 培养,然后分别取 10 mL 装在 A,B 两支大试管中;将 A 管中的菌液以每管 0.2 mL 分装于 50 支小试管,以相同温度将其与B管菌液同时培养24～36 h;将它们分别倒在涂有T1噬菌体的固体培养基上(其中每支小试管倒1个培养皿,共50个,B管同样以每个培养皿倒0.2 mL,共50个培养皿),然后培养24～36 h观察抗噬菌体的菌落数(由于固体培养基中含有T1噬菌体,一般大肠杆菌对T1噬菌体敏感而不生长,生长的为抗噬菌体的抗性菌落)。

试验结果发现,A管分装在50支小试管中的培养物出现在各培养皿中的抗噬菌体菌落数差异很大,而来自B管中培养物的50个培养皿中出现的抗噬菌体菌落数大体相近,而它们接触噬菌体的时间条件是相同的。这就说明抗性突变株的产生是在接触相应的噬菌体之前,在细胞某一次分裂中自发地、随机产生的。这一自发突变发生得越早,则抗性菌落出现得越多,反之则越少。噬菌体在这里仅起淘汰未突变的敏感菌和甄别抗噬菌体突变型的作用,绝非“驯化”作用。利用这一方法还可计算突变率。

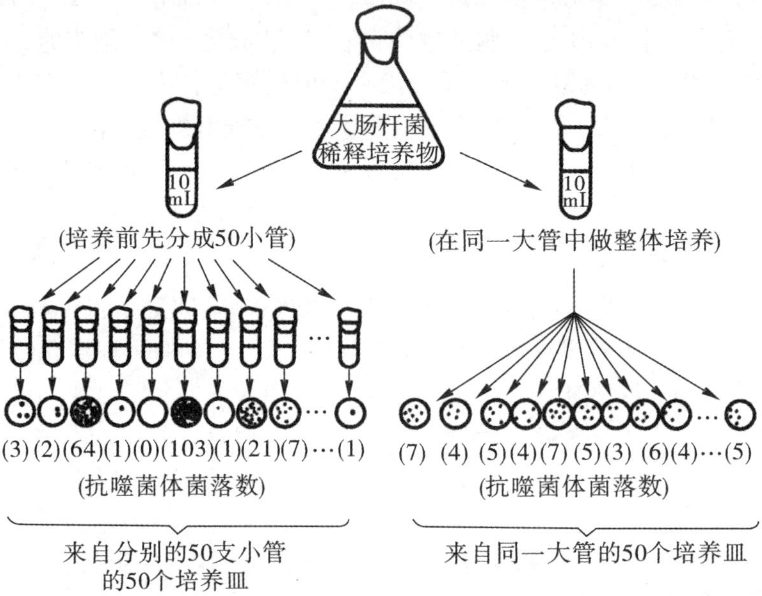

图8-3 鲁里亚等的变量试验

(2)涂布试验(Newcombe experiment) 1949年,纽康布(H. B. Newcombe)采用T1噬菌体及其敏感菌为试验材料,设计了一种与变量试验相似,但方法更简便的涂布试验来证实同一观点(图8-4)。该试验操作要点是:先在12个培养皿平板上涂布数目相等(5×10^4个)的大量对T1噬菌体敏感的大肠杆菌,经过5 h培养,约繁殖12.3代,在培养皿中长出大量微小菌落(其中每个菌落含菌约5100个);取6个培养皿喷上相应T1噬菌体为A组,另6个培养皿用无菌棒将微菌落重新涂布均匀,然后同样喷上相应的T1噬菌体为B组;将两组培养皿在相同条件下培养24 h后观察结果;计算这两组培养皿上所形成的抗噬菌体菌落。

结果发现,在涂布过的B组中,抗性菌落(353个)比未经涂布的A组抗性菌落(28个)多得多,这就证明这种抗性突变发生在接触噬菌体前。说明大肠杆菌对T1噬菌体的抗性突变是在接触相应的噬菌体前,在细胞分裂过程中自发地、随机产生的,同时也说明某一性状的突变与环境因素是不相对应的。T1 噬菌体的加入只起甄别这类突变是否发生的作用,而不是诱发突变的因素。

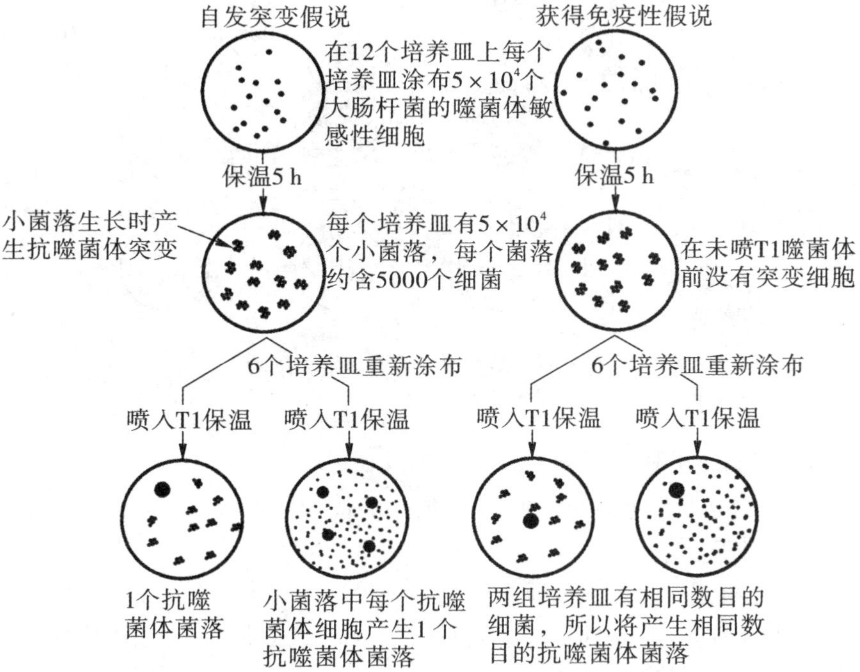

图 8-4　纽康布的涂布试验

(3)影印培养试验(replica plating experiment)　1952 年莱德伯格(J. Lederberg)夫妇等采用链霉素及其敏感菌为试验材料设计了影印培养试验(图 8-5),并利用该实验证明了微生物的抗性突变是自发产生的,与环境因素毫不相干的论点。影印培养试验这个名称的由来是这个试验采用类似打印或盖图章的方法进行接种。“印章”的做法是取一块比培养皿略小的圆木块,一端用绒布包起来,绒布上有许多小纤维,起着接种针的作用。试验步骤要点如下:先用培养液培养大肠杆菌,再将大肠杆菌涂布在培养皿 1 上培养;待培养皿上长出菌落后,用已灭菌的“印章”在长着密集小菌落的培养皿上印一下(取样),把“印章”上的细菌先影印接种到不含链霉素的培养皿 2 上,再影印接种到含有链霉素的培养皿 3 上,然后共同置于 37 ℃培养;经培养后,在含有链霉素的培养皿 3 上出现了抗药性菌落;在不含链霉素的培养皿 2 的相应位置找到培养皿 3 上抗药性菌落的“兄弟”菌落,将其挑至不含链霉素的培养液 4 中,经培养后涂布到培养皿 5 上,并重复以上各步骤,即可做到只要涂上越来越少的原菌液(始终未接触药物链霉素)到培养皿 5 和培养皿 9 中就出现越来越多的抗性菌落。链霉素的添加主要是淘汰敏感菌并甄别抗链霉素的菌株,最终甚至可以纯化抗性菌株。由此说明抗药性突变株的产生与是否接触药物无关,突变的产生完全是自发地。

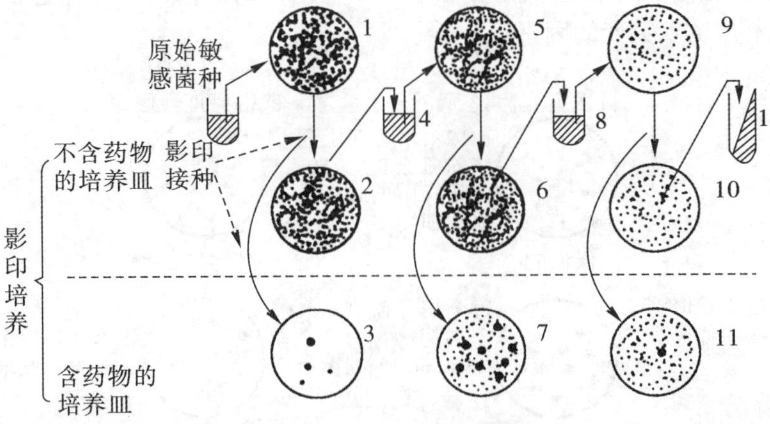

图 8-5 莱德伯格的影印培养试验

8.2.1.5 基因突变的机制

DNA 分子中碱基对的变化可以在自然条件下自发地发生,也可以人为地应用物理、化学或生物因素诱导发生。

(1)自发突变机制 自发突变是指微生物在没有人工参与的条件下发生的突变。关于自发突变的机制效应有低剂量背景辐射诱变效应、微生物自身代谢产物诱变效应、碱基的互变异构效应及环状突变效应等。

(2)诱发突变机制 诱发突变(induced mutation)简称诱变,是指通过人为的方法,通过物理、化学或生物因素显著提高基因自发突变的频率的手段。凡是具有诱变效应的因素称为诱变剂(mutagen),常见的诱变剂及其作用机制见表 8-2。诱发突变率高,广泛用于菌种选育,根据核酸变化引起遗传信息的变化量大小,诱发突变分为碱基置换、移码突变和染色体畸变。

表 8-2 常见的诱变剂及其作用机制

诱变剂	与DNA 碱基的反应	遗传效应
碱基类似物	掺入作用	AT↔GC 转换
羟胺	与胞嘧啶反应	GC→AT 转换
亚硝酸	A、G、C 的氧化脱氨作用	AT↔GC 转换
	交联	缺失
烷化剂	烷化碱基	AT↔GC 转换
	烷化磷酸基团	AT→TA 颠换
	丧失烷化的嘌呤	GC→CG 颠换
	糖-磷酸骨架断裂	染色体畸变(缺失、重复、倒位等)

续表 8-2

诱变剂	与DNA 碱基的反应	遗传效应
吖啶类	碱基对间的插入作用	移码突变
紫外线	形成嘧啶水合物	GC→AT 转换
	形成胸腺嘧啶二聚体	移码突变
电离辐射(X 射线、γ射线等)	碱基的羟基化与降解	AT↔GC 转换
	DNA 的降解	移码突变
	糖-磷酸骨架断裂	染色体畸变(缺失、重复、倒位等)
大肠杆菌 Mu 噬菌体	结合到一个基因中间	移码突变

1)碱基对的置换　碱基置换是 DNA 分子中碱基对置换引起的,是染色体的一种微小的损伤,又称点突变(图 8-6)。它只涉及一对碱基被另一对碱基所置换。碱基对的置换可分成两类:一类是转换(transition),即 DNA 链中一个嘌呤被另一嘌呤或一个嘧啶被另一个嘧啶所置换;另一类是颠换(transversion),即 DNA 链中一个嘌呤被另一嘧啶或一个嘧啶被另一个嘌呤所置换。对某一种具体的诱变剂引起的碱基对置换,既可同时有转换和颠换两类,也可只具有其中的一个功能。碱基对的置换绝大多数是由化学诱变剂通过直接或间接的方式引起的,因此可以把置换的机制分为两类。

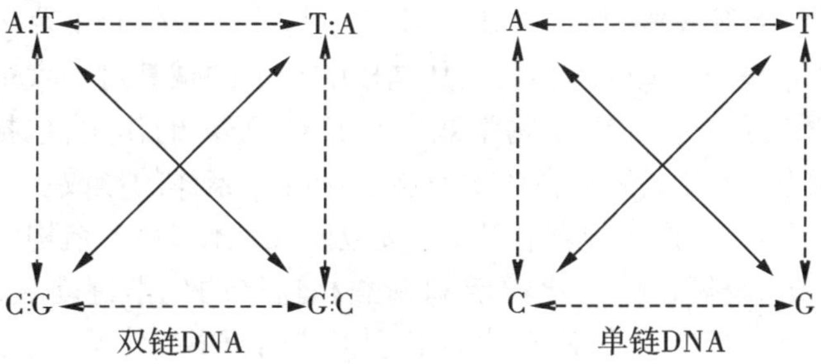

图 8-6　碱基置换的两种类型

(实线为转换;虚线为颠换)

①直接引起置换的诱变剂　这是一类可直接与核酸碱基发生化学反应的诱变剂,不论在生物体内或离体条件下均有作用。这类诱变剂的种类很多,常用的主要有各种烷化剂、亚硝酸和羟胺。它们可以与一个或几个核苷酸发生化学反应,从而引起 DNA 复制时碱基对的转换,并进一步使微生物发生变异。

②间接引起置换的诱变剂　是一些碱基结构类似物,例如 5-溴尿嘧啶(5-BU)、5-氨基尿嘧啶(5-AU)、8-氮杂鸟嘌呤(8-NG)、2-氨基嘌呤(2-AP)及 6-氮嘌呤(6-NP)等。机体缺乏天然碱基时,易通过活化细胞的代谢活动掺入到 DNA 分子中去,引起碱基配对发生错误。在这些碱基类似物中,最常被应用的是 5-溴尿嘧啶(5-BU)和 2-氨基嘌呤(2-AP)。

2)移码突变(frame-shift mutation)　移码突变是指DNA分子中增添或缺失少数几个碱基对,造成其后面全部遗传密码发生转录和翻译错误的基因突变。点突变一般只涉及一个密码子的改变,而移码突变涉及突变点以后所有密码子的改变,因此是一类影响较大的突变。但与染色体畸变相比,移码突变也属于DNA分子中的微小损伤,其结果只涉及有关基因中突变点后面的遗传密码阅读框架发生错误,除涉及这一基因外,并不影响突变点后其他基因的正常读码。

吖啶类染料及其化合物是有效的移码突变诱变剂,例如吖啶、吖啶黄、吖啶橙、5-氨基吖啶。吖啶类化合物的诱变机制目前还不很清楚。现普遍认为,由于吖啶类化合物是一种平面型三环分子,结构与一个嘌呤-嘧啶碱基对相似,因此能够插入DNA分子中两个相邻的碱基之间,使得DNA分子的长度增加,造成双螺旋一定程度的延长和部分解开,从而在复制过程中,促使链上增加或缺失一个碱基,结果引起增加或缺失位置之后全部遗传密码转录翻译的错误,造成移码突变。

3)染色体畸变(chromosomal aberration)　指某些强烈的理化、生物因素作用引起DNA分子较大损伤的诱变。染色体结构上的变化可分为染色体内畸变和染色体间畸变两类。染色体内畸变只涉及一条染色体上的变化,如染色体结构上的缺失、重复、插入、易位和倒位。部分染色体的缺失或重复导致基因的减少或增加,易位或倒位导致基因排列顺序的改变。倒位是断裂下的染色体片段旋转180°后重新插入原位置。易位是断裂下来的一段染色体顺向或逆向地插入同一条染色体的其他部位。染色体间畸变是非同源染色体间的易位。

紫外线、X射线、γ射线等射线,亚硝酸及烷化剂等均是引起染色体畸变的有效诱变剂。DNA具有强烈的紫外线吸收能力,尤其是核酸链上的碱基对。大剂量的紫外线为杀菌剂,小剂量的为诱变剂。其主要生物学效应是其对DNA的作用,包括使DNA链断裂、DNA链内或链间交联、嘧啶碱的水合作用及胸腺嘧啶二聚体的形成。X射线和γ射线属于能量很高的电离辐射,能产生电离作用,直接或间接地使DNA结构发生改变。直接的效应是碱基的化学键、脱氧核糖的化学键和糖酸相连接的化学键断裂;间接的效应是电离辐射使水或有机分子产生自由基,这些自由基作用于DNA分子,引起缺失和损伤。烷化剂根据其烷化作用分为单功能、双功能、三功能的烷化剂,其中一些单功能烷化剂如亚硝基胍(NTG)、甲基磺酸乙酯(EMS)等常被称为超诱变剂,它们虽然杀伤力较低但却有较强的诱变作用。烷化剂分子能烷化DNA分子上的碱基,造成一条单链的断裂或两条单链的交联等,引起染色体畸变。

需指出的是,许多诱变剂都是极强的致癌物质,如烷化剂、亚硝酸、紫外线、γ射线等。因此,日常要避免与诱变剂的接触,以免癌变。做诱变处理时,更要做好人身防护,并注意严防污染环境。

8.2.1.6 DNA的紫外线损伤及其修复

一些理化因素可诱发DNA损伤,细胞也具有一系列的校正和修复机制,能在一定条件下使损伤的DNA完全或一定程度地修复,研究较为深入的是被紫外线损伤后的DNA修复,主要方式有光复活作用、切除修复、重组修复、SOS修复等。

(1)光复活作用(photoreactivation)　经紫外线照射后的微生物暴露于可见光下时,

可明显地降低其死亡率的现象称为光复活作用。光复活作用首先于 1949 年在放线菌中发现。引起的原因是可见光所激活的酶在起作用，经紫外线照射后形成胸腺嘧啶二聚体的 DNA 分子，在黑暗中能与一种光激活酶——光解酶结合形成复合物，当再暴露在可见光下时，复合物会因获得光能而使酶与 DNA 分子解离，从而使胸腺嘧啶二聚体重新分散成两个胸腺嘧啶单体，同时光激活酶也从复合物中释放出来。由于微生物中一般都存在着光复活作用，因此用紫外线照射菌液时，要在红灯下进行操作处理，然后再于暗室中或用黑布包起来培养。

(2)切除修复(excision repair)　也称暗修复作用，这种修复作用与光无关，整个修复过程是在 4 种酶的协同作用下进行的。具体过程如图 8-7 所示：①内切核酸酶在胸腺嘧啶二聚体的 5′一侧切开一个 3′-OH 和 5′-P 的单链缺口；②外切核酸酶从 5′-P 至 3′-OH 方向切除二聚体；③DNA 聚合酶以 DNA 的另一条互补链作模板，从原有链上暴露的 3′-OH 端起逐渐延长，重新合成一段缺损的 DNA 链；④通过连接酶的作用，把新合成的那段 DNA 的 3′-OH 末端与原来的 5′-P 末端相连接，形成一个完整的双链结构，从而完成修复作用。

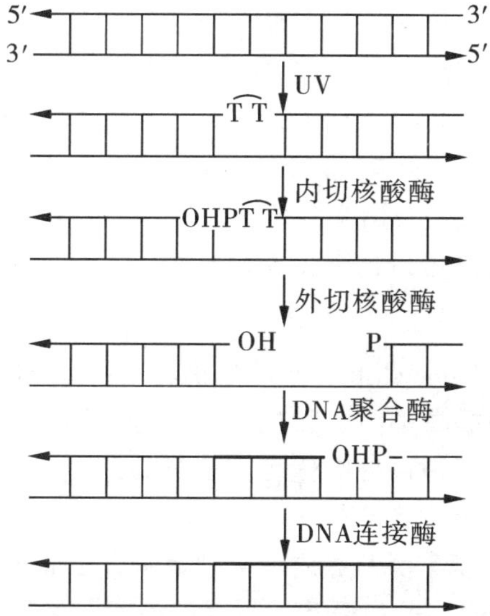

图 8-7　切除修复示意图

(3)重组修复(recombination repair)　又称为复制后修复，必须在 DNA 进行复制的情况下进行。当复制到损伤的部位时，子代 DNA 链中与损伤部位相对应的部位出现缺口，新合成的子链比未损伤的 DNA 链要短一些。完整的母链与有缺口的子链重组，缺口由母链的核苷酸片段来弥补。合成重组后，母链中的缺口通过 DNA 多聚酶的作用，合成核苷酸片段，然后由连接酶使新片段与旧链联结，重组修复完成。

(4)SOS 修复(SOS repair)　这是一种急救性修复，是细胞在 DNA 受到重大损伤，细胞处于危机状态下诱导产生的一种保护 DNA 的应急方式。修复以维持基因组的完整性、提高细胞的生存率为原则，故其结果错误较多，也称为差错倾向修复。SOS 修复使细胞出现较高的突变率。它的修复功能依赖于某些蛋白质的诱导合成,而且这些蛋白质是不稳定的。SOS 修复功能和细菌的一系列生理活动有关,如细胞的分裂抑制、λ 噬菌体的诱导释放,以及引起 DNA 损伤的因素和抑制 DNA 复制的许多因素都能引起 SOS 反应。

8.2.2 基因突变与育种

8.2.2.1 自发突变与育种

自然界中自发突变株选育的一般程序

(1)从自然界中选育　微生物在自然生长繁殖的过程中会以一定频率发生自发突变,虽然频率不高,但是富于实践经验和善于细致观察的人们仍然可以抓住良机,选育出优良的生产菌种。而现代发酵工业是以纯种培养为基础,故采用各种不同的筛选手段,挑选出性能良好、符合生产需要的纯种是工业育种的关键一步。

(2)定向培育优良菌株　定向培育是利用微生物的自发突变,采用特定的选择条件,通过对微生物群体不断移植以选育出较优良菌株的古老方法。19 世纪巴斯德培育低毒力的炭疽芽孢杆菌活菌苗时就使用了这种方法,其后,法国的 A. Calmette 和 C. Guerin 两人在培育卡介苗时也曾使用过。卡介苗(BBG vaccine)是牛型结核分枝杆菌的减毒活菌苗,可提高人类尤其儿童对结核分枝杆菌的免疫力,对预防肺结核具有显著的效果。上述两位学者曾将牛型结核杆菌接种于含牛胆汁和甘油的马铃薯培养基上,前后用 13 年时间连续移种 230 多代,直至 1943 年才获得成功。由于这类育种费时费力,效果难预测,因此早已被各种现代育种技术所取代。定向培育的自发突变频率较低,变异程度较轻微,培育新种的过程十分缓慢。与诱变育种、杂交育种和基因工程技术相比,定向培育法带有“守株待兔”的性质,除某些抗性突变外,一般要相当长的时间。

8.2.2.2 诱变育种

诱变育种(breeding by induced mutation)是指利用物理、化学等各种诱变剂处理均匀而分散的微生物细胞,显著提高基因的随机突变频率,而后采用简便、快速、高效的筛选方法,从中挑选出少数符合育种目的的优良突变株,以供科学实验或生产实践使用。诱变育种是提高菌种产量、性能的主要手段。

(1)诱变育种的原理及基本环节　诱变育种具有方法简单、快速和收效显著等特点,是目前广泛使用的育种手段之一,以高产为目标的诱变育种的基本原理与环节见图 8-8。

(2)诱变育种的一般程序　诱变育种的一般程序包括以下几个步骤。

1)出发菌株的选择　用来进行诱变或基因重组育种处理的起始菌株称为出发菌株(original strain)。出发菌株为诱变育种的原始菌株。选好合适的出发菌株有利于提高育种效果。具体操作过程中,可遵循以下几点:①选用生产实践中选育出来的自发突变菌株进行诱变处理效果较好;②选用本身能少量积累所需产品或其前体的菌株;③选用已发生过其他突变,如代谢产物变化的菌株;④选用对诱变剂敏感性较高的增变变异株,对诱变剂的敏感性显著高于原始菌株;⑤选用经几次诱变处理能提高产量或效价的菌株;⑥出发菌株还可以同时选取 2 ~ 3 株,在处理比较后,将更适合的菌株留着继续诱变。

2)单细胞(或单孢子)悬液的制备　采用生理状态一致的单细胞或单孢子悬浮液,可使细胞均匀接触诱变剂,防止长出不纯菌落。由于某些微生物细胞是多核的,即使处

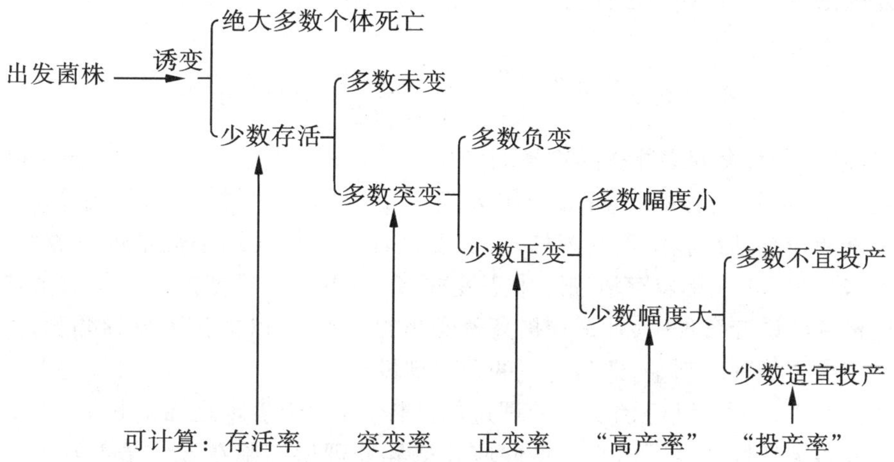

图 8-8　诱变育种的基本原理与环节示意图

理其单细胞，也会出现不纯菌落。故应尽量处理单核细胞，如酵母菌和球菌，幼龄霉菌或放线菌刚成熟的孢子或细菌的芽孢等；又由于一般 DNA 都是以双链状态存在的，而诱变剂通常仅作用于某一单链的某一序列，因此，突变后的性状无法反映当代的表型，而要通过 DNA 的复制和细胞分裂后才表现出来，于是出现了不纯菌落。这种遗传型虽已突变，但表型却要经 DNA 复制、分离和细胞分裂后才表现出来的现象，称为表型延迟（phenotype lag）。上述两类不纯菌落的存在，也是诱变育种工作中初分离的菌株经传代后会很快出现生产性能“衰退”的原因之一。

菌悬液一般可用生理盐水或缓冲溶液配制，如果是用化学诱变剂处理，因处理时 pH 值会变化，必须要用缓冲溶液。除此之外，还应注意分散度，方法是先用玻璃珠振荡分散，再用脱脂棉或滤纸过滤，经处理，分散度可达 90% 以上，这样，可以保证菌悬液均匀地接触诱变剂，获得较好诱变效果。最后制得的菌悬液对浓度有一定要求，一般来说，真菌孢子或酵母菌细胞的浓度大约为 $10^6 \sim 10^7$ 个/mL，放线菌孢子和细菌的浓度大约为 10^8 个/mL。

3）诱变剂的选择　首先选择合适的诱变剂，然后确定其使用剂量。常用诱变剂有两大类：物理诱变剂和化学诱变剂。常用的物理诱变剂有紫外线、X 射线、γ 射线、快中子等。常用的化学诱变剂有碱基类似物、烷化剂、吖啶化合物等。

在诱变育种时，有时可根据实际情况，采用多种诱变剂协同复合处理的方法来提高突变率，为育种提供更多的可能性。复合处理方法主要有 3 种方式：①两种或多种诱变剂先后使用；②同一种诱变剂的重复使用；③两种或多种诱变剂的同时使用。如果能使用不同作用机制的诱变剂来做复合处理，可能会取得更好的诱变效果。诱变剂的复合处理常呈现一定的协同效应，这对诱变育种的工作是很有价值的。

4）诱变剂剂量的确定　各类诱变剂的剂量表达方式有所不同。如紫外线的剂量指强度与作用时间的乘积；化学诱变剂的剂量则以在一定外界条件下，诱变剂的浓度与处理时间来表示。在育种工作中，常以杀菌率表示诱变剂的相对剂量。杀菌率的计算：取等量被处理菌体与未被处理菌体分别在完全培养基上培养，计数各自长出的菌落，按下式计算：

$$突变率=\frac{未被处理菌落数-被处理菌落数}{未被处理菌落数}\times100\%$$

一般经验认为，突变率往往随剂量的增加而升高，但到达一定程度后，再提高剂量反而会使突变率降低。实践中，如果采用大剂量诱变剂处理材料，则杀菌率高（90%～99%），但在单位存活细胞中负变菌株多，正变菌株少。如使用小剂量进行诱变处理，杀菌率为50%～80%，在单位存活细胞中正变株多，但出现大幅度提高产量的菌株可能较少。在产量性状诱变育种中，凡是在提高诱变率的基础上，既能扩大变异幅度，又能促使变异移向正突变范围的剂量，即为合适的诱变剂量。

5）中间培养　对于刚经诱变剂处理过的菌株，有一个表现迟滞的过程，需3代以上的繁殖才能将突变性状表现出来。据此应让变异处理后细胞在液体培养基中培养几小时，使细胞的遗传物质复制，繁殖几代，以得到纯的变异细胞。

6）突变株的筛选　在微生物群体细胞经诱变处理产生的突变个体中，绝大多数属于负变株，只有极少数是正变株。如何从大量的突变株中挑选产量较高的正变株，又只花最少的工作量，则必须设计简便、高效的科学筛选方案。根据实际工作经验，常将筛选工作分为初筛与复筛两步进行。

①初筛　初筛以粗测为主，一般通过平板稀释法获得单个菌落，然后对各个菌落进行有关性状的初步测定。为了明确某一突变株产量性状的提高程度，必须进行大量的培养、分离、分析、测定和统计工作，工作量十分浩大。如果能寻找到形态或生理变异与产量变异之间的相关性，则可大大提高初筛效率。利用鉴别培养基或其他特殊方法，可有效将原先不易直接辨认的生理生化性状或产量性状转化为可见的“形态”性状直接测定。例如，在琼脂平板培养基上，通过观察和测定某突变菌落周围蛋白酶水解酪蛋白透明圈的大小，淀粉酶变色圈（用碘液显色）的大小，柠檬酸变色圈（在厚滤纸片上培养，以溴甲酚绿作指示剂）的大小，抗生素抑菌圈的大小，指示菌测定生长因子生长圈的大小，纤维素酶对纤维素水解形成水解圈（用刚果红染色）的大小，以及外毒素的沉淀反应圈的大小等，都是在初筛工作中创造“形态”指标以估计某突变株代谢产物和产量的成功方法。

②复筛　复筛指对初筛出的菌株的有关性状做精确的定量测定。一般要在摇床上或台式发酵罐中进行培养，经过精细地分析测定，得出准确的数据。可连续进行多轮，直至获得满意的结果。突变株经过筛选后，还必须经过小型或中型的投产试验，才能用于生产。

（3）突变株的筛选

1）抗药性突变株（drug resistant mutant）的筛选　抗药性基因是遗传研究和育种工作重要的选择性遗传标记，同时，有些抗药菌株还是重要的生产菌种。梯度平板法（gradient plate method）是定向筛选抗药性突变株的一种有效方法，通过制备琼脂表面存在药物浓度梯度的平板，在其上涂布诱变处理后的细胞悬液，经培养后再从其上选取抗药性菌落等步骤，就可定向筛选到相应抗药性突变株。

在筛选抗代谢药物的抗性菌株以取得相应代谢物的高产菌株方面，此法能达到定向培育的效果。例如,异烟肼(isoniazid,商品名为“雷米封”)是吡哆醇的结构类似物或代谢拮抗物,定向培育抗异烟肼的吡哆醇高产突变株的方法是:①先于培养皿中加入10 mL融化的普通琼脂培养基,皿底斜放,待凝;②将培养皿放平,倒入第二层含适当浓度的异烟肼的10 mL琼脂培养基,待凝固后涂布大量诱变处理的酵母菌细胞,经培养后,即可出现如图8-9(右)所示的结果。根据微生物产生抗药性的原理,可推测菌苔中产生了分解异烟肼酶类的突变株,也可能产生了合成更高浓度的吡哆醇,以克服异烟肼的竞争性抑制的突变株。结果显示,多数突变株属于后者。通过利用梯度平板法筛选抗代谢类似物突变株的手段,可达到定向培育某代谢产物高产突变株的目的。

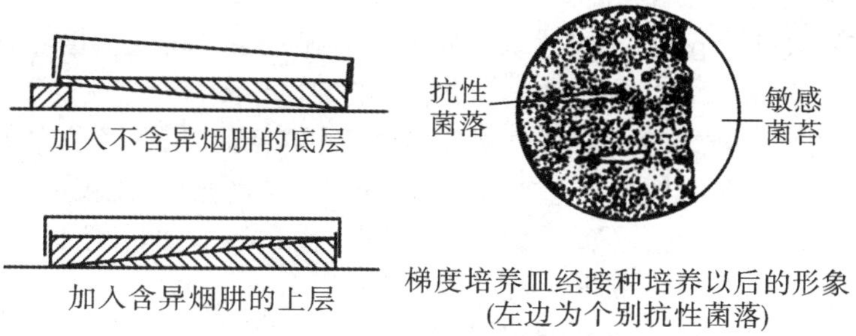

图8-9 梯度平板法定向筛选抗性突变株

2)营养缺陷型突变株的筛选

①筛选营养缺陷型突变株的三类培养基

Ⅰ.基本培养基(minimal medium,MM,符号为[-]) 凡是仅能满足某微生物的野生型生长所需要的最低营养成分的组合培养基,称基本培养基。不同微生物所用的基本培养基是不相同的,有的成分极为简单,如培养大肠杆菌的培养基;有的却很复杂,如培养酵母菌、乳酸菌等的基本培养基。

Ⅱ.补充培养基(supplemental medium,SM,符号为[A]或[B]) 凡只能满足相应的营养缺陷型突变株生长需要的合成或半合成培养基,称补充培养基。它是在基本培养基中有针对性地添加某一营养缺陷型突变株所不能合成的某相应代谢物或生长因子所制成,因此可专门选择相应的营养缺陷型突变株。

Ⅲ.完全培养基(complete medium,CM,符号为[+]) 凡可满足一切营养缺陷型菌株营养需要的天然或半组合培养基,称完全培养基。一般可在基本培养基中加入一些富含氨基酸、维生素、核苷酸和碱基类的天然物质(如蛋白胨、酵母膏等)配制而成。

②营养缺陷型突变株 营养缺陷型突变株的筛选一般要经过诱变剂处理、淘汰野生型、检出缺陷型和鉴定缺陷型4个环节。

Ⅰ.诱变剂处理 按“(2)诱变育种的一般程序”处理。

Ⅱ.淘汰野生型 在诱变处理后的存活个体中,营养缺陷型的比例一般很低(通常为0.1%~1%)。采用抗生素法或菌丝过滤法,可以淘汰为数众多的野生型,从而达到浓缩营养缺陷型的目的。

抗生素法是利用野生型能在基本培养基(MM)中生长,而缺陷型不能生长,于是将诱变处理液在 MM 中培养让野生型生长,处于活化阶段,而缺陷型无法生长,仍处于"休眠状态",这时,加入一定量的抗生素,结果活化状态的野生型就被杀死,保存了缺陷型。在选择抗生素时,细菌可用青霉素,酵母可用制霉菌素。

菌丝过滤法只适用于丝状真菌,其原理是在基本培养基中,野生型的孢子能发芽成菌丝,而营养缺陷型则不能。因此将诱变处理后的孢子在基本培养基中培养一段时间后,再进行过滤。如此重复数次后,就可以除去大部分野生型,同样达到"浓缩"营养缺陷型的目的。

Ⅲ.检出缺陷型　营养缺陷型的检出方法很多,主要有影印平板法、夹层培养法、逐个检出法、限量补充培养法等 4 种。

影印平板法(replica plating)是将诱变处理后的细胞涂布在完全培养基表面上,经培养后长出菌落,然后用一小块直径比培养皿稍小的圆柱形木块覆盖于灭过菌的丝绒布上作为接种工具(为上述介绍的"印章"式影印接种工具),将长出菌落的培养皿倒转过来,在丝绒上轻轻按一下,转接到另一基本培养基平板上,经培养后,比较这两个培养皿长出的菌落。如果发现前一平板上某一部位长有菌落,而在后一培养基上的相应部位却没有,就说明这是一个营养缺陷型菌落。

夹层培养法(layer plating method)是先在培养皿上倒一层基本培养基(MM),冷凝后加上一层含诱变剂处理菌液的 MM,凝固后再浇上一薄层不含菌的 MM。经培养后,在皿底对首先出现的菌落做标记,然后再倒上一薄层完全培养基(CM),再培养,这时再出现的新菌落,多数即为营养缺陷型菌落(图 8-10)。此法缺点是,结果有时不明确,而且从夹层中不易将营养缺陷型菌落挑出。

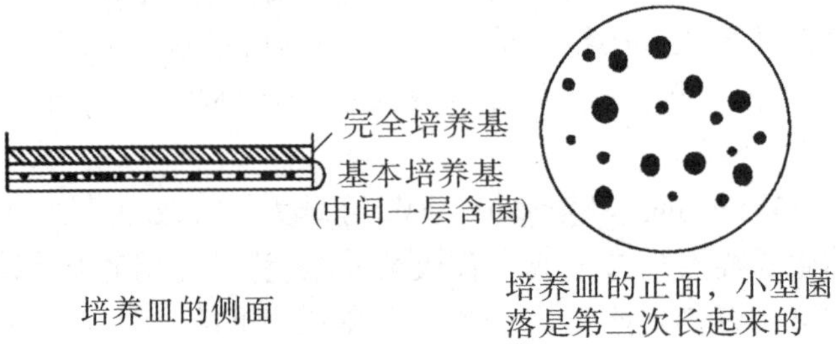

图 8-10　夹层培养法及其结果

逐个检出法(colony detection one by one)是将经过诱变处理的细胞涂布在完全培养基(CM)平板上,待长出单个菌落后,用接种针或牙签将这些单个菌落逐个依次地分别接种到基本培养基(MM)和另一 CM 上。经培养后,如果在 CM 上长出菌落,而在 MM 上却不长菌落,说明这是一个营养缺陷型菌株。

限量补充培养法(limited supplemental plating)是将诱变处理后的细胞接种在含有微量(0.01%以下)蛋白胨的基本培养基上。野生型就会迅速生长成较大的菌落,而营养缺陷型菌株只能形成生长缓慢的微小菌落,因而可以识别检出。如果想得到某一特定的缺陷型菌株,则可直接在基本培养基上加入微量的相应物质。

Ⅳ.鉴定缺陷型　生长谱法(auxanography)是指在混有供试菌的平板表面点加微量

营养物,视某营养物的周围有否长菌,以确定该供试菌的营养要求的一种快速、直观的方法。其具体操作有:①制备菌悬液。将生长在完全培养液里的营养缺陷型细胞经离心和无菌水洗涤后,配成 $10^7 \sim 10^8$ 个/mL 的菌悬液。②倒培养皿划区。取 0.1 mL 与基本培养基均匀混合后倾注于培养皿内,待凝固和表面干燥后,在培养皿背面划几个区。③点加营养物。按区点加不同的微量待鉴定营养缺陷型所需要的营养物粉末(可采用滤纸片法),如氨基酸、维生素、嘌呤或嘧啶等。④鉴定。经培养后,如果发现某一营养物的周围有生长圈,则说明此菌即是该营养物的缺陷型突变株。另外,也可采用不同组合的营养混合物与融化凉至 50°C 的基本培养基铺在培养皿上,然后在这些培养皿上划线接种各个缺陷型菌株于相应位置,用类似方法可测定双重或多重营养缺陷型。

营养缺陷型突变株不论在科学实验中,还是在生产实践中都有广泛的用途。利用营养缺陷型菌株定量分析各种生长因素的方法称为微生物分析法。常用于分析食品中氨基酸和维生素的含量,因为在一定浓度范围内,营养缺陷型菌株生长繁殖的数量与其所需维生素和氨基酸的量成正比。这种方法特异性强,灵敏度高,所用样品可以很少而且不需提纯,也不需要复杂的仪器设备。利用营养缺陷型菌株也可作为研究转化、转导、接合等遗传规律的标记菌种和微生物杂交育种的标记。此外,还可利用营养缺陷型突变株测定微生物的代谢途径,并通过有意识地控制代谢途径,获得更多的代谢产物,从而成为发酵生产氨基酸、核苷酸和各种维生素等的生产菌种。

8.3　基因重组和杂交育种

基因重组(gene recombination)简称重组,是指两个不同性状个体内独立基因组的遗传基因,通过一定途径转移到一起,经过遗传分子间的重新组合,形成新的稳定基因组的过程。基因重组是在核酸分子水平上的一个概念,是遗传物质在分子水平上的杂交,因此,与一般在细胞水平上进行的杂交有明显区别,但是细胞水平上的杂交必然包含了分子水平上的重组。

以基因重组为理论基础的杂交育种是一项重要的育种手段。由于杂交育种是选用已知性状的供体菌和受体菌作为亲本,因此,较上述的诱变育种而言,杂交育种有方向性及自觉性方面的优势。另外,杂交育种还可消除某些菌株在经历长期诱变处理所出现的产量及性状难以继续提高的问题。

8.3.1　原核生物的基因重组

原核生物的基因重组形式多样,机制较为原始,其主要方式有:转化、转导、接合和原生质体融合等。

8.3.1.1　转化

(1)转化的定义　转化(transformation)也称转化现象,是指一个种或品系的生物(受体菌)吸收来自另一个种或品系生物(供体菌)的遗传物质(DNA 片段),通过交换组合把它整合到自己的基因组中去,从而获得了后者某些遗传性状的现象。转化后的受体菌称为转化子(transformant),供体菌的 DNA 片段称为转化因子(transforming factor)。呈质粒状态的转化因子转化频率最高。

(2)转化微生物的重要种类　在原核生物中，主要有肺炎链球菌、嗜血杆菌属、芽孢杆菌属、奈瑟氏球菌属、根瘤菌属、葡萄球菌属、假单胞菌属和黄单胞菌属等。另外，在真核微生物中，也有部分微生物能进行转化作用。它们包括酿酒酵母、粗糙脉孢霉和黑曲霉等。在实验室中常用的一些属于肠道菌科的细菌，如大肠杆菌等则很难进行转化。为克服这一问题，在较低温度下用氯化钙处理其球状体(spheroplast)，可使细胞壁通透性增加而发生低频率的转化。有些真菌在制成原生质体后也可实现转化。

(3)感受态(competence)　感受态是指细胞能从环境中接受转化因子的这一生理状态。两个菌种或菌株间能否发生转化，有赖其进化中的亲缘关系，以及受体细胞是否处于感受态。处于感受态的细菌，其吸收 DNA 的能力比一般细菌大 1000 倍。感受态可以产生，也可以消失，它的出现受菌株的遗传特性、生理状态(如菌龄等)、培养环境等因素的影响。从时间上来看，肺炎链球菌在对数生长期后期出现；芽孢杆菌属的一些种在对数生长期末和稳定期出现。在具有感受态的微生物中，感受态细胞所占比例和维持时间也不同，如枯草芽孢杆菌的感受态细胞仅占群体的 20% 左右，感受态可维持几小时，而在肺炎链球菌群体中 100% 都呈感受态，但仅能维持数分钟。感受态可诱导产生，常用的方法是把培养在营养丰富的营养液中的细菌转移到营养贫乏的培养液中。调节感受态的一类特异蛋白称感受态因子(competence factor)。它是一种胞外蛋白，主要包括 3 种成分，即膜相关 DNA 结合蛋白、细胞壁自溶素和几种核酸酶，将感受态因子加到不处在感受态的同种细菌培养物中，可以使细菌处于感受态。此外，外界环境因子如环腺苷酸(cAMP)及 Ca^{2+} 等对感受态也有重要影响，可使感受态水平提高。

(4)转化因子　转化因子的本质是离体的 DNA 片段。每个转化因子(即 DNA 片段)平均含 15 个基因，每个感受态细胞约可掺入 10 个转化因子。在不同微生物中，转化因子的形式不同。有的细胞只吸收 dsDNA 形式的转化因子，但进入细胞后需经酶解为 ssDNA 才能与受体菌的基因组整合；而在有些细菌如芽孢杆菌属中，dsDNA 的互补链必须在细胞外降解，只有 ssDNA 形式的转化因子才能进入细胞，但最易与细胞表面结合的仍是 dsDNA。由于每个细胞表面能与转化因子相结合的位点有限(如肺炎链球菌约 10 个)，因此从外界加入无关的 dsDNA 就可竞争并干扰转化作用。转化的频率很低，通常为 0.1% ~1.0%。除 dsDNA 或 ssDNA 外，质粒 dsDNA 也是良好的转化因子，但它们通常并不能与核染色体组发生重组。

(5)转化过程　以肺炎双球菌为例，具体转化过程如图 8-11：①供体菌(str^{R}，存在抗链霉素的基因标记)的 DNA 片段与感受态受体菌(str^{S}，有链霉素敏感型基因标记)细胞表面的膜相关 DNA 结合蛋白相结合，核酸内切酶首先切断 DNA 双链中的一条链，被切断的链被核酸酶降解，另一条进入细胞；②来自供体菌的 ssDNA 片段与细胞内的特异蛋白 RecA 结合，并使其与受体菌核染色体上的同源区段配对、重组，形成一小段杂合 DNA 区段；③受体菌染色体组进行复制，杂合区也跟着得到复制；④细胞分裂后形成一个转化子(str^{R})和一个仍保持受体菌原来基因型(str^{S})的子代。

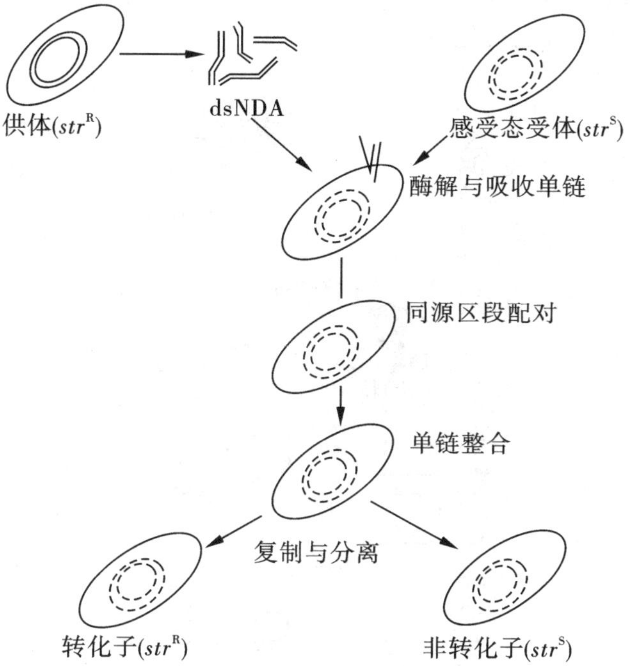

图 8-11 转化过程示意图

8.3.1.2 转导

以缺陷噬菌体(defective phage)为媒介,将供体细胞的小片段 DNA 携带到受体细胞中,通过交换与整合,使后者获得前者部分遗传性状的现象,称为转导(transduction)。由转导作用而获得部分新性状的重组细胞,称为转导子(transductant)。1952 年,诺贝尔奖获得者 J. Lederberg 等首先在鼠伤寒沙门菌中发现转导现象,之后又在许多原核生物中陆续发现,例如大肠杆菌、芽孢杆菌属、变形杆菌属、假单胞菌属、志贺氏菌属、根瘤菌属等。转导现象在自然界较为普遍,它很可能是一种产生新基因组合的重要方式。转导又分为普遍转导、局限转导等。

(1)普遍转导(generalized transduction) 指通过极少数完全缺陷噬菌体对供体菌基因组上任何小片段 DNA 进行"误包",而将其遗传性状传递给受体菌的现象,称为普遍转导。一般用温和噬菌体作为普遍转导的媒介。普遍转导又可分为以下 2 种:

1)完全普遍转导 简称普遍转导或完全转导。P22 噬菌体介导的完全普遍转导的基本过程如图 8-12 所示。能进行普遍转导的噬菌体,含有一个使供体菌株染色体断裂的酶。从图中可知,当供体菌裂解时,如把少量裂解物与大量的受体菌相混,可产生 2 种类型的子代病毒,其中一种病毒颗粒内包含的不是病毒 DNA,而是供体细胞的染色体 DNA,这种病毒称转导颗粒或转导噬菌体。这种"误包"供体菌的转导噬菌体就将一外来 DNA 片段导入受体细胞,受体细胞不发生溶源化,而是通过同源重组(同源区段的碱基配对)和双交换而整合到受体菌染色体组中,形成遗传性状稳定的转导子(图 8-13)。这种转导噬菌体"误"将宿主 DNA 包裹进去的"误包"频率大概仅为 $10^{-8} \sim 10^{-6}$。温和噬菌体和烈性噬菌体均能形成转导颗粒,关键在于它们能偶尔识别宿主 DNA 的包装机制,并在宿主基因组完全降解以前进行包装。

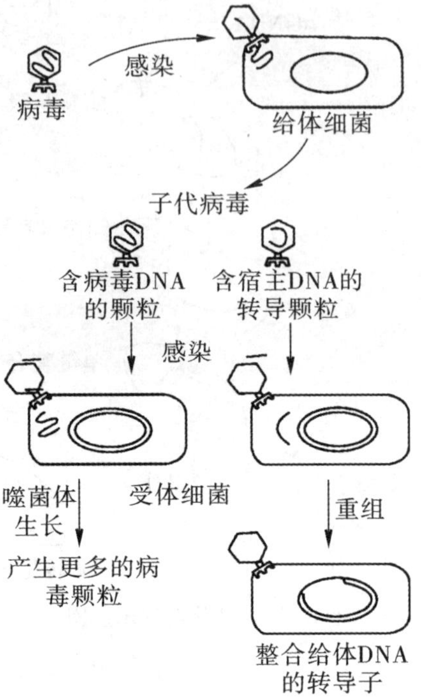

图 8-12　完全普遍转导示意图

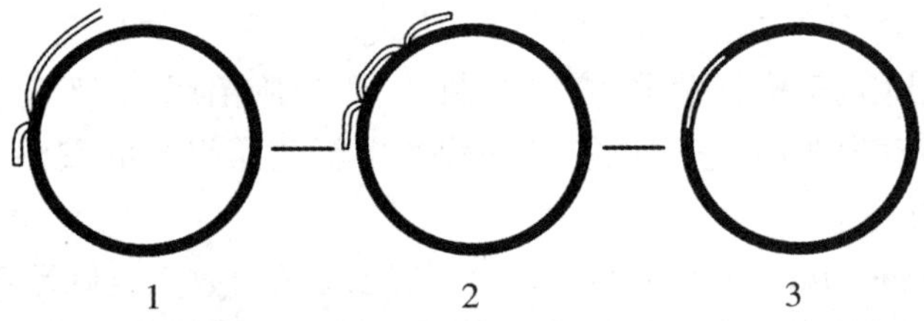

图 8-13　外源双链 DNA 双交换形成稳定转导子示意图

2)流产普遍转导　简称流产转导(abortive transduction)。经转导噬菌体的媒介而获得了供体菌 DNA 片段的受体菌,如果这段外源 DNA 在其内既不进行交换、整合和复制,也不迅速消失,而仅表现为稳定的转录、转译和性状表达,这一现象就称流产转导。

在一次转导中,流产转导往往多于完全转导的细胞。受体菌在发生流产转导并进行细胞分裂后,只能将这段外源 DNA 分配到一个子细胞中,另一个子细胞仅获得外源基因经转录、转译而形成的少量酶,因此,会在表型上仍轻微地表现出供体菌的某一特征,且每经过一次分裂,就受到一次"稀释"(图 8-14)。在流产转导的情况下,转导子细胞每分裂一次,转导来的供体染色体片段只传给两个子细胞中的一个。这样一代一代的分裂下去,供体染色体片段便一直沿着单个细胞单线传递下去,称为单线传递。故此,仅能在选择性培养基平板上形成一个微小菌落(其中只有一个细胞是转导子),从而显示流产转导的特征。在研究以P22噬菌体为媒介的沙门菌转导中曾发现这种现象,即在营养缺陷型菌株的转导中,发现在基本培养基上除了正常大小的菌落外,还有数量10倍于正常菌落的微小菌落。

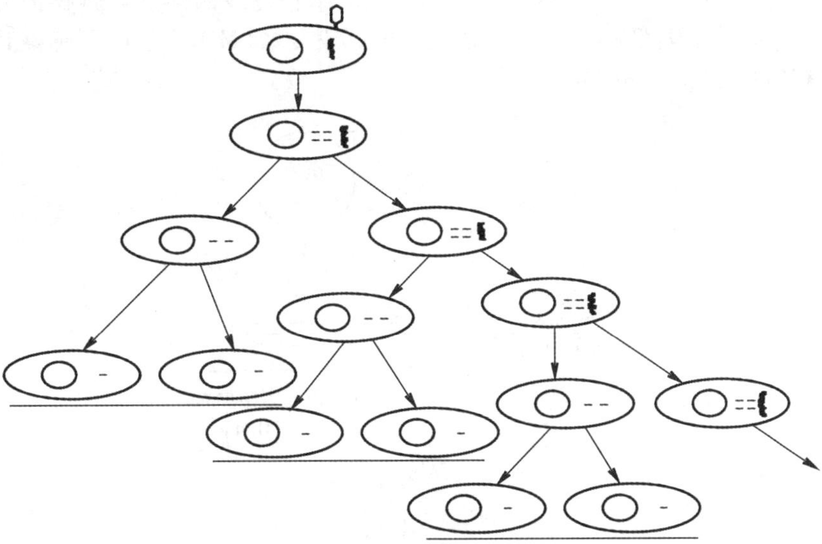

图8-14　流产转导示意图

(2)局限转导(specialized transduction)　指通过部分缺陷的温和噬菌体将供体菌的少数特定基因携带到受体菌中,并与后者的基因组整合、重组,形成转导子的现象。局限转导最初于大肠杆菌K12中被发现。其特点有:①只局限于传递供体菌核染色体上的个别特定基因,一般为噬菌体整合位点两侧的基因;②该特定基因由部分缺陷温和噬菌体携带;③缺陷噬菌体的形成方式是由于它在脱离宿主核染色体过程中,发生低频率的误切(不正常切离)或由于双重溶源菌的裂解而形成;④局限转导噬菌体的产生要通过紫外线等因素对溶源菌的诱导并引起裂解后才产生。大肠杆菌的λ噬菌体具有局限转导的能力。根据转导子出现频率的高低可将局限转导分为2类。

1)低频转导(low frequency transduction,LFT)　指通过一般溶源菌释放的噬菌体所进行的转导,因其只能形成极少数($10^{-6}\sim10^{-4}$)转导子,故称低频转导。以大肠杆菌的λ噬菌体为例。当λ温和噬菌体感染其宿主后,噬菌体的环状DNA打开,以线状形式整合到宿主核染色体的特定位点上,同时使之溶源化和获得对同种噬菌体的免疫性。如果该溶源菌因诱导而发生裂解时,就有极少数(约为10^{-5})前噬菌体因发生不正常切离而将插入位点两侧之一的宿主核染色体组上的少数基因连接到噬菌体DNA上(同时噬菌体也留下相对应长度的DNA给宿主)。通过噬菌体的衣壳将这段特殊DNA片段的误包,即可形成具有局限转导能力的部分缺陷噬菌体(图8-15)。在大肠杆菌K12中,λ前噬菌体整合位点两侧分别为发酵半乳糖的 *gal* 基因与合成生物素的 *bio* 基因,因此,形成的缺陷噬菌体只可能是 $\lambda_{d\,gal}$(指带有供体菌 *gal* 基因的 λ 缺陷噬菌体,其中的"d"表示缺陷"defective")或 $\lambda_{d\,bio}$(指带有供体菌 *bio* 基因的 λ 缺陷噬菌体)。它们不具有像正常 λ 噬菌体那样致宿主细胞溶源化的能力;当它感染宿主并整合在宿主核基因组上时,可形成一个获得了供体菌的 *gal* 基因或 *bio* 基因的局限转导子。

由于核染色体组进行不正常切离的频率极低,故在其裂解物中所含的部分缺陷噬菌体的比例也极低(10^{-6} ~ 10^{-4})。这种含有极少数局限转导噬菌体的裂解物称为低频转导裂解物(LFT lysate)。若低频转导裂解物在低的感染复数(MOI)条件下感染其宿主细胞群体,就可获得极少量的局限转导子。

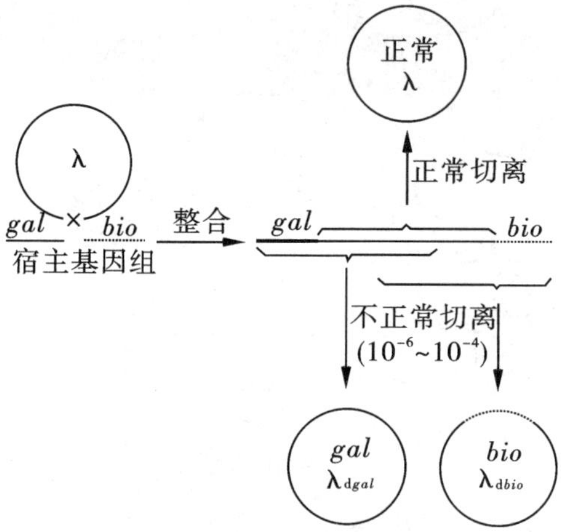

图 8-15　低频转导裂解物的形成示意图

2)高频转导(high frequency transduction)　在局限转导中,若对双重溶源菌进行诱导,就会产生含 50% 左右的局限转导噬菌体的高频转导裂解物(HFT lysate),用这种裂解物去转导受体菌,即可获得高达 50% 的转导子,故称这种转导为高频转导。例如,当以不能发酵乳糖的大肠杆菌作受体菌,用高 MOI 的 LFT 裂解物进行感染时,则凡感染有 $\lambda_{d\,gal}$ 噬菌体的任一细胞,几乎都同时感染有正常 λ 噬菌体。这时 $\lambda_{d\,gal}$ 与 λ 噬菌体可同时整合在一个受体菌的核染色体组上,这种同时感染有正常噬菌体和缺陷噬菌体的受体菌就称双重溶源菌。当双重溶源菌受紫外线等因素诱导而复制噬菌体时,其中正常 λ 噬菌体的基因可补偿缺陷噬菌体 $\lambda_{d\,gal}$ 的不足,因而两者同样获得了复制。这种存在于双重溶源菌中的正常噬菌体被称作助体(或辅助)噬菌体。所以,由双重溶源菌所产生的裂解物,因含有等量的 λ 和 $\lambda_{d\,gal}$ 噬菌体粒子,具有高频率的转导功能,故称为高频转导裂解物。如果用低 MOI 的 HFT 裂解物去感染另一大肠杆菌 gal^-(不能发酵半乳糖)受体菌,就可高频率地将后者转导成能发酵半乳糖的大肠杆菌 gal^+ 转导子,即为高频转导。

8.3.1.3　接合

(1)定义　接合(conjugation)是指供体菌和受体菌通过性菌毛直接接触,将 F 质粒或其携带的不同长度的核基因组片段传递给后者,使后者获得若干新遗传性状的现象。通过接合而获得新遗传性状的受体细胞,称为接合子(conjugant)。1946 年 J. Lederberg 和 E. L. Tatum 等首次发现了接合现象,并建立了用大肠杆菌的两株营养缺陷型突变株在基本培养基上是否生长来检验重组子存在的方法。接合有时也称杂交,接合不仅存在于大肠杆菌中,还存在于其他细菌中,如鼠伤寒沙门菌。此法也是目前微生物遗传学和分子遗传学中最基本且重要的研究方法之一(图 8-16)。

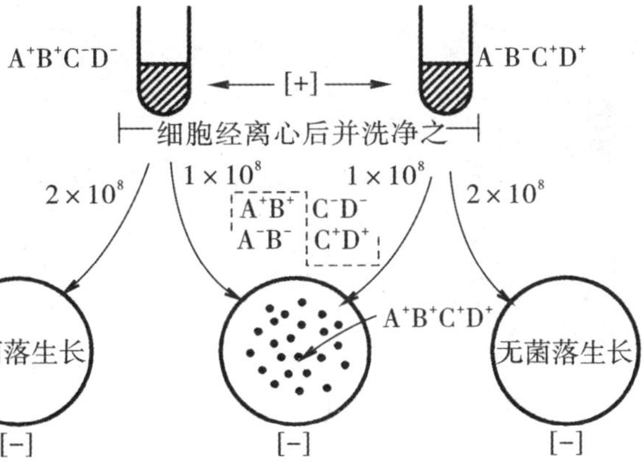

图 8-16　研究细菌接合的原理示意图

(2)(大肠杆菌)(*E. coli*)的四种接合型菌株　对接合现象中研究最清楚的是 *E. coli*。由于 *E. coli* 含有决定性别的 F 质粒(即 F 因子),使之有了性别上的分化。它既是合成性菌毛基因的载体,也是决定细菌性别的物质基础。它既可经接合而获得,也可通过能抑制 F 质粒复制的吖啶类化合物、溴化乙啶或丝裂霉素等因素处理而消除;根据 F 质粒在细胞内的存在方式,可将 *E. coli* 分成四种不同的接合型菌株(图 8-17)。

大肠杆菌的四种接合型菌株的接合作用

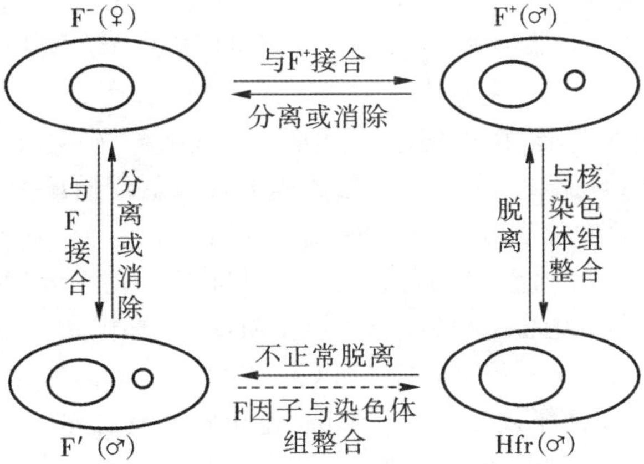

图 8-17　F 质粒的四种存在方式及其相互关系

8.3.1.4　原生质体融合

原生质体融合(protoplast fusion)是指通过人为的方法,将遗传性状不同的两个细胞的原生质体进行融合,借以获得兼有双亲遗传性状的融合子(fusant)的过程。

原生质体融合是从20世纪70年代后期发展起来的一种育种新技术。通过此项技术能使来自不同菌株的多种优良性状,通过基因重组,组合到一个重组菌株中。实践证明,原生质体融合能使重组频率大大提高。目前,应用此项育种技术的重组频率可达到10^{-1}。融合的两个亲株可以是同种不同菌株间的,也可以是种间的,甚至发展到属间、科间、门间也实现了融合,以期达到筛选出性状更为优良的菌株。此项技术在原核生物的细菌和放线菌,真核微生物的酵母菌、霉菌,以及高等植物与人体细胞中都得到了应用。原生质体融合育种的主要步骤如图8-18所示。

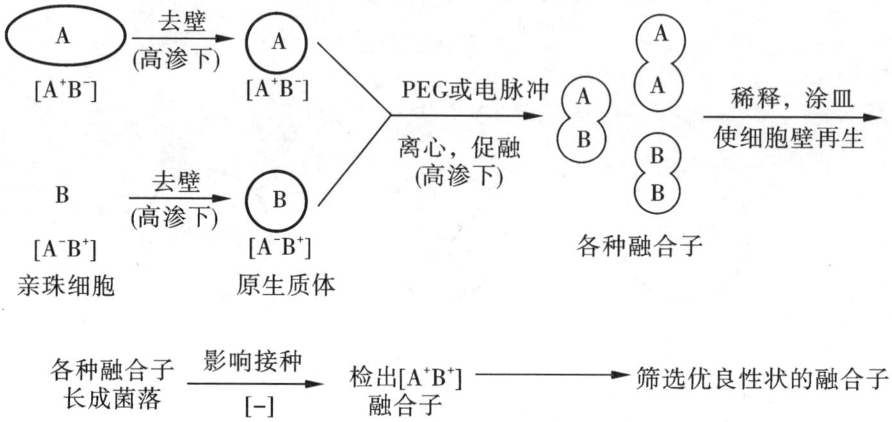

图8-18 原生质体融合操作流程图

(1)亲本菌株的选择　亲本均为单倍体,其性状能互补,亲和力高,以便融合子获得亲本的优良性状。供融合用的两个亲株要求性能稳定、带有营养缺陷型的遗传标记,以便挑选融合后的重组子。此外,抗性标记也常作为亲本菌株的遗传标记。

(2)原生质体的制备　将两个亲本菌株分别活化培养,经离心洗涤,制成菌悬液后用适当的脱壁酶(细菌和放线菌可采用溶菌酶,真菌可用蜗牛蛋白酶和纤维素酶等)处理得到相应的原生质体。在制备原生质体时,为提高酶的作用,常需对菌体细胞进行预处理,如添加EDTA-Na_2,它可与溶液中的多种金属离子形成络合物,从而避免金属离子对酶活性的抑制作用,提高酶的脱壁效果。为防止原生质体在低渗透压溶液中破裂失活,须将之置于高渗或等渗的缓冲液或培养基中才能维持其生存。

(3)原生质体融合　原生质体制备完成后,应尽快进行融合处理,以避免细胞壁的再生。为了提高原生质体的融合率,将形成的原生质体(包括球状体)进行离心收集后,在助融剂聚乙二醇(PEG,30%~40%为宜)和Ca^{2+}作用下或借助电脉冲等因素诱导融合。此外,融合频率受各种阳离子及其浓度的影响,也与融合液的pH值有关。此外,PEG的脱水作用扰乱了分散在原生质体膜表面的蛋白质和脂质的排列,提高了脂质胶粒的流动性,从而促进了原生质体的相互融合。在融合时两个亲本的基因组由接触到交换,从而实现基因重组,再生的细胞菌落中就有可能获得具有优良性状的重组菌株。除了上述的化学融合法外,还出现了电融合法、激光诱导融合法等。

(4)原生质体的再生与融合子的检出　将融合后的原生质体以高渗溶液稀释后涂布

于再生培养基上，使其重新长出细胞壁，经过细胞分裂，直到恢复成正常细胞并在基本培养基上形成菌落，再将菌落影印接种于各种选择培养基平板上培养，检验是否为稳定的融合子，即证明是否发生了核融合而非异核体。同时对检出的融合重组子进行有关生物学性状及生产性能指标的测定，进一步筛选出符合育种要求的高性能重组菌株。

需说明的是，由于原生质体融合后会产生两种情况，一种是真正的融合，即产生稳定的杂合二倍体或单倍重组体；另一种是暂时的融合，形成不稳定的异核体，有的菌株可以异核状态移接几代，因此，要获得真正的融合子，必须在融合子再生后，进行几代自然分离、选择才能确定。

8.3.2　真核微生物的基因重组

真核微生物的基因重组方式有有性杂交、准性杂交等。

8.3.2.1　有性杂交

杂交是细胞水平上发生的一种遗传重组方式。有性杂交（sexual hybridization）是指不同遗传型的两性细胞间发生接合和随之进行的染色体重组，进而产生新遗传型后代的一种育种技术。凡是能产生有性孢子的酵母菌、霉菌和蕈菌，都能进行有性杂交。有性杂交可将几种优良性状汇集于一个菌株上，在生产实践中已被广泛用于优良品种的培育。现以啤酒酵母（*Saccharomyces cerevisiae*）为例介绍有性杂交育种的一般程序：

（1）获得单倍体菌株　啤酒酵母能产生有性孢子，但一般以二倍体细胞存在。将两个亲本菌株分别接种到产孢子培养基（醋酸钠或石膏块培养基）斜面上，使其产生子囊，营造饥饿条件可促进细胞形成子囊孢子，经减数分裂后，每个子囊内形成4个单倍体的子囊孢子。用蒸馏水洗下子囊，再用蜗牛酶处理或机械法（加硅藻土和液体石蜡后在匀浆管中研磨）破坏子囊，离心收集，用子囊孢子涂布平板，即可得到由单倍体细胞组成的菌落。

（2）杂交　采用群体交配法将两个亲本的单倍体细胞通过混合离心与混合培养等方式使之密集接触，即得到二倍体的杂交细胞。此外，还可采用孢子杂交法、单倍体细胞交配法。

（3）分离与鉴定　由于二倍体细胞与单倍体细胞有明显差别，因而很易识别。啤酒酵母的二倍体和单倍体细胞的区别较为明显（表8-3）。经形态检查将二倍体细胞分离出来，进行必要的生产性能测定，筛选出具有优良性状的杂种。如果两个亲本均带有特定的遗传标记，杂种细胞的分离和鉴别将更加方便。

表8-3　酿酒酵母的二倍体与单倍体细胞比较

比较项目	二倍体细胞	单倍体细胞
形态与大小	大，椭圆形	小，球形
菌落	大，形态均一	小，形态变化大
液体培养	繁殖速度较快，细胞较分散	繁殖速度较慢，细胞常聚集成团
于产孢子培养基上	形成子囊	不形成子囊

在生产实践中利用有性杂交培育优良菌株的实例很多。例如,用于酒精发酵的酵母菌和用于面包发酵的酵母菌是同属一种啤酒酵母的两个不同菌株,由于各自的特点,它们不能互用。而通过两者的杂交,得到了产酒率又高又对麦芽糖及葡萄糖的发酵能力强,产生 CO_2 多,生长快,可以用作面包厂和家用发酵酵母的优良菌种。

8.3.2.2 准性杂交

(1)准性生殖(parasexuality) 这是一种类似于有性生殖但比它更原始的一种生殖方式。它可使同一种生物的两个不同来源的体细胞经融合后,不经过减数分裂和接合的交替,不产生有性孢子和特殊的囊器,仅导致低频率的基因重组,重组体细胞和一般的营养体细胞无明显差异。准性生殖多见于一般不具典型有性生殖的酵母和霉菌,尤其是半知菌中,其主要过程见图 8-19。

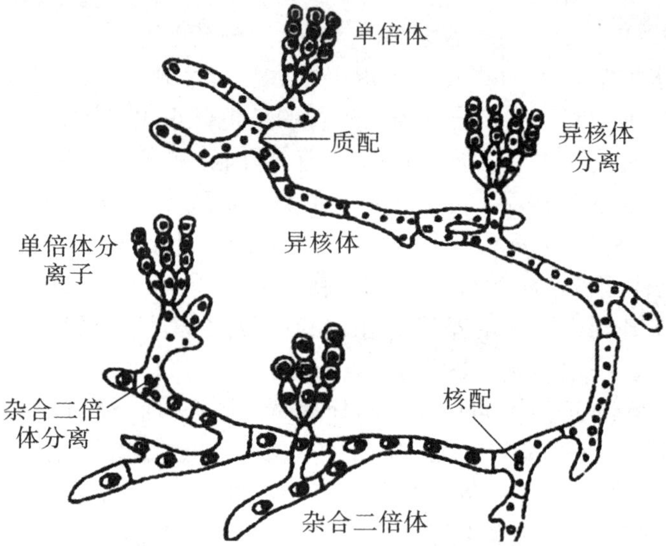

图 8-19 半知菌准性生殖示意图

1)菌丝联结 发生联结的频率很低,常发生在一些形态上没有区别的,但在遗传性状上有差别的两个同种亲本的体细胞间。

2)形成异核体 当两个遗传性状不同菌株的菌丝互相接触时,通过菌丝的联结,使细胞核由一根菌丝进入另一根菌丝,原有的两个单倍体核集中到同一个细胞中,形成二倍的异核体,异核体能独立生活。

3)形成杂合二倍体 极少量异核体的两个不同遗传性状的细胞核融合在一起,产生杂合二倍体。它与异核体不同,与亲本也不同,它的 DNA 含量约为单倍体的二倍,孢子体积约比单倍体孢子大一倍,其他一些性状也有明显区别,杂合二倍体相当稳定。核融合后产生杂合二倍体的频率也是极低的,如构巢曲霉和米曲霉为 $10^{-7}\sim10^{-5}$。

4)体细胞重组和单倍体化 杂合二倍体的无性繁殖很稳定,但也有极少数细胞核在有丝分裂过程中染色体会发生交换和单倍体化,从而形成了极个别的具有新遗传性状的单倍体杂合子。可采用诱变剂对杂合二倍体进行处理,以期提高获得不同性状单倍体杂合子的频率。

(2)准性杂交育种一般程序　准性生殖为一些没有有性繁殖过程但有重复生产价值的半知菌及其他微生物的育种,提供了重要的手段。下面以荨麻青霉(为黄霉素生产菌)为例,介绍霉菌准性杂交育种的一般程序(图 8-20)。

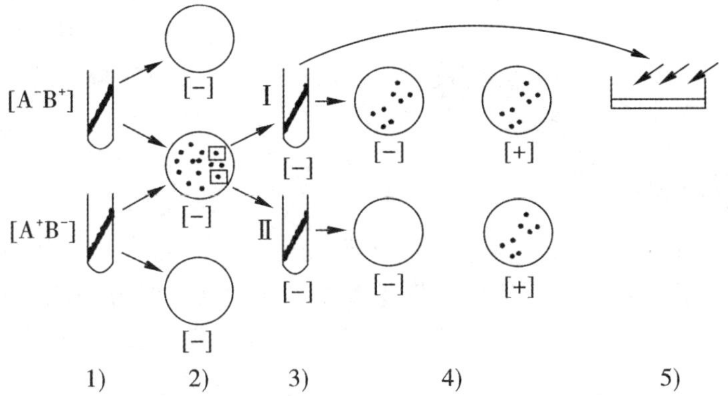

图 8-20　荨麻青霉的准性杂交原理(上图序号与下文具体程序对应)

1)选择亲本　准性生殖的重组频率很低,为了有效分离重组子,通常选择营养缺陷型作为准性杂交亲本,例如亲本甲为[A^-B^+]营养缺陷型,亲本乙为[A^+B^-]营养缺陷型。此两株菌均为营养缺陷型,其不能在基本培养基[-]上生长,但二者形成的异核体或杂合二倍体却能在[-]上生长,以此将杂交细胞分离出来。

2)强制异合　即采用人为的方法强制两个营养缺陷型的亲本菌株形成异核体。方法是将亲本甲[A^-B^+]和亲本乙[A^+B^-]的分生孢子(10^6 ~ 10^7)混合涂布于基本培养基[-]平板上。同时对各亲本的分生孢子各倒一基本培养基进行对照。经培养后,前者出现的少量菌落则为异核体或杂合二倍体菌落。

3)移单菌落　将平板上长出的单菌落移到基本培养基[-]的斜面上。

4)验稳定性　指设法检验获得的菌株为不稳定的异核体还是稳定的杂合二倍体。具体做法是先从斜面上洗下孢子,置于倒有基本培养基[-]的底层平板,经一段时间培养后,其上再倒一层完全培养基[+]。若在[-]上不出现或少量出现菌落,而在[+]出现大量菌落,则菌株为不稳定的异核体,反之则为稳定的杂合二倍体。

5)促变异　由于杂合二倍体的生产性能一般较差,故将之以紫外线、γ 射线或氮芥等理化因子处理,以促使其发生染色体交换和基因突变,通过有丝分裂分离,产生单倍体杂合子。单倍体杂合子的识别和检出可从二倍体菌落上出现突变颜色的斑点或扇面上分离出孢子,然后接种于完全培养基培养得到。

上述工作完成后,再经过营养需求、抗药性及代谢产物等的测试与鉴定,就可筛选出较理想的准性杂交菌株。

8.4 基因工程

自20世纪70年代以来,随着分子生物学、分子遗传学与核酸化学等基础理论的发展,产生了基因工程这一遗传育种新领域。1972年,D. Jackson和R. Berg等成功构建了基因工程中可携带外源基因的质粒载体。1973年,S. R. Cohen和H. W. Boyer等首次采用人工操作完成体外质粒重组,并通过转化使其携带的外源基因在大肠杆菌中获得成功表达,为基因工程技术的发展奠定了坚实基础。

8.4.1 基因工程的定义

基因工程(gene engineering)又称遗传工程(genetic engineering),也称体外DNA重组技术。它是根据需要,用人工方法取得供体DNA上的基因,经过切割后在体外重组于载体DNA上,再导入受体细胞,使其复制和表达,从而获得新表现型的一种分子水平的育种技术。

通过基因工程改造后获得的具新性状的菌株称为工程菌。利用这种分子水平的杂交技术可以完成超远缘杂交,并且更具定向性。通过该技术还可以用较低的成本快速、大量地生产贵重的药用蛋白,如胰岛素、干扰素、疫苗、抗体等。利用基因工程能将任何生物的DNA插入到某一细胞质复制因子中,进而引入寄主细胞进行成功表达。因此,在遗传学上基因工程开辟了一条崭新的研究DNA序列和功能的关系,以及基因表达调控机制的渠道。近年来,基因工程已逐渐应用于发酵生产,在发酵工业中创造出具有巨大应用价值的生产菌株。

8.4.2 基因工程的基本操作程序

(1)目的基因的获得　目的基因指将要被引入受体细胞的基因。它的来源主要有:从适当的供体细胞(各种微生物、动物或植物的细胞)DNA中分离;通过反转录酶的作用,由mRNA合成互补DNA;由化学合成方法合成具有特定功能的目的基因;从基因文库中获取,基因文库指汇集了某一基因组所有DNA序列的重组DNA群体。

目的基因的分离提取通常包括去垢剂(如SDS)溶解细胞,用酚和蛋白酶去除蛋白质,核糖核酸酶去除DNA,以及乙醇沉淀等步骤。但从总体DNA中分离特异的目的基因则相当困难,主要有物理分离法、互补DNA分离法和"鸟枪"法等。提取的DNA要求有一定的纯度和生物学活性。目的基因除需有完整的所需信息外,还要有黏性末端。目的基因获得的简单过程为:用限制性内切酶处理基因源,用凝胶电泳等方法分离出带黏性末端的目的基因。目的基因也可以利用聚合酶链式反应(简称PCR技术)在体外扩增,然后再用限制性内切酶处理。

(2)载体的选择　载体指可将目的基因导入受体细胞的DNA。作为载体必备的条件有:①具有独立的自主复制能力,在共价连接了外源DNA片段后仍能自主复制,即载体本身就是一个单独的复制子,并能在受体细胞内大量增殖;②必须有限制性内切核酸酶的单一切割位点,使目的基因能定向整合到载体DNA的一定位置上,并在酶作用后不影响其自主复制能力；③在宿主中能以多拷贝形式存在，有利于插入的外源基因的表达，能在宿主中稳定地遗传；④与目的基因有互补的黏性末端；⑤必须有供选择的遗传标记，便于及时高效地选择出阳性“工程菌”或“工程细胞”；⑥容易分离和纯化，可导入受体细胞。目前符合上述条件者主要有松弛型细菌质粒和λ噬菌体（原核受体细胞）、SV40病毒（动物受体细胞）和Ti质粒（植物受体细胞）。

（3）目的基因与载体的体外重组　采用限制性核酸内切酶处理，或人为地在目的基因和载体DNA的3′末端接上polyA或polyT，就可使参与重组的两个DNA分子产生一段有互补黏性末端的DNA单链。而后将两者置于较低温度下（5～6 ℃）混合“退火”。由于同一种限制性核酸内切酶所切断的双链DNA片段的黏性末端都有相同的核苷酸组分，故当两者相混时，黏性末端上碱基互补的片段就会因氢键作用而彼此吸引，重新形成双链。这时，在外加连接酶的作用下，目的基因就与载体DNA片段接合并被“缝补”（共价结合），形成一个完整的具有复制能力的环状重组载体（图8-21），图中质粒被称为重组质粒或杂合质粒。

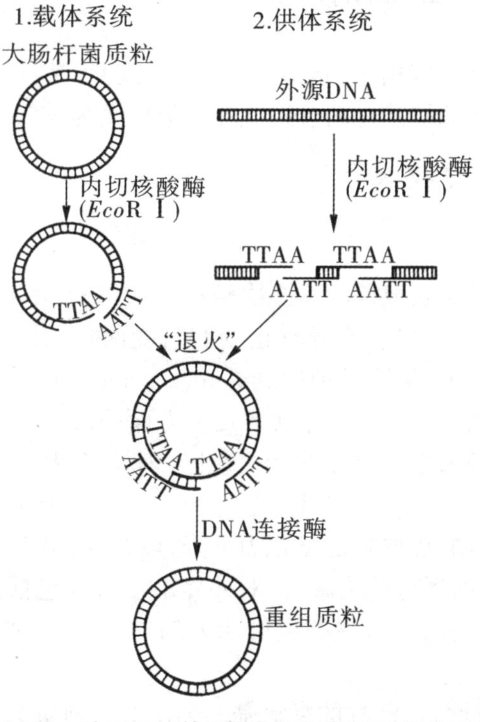

图8-21　外源目的基因与载体（质粒）的体外重组

（4）重组载体导入受体细胞　只有将重组载体导入受体细胞内才能实现目的基因的扩增和表达。将外源重组载体导入受体细胞的途径包括转化、转染或转导、显微注射和电穿孔等。以质粒作为重组载体时，可采用感受态细胞转化法；以噬菌体或病毒DNA作为重组载体时，则可用转导或转染法等。转化和转导主要适用于细菌和酵母，而显微注射和电穿孔则主要应用于动物和植物。由于细菌繁殖迅速，培养容易，一般以细菌作受体细胞。

(5)重组受体细胞的筛选和鉴定　重组受体细胞的性状是否为原定目标性状,能否在受体细胞中正常繁殖和表达,还需进行选择和鉴定。首先根据载体的遗传标记等选择出含有重组分子的转化细胞,然后进一步根据外源 DNA(目的基因)的遗传特性进行鉴定。重组体细胞的鉴定通常有 3 类方法,即重组体表型特征的鉴定、重组 DNA 分子结构特征的鉴定和外源基因表达产物的鉴定。

(6)工程菌的培养及外源基因的表达　生物遗传信息是以基因形式储存于 DNA 分子上,而 DNA 的基本功能就是将装载的遗传信息转变为由特定氨基酸顺序构成的多肽或蛋白质分子,从而决定生物的遗传表型。这种将 DNA 遗传信息转录成 mRNA,再按 mRNA 信息翻译成氨基酸,进而合成各种功能蛋白质的过程称为基因的表达。根据载体的特征和目的基因性状等,可从大量个体中设法筛选出具有所需性状的基因工程菌,并在鉴定后繁殖利用。目前,基因工程已在工业、农业、医疗、环保中得到广泛的应用。

8.5　菌种的衰退、复壮和保藏

在微生物的基础研究和应用中,选育性能良好的理想菌株是一项繁杂艰苦的工作,创造有效的菌种保藏条件减缓菌种的衰退或死亡显得尤为重要。

8.5.1　菌种的衰退与复壮

8.5.1.1　菌种的衰退

随着菌种保藏时间的延长或菌种的多次转接传代,菌种本身所具有的优良遗传性状可能得到延续,也可能发生变异。变异有正变和负变两种,其中负变即菌株生产性状的劣化或某些遗传标记的丢失,称为菌种的衰退(degeneration)。

(1)衰退表现　菌种的衰退主要有以下几个方面的表现:①菌落和细胞形态发生改变,如菌落颜色的改变、畸形细胞的出现等;②生长速率变慢或产生的孢子减少,如某些放线菌或霉菌在斜面上多次传代后产生"光秃"型,出现孢子减少或不长孢子的衰退等;③生产代谢性能下降,例如,黑曲霉的糖化力下降,以及酸奶中乳酸菌的活力或产乳酸能力下降等;④对生长环境的适应能力减弱,对外界不良条件包括低温、高温或噬菌体侵染抵抗能力的下降等;⑤致病菌对宿主的侵染能力的下降,如白僵菌对其宿主的致病力减弱或消失等。

(2)衰退原因　一般而言,菌种的衰退是一个从量变到质变的逐步演变过程,菌种衰退的主要原因是有关基因的负突变。开始时,在群体中只有个别细胞发生负突变,这时如不及时发现并采用有效措施而一味移种传代,就会造成群体中负突变个体的比例逐渐增高,最后占优势,从而使整个群体表现出严重的退化现象。此外,培养条件(温度、pH、培养基组分)的改变和育种后未经及时分离纯化也会导致菌种的衰退。

(3)防止衰退的措施　一般采用下列几种方法防止菌种衰退或推迟衰退的时间。

1)合理的育种　选育菌种时所处理的细胞应使用单核细胞;合理选择诱变剂的种类剂量或增加突变位点,以减少分离回复。

2)控制传代次数　菌种的传代次数越多,产生突变的频率越高,其中菌种发生衰退的机会就越大,需尽量避免不必要的移种和传代,并将必要的传代次数降低到最低水平,以降低基因自发突变率。

3)利用不易衰退的细胞接种传代　在放线菌和霉菌中,由于其菌丝细胞常含多个细胞核,甚至由异核体组成,因此若用菌丝接种易出现衰退。而孢子一般是单核细胞,用之接种就不会发生此类现象。

4)创造良好的培养条件　尽量创造适合原菌种生长的良好条件,能在一定程度上防止衰退。例如,栖土曲霉 3.942 的培养中,有人曾提高培养温度来防止其产孢子能力的退化。

5)采用有效的菌种保藏方法　在用于工业生产的菌种中,重要的性状大多数属于数量性状,即使在较好保藏条件下,这类性状仍容易衰退。因此有必要研究和采用更有效的菌种保藏方法以防止菌种的衰退。此外,针对不同种类的微生物应有各自良好的保藏方法,以提高其存活率,降低其自发突变率。

8.5.1.2　菌种的复壮

(1)复壮的定义　狭义的复壮是指在菌种已发生衰退的情况下,通过纯种分离和测定典型性状、生产性能等指标,从已衰退的群体中筛选出少数尚未退化的个体,以达到恢复原菌株固有性状的目的,为消极的复壮方法;而广义的复壮则是在菌种典型特征或生产性状尚未衰退前,就经常有意识地采取纯种分离和生产性状的测定工作,以期从中筛选到自发的正变个体。

(2)复壮的方法

1)纯种分离法　在衰退菌种的细胞群中,一般还存在着仍保持原有典型性状的个体。通过分离纯化,设法将这种细胞挑选出来即可恢复原菌株的典型性状,达到复壮效果。常用的纯种分离方法如表 8-4 所示。

表 8-4　纯种分离法

类别	具体分离方法
菌落纯水平	平板表面涂布法
	平板划线分离法
	琼脂培养基浇注法
菌株纯水平	用“分离小室”进行单细胞分离
	菌丝尖端切割法
	用显微镜操纵器进行单细胞分离
	用激光镊子技术从毛细管中分离

2)宿主体内复壮法　寄生型微生物的退化菌株可接种到相应宿主体内达到复壮目的。如对于因长期在人工培养基上移种传代而衰退的病原菌,可接种到相应的昆虫或

动、植物宿主体中,通过此种活的"选择性培养基"一至多次的选择,就可从典型的病灶部位分离到恢复原始毒力的复壮菌株。

3)淘汰已衰退的个体法　有人发现,若对泾阳链霉菌"5460"农用抗生菌的分生孢子采用低温(-10 ~ -30 ℃)处理 5 ~ 7 d,其死亡率达到 80% 左右,结果会在抗低温的存活个体中留下未退化的个体,从而达到了复壮效果。

4)联合诱变复壮法　可采用对衰退菌株具有更大杀伤力的诱变剂,如高剂量的紫外线和低剂量的亚硝基胍(NTG)联合处理,进行诱变育种,从中筛选高产而不易衰退的稳定性较好的生产菌种。

8.5.3　菌种的保藏

8.5.3.1　菌种保藏的原理

菌种(culture)是一种极为重要和珍贵的生物资源。菌种保藏(culture preservation, culture collection)是指保持微生物菌株的活力和遗传性状的技术,其目的就是把从自然界分离到的野生型,或经人工选育得到的变异型纯种,使其存活、不丢失、不污染杂菌、不发生或少发生变异,保持菌种原有的各种特征和生理活性。

国内外部分菌种保藏机构简介

用于长期保藏的原始菌种称保藏菌种或原种。菌种保藏的基本原理是:首先应挑选典型菌种或典型培养物的优良纯种,最好采用它们的休眠体(如芽孢、分生孢子等);其次是根据微生物的生理生化特性,人工创造一个有利于休眠的良好环境条件,如低温、干燥、缺氧、缺乏营养素,以及添加保护剂或酸度中和剂等,使微生物处于代谢活动不活泼、生长繁殖受到抑制的休眠状态,其中干燥和低温是菌种保藏中的最重要控制因素。

8.5.3.2　菌种保藏的方法

一种良好的菌种保藏方法,首先应保持原种优良性状长期稳定,同时还应考虑方法的通用性、操作的简便性和设备的普及性。微生物学实验室和生产实践中常用的几种菌种保藏法如表 8-5 所示,现具体介绍斜面传代保藏法、真空冷冻干燥保藏法、液氮超低温保藏法。

表 8-5　7 种常用菌种保藏方法的比较

方法	主要措施	适宜菌种	保藏期	效果评价
斜面传代保藏法	低温(4 ℃)	各大类	3 ~ 6 月	简便
冰箱半固体保藏法	低温(4 ℃),避氧	细菌,酵母菌	6 ~ 12 月	简便
液体石蜡封藏法	低温(4 ℃),阻氧	各大类(石油发酵微生物除外)	1 ~ 2 年	简便
甘油悬液保藏法	低温(-70 ℃),保护剂(15% ~ 50% 甘油)	细菌,酵母菌	约 10 年	较简便
沙土管保藏法	干燥,无营养	产孢子的微生物	1 ~ 10 年	繁而有效
真空冷冻干燥保藏法	干燥,低温,无氧,有保护剂	各大类	5 ~ 15 年	繁而高效
液氮超低温保藏法	超低温(-196 ℃),有保护剂	各大类	>15 年	繁而高效

(1)斜面传代保藏法 斜面传代保藏法是将菌种定期在新鲜琼脂斜面培养基上、液体培养基中或穿刺培养,然后在低温条件下保存。它可用于实验室中各类微生物的保藏,此法简单易行,且不要求任何特殊的设备。但此方法易发生培养基干枯、菌体自溶、基因突变、菌种退化、菌株污染等不良现象。因此要求最好在基本培养基上传代,目的是能淘汰突变株,同时转接菌量应保持较低水平。斜面培养物应在密闭容器中于4 ℃保藏,以防止培养基脱水并降低代谢活性。此方法一般不适宜作工业生产菌种的长期保藏,一般保藏时间为3~6个月。如放线菌于4~6 ℃保存,每3个月移接一次;酵母菌于4~6 ℃保存,每4~6个月移接一次;霉菌于4~6 ℃保存,每6个月移接一次。

(2)真空冷冻干燥保藏法 真空冷冻干燥保藏法是目前较理想的保藏方法,其主要操作为:将微生物细胞或孢子混悬于含有保护剂(如20%脱脂乳或血清)的菌悬液中,使菌液浓度控制在10^9个/mL,取0.1~0.2 mL菌悬液置于安瓿管中速冻(-70 ℃),然后再于减压条件下使冻结的细胞悬液中的水分升华至1%~5%,使培养物干燥。最后将管口熔封,于4 ℃冰箱中长期保藏。此法是微生物菌种长期保藏的最为有效的方法之一,为各保藏机构广泛采用。大部分微生物菌种可在冻干状态下保藏10年之久而不丧失活力。而且经冻干后的菌株无须进行冷冻保藏,便于运输。该法操作过程复杂,并要求一定的设备条件。

(3)液氮超低温保藏法 液氮超低温保藏法已成为工业微生物菌种保藏的最好方法。操作要点是:把细胞悬浮于含保护剂(20%甘油、10%二甲基亚砜等)的液体培养基中(也可把含菌琼脂块直接浸入含保护剂的培养液中),分装入耐低温的安瓿管中,进行缓慢预冷,然后移至液氮(-196 ℃)或其蒸气相中(-156 ℃)保藏。进行液氮冷冻保藏时应严格控制制冷速度。

国际上最有代表性的美国典型菌种保藏中心(ATCC),近年来仅选择最有效的真空冷冻干燥保藏法和液氮超低温保藏法保藏所有菌种,两者结合既可最大限度减少不必要的传代次数,又不影响随时分发给全球用户,效果甚佳。我国CCCCM(China Committee for Culture Collection of Microorganisms)所属的7个保藏中心菌种保藏规模目前为亚洲第一(2004年有4万多株各种微生物),现采用斜面传代保藏法、真空冷冻干燥保藏法和超低温液氮保藏法进行保藏。

思考题

1. 名词解释:遗传型;表型;染色体畸变;野生型;突变型;移码突变;碱基置换;自发突变;诱发突变;诱变剂;突变率;表型延迟;基本培养基;完全培养基;基因重组;转化;转导;接合;准性生殖;基因工程。
2. 试简述经典转化实验。
3. 何为质粒?质粒的特点是什么?主要的质粒有哪几类?
4. 基因突变是指什么?试简述基因突变的类型。
5. 基因突变的特点有哪些?试用试验证明其不对应性。
6. 诱发突变机制有哪几种?

7. 图示并说明诱变育种的原理及环节。
8. 试述诱变育种的原则及一般程序。
9. 检出营养缺陷型菌株的方法有哪些？试举一例说明其具体过程。
10. 如何进行营养缺陷型菌株的鉴定？
11. 原核生物基因重组有几类？试列表比较说明。
12. 转化所需条件有哪些？试述转化的一般过程。
13. 试述有性杂交的一般流程。
14. 列表比较有性生殖与准性生殖的主要区别。
15. 简述原生质体融合的操作要点。
16. 简述基因工程的操作程序。
17. 菌种衰退的原因有哪些？如何采取措施复壮？
18. 简述菌种保藏的基本原理。常见菌种保藏方法有哪几种？各有何特点？

第9章 微生物的生态

【学习目标】

掌握微生物在自然界中的分布及作用规律；熟悉微生物与其他生物的关系及相关实例；掌握微生物在自然界物质循环中的作用；掌握微生物应用于污水处理的原理及常用方法。

生态学(ecology)是一门研究生物有机体与其栖居环境间相互关系的科学，它包括生物对环境的改变和环境对生物的影响等。生态系统(ecosystem)是指在一定的空间内生物成分和非生物成分通过物质循环和能量流动的相互作用、相互依存而构成的一个生态学功能单位。微生物是生态系统的重要成员，特别是作为分解者，对生态系统乃至整个生物圈的能量流动、物质循环发挥着不可替代的作用。

微生物生态学(microbial ecology)是生态学的一个重要分支，是一门研究微生物及其群体与周围生物和非生物环境相互作用规律的学科。研究微生物的生态规律有着重要的理论意义及实践价值。通过对微生物生态的研究，有利于开发丰富的菌种资源，发展新的微生物农药、微生物肥料以及积极防治人和动、植物病虫害，发展食品混菌发酵、序列发酵和生态农业，阐明地球进化和生物进化的原因，也可促进探矿、冶金、提高土壤肥力及环境保护等方面的技术发展。

9.1 微生物在自然界中的分布

微生物具有个体微小、代谢营养类型多样、适应性强等特点，其在水、土壤、空气及工农业产品及生物体内外等分布广泛，种类繁多，相互影响，构成了一定的微生物区系。

9.1.1 水体中的微生物

自然界中的江、河、湖、海等各种淡水与咸水水域中都生存着相应的微生物。由于各类水域中有机物和无机物种类、含量、温度、酸碱度、含盐量、含氧量、深度及光照度等的不同，因而各种水域中的微生物种类和数量呈明显差异。水中微生物的数量主要取决于水中有机物质的含量，有机物质含量越多，微生物的数量也就越大。

9.1.1.1 淡水型水体中的微生物

地球表面约2/3面积被水体覆盖，淡水量只占其中的2.7%，且绝大部分的淡水都是以冰山、冰原或深层地下水形式存在，人类开发利用的较少。在江、河、湖和水库等淡水中,按照其中有机物的多寡及其与微生物的关系,可将淡水型水体中的微生物划分为清水型水生微生物与腐败型水生微生物两大类型。

(1)清水型水生微生物　这类微生物习惯于在洁净的湖泊和水库中生活,以光能自养型和化能自养型微生物为主,可被看作是水体环境中的土居微生物,如硫细菌、铁细菌及含有光合色素的蓝细菌、绿硫细菌和紫细菌等。也有部分腐生性细菌,如色杆菌属(*Chromobacterium*)、无色杆菌属(*Achromobacter*)和微球菌属(*Micrococcus*)的一些种就能在低含量营养物的清水中生长。霉菌中也有一些水生性种类,如水霉属(*Saprolegnia*)和绵霉属(*Achlya*)的一些种可以长于腐烂的有机残体上。此外还有单细胞和丝状的藻类以及一些原生动物常在水中生长,通常它们的数量不大。

(2)腐败型水生微生物　这类微生物是随腐败的有机物质进入水域,获得营养而大量繁殖的,是造成水体污染、传播疾病的重要原因。其中数量最大的为 G^- 细菌,如变形杆菌属(*Proteus*)和产碱杆菌属(*Alcaligenes*)等,还有芽孢杆菌属、弧菌属和螺菌属中的一些种。当水体受到土壤和人畜排泄物的污染后,会使肠道菌及相关致病菌的数量增加,如大肠杆菌、粪链球菌和魏氏梭菌、沙门菌、产气荚膜芽孢杆菌、炭疽杆菌、破伤风芽孢杆菌。污水中还有原生动物,如纤毛虫类、鞭毛虫类和根足虫类。进入水体的动植物致病菌,通常因水体环境条件不能完全满足其生长繁殖的要求,故一般难以长期生存,但也有少数病原菌可以生存达数月之久。

此外,在较深的湖泊或水库等淡水生境中,微生物呈明显垂直分布。如沿岸区、深水区、湖底区分布着对光线、溶氧和温度等存在趋性差异的不同微生物。

9.1.1.2　海水型水体微生物

海洋微生物的特性简介

海洋是地球上最大的水体,咸水占地球总水量的97.5%,一般海水的含盐量为3%左右,海洋中土著的微生物一般生活在含盐量为2% ~4%的环境中。海洋微生物来自(或分离自)海洋环境,其正常生长需要海水,并可在寡营养、低温条件(或高压、高温、高盐等极端环境)下长期存活并能持续繁殖子代。海洋微生物主要包括真核微生物(真菌、藻类和原虫)、原核生物(海洋细菌、海洋放线菌和海洋蓝细菌等)和无细胞生物(病毒)。除藻类外,海水中的微生物以及嗜盐性细菌居多,如芽孢杆菌属、假单胞菌属、弧菌属和一些发光细菌等,此外海洋中还存在数量众多的病毒(主要为噬菌体)。有些微生物能引起海产动植物的腐败,有的是海产鱼类的致病菌,如副溶血性弧菌。

9.1.1.3　水体卫生的微生物指标

关于饮用水的微生物种类和数量有严格的规定。一般认为,良好的饮用水,其细菌含量应在100个/mL以下。在饮用水的微生物学检验中,不仅要检查其菌落总数,还要检查其中所含的大肠菌群和病原菌数等。我国规定的饮用水卫生标准见表9-1。

表 9-1 饮用水常规微生物指标及限值(GB 5749—2006 生活饮用水卫生标准)

微生物指标	限值
总大肠菌群/(MPN/100 mL 或 CFU/100 mL)	不得检出
耐热大肠菌群/(MPN/100 mL 或 CFU/100 mL)	不得检出
大肠埃希氏菌/(MPN/100 mL 或 CFU/100 mL)	不得检出
菌落总数/(CFU/mL)	100

9.1.2 土壤中的微生物

9.1.2.1 土壤微生物生长条件

土壤是由固体无机物(岩石和矿物质)、有机物、水、空气和生物组成的多孔性复合物,具备各类微生物生长繁殖所需的营养、水分、气体环境、酸碱度、渗透压和温度等条件,并能阻挡日光直射的杀伤作用,溶解在土壤水中的有机组分和无机组分可被微生物利用,因此土壤是微生物的“天然培养基”和“大本营”,也是人类丰富的微生物菌种资源库。

9.1.2.2 土壤微生物分布特点

土壤中的微生物种类齐全、数量多、代谢潜力巨大,它们因生理习性不同而在土壤环境中发挥不同作用,严格意义上应包括细菌、古菌、真菌、病毒、原生动物和显微藻类,其种类和数量随土壤环境及其土层深度的不同而变化。它们在土壤中进行氧化、硝化、氨化、固氮、硫化等过程,促进土壤有机质的分解和养分的转化。因此土壤微生物是影响土壤肥力的重要因素。

土壤微生物的数量和分布主要受到营养物、含水量、氧、温度、pH 等因子的影响,集中分布于土壤表层和土壤颗粒表面。此外,与施肥、耕作方法、气象条件、植物覆盖等也有密切关系。土壤中绝大部分微生物集中在矿质颗粒和有机颗粒上,其中矿质颗粒上的菌落较少、较小,一般只含有几个细菌的微菌落,而在有机颗粒上的菌落要大得多。另外,土壤具有高度的异质性,在它内部包含有许多不同的微生物,甚至在微小土壤颗粒中也存在不同的生理类群。表层土壤由于受日光照射较为干燥,微生物数量较少;在离地面 10~20 cm 深的土层中微生物数量最多,越往深处则微生物越少。土壤中的微生物以细菌最多,作用强度和影响范围也最大,放线菌和真菌次之,藻类和原生动物等的数量较少(表 9-2)。

表 9-2 典型花园土壤不同深度每克土壤的微生物菌落数 CFU/g

深度/cm	细菌	放线菌	真菌	藻类
3~8	9 750 000	2 080 000	119 000	25 000
20~25	2 179 000	245 000	50 000	5000

续表 9-2

深度/cm	细菌	放线菌	真菌	藻类
35~40	570 000	49 000	14 000	500
65~75	11 000	5000	6000	100
135~145	1400	—	3000	—

9.1.3 空气中的微生物

9.1.3.1 空气中微生物的一般分布

空气中没有可为微生物直接利用的营养物质和足够的水分,在日光中紫外线还有强烈的杀菌作用,因此,这种环境不适合微生物的生长繁殖。由于微生物能产生各种休眠体以适应不良环境,有些微生物可以在空气中存在一段相当长的时间而不至死亡。

微生物在空气中的分布不均匀,所含数量取决于所处环境和飞扬的尘埃量(表 9-3)。一般在畜舍、医院、宿舍、城市街道等的空气中,微生物含量较高;而在大洋、森林、草地、田野、终年积雪的山脉或极地上空的空气中,微生物的含量极少;由于尘埃的自然沉降,越近地面的空气中,微生物的含量越高;冬季地面被冰雪覆盖时,空气中的微生物很少;多风干燥季节,空气中微生物较多,而雨后空气中的微生物很少。

表 9-3 不同地点大气中的微生物数量

地点	微生物数量/CFU · m^{-3}
北极(北纬 80°)	0
海洋上空	1~2
市区公园	200
城市街道	5000
宿舍	20 000
畜舍	1 000 000~2 000 000

9.1.3.2 空气中微生物的污染来源

空气中的微生物来源于土壤、水体和其他微生物源,它们以尘埃、微粒等方式由气流带来,其主要微生物有各种球菌、芽孢杆菌、真菌孢子及致病菌等。空气中微生物的传播与人类的生活和生产过程密切相关。它们附着于尘埃、飞沫或液滴上,随载体悬浮于空气中。在湿度大、灰尘多、通气不良、日光不足的情况下,空气中的微生物不仅数量较多,而且存活时间也较长。微生物污染空气,并随气流污染食品是导致食品腐败变质的重要因素,同时也可使空气成为传播呼吸道传染病的媒介(表 9-4)。应指出的是,室内空气中的微生物含量更高,尤其是医院的病房、门诊间因经常受患者的污染,可找到多种致病菌，如结核分枝杆菌（*Mycobacterium tuberculosis*）、白喉棒杆菌（*Corynebacterium diphtheriae*）、溶血链球菌（*Streptococcus hemolyticus*）、金黄色葡萄球菌（*Staphylococcus aureus*），麻疹病毒、流感病毒等若干病毒及多种真菌孢子等。

表9-4 喷嚏和咳嗽所产生的飞沫颗粒直径与数量

颗粒直径/ μm	颗粒数量/个		颗粒直径/ μm	颗粒数量/个	
	喷嚏	咳嗽		喷嚏	咳嗽
<1	800 000	66 000	4～8	16 000	700
1～2	689 000	21 300	8～15	1600	38
2～4	101 000	2800			

9.1.3.3 空气中微生物的检测

（1）沉降平板法　将盛有琼脂培养基的平板置于待测地点，打开平板盖暴露一定时间（10 min），然后进行培养（37 ℃，48 h），计菌落数。该方法比较原始，一些悬浮在空气中的带菌小颗粒在短时间也不易降落在培养皿内，因而无法确切进行定量测定，但检测方法简便，可以粗略地估计空气污染的程度以及一定区域内尘埃传播的微生物种类。

（2）液体撞击法　又称吸收管法。这种方法是利用特制的吸收管，将定量的空气（空气中微生物被捕获）快速吸收到管内的吸收液内，然后取一定量（一般为1 mL）的此液体，稀释（稀释倍数视空气清洁程度而定），进行平板培养，计菌落数或分离病原微生物。

（3）滤膜法　将定量的空气通过支撑于滤器上的特殊滤膜，如硝酸纤维滤膜，使带有微生物的尘粒附着在滤膜表面，然后将截留在滤膜上的尘粒洗脱在合适的溶液中，再吸取一定量的这种溶液进行细菌数的测定。

9.1.3.4 空气的净化与消毒

根据杀菌原理，空气消毒可以分为物理消毒和化学消毒两类方法。物理消毒方法包括紫外线灯照射、静电吸附和空气过滤等方法。化学消毒主要包括用消毒剂熏蒸，如过氧乙酸熏蒸，或用过氧乙酸进行超低容量喷雾消毒，还包括用一些消毒器械产生的化学因子进行消毒，如用臭氧进行空气消毒。

9.1.4 生物体内外的微生物

9.1.4.1 人体的正常菌群

（1）正常菌群及其分布　据估计，每个人体中的微生物细胞数超过10^{14}个，约为人体细胞总数的10倍，主要分布在人体与外界相通的腔道，如肠道、呼吸道和泌尿生殖道及体表。体表的细菌主要来源于人体所接触的外界环境，经常随外界环境的变化而改变，因此称为暂住菌群。正常菌群（normal micro-flora）是指在正常人体皮肤、黏膜及与外界相通的各种腔道等部位，数量大、种类稳定且一般发挥有益作用的微生物种群（表9-5）。

表 9-5　人体各部位常见的正常菌群

部位	常见的微生物
皮肤	葡萄球菌、类白喉杆菌、链球菌、芽孢杆菌、分枝杆菌、假丝酵母、非致病性丙酸杆菌
口腔和咽腔	葡萄球菌、绿色链球菌、奈氏菌、类白喉杆菌、肺炎链球菌、乳酸杆菌、梭形杆菌、放线菌、嗜血杆菌、螺旋体、假丝酵母等
胃	葡萄球菌、乳酸杆菌、链球菌
小肠	乳酸杆菌、拟杆菌、梭菌、分枝杆菌、肠道球菌、肠杆菌
大肠	乳酸杆菌、梭形杆菌、梭菌、链球菌、大肠杆菌、葡萄球菌、变性杆菌、肠道球菌、分枝杆菌、假单胞菌、放线菌
鼻	葡萄球菌、绿色链球菌、奈氏菌、肺炎链球菌
外耳道	葡萄球菌、类白喉杆菌、假单胞菌
眼结膜	葡萄球菌、嗜血杆菌、链球菌
尿道	葡萄球菌、类白喉杆菌、链球菌、分枝杆菌、拟杆菌、梭形杆菌
阴道	葡萄球菌、乳酸杆菌、链球菌、类白喉杆菌、梭菌、拟杆菌、大肠杆菌、假丝酵母

(2)正常菌群失调　正常菌群的种类与数量,在不同个体间存在一定的差异。正常菌群的微生态平衡是相对的、可变、有条件的。若人体的防御功能减弱,正常菌群发生部位的改变或长期服用抗生素等制菌药物,就会引起正常菌群失调(dysmicroflora)。例如,皮肤大面积烧伤、黏膜受损、机体着凉或过度疲劳时,一部分正常菌群会成为病原微生物。另一些正常菌群由于其生长部位的改变,也可引起疾病。例如,因外伤或手术等原因,大肠杆菌进入腹腔或泌尿生殖系统,可引起腹膜炎、肾盂肾炎或膀胱炎等;又如,革兰氏阴性无芽孢厌氧杆菌进入内脏,会引起各种脓肿。另外,正常菌群由于某些外界因素的影响,使其中各种微生物间的相互制约关系破坏,也能引起疾病,这种情况在长期服用抗生素后尤为突出。凡属正常菌群的微生物,由于机体防御性降低、生存部位的改变或因数量剧增等情况而引起疾病者,称为条件致病菌(opportunist pathogen),这类由条件致病菌引起的感染,称为内源感染(endogenous infection)。

(3)微生态制剂(microecological modulator)　微生态制剂在 20 世纪 70 年代兴起时,被认为只有活的微生物才能起到微生态的平衡作用,因此认定微生态制剂是活菌制剂,甚至有一段时间,把微生态制剂就称为“活菌制剂”。但随着科学研究的深入,微生态制剂的研究不断发展,大量资料证明,死菌体、菌体成分、代谢产物也具有调整微生态失调的功效。因此在 1994 年德国海德堡召开的国际微生态学术讨论会上,对微生态制剂(益生菌)下的定义为:“益生菌是含活菌和(或)死菌,包括其组分和产物的活菌制品,经口或经由其他黏膜途径投入,旨在改善黏膜表面处微生物或酶的平衡,或者刺激特异性或非特异性免疫机制。”这一定义明确了 2 个问题:①微生态制剂的有效成分是活菌、死菌及代谢产物;②微生态制剂的作用一个是调整微生态和酶的平衡,另一个是提高免疫功能。同时我国卫生部也认可这一观点,因此在卫生部制定的《益生菌类保健食品评审规

肠道正常菌群及其功能

定》中第三条规定:益生菌菌种必须是人体正常菌群的成员,可利用其活菌、死菌及其代谢产物。目前,微生态制剂已广泛应用于饲料、农业、医药保健和食品等各领域中。

9.1.4.2 无菌动物与悉生生物

(1)无菌动物(germ-free animal) 凡在其体内外检查不到任何正常菌群的动物,称为无菌动物。它是将剖腹产的鼠、兔、猴、猪、羊等或特殊孵育的鸡等实验动物,放在无菌培养装置中进行精心培养而成的。用无菌动物进行实验,可排除正常菌群的干扰,从而使人们可以更深入、更精确地研究动物的免疫、营养、代谢、衰老和疾病等问题。当然,目前也可通过同样的原理和适当的培养装置来获得无菌植物。

(2)悉生生物(gnotobiote) 凡已人为地接种上某已知纯种微生物的无菌动物或无菌植物,就称作悉生生物,意即"了解其生物区系的生物"。研究悉生生物的科学,称悉生学(gnotobiotics)或悉生生物学(gnotobiology)。有关悉生生物学的观点,微生物学的奠基人巴斯德早在1885年就提出来了。他认为,如果在动物体内没有肠道细菌的话,则它们的生命是不可能维持下去的。因此,用悉生生物学的观点来看待每一个高等动物或高等植物的整个个体时,它们实际上都是一个与有关正常菌群形成一体的"共生复合体"。

根际微生物和附生微生物

9.1.5 工、农业产品中的微生物

9.1.5.1 工业产品的霉腐

大量的工业产品都是直接或间接以动、植物为原料制成,它们含有微生物所需的各种营养物质,其表面分布着大量种类各异的微生物,若理化条件适宜,微生物会大量生长繁殖,引起工业产品的霉腐。研究危害各种工业产品的微生物种类、分布、作用机制以及如何防治其危害的学科,称为霉腐微生物学(biodeteriorative microbilogy)。各种工业产品和材料因受气候、物理、化学或生物因素的作用而发生变质、破坏的现象称为材料劣化(material deterioration)。其中以微生物引起的材料劣化最为严重,称为生物劣化。包括:①霉变(mildew),指由霉菌引起的劣化;②腐朽(decay),泛指在好氧条件下,微生物酶解木质素和纤维素等物质而使材料力学性质严重下降的现象,最常见的是担子菌类引起木材或木制品的腐朽;③腐败(putrefaction),主要指含水量较高的产品经细菌生长、繁殖后所引起的变软、发臭的劣化;④腐蚀(corrosion),主要指由硫酸盐还原细菌、铁细菌或硫细菌引起的金属材料的侵蚀、破坏性劣化。

全球每年因微生物造成的工业产品霉腐很多,导致巨大的损失,防止工业产品霉腐的主要方法有:①常规防霉,如低温防霉法,控制和调节仓库温度,使物资温度降至霉腐微生物生长繁殖的最低温度界限以下,抑制霉腐微生物的生长;如干燥防霉,降低仓库环境中的湿度和物资本身的水分,使霉腐微生物得不到生长繁殖所需的水分,达到防霉的目的。②药剂防霉。防霉药剂能够直接干扰霉腐微生物的生长繁殖,理想的防霉药剂,应当是灭菌效果好,对人体毒性小。常用的防霉剂有水杨酸苯胺、多菌灵、洁而灭等。③气相防霉。气相防霉是一种较先进的防霉方法,对物资污染较小。它利用气相防霉药剂散发出的气体,抑制或杀死霉腐微生物,以达到防霉的目的。如多聚甲醛释放出甲醛气体,具有凝固霉腐微生物体内蛋白质的作用。此外还可以采用射线防霉、高频防霉等物

理防霉方法。

需说明的是,防止工业产品霉腐的措施很多,其原则有:①尽量降低产品上微生物的本底数;②产品需包装以隔绝产品与微生物的接触;③创造不利于微生物的生长条件等。

9.1.5.2 农产品和食品中的微生物

农产品和食品含有微生物生长所需的营养物质。在合适的条件(温度、相对湿度、氧气浓度等)下,污染农产品和食品的微生物就会迅速繁殖,导致食品的腐败变质,甚至产生毒素,危害人体健康(详见第12章和第13章)。

9.1.6 极端环境下的微生物

极端微生物是指适合生活在极端环境中的微生物的总称,包括嗜热、嗜冷、嗜酸、嗜碱、嗜盐、嗜压等多种类型。科学家们相信,极端微生物是这个星球留给人类独特的生物资源和极其珍贵的科研素材。开展极端微生物的研究,对于揭示生物圈起源的奥秘,阐明生物多样性形成的机制,认识生命的极限及其与环境的相互作用的规律等,都具有极为重要的科学意义。

9.1.6.1 嗜热微生物

嗜热微生物(thermophiles)简称嗜热菌,主要分布在草堆、厩肥、温泉、煤堆、火山地、地热区土壤及海底火山附近等处,其最适生长温度一般为50~60 ℃,专性嗜热菌的最适生长温度为65~70 ℃,超嗜热菌的最适生长温度为80~110 ℃。在湿草堆和厩肥中生活着嗜热的放线菌和芽孢杆菌,其生长温度在45~65 ℃,有时甚至可使草堆自燃。美国怀俄明州的黄石国家公园的热泉中,热溶芽孢杆菌可在当地水的沸点(92~93 ℃)下生长,在实验室条件下该菌还可在100~105 ℃下生长;1983年,J. A. Barros等在太平洋底部发现可在250~300 ℃高温高压下生长的嗜热菌,更是生命的奇迹。

嗜热微生物大分子蛋白质、核酸、类脂的热稳定结构以及存在的热稳定性因子是它们嗜热的生理基础(表9-6)。新的研究还表明,专性嗜热菌株的质粒携带着与热抗性相关的遗传信息。

表9-6 嗜热菌与常温菌部分细胞结构特性比较

比较项目	嗜热菌	常温菌
细胞膜的耐热性	高	低
细胞膜层次	单分子层	双分子层
DNA的氢键数	较多	较少
DNA螺距	较短	较长
核糖体耐热性	较高	较低
tRNA热稳定性	较强	较弱
酶耐热性	较高	较低
酶的稳定离子(Ca^{2+}、Zn^{2+}、K^{+})	含量较高	含量较低

嗜热微生物有远大的应用前景，其产生的嗜极酶（extreme enzyme）具有作用温度高、热稳定性好、对化学变性剂抗性强、高底物浓度、低黏度、低污染率等特点。嗜热菌的耐高温 DNA 多聚酶使 DNA 体外扩增的技术得到突破，为 PCR 技术的广泛应用提供基础，这是嗜热微生物应用的突出例子。

9.1.6.2　嗜冷微生物

嗜冷微生物（psychrophiles）又称嗜冷菌，是一种最低生长温度 0 ℃以下，最适生长温度≤15 ℃，最高生长温度 20 ℃左右的细菌，一般生长在地球两极，海洋深处。还有种兼性嗜冷菌，能在 0 ℃生长，但最适生长温度 20～40 ℃。嗜冷菌常见于冷水、土壤、冰箱变质腐败的食物中，是引起冰箱中食物腐败变质的主要微生物类群。

嗜冷微生物适应环境的生化机制是：①嗜冷微生物的酶在低温下能起催化作用，其酶的二级结构含有较多的 α 螺旋，能使酶蛋白在寒冷环境中有较强的弹性；②嗜冷微生物的酶有较强的极性，含有较少的亲水性氨基酸，有助于在低温下保持蛋白质的弹性及酶的活性；③嗜冷微生物细胞膜的脂类中不饱和脂肪酸的含量较高，在低温下膜也能保持半流动状态。

嗜冷微生物所产生的酶在低温下具有较高的活性，故研究开发低温下作用的酶制剂对工业和日常生活都有应用价值。如从嗜冷微生物中获得低温蛋白酶用于洗涤剂，不仅能节约能源，而且效果很好。但是，嗜冷微生物低温条件下生长的特性可导致低温保藏食品的腐败变质，甚至产生细菌毒素。

9.1.6.3　嗜酸微生物

嗜酸微生物（acidophiles）或嗜酸菌，指的是只能生长在低 pH 值（<4）以下，而在中性条件不能生长的微生物。许多真菌和细菌可生长在 pH 值 5 以下，有的甚至可生长在 pH 值为 2 的高酸性环境中，但在 pH 接近中性也能生活，这类微生物归属于耐酸微生物（acidotolerant）。专性嗜酸微生物为一些真细菌和古菌。此外，酸热泉不但具有高酸度，而且还具有高温的特点，从这些环境中可分离出独具特点的嗜酸嗜热细菌，如嗜酸热硫化叶菌等。

嗜酸微生物的胞内 pH 接近中性，其胞内物质及各类酶的最适合 pH 也接近中性。嗜酸微生物能在酸性条件下生长繁殖，需要维持胞内外的 pH 梯度，现在一般认为它们的细胞壁、细胞膜具有排斥 H^+，对 H^+ 不渗透或把 H^+ 从胞内排出的机制。而嗜酸微生物的细胞壁和细胞膜还需高 H^+ 浓度来维持其结构。嗜酸菌被广泛用于微生物冶金、生物脱硫等。

9.1.6.4　嗜碱微生物

一般把最适生长 pH 值在 9 以上的微生物称为嗜碱微生物（alkaliphile），中性条件不能生长的为专性嗜碱微生物，中性条件甚至酸性条件都能生长的称为耐碱微生物。它们一般存在于碱性盐湖和碳酸盐含量较高的土壤中。

嗜碱微生物生长最适 pH 值在 9 以上，但胞内 pH 都接近中性。细胞外被是胞内中性环境和胞外碱性环境的分隔，是嗜碱微生物嗜碱性的重要基础。其控制机制是具有排出 OH^- 的功能。嗜碱微生物产生大量的碱性酶，如蛋白酶、脂肪酶和纤维素酶等，这些碱性酶被广泛用于洗涤剂的开发等。

9.1.6.5 嗜盐微生物

嗜盐微生物(halophile)是生长的最适盐浓度大于0.2 mol/L(氯化物)的微生物,主要包括嗜盐细菌、光合细菌及真菌藻类。嗜盐微生物通常分布在盐湖、晒盐厂和腌制的海产品等处,根据其对盐的需要可分为非嗜盐微生物、弱嗜盐微生物、中度嗜盐微生物、极端嗜盐微生物。耐盐微生物属于非嗜盐微生物,但在较高盐浓度中仍能生长。弱嗜盐微生物的最适生长盐浓度(氯化钠浓度)为0.2~0.5 mol/L,大多数海洋微生物都属于这个类群。中度嗜盐微生物的最适生长盐浓度为0.5~2.5 mol/L,从许多含盐量较高的环境中都可分离到这个类群的微生物。极端嗜盐微生物的最适生长盐浓度为2.5~5.2 mol/L,它们大多生长在极端的高盐环境中。

嗜盐细菌具有许多生理特性,其中紫膜尤为引人注目。紫膜为盐生盐杆菌和红皮盐杆菌等嗜盐性细菌在厌氧条件下和明亮处生长时于细胞膜上形成的斑状紫色膜。它能吸收光能并以质子梯度的形式部分储存起来,用于合成ATP。此外,紫膜是由色素蛋白和脂质组成,具有独特的特性,吸引着许多科学家进行研究,探索其作为电子器件和生物芯片的可能性。

9.1.6.6 嗜压微生物

需要高压才能良好生长的微生物称为嗜压微生物(barophiles)或嗜压菌。最适生长压力为正常压力,但能耐受高压的微生物被称为耐压微生物或耐压菌。嗜压菌和耐压菌不同,嗜压菌必须生活在高静水压条件下。耐压菌一般分布在深海底部和深油井等少数地方。如从油井深部约400个大气压处,分离到耐压的硫酸盐还原菌,从深海底部1000大气压处,也曾分离到假单胞菌。由于其采样、分离、研究等全过程都须在特制的高压容器中进行,所以嗜压菌的研究难度极大。

9.2 微生物与生物环境间的相互关系

生物在自然界某一具体环境中并不是单独存在的。对某种微生物来说,其他微生物或高等生物就构成了它的生物环境。生物间的相互关系既复杂又多样。以甲乙两个种群为例,理论上可将生物种群间相互作用关系归纳为9个类型(表9-7)。下面简单介绍微生物间和微生物与其他生物间典型的5种相互关系,即互生、共生、寄生、拮抗和捕食。

表9-7 生物种群之间相互作用关系比较

类型	作用结果及特点		相互关系
	种群甲	种群乙	
1	利	利	共生、互利共栖、互养共栖
2	利	损	寄生、捕食、拮抗等
3	利	不损	偏利共栖、卫星状共栖、互生

续表 9-7

种类	作用结果及特点		相互关系
	种群甲	种群乙	
4	不损	利	相互关系同3
5	不损	不损	中性共栖
6	不利	损	偏害共栖
7	损	利	相互关系同2
8	损	不利	相互关系同6
9	损	损	竞争共栖

9.2.1 互生

互生(metabiosis)是指两种可单独生活的生物,共同生活时,各自的代谢活动有利于双方,或偏利于一方的生态关系。这是一种"可分可合,合比分好"松散的相互关系。

9.2.1.1 微生物间的互生

在土壤微生物中,互生关系十分普遍。好氧性自生固氮菌与纤维素分解菌生活在一起时,前者可利用纤维素分解菌分解土壤中的纤维素生成各种含碳有机物(如有机酸),作为良好的碳源和能源,因而能够大量繁殖,并进行固氮作用。而纤维素分解菌既不会因自己累积的有机酸代谢产物而中毒,又可从固氮菌的固氮作用中得到氮素来源。

另外,发酵工业中的混菌培养也是微生物间的互生典型应用,有时也称混合发酵(mixed fermentation)。例如,维生素的二步混菌发酵、酸奶益生菌的混菌发酵等。混菌培养除联合混菌培养(指双菌同时培养)外,还有序列混菌培养(甲、乙两菌先后培养)、共固定化细胞混菌培养(甲、乙两菌混在一起制成固定化细胞)和混合固定化细胞混菌培养(甲、乙两菌先分别制成固定化细胞,然后两者混合培养)等多种形式。

9.2.1.2 微生物与植物间的互生(植物内生菌)

植物内生菌(plant endophyte)是一定阶段或全部阶段生活于健康植物的组织和器官内部的真菌或细菌。它们与植物间不仅存在互生关系,有的还存在共生、拮抗或寄生等多种关系。植物内生菌普遍存在于高等植物中,木本、草本植物,单子叶植物和双子叶植物内均有内生细菌。目前,植物内生菌已成为生物防治中有潜力的微生物农药、增产菌或作为潜在的生物防治载体菌而加以利用。

9.2.1.3 微生物与动物间的互生

人体的正常菌群可阻抑外来致病菌,提供维生素,产生各种酶类,而人体肠道为其提供丰富的营养。在动物皮肤上常生存一种微球菌,靠皮肤分泌的物质生活,但一般对动物无害;在人的牙垢中也常有一种螺旋菌,靠牙垢中的养料为生,但通常不影响人体健康。

9.2.2 共生

共生(symbiosis)是指两种或多种生物共同紧密生活在一起,形成相互依赖、互相有利,甚至达到单独时难以生存的一种生态关系。它们合二为一,在生理上相互分工,互换生命活动的产物,在组织上和形态上产生了新的结构。

9.2.2.1 微生物间的共生

地衣是微生物间共生最典型的代表,包括菌藻共生或菌菌共生。前者是真菌(一般为子囊菌,极少数是担子菌)与绿藻共生,后者是真菌与蓝细菌(旧称蓝藻)共生。其中的绿藻或蓝细菌进行光合作用,将水和无机养分合成有机养料,既满足本身的需求,也供给真菌的需要;而真菌则以其产生的有机酸分解岩石,从而为藻类或蓝细菌提供矿物质元素。

9.2.2.2 微生物与植物间的共生

(1)根瘤菌与植物的共生　固氮根瘤菌与豆科植物的共生固氮作用是微生物与植物之间最重要的互惠共生关系。共生固氮将大气中不能被植物利用的氮转变为可被其合成其他氮素化合物的氮。

(2)菌根菌与植物的共生　一些真菌和植物根以互惠关系建立起来的共生体称为菌根。陆地上97%以上的绿色植物都具有菌根。它具有改善植物营养、调节植物代谢和增强植物抗病能力等功能。

9.2.2.3 微生物与动物间的共生

(1)微生物与昆虫的共生　多种微生物和昆虫都有共生关系,例如,在白蚁、蟑螂等昆虫的肠道中含有细菌和原生动物与其共生。以白蚁的共生微生物为例,它们可在厌氧条件下分解纤维素供给白蚁营养,而微生物则可获得稳定的营养和其他生活条件。

(2)瘤胃微生物与反刍动物的共生　瘤胃微生物是共生在牛、羊、鹿和骆驼等反刍动物瘤胃中的细菌和原生动物等微生物的总称。反刍动物消化道中有一特殊的胃(四室胃),由瘤胃、网胃、瓣胃和皱胃组成。瘤胃实际上是一个天然的发酵器,其内生长着约100种专性厌氧的细菌和纤毛原生动物。瘤胃微生物依靠饲料中所提供的可消化糖和淀粉作为能量,并吸收饲料中的蛋白前体物、限制性氨基酸以及必需的微量元素和维生素而进行生长和繁殖;然后细菌再利用饲料中的纤维素、非蛋白含氮物生成挥发性脂肪酸以及细菌的菌体蛋白质,以供牛体利用,而其他气体则经过嗳气排出体外。

9.2.3 寄生

寄生(parasitism)是指一种生物生活在另一种生物体内,从中摄取营养物质而进行生长和繁殖,并且在一定条件下使后者受到损害或被杀死的现象或关系。根据微生物的寄生对象不同,可将寄生关系分为3种。

9.2.3.1 微生物间的寄生

微生物间寄生的典型例子是噬菌体与其宿主菌的关系。细菌与细菌之间也存在寄生现象。如寄生型蛭弧菌必须在生活宿主细胞内(或在其提取物中)得到营养或生长因子时才能生长繁殖,并表现出严格的特异性。

9.2.3.2 微生物与植物间的寄生

寄生于植物的病原微生物主要是真菌、细菌和病毒,其中真菌最重要。按寄生的程度来分,一类是必须从活的植物细胞或组织中获取其所需营养物才能生存者,称为专性寄生物;另一类是除寄生生活外,还可生活在死植物或培养基中,这就是兼性寄生物。由植物病原菌引起的植物病害对人类危害极大,应采取各种手段进行防治。烟草花叶病毒寄生于烟草可引起烟草发生花叶病,是植物病毒寄生的典型代表。

9.2.3.3 微生物与动物间的寄生

微生物在动物体内的寄生现象十分普遍。一类是寄生于人体和动物体内的病原微生物,主要包括有细菌、病毒、真菌、立克次氏体等;另一类是寄生于有害动物尤其是多数昆虫上的病原微生物,包括细菌、病毒和真菌等,可用于制成微生物杀虫剂或生物农药;当然,寄生于昆虫的真菌也可制成名贵中药材,如冬虫夏草(为冬虫夏草菌和蝙蝠蛾科幼虫的复合体)就是一典型实例。

9.2.4 拮抗

拮抗(antagonism)又称抗生,是指一种生物在生命活动过程中,产生某种代谢产物或改变其他条件,从而抑制其他生物的繁殖,甚至毒害或杀死其他生物的现象。

9.2.4.1 非特异性拮抗

非特异性拮抗是指生物产生的代谢产物仅是改变其生长的环境,如渗透压、氧气、酸度等,造成不适合其他微生物生长的现象。此类拮抗关系表现在对其他生物的抑制作用,没有选择性。例如,在酸菜、泡菜、酸奶制品和青贮饲料的制作过程中,乳酸菌生长繁殖,发酵糖类产生大量乳酸,使周围环境中的 pH 值急剧下降,以至于大多数不耐酸的腐败细菌无法生存而趋向死亡。

9.2.4.2 特异性拮抗

特异性拮抗是指某些微生物能够产生具有特异性的代谢产物(如抗生素或毒素等),可选择性地抑制或杀死其他微生物的现象。抗生素抑制或杀死其他生物具有典型特异性,仅能对某一种或几种微生物起作用。如青霉素仅对葡萄球菌等 G^+ 菌具有特异性抑制作用。

目前,微生物间的拮抗关系已广泛用于抗生素的筛选、食品的保藏、医疗卫生和动植物病害防治等许多方面。

9.2.5 捕食

捕食(predatism)又称猎食,一般指一种大型生物直接捕捉、吞食另一种小型生物以满足其营养需求的关系。前者称为捕食者,后者称为被食者。捕食者从被食者那里得到营养。微生物间的捕食关系主要指原生动物(变形虫、纤毛虫等)吞食细菌、放线菌、真菌的孢子和单细胞藻类的现象,它是水体生态系统中食物链的基本环节,在污水净化中具有重要作用。此外,有一类捕食性真菌,如少孢节丛孢菌等可捕食土壤线虫,对生物防治具有一定意义。

9.3 微生物在自然界物质循环中的作用

自然界中的物质循环包括两个方面,即物质的生物合成与物质的矿化作用,由此构成了一个矛盾而统一的物质循环过程,微生物在此循环中起着决定性的作用,以此来维持自然界的生态平衡,并推动着物质及元素在生物地球化学循环(biogeochemical cycle)中的运转。

9.3.1 碳素循环

碳元素是一切生命有机体的重要组成元素之一,接近有机物质干重的50%。自然界中碳素以多种形式存在,包括大气中的CO_2、有机物中的碳和很少参与循环的岩石与化石燃料中的碳。微生物在碳素循环中发挥着重大作用。大气中低含量(0.032%)的CO_2只够绿色植物和微生物进行约20年光合作用之需。微生物能将有机物中的碳元素矿化和释放,从而使生物界处于一种良好的碳平衡环境中。据估计,地球上90%以上的有机物的矿化作用是靠细菌和真菌来完成的。碳素循环的过程如图9-1所示。

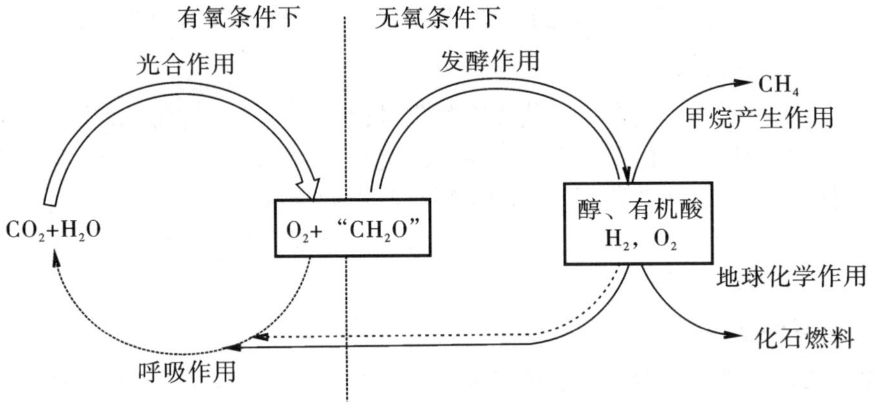

图9-1 碳素循环示意图

微生物在碳素循环中的主要作用有以下2个方面:

(1)CO_2的同化固定　光能自养型微生物通过光合作用将大气或水体中的CO_2转化成有机碳。化能自养型微生物利用氧化无机物时产生的化学能来同化CO_2。

(2)CO_2的分解再生　有机碳的分解主要依靠异养型微生物的作用。在好氧条件下,好氧菌能分解简单有机物和生物多聚物(淀粉、果胶、蛋白质等)转化成CO_2和H_2O;在厌氧条件下,厌氧菌或兼性厌氧菌能发酵有机碳化物产生CO_2、H_2O和中间产物。

碳的循环转化中除了最重要的CO_2外,还有CO、烃类物质等。藻类能产生少量的CO并释放到大气中,而一些异养和自养的微生物能固定CO作为碳源。烃类物质(如甲烷)可由微生物活动产生,也可被甲烷氧化细菌所利用。大气中CO_2浓度的持续升高引起的

"温室效应"是一个全球性环境问题,目前已受到广泛关注。

9.3.2 氮素循环

氮素循环由6种含氮化合物(铵盐、硝酸盐、亚硝酸盐、有机氮化物、N_2O和分子态氮)的转化反应所组成,包括固氮、氢化(脱氨)、硝化作用、反硝化作用及硝酸盐还原,它们大多是氧化还原反应。氮是生物有机体的主要组成元素,氮素循环是重要的生物地球化学循环(图9-2),该循环环节较多,现介绍其中几个重要的环节。

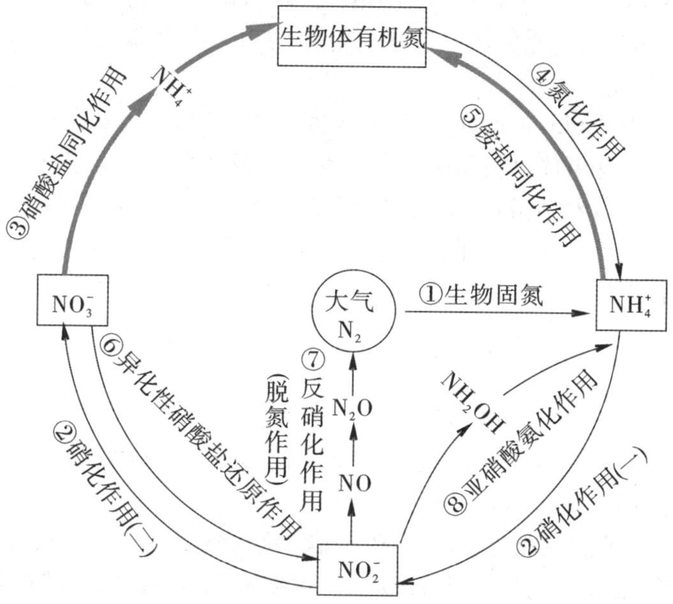

图9-2 氮素循环示意图(周德庆,2011)

(1)生物固氮(biological nitrogen fixation) 生物固氮作用是大气中的分子态氮(N_2)通过生物体内的固氮酶催化作用还原为氨的过程,其对氮在生物圈中的循环有重要作用。据测算,每年全球有约2.40×10^8t氮被固定,这和反硝化过程失去的氮大致相等。生物固氮为地球上的大多数生物提供了最重要的氮素来源,对农业生产具有重要的意义。具有固氮能力的微生物有80多个属(1992年)和100多个种,它们都是原核生物,包括细菌、放线菌和蓝细菌。目前尚未发现真核微生物具有固氮作用。

(2)硝化作用(nitrification) 硝化作用是指在硝化细菌的作用下将氨态氮氧化成硝酸态氮的过程,此反应必须在通气良好,pH接近中性的土壤或水体中进行。它的重要性是产生氧化态的硝酸盐,产物又可参与反硝化作用。硝化作用分2个阶段进行。第一个阶段是由亚硝化细菌将氨氧化成亚硝酸盐,把氨氧化成亚硝酸的代表性细菌是亚硝化单胞菌属;第二个阶段是硝化细菌将亚硝酸盐进一步氧化为硝酸盐,把亚硝酸氧化成硝酸的代表性细菌是硝化杆菌属。硝化作用在自然界氮素循环中是不可缺少的一环,但对农业生产不利。

(3)氨化作用(ammonification) 氨化作用是指含氮有机物经微生物分解产生氨的作

用,含氮有机物主要有蛋白质、尿素、核酸、几丁质等。微生物、动物和植物都具有氨化能力,而微生物的氨化作用尤为突出,可以发生在好氧和厌氧环境中。氨化作用释放出的氨可被生物固定利用和进一步转化,同时也挥发释放到大气中去,这个部分可占总氮损失的5%(其他95%为反硝化损失)。

(4)硝酸盐还原作用(nitrate reduction) 硝酸盐还原包括同化硝酸盐还原和异化硝酸盐还原。同化硝酸盐还原是在有氧或无氧条件下硝酸盐被还原成亚硝酸盐和氨,氨被同化成氨基酸的过程,所有绿色植物、多数真菌和部分原核生物都能进行此反应;异化硝酸盐还原是在厌氧条件下微生物进行的硝酸盐呼吸,即以 NO_3^- 或 NO_2^- 代替 O_2 作为电子受体进行的呼吸代谢,具有异化硝酸盐还原能力的微生物多数是异养菌,少数是自养菌,它们均是兼性厌氧菌。

(5)反硝化作用(denitrification) 又称脱氮作用,是指在厌氧条件下反硝化细菌以无机盐作为无氧呼吸的受氢体,将硝酸盐还原成气态氮化物(N_2O、N_2)的过程。一些化能异养型微生物和化能自养型微生物可进行反硝化作用,如脱氮假单胞菌、脱氮硫杆菌和地衣芽孢杆菌等。在反硝化过程中,大量的 N_2O、N_2 释放到大气中去,其中 N_2O 的释放可破坏臭氧层。反硝化作用的效应造成土壤中氮的损失严重,对农业生产非常不利。

9.3.3 硫素循环

硫是生命有机体的重要组成部分,大约占干物质的1%。生物圈中含有丰富的硫,一般不会成为限制性营养。自然界的硫素主要以硫单质、硫化物和硫酸盐等形式存在,硫的生物地球化学循环主要包括以下几个过程。

(1)硫的氧化 硫的氧化指还原态的无机硫化物被微生物氧化成硫酸的过程。在自然界引起元素硫和无机硫化物氧化的微生物主要有硫化细菌、丝状硫细菌和紫色硫细菌等。

(2)硫酸盐还原 与硝酸盐相似,硫酸盐也可以被微生物还原成 H_2S,这部分微生物称为硫酸盐还原菌,主要有脱硫杆菌、脱硫叶菌等。

(3)硫化氢的释放(有机硫化物的矿化) 又称脱硫作用、有机硫的矿化作用,是指在生物尸体和残留物中含硫蛋白质经微生物的作用释放出 H_2S、CH_3SH 等含硫气体的过程,一般的腐生细菌都具有分解有机硫化物的能力。

9.3.4 磷素循环

磷是所有生物都需要的生命元素之一,遗传物质的组成、生物膜的构成和能量贮存都需要磷。微生物参与磷素循环的所有过程,但在这些过程中,微生物不改变磷的价态,因此微生物所推动的磷素循环可看成是一种转化。磷的生物地球化学循环包括3个基本过程:

(1)有机磷的转化 指通过土壤中微生物的作用,将生物体中的有机磷转化成植酸盐、核酸及其衍生物和磷脂等物质,然后再经腐生微生物的分解,形成植物可利用的溶解性无机磷的过程。

(2)不溶性无机磷的可溶化 微生物分解土壤中的有机磷化物可产生磷酸,易进一步形成钙、镁等难溶性盐。由于微生物代谢过程中产生大量的有机酸和无机酸(如硝酸、硫酸),它们的存在可促使无机磷化物的溶解。

(3)可溶性无机磷的有机化　指微生物将无机磷变成有机磷的同化作用。水中可溶性无机磷浓度过高且氮素营养适宜时,就促使蓝细菌、绿藻和原生动物等大量繁殖,可导致水体的富营养化,如赤潮。

9.4 微生物与环境保护

当前,随着人类工农业生产的高速发展和全球人口的急速增长,人类赖以生存的环境遭到破坏和污染。环境污染(environmental pollution)是指土壤或水体等生态系统的结构和功能遭受外来有害因素的破坏而丧失自然平衡的能力,进而导致其中物质流、能量流不能正常运转的现象。目前,环境污染的主要来源为工业生产中排放的大量废水、废气、废渣和农业生产中大量施用的化肥和化学农药等。

在自然生态环境(土壤、水和空气)中存在着大量微生物,它们具有对各类物质(有机物、有毒物质等)强大的代谢及降解能力,运用微生物处理废弃物已经成为保护环境最有效的技术手段。

9.4.1 微生物对污染物的降解与转化

9.4.1.1 生物降解

生物降解(biodegradation)是指微生物(也包括其他生物)对物质(特别是环境污染物)的分解作用。生物降解与传统分解在本质上是一样的,但又有传统分解作用所不具备的特征(如共代谢、降解质粒等)。微生物参与的生物降解是生态系统物质循环过程中的重要一环。研究如何降解难降解污染物是当前生物降解的主要课题。

(1)降解性质粒　污染物的生物降解反应和其他生物反应本质上都是酶促反应,微生物的降解过程中大部分降解酶是由染色体编码的,但其中有些酶,特别是降解难降解化合物的酶类是由质粒来控制,这类质粒被称为降解性质粒。细菌中的降解性质粒和分离的细菌所处的环境污染程度密切相关,与从清洁区分离的细菌质粒相比,从污染地分离到的细菌50%以上含有降解性质粒,且数量多、相对分子质量大。

(2)污染物的降解性　发生在自然界的有机物的氧化分解过程也见于污染物的降解,主要包括氧化反应、还原反应、水解反应和聚合反应。化学结构是决定化合物生物降解性的主要因素,一般一种有机物其结构与自然物质越相似,就越易降解,结构差别越大,就越难降解。具有不常见取代基和化学结构使部分化学农药难以通过生物降解而残留。合成塑料因分子体积过大而抗降解,易造成白色污染,开发生物降解塑料已成为发展趋势。

9.4.1.2 重金属的微生物转化

环境污染中所说的重金属一般指汞、镉、铬、铅、砷、银、硒、锡等。微生物特别是细菌、真菌在重金属的生物转化中起重要作用。微生物虽然不能降解重金属,但通过对重金属的转化作用,控制其转化途径,可以达到减轻毒性的作用,有助于改善环境。

9.4.2 微生物与水体污染

受到污染的河流或其他水体,经过物理、化学和生物的作用,使排入水体的污染物的浓度在水体向下游流动的过程中自然降低,重新使水体中的各项水质指标(如菌落总数、溶解氧、生化需氧量等)及河流生物群恢复正常,此自然过程称为水体的自净作用,该过程常以生物(微生物)自净过程为主。水体污染是指进入水体的污染物质超过了水体的环境容量或导致水体自净能力的降低或丧失。

9.4.2.1 水体污染——富营养化

富营养化(eutrophication) 指水体中因氮、磷等元素含量过高而导致水体表层蓝细菌和藻类过度繁殖的现象。在自然条件下,湖泊也会从贫营养状态过渡到富营养状态,不过这种自然过程非常缓慢。而人为排放含营养物质的工业废水和生活污水所引起的水体富营养化则可以在短时间内出现。富营养化可分为2种类型。

(1)水华(water bloom) 指淡水水体中因富营养化而引起的藻类过度繁殖的现象。水华中常见的蓝细菌有微囊蓝细菌属、鱼腥蓝细菌属和束丝蓝细菌属等;常见的绿藻有衣藻属、裸藻属等。水体污染是引起水华的原因之一,所以对排出的废水必须进行严格处理。

(2)赤潮(red tide) 赤潮又称红潮,是海洋中的浮游生物暴发性急剧繁殖造成海水颜色异常的现象。赤潮并不都是红色的,不同的浮游生物引起海水形成不同的颜色,赤潮只是各种颜色潮的总称。过于丰富的营养元素导致藻类生物的大量繁殖,而引起缺氧是产生赤潮的主要原因。铁、锰等微量元素和某些有机化合物是赤潮生物大量繁殖的重要诱因。由于海洋污染日趋严重,赤潮发生的次数也愈益频繁,海湾和沿岸海域更为突出。

9.4.2.2 微生物治理水体污染

(1)水体污染的来源 造成水污染的主要污染源有生活污水、工业污水、工业有毒污水和农牧业污水等。生活污水与人类的生活密切相关,各种洗涤水和粪便水等渗入地下或流入自然水体,这些污水中含有大量种类繁多的有机物、无机物,还有微生物,尤其是可引发传染病的病原微生物;工业污水(屠宰、淀粉加工、发酵厂污水)含有大量碳水化合物、蛋白质、油脂等有机物质,这类污染物造成水中溶解氧减少,影响鱼类和其他水生生物的生长,使水质进一步恶化;此外,工业有毒污水(如重金属污染)进入水体后不能被微生物降解,而经食物链的富集作用,能逐渐在较高级生物体内累积,最终进入人体,危害极大。

(2)原理 微生物净化污水的原理,实质上就是在污水处理装置这一小型生态系统内,利用各种生理生化性能的微生物类群间的相互配合而进行的一种物质循环过程(图9-3)。

当高BOD的污水进入污水处理装置后,其中的自然微生物区系在好氧条件下,根据其中营养物质或有毒物质的情况,在客观上造成了一个选择性的培养条件,并随着时间的推移，发生了微生物区系的有规律的更迭，待系统稳定后，即可形成一个良好的混菌连续培养器，从而使水中的有机物或毒物不断被降解、氧化、分解、转化或吸附沉降，进而达到去除污染物和沉降、分层的效果。自然去除污染物后的低 BOD 清水，可流入河道。经好氧性微生物处理后的废渣——活性污泥或生物膜的残余物，是比原来污水的 BOD 更高的有机物，它们可通过厌氧处理（又称污泥消化或沼气发酵）而生产出有用的沼气和有机肥料。

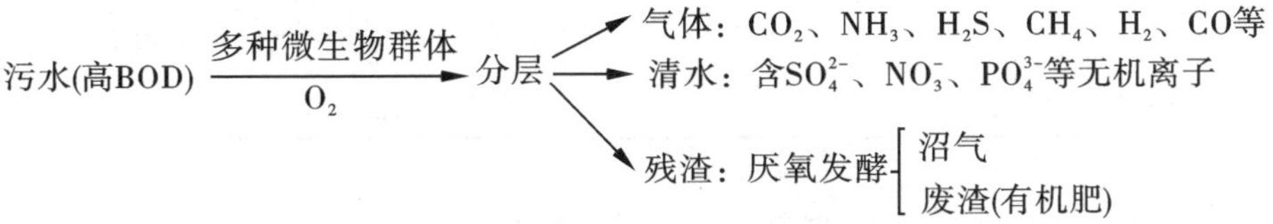

图 9-3　微生物处理污水的过程与原理

（3）污水处理中的几个重要名词

1）BOD（biochemical oxygen demand）　即生化需氧量，又称生物需氧量。指在 20 ℃、1 L 污水或待测水样中所含的一部分易氧化的有机物，微生物对其氧化时所消耗氧的毫克数。20 ℃时在 BOD 的测定条件（氧充足、不搅动）下，一般有机物 20 d 才能够基本完成在第一阶段的氧化分解过程（完成过程的 99%）。实际工作中，一般以 5 d 作为测定 BOD 的标准时间，因而称之为五日生化需氧量，以 BOD_5 表示之。BOD_5 约为 BOD_{20} 的 70% 左右。我国对地面水环境质量标准为：一级水 BOD_5 值<1 mg/L，二级水 BOD_5 值<3 mg/L，三级水 BOD_5 值<4 mg/L，若 BOD_5 值>10 mg/L，则表示该水严重污染。

2）COD（chemical oxygen demand）　即化学需氧量，又称化学耗氧量，是指使用强氧化剂使 1 L 污水或待测水样中所含的有机物进行化学氧化所消耗氧的毫克数。强氧化剂有重铬酸钾或高锰酸钾，前者氧化性较强（能迅速氧化 80% ~100% 有机物），故优先被采用。COD 以“mg/L”表示，根据水质监测仪器检测出的 COD 数值，水质可分为五大类，其中一类 COD 和二类 COD≤15 mg/L，基本上能达到饮用水标准，数值大于二类的水不能作为饮用水。

3）TOD（total oxygen demand）　即总需氧量，指水中能被氧化的物质，主要是有机物质在燃烧中变成稳定的氧化物时所需要的氧量，结果以 O_2 的“mg/L”表示。TOD 值能反映几乎全部有机物质经燃烧后变成 CO_2、H_2O、NO、SO_2 等所需要的氧量。它比 BOD、COD 和高锰酸盐指数更接近于理论需氧量值，为评价某水质的综合性指标之一。

4）DO（dissolved oxygen）　即溶氧量，指溶解于水中的分子状态的氧，以每升水中氧的毫克数表示。溶解氧的含量能够反映出水体的污染程度，是用于衡量水体污染的一个重要指标。越是干净的水，所含溶解氧就越多，而污染越厉害，水中的溶解氧就越少。

5）SS（suspend solid）　即悬浮物含量，指污水中不溶性固态物质的含量。

9.4.2.3　微生物治理水体污染的方法

污水处理的方法及具体装置很多，从装置耗能角度可分为 3 类（表 9-8）。现就氧化塘法、活性污泥法、生物转盘法、厌氧污泥消化法等加以介绍。

表 9-8　几类污水处理方法

能耗类型	具体方法
节能型	氧化塘法
	晒水滤床法
耗能型	活性污泥法(如完全混合曝气法、推流式曝气法、吸附再生法等)
	生物膜法(如生物转盘法;塔式滤池法等)
产能型	厌氧消化法

(1)氧化塘法　氧化塘法是利用水塘中的微生物和藻类对污水和有机废水进行需氧生物处理的方法。按其生物性质,可分为需氧塘、厌氧塘和兼性塘。在氧化塘中,废水中的有机物主要是通过菌藻共生作用去除的。需氧细菌和真菌将有机物氧化降解而产生能量,合成新的细胞,藻类通过光合作用固定二氧化碳并摄取氮、磷等营养物质和有机物,以合成新的细胞并释放出氧。

(2)活性污泥法　活性污泥法是一种好氧生物处理法,该法及其衍生改良工艺是处理城市污水最广泛使用的方法。活性污泥(activated sludge)是指一种由活细菌(菌胶团)、原生动物和其他生物群与污水中的悬浮有机物、胶状物及吸附物一起组成的凝絮团,在污水处理中有很强的吸附分解有机物或毒物的能力。该法是在人工充气条件下,对污水和各种微生物群体进行连续混合培养,形成活性污泥。利用活性污泥的生物凝聚、吸附和氧化作用,以分解去除污水中的有机污染物(图 9-4)。

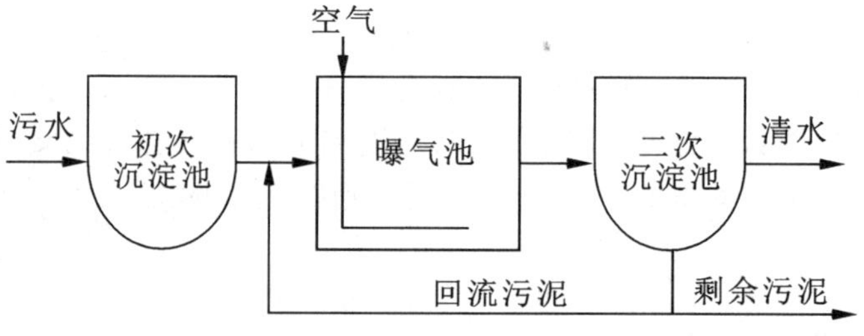

图 9-4　完全混合活性污泥法工艺流程

典型的活性污泥法工艺设备由曝气池、沉淀池、污泥回流系统和剩余污泥排出系统组成,其处理污水的基本流程如下:①污水中的有机污染物被活性污泥颗粒吸附在菌胶团的表面上。同时一些大分子有机物在细菌胞外酶作用下分解为小分子有机物。②微生物在氧气充足的条件下,吸收这些有机物,并氧化分解,形成二氧化碳和水,其中一部分供给自身的生殖繁衍,活性污泥本身得以繁衍增长,污水则得以净化处理。③经过活性污泥净化作用后的混合液进入二次沉淀池,混合液中悬浮的活性污泥和其他固体物质在这里沉淀下来与水分离,澄清后的污水作为处理水排出系统。经过沉淀浓缩的污泥从沉淀池底部排出,其中大部分作为接种污泥回流至曝气池,以保证曝气池内的悬浮固体浓度和微生物浓度，增殖的微生物（剩余污泥）从系统中排出。④污水和回流的活性污泥一起进入曝气池形成混合液，循环运行。

实践中，人们发现污染物转移到污泥上去的效率很快，而代谢速率较慢。处理城市污水时，往往不到1 h就把废水BOD降低90%左右。但是如果把这些污泥回流到曝气池，却不能再现这样的代谢能力，从而创造了吸附再生法。

（3）生物转盘法　生物转盘（rotating biological contactor，RBC）法是一种利用生物被膜处理污水的方法。生物转盘是由水槽和部分浸没于污水中的旋转盘体组成的生物处理构筑物，主要包括旋转圆盘（盘体）、接触反应槽、转轴及驱动装置等，当系统要求的盘片面积较大时，可分组安装成单轴多级式，串联运行，也可以组合成多轴多级式（图9-5）。

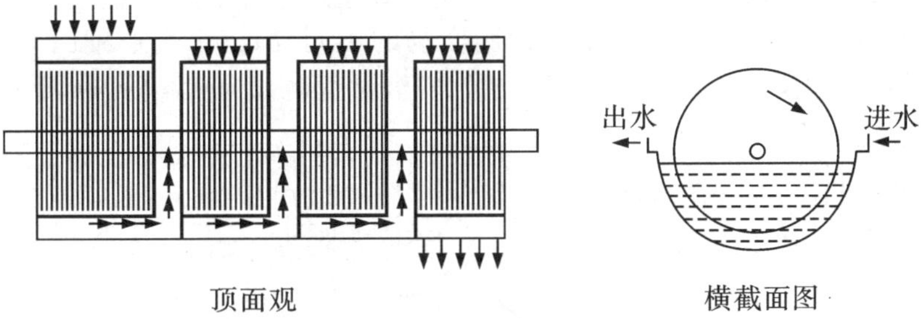

图9-5　生物转盘构造示意图

生物转盘法是用转动的盘片代替固定的滤料，工作时，转盘浸入或部分浸入充满污水的接触反应槽内，在驱动装置的驱动下，转轴带动转盘一起以一定的线速度不停地转动。转盘交替地与污水和空气接触，经过一段时间的转动后，盘片上将附着一层生物膜。在转入污水中时，生物膜吸附污水中的有机污染物，并吸收生物膜外水膜中的溶解氧，对有机物进行分解，微生物在这一过程中得以自身繁殖；转盘转出反应槽时，与空气接触，空气不断地溶解到水膜中去，增加其溶解氧。在这一过程中，在转盘上附着的生物膜与污水以及空气之间，除进行有机物与O_2的传递外，还有其他物质，如CO_2、NH_3等的传递，形成一个连续的吸附、氧化分解、吸氧的过程，使污水不断得到净化，该工艺具有系统设计灵活、安装便捷、操作简单、系统可靠、操作和运行费用低等优点。不需要曝气，也无须污泥回流，节约能源，同时在较短的接触时间就可得到较高的净化效果，现已广泛应用于各种生活污水和工业污水的处理。

（4）厌氧污泥消化法　厌氧污泥消化法是指污泥在无氧条件下，由兼性菌和厌氧细菌将污泥中的可生物降解的有机物分解为CH_4、CO_2、H_2O和H_2S的消化技术。它可以去除废物中30%～50%的有机物并使之稳定化，是污泥减量化、稳定化的常用手段之一，常用来处理高浓度污水。

9.4.3　沼气发酵与环境保护

可再生资源（renewable resource）是指能够通过自然力以某一增长率保持或增加蕴藏量的自然资源。生物质（biomass）是指通过光合作用而形成的各种有机体，包括所有的动植物和微生物。生物质能则是太阳能以化学能形式储存在生物质中的能量形式,它是人类赖以生存和发展的可再生资源。沼气发酵就是可再生资源有效利用的典型例子。

沼气发酵又称为厌氧消化、厌氧发酵,其生物化学的本质是:产甲烷菌在无氧条件下,利用 H_2、CO_2 等碳源营养物,借以产生能量、细胞物质和 CH_4 的过程。沼气发酵系统基于沼气发酵原理,以能源生产为目标,最终实现沼气、沼液、沼渣的综合利用。沼气是有机物质在厌氧条件下,经过微生物的发酵作用而生成的一种混合气体。沼气的主要成分是甲烷。沼气由 50% ~80% 甲烷(CH_4)、20% ~40% 二氧化碳(CO_2)、0 ~5% 氮气(N_2)、小于 1% 的氢气(H_2)、小于 0.4% 的氧气(O_2)与 0.1% ~3% 硫化氢(H_2S)等气体组成。

沼气发酵从各种复杂有机物的分解开始到最后生成沼气,共有五大生理类群的细菌参与,它们是发酵性细菌、产氢产乙酸菌、耗氢产乙酸菌、食氢产甲烷菌和食乙酸产甲烷菌。五类细菌构成一条食物链,根据其代谢产物的不同,前三个类群细菌共同完成水解酸化过程,后两类细菌完成产甲烷过程。沼气发酵过程可分为三个阶段(图 9-6)。

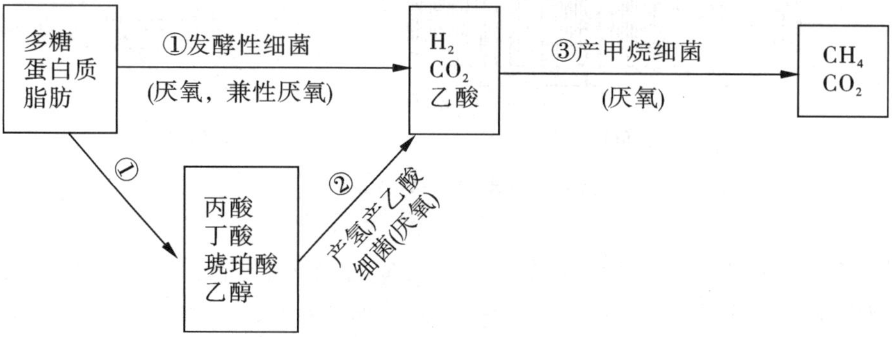

①为水解阶段;②为产酸阶段;③为产甲烷阶段

图 9-6 沼气发酵的过程

(1)水解阶段 在多种厌氧或兼性厌氧的水解性或发酵性细菌分泌的胞外酶、表面酶(纤维素酶、蛋白酶、脂肪酶)的作用下,将纤维素、半纤维素淀粉等多糖类水解成单糖,并进而形成丙酮酸;将蛋白质水解成氨基酸,并进而形成有机酸和氨;将脂类水解成甘油和脂肪酸,并进而形成丙酸、乙酸、丁酸、琥珀酸、乙醇、H_2 和 CO_2。这些相对分子质量较小的可溶性物质就可进入微生物细胞内被进一步分解利用。

(2)产酸阶段 各种可溶性物质(单糖、氨基酸、脂肪酸),在纤维素细菌、蛋白质细菌、脂肪细菌、果胶细菌胞内酶作用下继续分解转化成低分子物质,如丁酸、丙酸、乙酸以及醇、酮、醛等简单有机物质;同时也有部分氢、二氧化碳和氨等无机物的释放。但在这个阶段中,主要的产物是乙酸,约占 70% 以上,所以称为产酸阶段。参加这一阶段的细菌称为产酸菌。

微生物与环境监测

(3)产甲烷阶段 由产甲烷菌将第二阶段分解出的乙酸等简单有机物分解成甲烷和二氧化碳,同时,二氧化碳在氢气的作用下还原成甲烷,称为产甲烷阶段。

思考题

1. 名词解释：微生物生态学；正常菌群；微生态制剂；互生；共生；拮抗；生物固氮；硝化作用；环境污染；水体自净作用；富营养化；COD；BOD_5；活性污泥。

2. 简述采用沉降平板法检测空气中微生物，并说明如何对食品车间空气进行净化与消毒。

3. 人体肠道的菌群平衡是指什么？试从互生的角度分析人体与正常菌群的关系。

4. 试举例说明微生物与其他生物的互生关系。

5. 图示并简要说明自然界中的氮素循环过程。

6. 微生物处理污水的一般原理是什么？

7. 试述活性污泥法处理污水的一般流程。

8. 简述沼气发酵的三个阶段。

第10章　微生物的分类与鉴定

【学习目标】

掌握微生物的分类单元；了解分类单元的命名和新名称的发表；了解微生物的分类鉴定方法等。

生物种类极其繁多。据估计，目前人们已鉴定命名的约有200万种，其中微生物约有20万种。对于微生物来说，实际存在的数目远大于这一数字。按照它们系统发育的亲缘关系，根据形态、生理等生物学性状的差异，把它们有次序地、分门别类地排成一个系统，这就是微生物的分类（classification）；而鉴定（identification）则是对某个未知微生物，根据其生物学特征，与已知的菌种特征进行对比分析，设法从相应的分类检索表中查找出具体的名称，如果是新种，则给以新的名称，即命名（nomenclature）。

10.1　微生物的分类与命名

10.1.1　微生物的分类

10.1.1.1　微生物的分类单元及等级

分类学家根据生物之间相同、相异的程度与亲缘关系的远近，以不同的分类特征为依据，将生物逐级分类。分类单元是指具体的分类群，又称分类阶元，是指分类系统中的任何一级分类群。种以上的系统分类单元分为7级，由上而下依次是：

界 Kingdom（拉：Regnum）

门 Phylum（拉：Phylum）或 Division（拉：Divisio）

纲 Class（拉：Classis）

目 Order（拉：Ordo）

科 Family（拉：Familia）

属 Genus（拉：Genus）

种 Species（拉：Species）

在系统分类中，种是最基本的分类单元。把相似或相关的种分为一个属，又将具有某些共同特征或相关的属归为一个科，再把科归为目……以此类推，从而构成一个完整的分类系统。为了更精确地表达分类地位，有时在两个主要分类单元之间还可进一步细分为次要分类单元。即在上述每一级之前都可增加一个“总”，而在每一级之下插入一个

“亚级”,分别在其前面冠以 super-(总)和 sub-(亚)等字头表示。于是就有了总目(superorder)、亚目(suborder)、总纲(superclass)、亚纲(subclass)等名称。有时在亚科和属之间还加上“族”,用“tribe”表示。

10.1.1.2　几个分类名词

(1)属(Genus)　是介于种(或亚种)与科之间的分类单元,也是生物分类中的基本分类单元。通常将具有某些共同特征或密切相关的种归为高一级的分类单元,即属。在系统分类中,任何一个已命名的种都归属于某一个属。当某一个种与其他相关属的种具有重要的区别时,也可以鉴定为只有一个种的属。就一般而言,微生物属间的差异比较明显,但属的划分无客观标准。因此,属水平上的分类也会随着分类学的发展而变化,属内所含种的数目也会由于新种的发现或种的分类地位的改变而变化。当前,细菌分类学家对细菌种的模式菌株做了大量 16S rRNA 全序列测定后,一致认为 16S rRNA 相似性为 93% ~95% 的种可划归为同一属。

(2)种(Species)(或物种)　是生物分类中最基本的分类单元和分类等级。在种以下分亚种、变种、型、菌株。关于微生物种的概念,各分类学家说法不一。有人认为:种是一大群表型特征高度相似、亲缘关系极其接近、与同属内的其他物种又有明显差异的一大群菌株的总称。伯杰氏给种下的定义是:凡是与典型培养菌非常相同的其他培养菌统一起来区分成为一个“种”。也就是说从自然界中分离得到某一微生物的纯种,必须与已知的典型标准种所记载的特征完全符合,才能鉴定为同一个种。因此,它是以某个“标准菌株”为代表,是十分相似菌株的总称。

实际上,目前在微生物分类中已经描述的种仍主要根据各种特征(其中以表型特征为主)的综合分析来划分。因此微生物的种可以看作具有高度特征相似性,且亲缘关系极其接近的菌株群。这个菌株群与其他类群的菌株有明显的区别。在微生物中,一个种只能用该种内的一个典型菌株当作它的具体代表,故此典型菌株就成了该种的模式种(type species)或模式活标本。正是由于微生物种的划分缺乏统一的客观标准,分类学上已经描述的种潜存着不稳定性,有的种可能会随着认识的深入、分种依据的变化而进行必要的调整。

(3)亚种(subspecies)　进一步细分种时所用的单元,当某一种内的不同菌株存在少数明显而稳定的变异特征或遗传性状而又不足以区分新种时,可以将这些菌株细分成两个或更多的小的分类单元,即亚种。变种(variety)是亚种的同义词。在《国际细菌命名法规》(1976 年修订本)发表以前,变种是种的亚等级。因“变种”一词易引起词义上的混淆,1976 年后,细菌种的亚等级一律采用亚种,而不再使用变种。

(4)培养物(culture)　指一定时间一定空间内微生物的细胞群或生长物。如微生物的斜面培养物、摇瓶培养物等。如果某一培养物是由单一微生物细胞繁殖产生的,就称之为该微生物的纯培养物。

(5)菌株(strain)　又称品系(病毒称毒株或株)。同种微生物不同来源的纯培养物或纯分离物均可称为某菌种的一个品系或菌株。它表示任何由一个独立分离的单细胞(或单个病毒粒)繁殖而成的纯遗传型群体及其一切后代。从自然界中分离得到的任何一种微生物的纯培养物都可以称为一个菌株或品系。用实验方法(如通过诱变)所获得的某一菌株的变异型,也可以称为一个新的菌株。

菌株是微生物分类和研究工作中最基础的操作实体,在实际应用时应注意以下问题:①菌株实际是一个物种内遗传多态性的客观反映,其数目几乎是无数的。②菌株这一名词所强调的是遗传型纯的谱系,它与克隆的概念相同。③在同一菌种的不同菌株之间,虽然作为鉴定用的一些主要性状相同,但是对某些非鉴别性特征(不是定种或界及定亚种的特征)而言,如一些生化性状、代谢产物(抗生素、酶等)的产量性状等方面,不同菌株可能存在重要差别。因此在实际工作中,除了注意菌株的种名外,还要注意菌株的名称。④由于菌株是某一微生物达到遗传型纯的标志,因此一旦某菌发生自发或人工变异后,均应标以新的菌株名称。⑤进行菌种保藏、筛选以及利用菌种进行生产或科学研究时,都必须在菌种后标出该菌株的名称。⑥菌株的名称一般可用字母加编号表示(字母表示实验室、地名、人名或特征等的名称,编号表示序号等数字)。例如枯草杆菌 AS 1.398(*B. subtilis* AS 1.398)和枯草杆菌 BF 7658(*B. subtilis* BF 7658),分别代表枯草杆菌的两个菌株(AS 1.398 和 BF 7658 分别为菌株的编号),前者用于生产蛋白酶,后者则可用于生产淀粉酶。

(6)型(type)　常被用于亚种以下的细分,曾用作菌株的同义词,现已废除,而仅作若干变异型的后缀使用。有时在同一种的若干细菌中,它们之间有许多特性难以区分,要区分它们仅反映在某种特殊的性状上。如根据抗原结构不同可分成不同血清型。对噬菌体或细菌素敏感性的不同,可分成多种噬菌体型或细菌素型。现在对变异型的一词做了修改,用“-var”代替“-type”。如生物变异型(biovar)、形态变异型(morphovar)、致病变异型(pathovar)、噬菌体变异型(phagovar)和血清变异型(serovar)等。

(7)群(group)　指一组具有某些共同性状的生物。微生物在进化过程中,由一个种变成另外一个种,其间要产生一系列过渡类型,因此自然界中有些微生物种类和介于它们之间的种类统称为一个“群”。如大肠杆菌和产气肠杆菌两个种有明显区别,但自然界中还存在许多介于此两种细菌之间的中间类型,因此就将这两种菌和介于它们之间的中间类型统称为大肠菌群。

10.1.2　分类单元的命名

微生物的名称有两种,一为区域性的俗名(common name),另一为学名(scientific name)。前者是一个国家或地区使用的普通名称,具有通俗易懂、便于记忆的优点,但有局限性,尤其不便于国际交流。后者是国际上统一使用的名称,它是某一菌种的科学名称,按《国际细菌命名法规》来命名,并是国际学术界公认的通用正式名称。例如我们把引起人结核病的细菌叫“结核杆菌”(tubercle bacillus),它是结核分枝杆菌(*Mycobacterium tuberculosis*)的俗名。所有正式分类单元(包括亚种和亚种以上等级的分类单元)的学名,必须用拉丁词或拉丁化的词命名。

10.1.2.1　属名

属名用反映该微生物主要特征的一个单数名词或作名词的形容词来表示,可以是阳性、阴性或中性,首字母要大写。例如,芽孢杆菌属(*Bacillus*,阳性)、梭菌属(*Clostridium*,中性)。

当文章前后有两个或多个属名相同的学名排在一起时，后面的属名可缩写成一个、两个或三个字母，在其后加一个点。例如芽孢杆菌属（*Bacillus*）可以缩写成“*B.*”或“*Bac.*”。

10.1.2.2 种名

微生物的种名采用林奈（1753 年）所创立的双名法命名。所谓双名法就是用属名和种名两个部分作为一种生物的学名。其命名规则是：属名用拉丁字或拉丁化的名词，首字母要大写；种名用拉丁字或拉丁化的形容词或名词所有格，放在属名之后，首字母不大写。中文译名与此相反，种名在前，属名在后。例如：*Staphylococcus aureus*，前一个词是属名，是一个拉丁字的名词，为“葡萄球菌”的意思；第二个词为种名，是拉丁字的形容词，为“金黄色的”意思，这两个词构成“金黄色葡萄球菌”的学名。

此外，由于微生物种类繁多，有时会发生同物异名或同名异物的情况，为了避免混淆，可在种名之后附以命名人的姓和命名年代。

种名采用的双名法的简明命名组成如下：

学名=属名＋种名＋（首次定名人）＋现名定名人＋现名定名年份

（属名＋种名：斜体字；（首次定名人）＋现名定名人＋现名定名年份：可省略）

例如：大肠埃希氏菌的学名为：*Escherichia coli*（Migula）Castellani *et* Chalmers 1919。

有时只泛指某一属的微生物，而不特指某一具体的种，可在属名后加上 sp. 或 spp.（sp. 表示单数，spp. 表示复数）。例如 *Streptomyces* sp.（一种链霉菌），*Micrococcus* spp.（某些微球菌）。

10.1.2.3 亚种名

亚种名为三元式组合，即由属名、种名加词和亚种名加词构成。其命名组成如下：

学名=属名＋种名＋符号 subsp. 或 var.＋亚种或变种名加词

（属名＋种名：斜体字；符号 subsp. 或 var.：正体字(可省略)；亚种或变种名加词：斜体字(不省略)）

例如：肠膜明串珠菌肠膜亚种的学名为：*Leuconostoc mesenteroides* subsp. *mesenteroides*。

10.1.2.4 属级以上分类单元的名称

亚科、科以上分类单元的名称，是用拉丁词或其他词源拉丁化的阴性复数名词（或当作名词用的形容词）命名，首字母都要大写。其中细菌目、亚目、科、亚科、族和亚族等级的分类单元名称都有固定的词尾（后缀）。属、种和亚种等级的分类单元的学名在正式出版物中应用斜体字印刷，以便识别。

10.1.2.5 新名称的发表

新种是指权威性的分类、鉴定手册中从未记载过的一种新分离并鉴定过的微生物。当发现者按《国际命名法规》对它命名并在规定的学术刊物上发表时，应在其学名之后加上所属新分类等级的缩写词，如新属“gen. nov.”、新种“sp. nov.”等。例如，我国学者自行筛选到的谷氨酸发酵新菌种,在正式发表时就标为“*Corynebacterium pekinense* sp. nov. AS 1.299”(北京棒杆菌 AS 1.299,新种)。在新种发表前,其模式菌株的培养物应存放于永久性且可靠的菌种保藏机构中,并允许科学研究和生产使用。

10.2 微生物的分类系统

10.2.1 细菌的分类系统

10.2.1.1 “伯杰氏手册”简介

20 世纪 60 年代以前,国际上很多细菌分类学家都曾对细菌进行过全面的分类,提出过一些在当时有影响的细菌分类系统。但 20 世纪 70 年代以后,对细菌进行全面分类且影响最大的是《伯杰氏鉴定细菌学手册》。目前该书已成为对细菌进行分类鉴定的主要参考书。

“伯杰氏手册”最初由美国宾夕法尼亚大学的细菌学教授伯杰(D. H. Bergey)(1860—1937)及其同事为细菌的鉴定而编写,名为《伯杰氏鉴定细菌学手册》(*Bergey's Manual of Determinative Bacteriology*)。该书自 1923 年问世以来,已进行过多次修订,从 1974 年第八版起,编写队伍进一步国际化和扩大化,至 1994 年已发行到第九版。

另外,由于 16S rRNA、DNA、蛋白质序列分析方法日趋实用,为细菌的系统发育积累了不少新的资料。于是,从 20 世纪 80 年代初起,该手册组织国际上 20 个国家,300 余位专家,合作编写了 4 卷新手册,并改名称为《伯杰氏系统细菌学手册》(*Bergey's Manual of Systematic Bacteriology*,以下简称《伯杰氏手册》),并于 1984—1989 年间分 4 卷陆续出版。1994 年又将《伯杰氏手册》1 ~ 4 卷中有关属以上分类单元的分类鉴定资料进行少量的修改补充后汇集成一册,仍用原来书名出版,故称之为《伯杰氏鉴定细菌学手册》第九版。新版内容有较大变动,增加了许多新科、新属和新种。据知,从 2001 年起,《伯杰氏手册》第二版分成 5 卷陆续出版,下面简要介绍《伯杰氏手册》第二版对原核生物的大致分类。

10.2.1.2 《伯杰氏手册》第二版的分类

《伯杰氏手册》第二版分 5 卷出版,将原核生物分为古菌域和细菌域,相当于伍斯(C. R. Woese)三域学说中的两个域。古菌域包括 2 门、9 纲、13 目、23 科、79 属,共有 289 个种;细菌域包括 25 门、34 纲、78 目、230 科、1227 属,共 6740 个种。

第一卷:1 ~ 14 部,包括古细菌、蓝细菌、光合细菌和最早分支的属。

第二卷:15 ~ 19 部,包括变形杆菌(属 G^- 真细菌类)。

第三卷:20 ~ 22 部,包括低(G+C)摩尔分数的 G^+ 细菌。

第四卷:23 部,包括高(G+C)摩尔分数的 G^+ 细菌(放线菌类)。

第五卷:24 ~ 31 部,包括浮霉状菌、螺旋体、丝杆菌、拟杆菌、梭杆菌(属 G^- 细菌类)。

《伯杰氏手册》第二版更多地根据系统发育资料,采用核酸序列资料对细菌分类进行较大调整,内容极其丰富。详细记载了细菌鉴定方面的内容,在此基础上增加了细菌的生态分布、细菌分离的方法、菌种保存和特殊性状的测定,此外还专题讨论了近代发展起来的一些细菌分类方法，如数值分类、核酸技术在细菌分类中的应用、遗传学方法、血清学和化学分类等。这些方法的建立，使细菌分类学能更好地阐明其亲缘关系，为建立细菌的自然分类系统探索出可行途径。

10.2.2　真菌的分类系统

真菌的分类系统很多，有代表性的真菌分类系统为：马丁（G. W. Marting）系统、安斯沃思（Ainsworth）系统和亚历克鲍罗斯（Alexopoulos）系统等。从 20 世纪 90 年代初起，我国学术界已认同以“菌物”代替过去含义不够确切的“真菌”的建议。目前认为菌物与真菌两者之间的关系是：菌物界是广义的真菌，包括黏菌门、假菌门和真菌门（即狭义的真菌）。上述分类系统中，安斯沃恩和亚历克鲍罗斯两人的系统较为全面、合理，但更多采用的是 1973 年发表，后载于《安贝氏菌物词典》的分类系统（1983 年第七版）。它将真菌界分成黏菌门和真菌门，真菌门又分成 5 个亚门，即鞭毛菌亚门、接合菌亚门、子囊菌亚门、半知菌亚门和担子菌亚门。

Ainsworth 系统（第八版与第九版）的变化

10.3　微生物的分类鉴定方法

微生物的分类和鉴定虽有不同的目的，但在工作中使用的方法和技术却关系密切，不能截然分开。

通常可把微生物的分类鉴定方法分成 5 个水平：①细胞的形态和习性水平，例如用经典的研究方法，观察微生物的形态特征、运动性、酶反应、营养要求、生长条件、代谢特性、致病性、抗原性和生态学特性等；②细胞组分水平，包括细胞壁、脂类、醌类和光合色素等成分的分析，所用的技术除常规技术外，还使用红外光谱、气相色谱、高效液相色谱（HPLC）和质谱分析等新技术；③蛋白质水平，包括氨基酸序列分析、凝胶电泳和各种免疫标记技术等；④核酸水平，包括 GC 比的测定、核酸分子杂交、16S 或 18S rRNA 寡核苷酸序列分析、重要基因序列分析和全基因组测序等；⑤数学统计学或计算生物学水平。

在微生物分类学发展的早期，主要的分类、鉴定指标尚局限于利用常规方法鉴定微生物细胞的形态、构造和习性等表型特征水平上，这可称为经典的分类鉴定方法；从 20 世纪 60 年代起，后 4 个水平的分类鉴定理论和方法开始发展，特别是化学分类学（chemotaxonomy）和数值分类学（numerical taxonomy）等现代分类鉴定学科及方法的发展，不但为探索微生物的自然分类打下了坚实的基础，也为微生物的精确鉴定开创了一个新的局面。

10.3.1　菌种分类鉴定的条件

待鉴定菌种一定要是纯种，如果菌种不纯，所观察到的现象就不具备典型性，因而无法得到正确的结论。故此，菌种在鉴定之前，首先要将菌种纯化，获得该微生物的纯种培养物。需根据鉴定对象，选取权威的鉴定手册，以此为标准进行鉴定工作。因为微生物种类繁多，特征各异，性状有主次之分，在鉴定某种微生物时需选取恰当的鉴定方法。例如，在鉴定形态特征较丰富、细胞体积较大的霉菌时，常以形态特征为主要指标；在鉴定放线菌和酵母菌时,常以形态特征与生理特征为主要指标;而在鉴定形态特征较缺乏的细菌时,则需使用较多的生理、生化和遗传等指标;在鉴定病毒时,需使用电子显微镜、各种生化、免疫等技术及致病性等一些独特的指标和方法。

10.3.2 经典分类鉴定方法

在对各种细胞型微生物进行鉴定时,经典的表型指标较多,这些指标是微生物鉴定中最常用、最方便和最重要的数据,也是现代化分类鉴定的基本依据。经典分类鉴定方法的分类指标主要有形态学特征、生理生化特征、生态学特征、生活史、血清学反应,以及对噬菌体的敏感性等。

10.3.2.1 形态学特征

微生物的形态学特征始终被用作微生物分类和鉴定的重要依据之一。形态学特征分为个体形态和群体形态两个方面。

(1)个体形态　个体形态主要包括细胞的大小、形状、排列方式;细胞构造、革兰氏染色反应;能否运动,有无鞭毛及鞭毛的着生部位和数目;有无芽孢和荚膜,芽孢的位置和大小;繁殖器官的形状、构造;孢子的数目、形状、大小、排列、颜色等。

(2)群体形态　群体形态一般包括在固体培养基上的菌落形态,如外形、大小、光泽、黏稠度、透明度、边缘、隆起情况、正反面颜色、质地、是否分泌色素;在半固体培养基上经穿刺接种后的情况;在液体培养基中的生长情况,包括是否产生菌膜,均匀混浊还是产生沉淀,有无气泡,培养基颜色等。

10.3.2.2 生理生化特征

目前,基于微生物生理生化特征的鉴定内容主要包括以下几方面。

(1)利用营养物质的能力　微生物对碳源的利用能力(能否以 CO_2 为唯一碳源,各类碳源的利用情况等);微生物对氮源的利用能力(能否固氮,对硝酸盐和铵盐的利用情况等);对能源的利用情况(光能还是化能,氧化有机物还是氧化无机物产能);对生长因子的要求(是否需要生长因子,需要哪些生长因子等)。

(2)代谢产物　不同的微生物因生理特性不同而产生不同的代谢产物。因此,可以根据各种特征性的代谢产物鉴定菌种。如通过检查微生物能否产生有机酸、乙醇、CO_2 和 H_2S 气体等,能否分解色氨酸产生吲哚,能否分解糖产生乙酰甲基甲醇,能否使硝酸盐还原产生亚硝酸或氨,能否产生色素、抗生素等,能否使牛乳凝固、胨化等。

(3)产酶与否及酶活性　不同微生物产生酶的种类不同,由酶催化的反应特性也不同,因此可以通过考察是否产酶或产酶的种类对微生物进行鉴定,如有无氧化酶、接触酶、脲酶、凝固酶、氨基酸脱羧酶、精氨酸水解酶等。在此基础上也进一步测定酶活性,常见的有淀粉水解、油脂水解、酪素水解、明胶液化等项目。

10.3.2.3 生态学特征

生态学特征主要包括微生物对生长温度(最适、最低和最高温度)、pH 值(最适、最低和最高 pH 值)、水分、渗透压(是否耐高渗、是否有嗜盐性等)的适应性,需氧性(好氧、微好氧、兼性厌氧、耐氧、专性厌氧),以及宿主的种类及其与宿主的关系(共生、寄生、互生)

等。此外,微生物在自然界中的分布情况,有时也作为分类的参考依据。

10.3.2.4 血清学反应

血清学反应具有特异性强、灵敏度高、简便快速等优点,在微生物分类鉴定中,常用已知菌种、型或菌株制成抗血清,根据它是否与待鉴定的对象发生特异性结合反应来鉴定未知菌种、型或菌株,并判断它们之间的亲缘关系。很多细菌有十分相似的外表结构(如细胞壁、鞭毛、荚膜等),其主要成分包括蛋白质、脂蛋白、脂多糖等具有抗原性的物质,由于不同微生物抗原性物质的结构不同,因而赋予它们不同的抗原特性。又因一种细菌的抗原可与其自身的抗体发生特异性反应,故可用已知的抗体检测未知的抗原。

10.3.2.5 对噬菌体的敏感性

噬菌体有严格的寄主范围,它不仅对种有特异性,而且对同种细菌的不同型也有特异性。可利用这些特性,用已知的专一性噬菌体对未知的相应细菌进行种的鉴定,并可进一步将细菌的种分型。

10.3.3 现代分类鉴定方法

近年来,随着分子生物学的发展和各项新技术的广泛应用,促使微生物分类鉴定工作有了飞速发展。微生物鉴定工作已从经典的表型特征深入到现代遗传学特性鉴定、细胞化学组分精确分析和利用计算机进行数值分类研究层次上。

10.3.3.1 数值分类法

又称统计分类法(taxonometrics),是一种依据数值分析的原理,借助现代电子计算机技术对拟分类的微生物对象按大量表型性状的相似性程度进行统计的分类方法。

开始工作时,必须先准备一批待研究菌株和有关典型菌种的菌株,它们被当作操作分类单元(operational taxonomic units,OTU)。数值分类学中的相关系数 S_{sm}(简单匹配相关系数)是基于被研究菌种间共同特征的相关性,因此,要求对较多的特征(一般为50~60个,多者可达100个以上)进行比较,且所用特征越多,所得结果越准确。在分类上,每一个特性的地位都是均等重要的,通常是以形态、生理生化特征,对环境的反应和忍受性以及生态特性为依据。具体步骤如下。

(1)计算两菌株间的相关系数　可按下式计算:

$$S_{sm}=\frac{a+d}{a+b+c+d}$$

式中　a——两株均呈正反应的性状数;

b——菌株甲呈正反应而乙呈负反应的性状数;

c——菌株甲呈负反应而乙呈正反应的性状数;

d——两菌株均呈负反应的性状数。

(2)列出相似矩阵　将所测菌株两两进行比较,并借用电子计算机计算出菌株间的总相似值,列出相似值矩阵[图10-1(a)]。为便于观察,应将矩阵重新安排,使相似度高的菌株列在一起[图10-2(b)]。

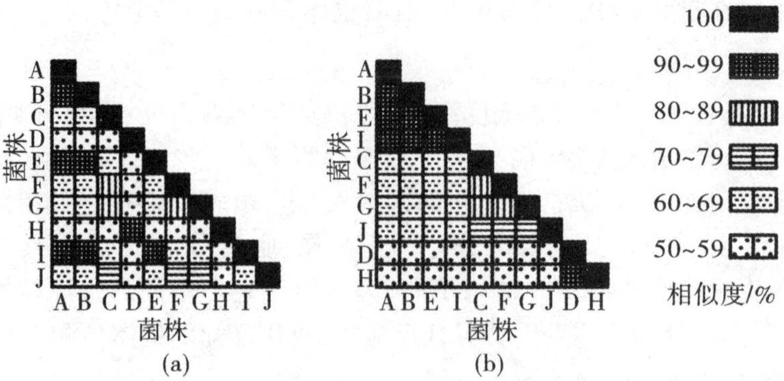

图 10-1　10 个菌株的相似度矩阵

(3)将矩阵图转换成树状谱　矩阵图转换成树状谱后,可为按数值关系分类谱系提供更直观的认识(图 10-2)。图中垂直虚线表示各菌株相似度的水平,它可用作属与种这两个不同层次的分类单元,如划分类似程度大于85%者为同种,大于65%者为同属等。

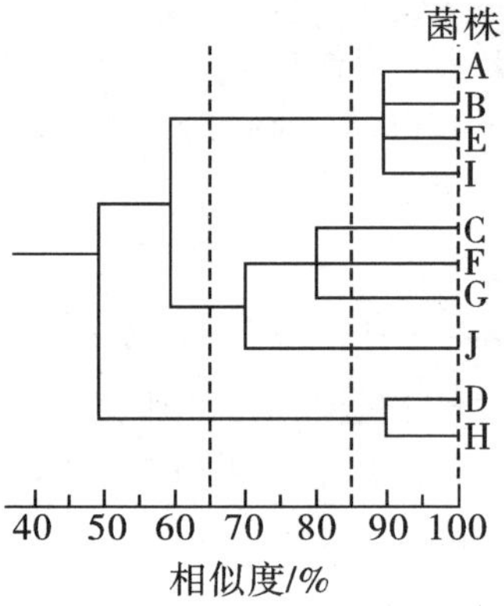

图 10-2　10 个菌株相似关系的树状谱

相对于经典分类法,数值分类法的优越性在于它是以分析大量分类特征为基础,对于类群的划分比较客观和稳定(表 10-1),此法促进了对细菌类群的全面考察和观察,为细菌的分类鉴定积累大量资料。但是,在使用数值分类法对细菌菌株分群归类定种或定属时,还应做有关菌株的 DNA 碱基的 GC 比和 DNA 杂交,以进一步加以确证。

表 10-1　传统分类法与数值分类法的比较

项目	传统分类法	数值分类法
分类原则	所用特征有主次之分	所用特征不分主次
鉴定项目	较少	大量(50 至数百)
数据处理	人工统计	电子计算机处理
检索方法	使用双歧检索表	根据相似系数大小

续表 10-1

项目	传统分类法	数值分类法
确定种属	主要特征相同者为同属，次要特征相同者为同种	相似系数小者为同属，相似系数大者为同种

10.3.3.2 化学分类法

微生物分类中，根据微生物细胞的特征性化学组分对微生物进行分类的方法称化学分类法（chemotaxonomy）。化学分类法对于结构和形态简单的单细胞生物非常有价值，特别对于鉴定和发现古细菌发挥了重要的作用。目前经常采用的细胞特异化学组分包括细胞壁化学成分、霉菌酸、脂肪酸、全细胞蛋白和核糖体蛋白等，各种化学组分在原核生物分类中的意义见表 10-2。

表 10-2 细菌的化学组分分析及其在分类水平上的应用

细胞成分	分析内容	在分类水平上的作用
细胞壁	肽聚糖结构 多糖 胞壁酸	种和属
膜	脂肪酸 极性类脂 霉菌酸 类异戊二烯苯醌	种和属
蛋白质	氨基酸序列分析 血清学比较 电泳图 酶谱	属和属以上单位
代谢产物	脂肪酸	种和属
全细胞成分分析	热解-气液色谱分析	种和属
	热解-质谱分析	种和亚种

随着分子生物学的发展，细胞化学组分分析用于微生物分类日趋显示出重要性。细胞壁的氨基酸种类和数量现已被接受为细菌属水平的重要分类学标准。在放线菌分类中，细胞壁成分和细胞特征性糖（即阿拉伯糖、半乳糖，马杜拉糖，无糖，木糖、阿拉伯糖 4 种类型）的分析作为分属的依据，已被广泛应用。脂质是区别细菌还是古菌的标准之一，细菌具有酰基脂（脂键），而古菌具有醚键脂，因此醚键脂的存在可用以区分古菌。霉菌酸的分析测定已成为诺卡菌形放线菌分类鉴定中的常规方法之一。鞘氨醇单胞菌和鞘

氨醇杆菌等细胞膜都含有鞘氨醇,因此鞘氨醇的有无可作为此类细菌的一个重要标志。此外,采用气相色谱技术可分析微生物细胞核代谢产物中的脂肪酸和醇类,这对于鉴定厌氧菌有重要作用。

10.3.3.3 遗传型学分类法

微生物的几种遗传型学分类法简介

除少数 RNA 病毒外,DNA 几乎是一切微生物的遗传信息载体,每种微生物都有其特定及稳定的遗传物质。遗传物质的差异代表着微生物之间亲缘关系的远近、疏密。因此,测定有关 DNA 的代表性数据,对微生物的分类和鉴定工作至关重要,遗传学分类法包括 DNA 的碱基比例的测定、DNA-DNA 杂交、DNA-rRNA 杂交、16S rRNA(16S rDNA)寡核苷酸的序列分析等。

思考题

1. 名词解释:属种,亚种,新种,模式种,菌株型。
2. 简述微生物的通用分类单元及等级。
3. 微生物的双名法和三名法的构成是什么?
4. 微生物分类鉴定工作中有哪些经典方法和新技术、新方法?

第11章 微生物与食品生产

【学习目标】

了解各类发酵食品的生产工艺及其要点;掌握发酵食品生产中主要微生物的特性与作用。

11.1 微生物与酿造类调味品

酿造类调味品是以含有较丰富的蛋白质和淀粉等成分的粮食为主要原料,经过处理后进行发酵,即借有关微生物酶的作用产生一系列生物化学变化,将其转变为各种复杂的有机物。此类调味品主要包括:食醋、酱油、酱、豆豉、豆腐乳等。现简要介绍食醋和酱油的发酵生产工艺。

11.1.1 食醋

食醋是指把单独或混合使用的各种含淀粉、糖的物料或酒精,经微生物发酵酿造而成的液态调味品。食醋酿造多以淀粉质农副产品为原料,经加热糊化、糖化剂糖化、酵母菌酒精发酵(酒化),最后由醋酸细菌氧化酒精为醋酸(醋化)而成。也可用果汁、糖液只经酒化和醋化而成。

11.1.1.1 酿造食醋的微生物

传统工艺酿醋是利用自然界中的野生菌制曲、发酵,因此涉及的微生物种类繁多,主要包括曲霉、酵母菌和醋酸菌。现代制醋均采用人工选育的纯培养菌株进行制曲、酒精发酵和醋酸发酵,因而发酵周期短、原料利用率高。

(1)淀粉液化、糖化微生物　淀粉液化、糖化微生物能够产生淀粉酶、糖化酶。使淀粉液化、糖化的微生物很多,而适合于酿醋的主要是曲霉菌,常用的曲霉菌种有:

1)甘薯曲霉 AS 3.324　因适用于甘薯原料的糖化而得名,该菌生长适应性好,易培养,含有强力的单宁酶,适合于甘薯及野生植物等酿醋。

2)黑曲霉 AS 3.4309(俗称 UV-11)　该菌糖化酶活性高、酶系纯,最适生长温度为 32 ℃。制曲时,前期菌丝生长缓慢,当出现分生孢子时,菌丝迅速蔓延,生长过程中有前缓后急现象。

3)宇佐美曲霉 AS 3.758　它是日本在数千种黑曲中选育出来的糖化力极强、耐酸性较高的糖化型淀粉酶菌种。孢子头成熟时呈黑褐色,能同化硝酸盐,其生酸能力很强,对制曲原料适宜性也强。

4)东酒一号　它是AS 3.758的变异株,培养时要求较高的湿度和较低的温度,上海地区应用此菌制酒、制醋较多。

此外,还有米曲霉菌株沪酿3.040、沪酿3.042(AS 3.951)、AS 3.863等,黄曲霉菌株有AS 3.800、AS 3.384等。

(2)酒精发酵微生物　酿醋常用的酵母菌基本上与白酒、黄酒等生产使用的酵母相同。适合于高粱原料及速酿醋生产的菌种有南阳混合酵母(1308酵母);适合于以高粱、大米、甘薯等为原料而酿制普通食醋的有K字酵母;适合于以淀粉质为原料的有AS 2.109、AS 2.399;而AS 2.1189、AS 2.1190适用于糖蜜原料。为了增加食醋香气,可添加产酯能力强的产酯酵母进行混合发酵,使用的菌株有AS 2.300、AS 2.338、中国食品发酵研究所的1295和1312等产酯酵母。

(3)醋酸发酵微生物　醋酸菌在食醋酿制过程中能氧化酒精生成醋酸,是食醋生产的关键菌株。醋酸菌严格需氧,主要栖息于含糖、酸或乙醇的原料中,最适温度为30 ℃,最适pH值为3.5~6.5。

优质醋酸菌应具备如下特征:优先利用酒精并能有效氧化,产酸速度快,耐酸性强,低pH抗性,抗噬菌体,无纤维素产生,不再分解醋酸制品,风味良好。目前,国内外在生产上常用的醋酸菌有奥尔兰醋酸杆菌(*A. orleanense*)、许氏醋酸杆菌(*A. schutzenbachii*)、恶臭醋酸杆菌(*A. rancens*)、AS 1.41醋酸菌、沪酿1.01醋酸菌。

11.1.1.2　生产原料

酿醋原料一般可分为主料、辅料、填充料和添加剂。

(1)主料　主料是指能被微生物发酵而生成醋酸的主要原料,包括三大类:①以淀粉为主的谷物、薯类原料,须经糖化处理,谷物有玉米、大米、高粱、小麦、小米和麸皮等,薯类有甘薯、马铃薯和木薯等;②以糖类为主的原料,这些原料在制醋时不经过糖化或少许糖化,直接进行酒精发酵,主要有水果、蔬菜、糖蜜、蜂蜜等;③以乙醇为主的原料,这些原料制醋时不需糖化和酒精发酵,直接进行醋酸发酵,主要有稀释的酒精液、各类果酒等。

(2)辅料、填充料和添加剂　辅料一般采用细谷糠、麸皮和豆粕等,它们可提供微生物正常活动所需的营养物质或增加食醋中糖分和氨基酸含量;填充料常用谷壳、稻皮、高粱壳、玉米秸、玉米芯等,它们的主要作用是疏松醋醅,使空气流通,以利于醋酸菌的好氧发酵;添加剂包括食盐、砂糖、香辛料等,它们可改变食醋的色泽、风味和体态等。

11.1.1.3　食醋酿造工艺

现就酶法液化通风回流制醋做一介绍。

固态法食醋生产工艺及要点

(1)特点　酶法液化通风回流制醋,是利用自然通风和醋汁回流代替倒醅的制醋工艺,同时结合α淀粉酶制剂将原料进行淀粉液化后再加麸曲糖化,提高了原料的利用率。该法采用液态酒精发酵及固态醋酸发酵的工艺,醋酸发酵池近底处假底的池壁上开设通风洞,让空气自然进入,利用固态醋醅的疏松度使醋酸菌得到足够的氧,全部醋醅都能均匀发酵;利用假底下积存的温度较低的醋汁,定时回流喷淋在醋醅上,以降低醋醅温度,调节发酵温度,保证发酵在适当的温度下进行。目前,此法被广泛应用于酿造食醋。

(2)工艺流程

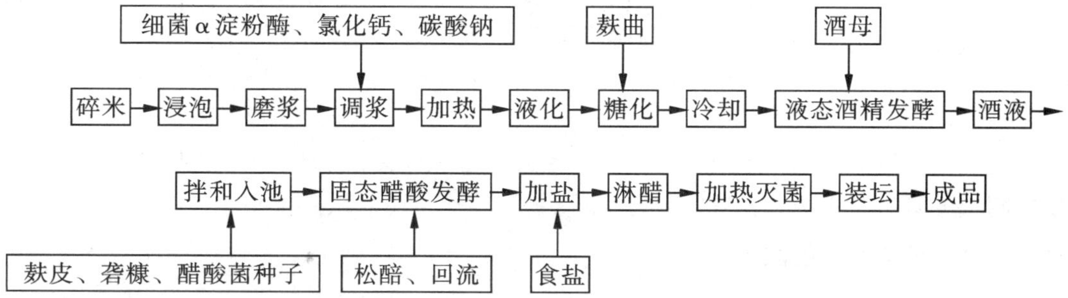

(3)工艺要点

1)配料　　碎米 120 kg,麸皮 1400 kg,砻糠 1650 kg,碳酸钠 1.2 kg(以碎米 0.1%计),氯化钙 2.4 kg(以碎米 0.2%计),细菌 α 淀粉酶 3.9 kg(以每克碎米 130 U 计,所用细菌 α 淀粉酶为 40 000 u),麸曲 60 kg(以碎米 5%计),酒母 500 kg,醋酸菌种子 200 kg、食盐 100 kg、水 3250 kg(配发酵醪用)。

2)水磨与调浆　将碎米浸泡使米粒充分膨胀,将米与水按 1∶1.5 的比例送入磨粉机(水磨),磨成 70 目以上的细度粉浆。使粉浆浓度在 20% ~23%,用碳酸钠调至 pH 值 6.2 ~6.4,加入氯化钙和 α 淀粉酶后,送入糖化锅。

3)液化和糖化　粉浆在液化锅内应搅拌加热,在 85 ~90 ℃下维持 10 ~15 min,用碘液检测显黄色表示已液化完全,再升温至 100 ℃维持 10 min,达到灭菌和使酶失活的目的,然后送入糖化锅。将液化醪冷至 60 ~65 ℃时加入麸曲,保温糖化 3 h,待糖液降温至 30 ℃左右,送入酒精发酵容器。

4)酒精发酵　将糖液加水稀释至 7.5 ~8.0 °Bé,调 pH 值至 4.2 ~4.4,接入酒母,在 30 ~33 ℃下进行酒精发酵 70 h,制得酒精含量约 8.5% 的酒醪,酸度在 3 ~4 g/L,然后将酒醪送至醋酸发酵池。

5)醋酸发酵　　将酒醪与砻糠、麸皮及醋酸菌种拌匀,送入有假底的发酵池,耙平盖严。进池品温以 30 ~35 ℃最为适宜,面层醋醅中醋酸菌生长繁殖快,升温也快,但中层醋醅温度较低,故入池 24 h 后进行一次松醅,将上面和中间的醋醅尽可能疏松均匀,保持温度一致。醋酸发酵温度,前期可控制在 35 ~40 ℃,后期控制在 30 ~35 ℃。当品温升至 35 ℃时进行醋汁回流,即从假底放出部分醋液,再泼回醋醅表面,一般每天回流 6 次,发酵期间醋醅共回流 120 ~130 次,使醅温降低。经 20 ~25 d(夏天需 30 ~40 d)醋酸发酵,醋汁含酸达 6.5% ~7.0% 时,发酵基本结束。

6)加盐与淋醋　醋酸发酵结束,为避免醋酸被氧化成二氧化碳和水,应及时加入食盐以抑制醋酸菌的氧化作用。加盐方法如下:将食盐置于醋醅面层,用醋汁回流以溶解食盐,使其渗入到醋醅中。

淋醋仍在醋酸发酵池内进行。先开醋汁管阀门,再用二醋淋浇醋醅面层,池底继续收集醋汁。下面收集多少,上面放入多少,当收集到的醋汁酸度降到 5% 时,即可停止淋醋。此前收集到的为头醋,一般可配制成品。头醋收集完毕,再在上面分次浇入三醋,由池底收集的叫二醋。最后上面加水,下面收集的叫三醋,二醋和三醋供淋醋循环使用。

7)灭菌与配兑　灭菌是通过加热的方法把陈醋或新淋醋中的微生物杀死;破坏残存的酶;使醋的成分基本固定下来。同时经过加热处理,醋的香气更浓,味道更和润。灭菌后的食醋应迅速冷却,并按照质量标准配兑。

11.1.2 酱油

酱油是指以大豆和(或)脱脂大豆(豆粕或豆饼)、小麦和(或)麸皮为原料,经微生物发酵制成的具有特殊色、香、味的液体调味品。

11.1.2.1 酿造酱油的微生物

(1)霉菌　酱油生产中常用的霉菌有米曲霉、黄曲霉和黑曲霉等。其中,生产上常用的米曲霉菌株有:AS 3.951、AS 3.863、UE 328、UE 336、渝 3.811 等。生产中常常是由两个以上菌种复合使用,以提高原料蛋白质及碳水化合物的利用率,提高成品中还原糖、氨基酸、色素以及香味物质的水平。应用于酱油生产的曲霉菌株应符合如下条件:①不产黄曲霉毒素,蛋白酶、淀粉酶活力高,有谷氨酰胺酶活力;②生长快速,培养条件粗放,抗杂菌能力强;③不产生异味,制曲酿造的酱制品风味好。

(2)酵母菌和细菌　酵母菌主要有鲁氏酵母、球拟酵母、毕氏酵母等;细菌主要有乳酸菌、微球菌、芽孢杆菌、四联球菌、片球菌等。

11.1.2.2 酿造工艺

(1)种曲制备　种曲即为经过三级扩大培养的菌种,其过程如下:

斜面试管菌种培养 → 三角瓶纯种扩大培养 → 种曲培养

1)斜面试管菌种培养

①培养基　5 °Bé 豆饼汁 100 mL,$MgSO_4$ 0.05 g,NaH_2PO_4 0.1 g,可溶性淀粉 2.0 g,琼脂 1.5 g,0.1 MPa 蒸汽灭菌 30 min,制成斜面试管。

②培养　将菌种接入斜面,置 30 ℃培养箱中培养 3 d,待长出茂盛的黄绿色孢子,并无杂菌,即可作为三角瓶菌种扩大培养。

2)三角瓶纯种扩大培养

①培养基　麸皮 80 g,面粉 20 g,水 80 ~ 90 mL 或麸皮 85 g,豆饼粉 15 g,水 95 mL。原料混合均匀分装入带棉塞的三角瓶中,瓶中料厚度 1 cm 左右,在 0.1 MPa 蒸汽压力下灭菌 30 min,灭菌后趁热摇松曲料。

②培养　曲料冷却后接入试管斜面菌种,摇匀,置 30 ℃培养箱内培养 18 h 左右,当瓶内曲料已发白结饼,摇瓶一次,将结块摇碎,继续培养 4 h,再摇瓶一次,经过 2 d 培养,把三角瓶倒置,以促进底部曲霉生长,继续培养 1 d,待全部长满黄绿色的孢子即可使用。若放置较长时间,应置于阴凉处或冰箱中。

3)种曲培养

① 曲料配比　目前一般采用的配比有两种:麸皮 80 kg,面粉 20 kg,水 70 kg 左右;麸皮 100 kg,水 95 ~ 100 kg。加水量应视原料的性质而定。根据经验,使拌料后的原料能捏成团,触之即碎为宜。原料拌匀后过 3.5 目筛。堆积润水 1 h,0.1 MPa 蒸汽压下蒸料 30 min,或常压蒸料 1 h 再焖 30 min 。要求熟料疏松,含水量 50% ~ 54% 。

②培养　待曲料品温降至 40 ℃左右即可接种，将三角瓶的种曲散布于曲料中，翻拌均匀，使米曲霉孢子与曲料充分混匀，接种量一般为 0.5% ~1%。制种曲的 2 种常用方法有：

Ⅰ.竹匾培养法　具体操作要点是：接种完毕，曲料移入竹匾内摊平，厚度约 2 cm，种曲室温度控制在 28 ~30 ℃，培养 16 h 左右，当曲料上出现白色菌丝，品温升高到 38 ℃左右时可进行翻曲。翻曲前调换曲室的空气，将曲块用手捏碎，用喷雾器补加 40 ℃左右的无菌水，补加水量 40% 左右，喷水完毕，再过筛 1 次，使水分均匀。然后分匾摊平，厚度 1 cm，上盖温纱布，以保持足够的温度。翻曲后，种曲室温控制在 26 ~28 ℃，4 ~6 h 后，可见面上菌丝生长，这一阶段必须注意品温，随时调整竹匾上下位置及室温，控制品温不超过 38 ℃，并经常保持纱布潮湿，这是制好种曲的关键。若品温过高，会影响发芽率。再经过 10 h 左右，曲料呈淡黄绿色，品温下降至 32 ~35 ℃。在室温 28 ~30 ℃下，继续培养 35 h 左右，曲料上长满孢子，此时可以揭去纱布，开窗放出室内湿气，并控制室温略高于 30 ℃，以促进孢子完全成熟。整个培养时间需 68 ~72 h。

Ⅱ.曲盘培养法　具体操作要点是：接种完毕，曲料装入曲盘内，将曲盘柱形堆叠于曲室内，室温 28 ~30 ℃，培养 16 h 左右。当曲面面层稍有发白、结块，品温达到 40 ℃时，进行第一次翻曲。翻曲后，曲盘改为品字形堆叠，控制品温 28 ~30 ℃，4 ~6 h 后品温上升到 36 ℃，即进行第二次翻曲。每翻毕一盘，盘上盖灭菌的草帘一张，控制品温 36 ℃，再培养 30 h 后揭去草帘，继续培养 24 h 左右，种曲成熟。

(2)成曲的生产

1)工艺流程

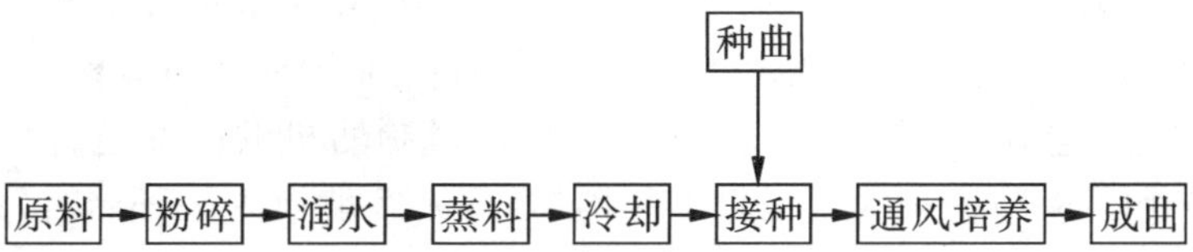

2)工艺要点

①原料的选择和配比　酱油生产中是以酿制酱油的全部蛋白质原料和淀粉质原料制曲后，再经发酵生产酱油的。所以制曲原料的选用，既要满足米曲霉正常生长繁殖和产酶，又要考虑到酱油本身质量的需要。脱脂大豆的蛋白质含量非常丰富，宜作原料；麸皮质地疏松，适合于米曲霉的生长和产酶，因此，可以作辅料。制曲的配比生产厂家不尽相同。酱油的鲜味主要来源于原料中的蛋白质分解产物氨基酸，而酱油的香甜则来源于原料中淀粉分解产物糖及发酵生成的醇、酯等物质，所以，若需酿制香甜味浓厚、体态黏稠的酱油，则在配比中要适当增加淀粉质原料。使用豆粕(豆饼)和麸皮为原料，常用的配比是：8∶2、7∶3、6∶4 和 5∶5。

②制曲原料的处理

Ⅰ.原料粉碎及润水　豆饼粉碎使其有适当的粒度，便于润水和蒸煮。一般若原料颗粒小，则表面积大，米曲霉生长繁殖面积大，原料利用率高。粉碎后的豆饼与麸皮按一定的比例充分地拌匀后，即可进行润水。所谓润水，就是给原料加上适当的水分，并使原料均匀而完全地吸收水分的工艺。其目的在于使原料吸收一定量水分后膨胀、松软,在蒸煮时蛋白质容易达到适度的变性,淀粉充分地糊化,溶出曲霉生长所需的营养成分,也为曲霉生长提供了所需的水分。

Ⅱ.蒸料　使原料中蛋白质达到适度变性,成为酶易作用的状态。使原料中的淀粉充分糊化,以利于糖化,杀灭原料中的杂菌,减少制曲时的杂菌污染。蒸料需均匀并掌握蒸料的最适程度,达到原料蛋白质的适度变性,防止蒸料不透或不均匀而存在未变性的蛋白质,或蒸煮过度而过度变性使蛋白质发生褐变现象。目前,国内蒸煮设备有3种类型,即常压蒸煮锅、加压蒸煮锅和连续管道蒸煮设备,酱油厂以采用旋转式加压蒸煮锅居多。

③厚层通风制曲　就是将曲料置于曲池(也称曲箱)内,其厚度增至30 cm左右,利于通风机供给空气并调节温度,促使米曲霉迅速生长繁殖。

(3)酱油发酵　酱油发酵根据醪醅的状态,可分为:稀醪发酵、固态发酵、固稀发酵;根据盐添加量可分为高盐发酵、低盐发酵和无盐发酵;根据温控及生产周期分为日晒夜露与保温速酿。现就固态低盐发酵做一介绍。

1)固态低盐发酵工艺流程

成曲→打碎→加盐水拌和(在12~13 °Bé,55 ℃左右的盐水,含水量50%~55%等条件下)→保温发酵(50~55 ℃,4~6 d)→成熟酱醅

2)工艺要点

①食盐水的配制　食盐溶解后,以波美计测定其浓度,并根据当时温度调整到规定的浓度。一般经验是100 kg水加盐1.5 kg左右得盐水10 °Bé。采用波美计检定盐水浓度一般是以20 ℃为标准温度,配制盐水需根据实际温度换算成标准温度。

②发酵料的配制　先将已准备好的糖浆盐水加热到50~55 ℃(根据下池后发酵品温的要求,掌握糖浆盐水温度的高低),再将成曲通过制醅机的碎曲齿,由升高机的提升斗,输入螺旋拌和器中与糖浆盐水一起拌和均匀,落入发酵池内。开始时,池底15 cm左右的成曲拌糖浆盐水略少,以后用阀门掌握成曲与糖浆盐水的流速数量,使拌曲完毕后,多出150 kg左右的糖浆盐水,将此糖浆盐水浇于料面。待糖浆盐水全部吸入料内,最后面层加盖聚乙烯薄膜,四周加盐将膜压紧,并在指定的点上插入温度计,池面加盖。

③保温发酵及管理　保温发酵温度与时间的掌握,各厂根据设备情况及要求的不同而各异。发酵时,成曲与糖浆盐水拌和入池后,酱醅品温要求在42~46 ℃,保持4 d,在此期间,品温基本稳定,夏天不需要开蒸汽保温,冬天如醋温不足需要进行保温。从第5天起按每天开汽3次的频率使品温逐步上升,最后提高到48~50 ℃。低盐发酵的时间一般为10 d,酱醅已基本上成熟。但为了增加风味,往往延长发酵期12~15 d,发酵温度前期为42~44 ℃,中间为44~46 ℃,后期为46~48 ℃。有的厂还采用淋浇发酵的办法,酱醅面上不封盐,制醅后相隔2~3 h将酱汁(曲液水)先回浇一次于酱醅内,使酶和水分较为均匀。发酵温度5 d内为40~45 ℃,5 d后逐步提高品温至45~48 ℃。前4天每天淋浇2次,4 d后每天淋浇1次。发酵期共为10 d。淋浇使发酵温度均匀,酱汁中的酶充分利用,并且可减少面层的氧化层,提高酱油的风味。它的缺点是需要增加淋浇设备与淋浇操作,在工艺上有所不便。

④浸出提油及成品配制

Ⅰ.工艺流程

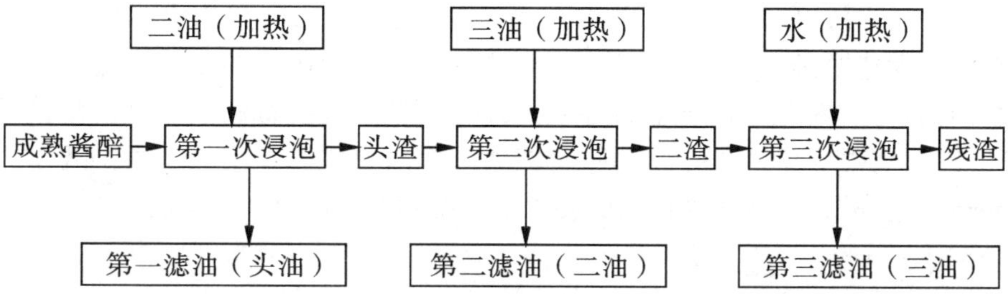

Ⅱ.成品配制　以上提取的头油和二油并不是成品,必须按统一的质量标准或不同的食用用途进行配兑,调配好的酱油还须经灭菌、包装,并经检验合格后才能出厂。

11.2　微生物与酿酒

酿酒具有悠久的历史,产品种类繁多,如:黄酒、白酒、啤酒、果酒等。酿酒所用的酵母以及酿造工艺也不同,而且同一类型的酒各地也有自己独特的工艺。

11.2.1　啤酒

啤酒是以优质大麦为主要原料,酒花(包含酒花制品)为香料,大米、玉米等为辅料,经过制麦、糖化、啤酒酵母发酵等工序酿制而成的一种含有 CO_2、低酒精浓度和多种营养成分的饮料酒,是世界上产量最大的酒种之一。

11.2.1.1　酿造啤酒的微生物

啤酒酵母是指用于酿造啤酒的酵母,多为酿酒酵母的不同品种,它是啤酒发酵生产中常用的典型上面酵母。啤酒酵母的细胞形态与其他培养酵母相同,而与野生酵母不同,为近球形的椭圆体。啤酒发酵生产中常用的 2 类酵母(上面酵母与下面酵母)比较见表 11-1。

表 11-1　上面酵母与下面酵母部分特征比较

比较项目	上面酵母	下面酵母
代表酵母	酿酒酵母	卡氏酵母
细胞形态	多呈圆形,多数细胞聚在一起形成芽簇	多呈卵圆形,单细胞或几个细胞联结
发酵状态	发酵后漂浮在啤酒的表面	发酵后酵母落定于发酵罐底部
发酵温度	14～25 ℃	4～12 ℃
实际发酵度	60%～65%	55%～60%

11.2.1.2 原、辅料

啤酒生产的主要原料为大麦。大米、玉米等常作为啤酒酿造的辅助原料,可为啤酒酿造提供淀粉质来源,国际上常用玉米作为辅助原料,而我国常用大米作为辅助原料。酒花是在啤酒酿造中必不可少的辅助原料,酒花在啤酒生产中的主要作用是:赋予啤酒香气和爽口的苦味;提高啤酒泡沫的持久性;使蛋白质沉淀,有利于啤酒的澄清;酒花本身有抑菌作用,增强麦芽汁和啤酒的防腐能力。啤酒酿造过程中对水质的要求较高,软水适于酿造淡色啤酒,碳酸盐含量高的硬水适于酿制浓色啤酒。

11.2.1.3 生产工艺

(1)麦芽的制备　大麦经水浸渍后,含水量达42% ~48%,在制麦过程中需要通入饱和湿空气,环境的相对湿度要维持在85%以上。麦粒发芽因呼吸作用而耗氧,同时产生大量的CO_2,因此在制麦芽时要通风,通风既能供给氧气,又能带走麦粒呼吸产生的CO_2,有利于麦粒发芽。发芽适宜温度为13 ~18 ℃,温度过低,发芽周期延长;温度太高,麦芽生长速率快,营养物质耗费多。另外,在大麦发芽的过程中,应避免阳光直射,因日光能促进叶绿素形成,这对啤酒风味和色泽不利。制麦过程中会产生各种水解酶类,使麦粒胚乳细胞的细胞壁受纤维素酶和蛋白水解酶作用后变成网状结构,便于在糖化时酶进入胚乳细胞内,进一步将淀粉和蛋白质水解。

(2)糊化、糖化与麦芽汁的制备　糊化即是辅料在50 ℃的料液中,其淀粉颗粒吸水膨胀,表层胶质溶解,内部的淀粉分子脱离膨胀的表层进入水中,再升温至70 ℃左右成糊状物,为下一步进行糖化反应做必要的准备。糖化是利用麦芽自身的各种酶类,把原料中的不溶性的高分子物质,分解成可溶性的低分子物质,如可溶性的糖类、糊精、氨基酸、肽等。糖化的方法很多,主要可分为煮出糖化法和浸出糖化法两大类。煮出糖化法根据醪液煮沸的次数,又可分为一次、两次及三次煮出法。目前国内绝大多数企业生产淡色啤酒都采用二次煮出法进行糖化。二次煮出法的特点是将辅助原料和部分麦芽粉在糊化锅中与45 ℃温水混合,并升温煮沸糊化(第一次煮沸)。与此同时,麦芽粉与温水在糖化锅中混合并以45 ~55 ℃保温,进行蛋白质休止(即蛋白质分解过程),时间在30 ~90 min。接着将糊化锅中已煮沸的糊化醪泵入糖化锅,使混合醪温达到糖化温度(65 ~68 ℃),保温进行糖化,直到与碘液不起呈色反应为止。然后从糖化锅中取出部分醪液(一般取底部占总量1/2的浓醪)泵入糊化锅煮沸(第二次煮沸),再泵回糖化锅,使醪液升温至75 ~78 ℃,静止10 min后进行过滤。

(3)过滤　麦汁过滤的方法有过滤槽法、压滤机法和快速过滤法等,目前国内多数啤酒生产企业主要采用过滤槽法。当糖化液即将过滤完毕时(在过滤层漏出之前),要立即进行洗槽,洗出残留于糟层中的糖分等,提高麦汁回收率。

(4)煮沸和酒花添加　经过滤后清亮的麦汁,还需要煮沸。煮沸的主要作用有:蒸发掉多余水分,浓缩到规定浓度;破坏全部酶系,稳定麦汁成分;使热凝固物析出;杀死麦汁中的杂菌及浸出酒花中的有效成分。麦汁煮沸的基本要求是要有一定的煮沸强度和时间。煮沸强度是指单位时间内所蒸发掉的水分占麦芽汁的百分比例。一般煮沸强度以8% ~12%为宜,煮沸时间为1.5 ~2 h。酒花于煮沸过程中分多次(3次或4次)添加,总用量为麦汁总量的 0.1% ~0.2%。

(5)澄清及冷却　麦芽汁经过煮沸后,含有一定量的酒花糟并产生一系列的热凝固物,后者对啤酒发酵过程与啤酒的非生物学稳定性有很大的危害。一般啤酒企业采用回旋沉淀法和自然沉淀法除去。麦汁冷却的主要目的是使麦汁达到主发酵最适宜的温度 6 ~8 ℃,同时使大量的冷凝固体物析出。

(6)发酵

1)啤酒酵母的扩大培养流程　扩大培养是将实验室保存的纯种酵母逐步增殖,目的是及时向生产中提供足够量的优良、强壮的酵母菌种,以保证正常生产的进行和获得良好的啤酒质量,其扩大培养流程如下:

斜面试管

↓

5 mL 麦芽汁试管 3 支(各活化 3 次)

↓

25 mL 麦芽汁试管 3 支

↓

250 mL 麦芽汁三角瓶 3 支

↓

3 L 麦芽汁三角瓶 3 支

↓

100 L 铝桶 1 只(第 1 次加麦芽汁 18 L,第 2 次加麦芽汁 73 L)

↓

100 L 大缸 3 只(一次加满)

↓

1 t 增殖槽 1 只(加麦芽汁 600 L)

↓

5 t 发酵槽(第一次加麦芽汁 1.8 t,第二次加麦芽汁 3.2 t)

将上述酵母培养液倒入 5 t 发酵槽内,加入冷麦芽汁 1.8 t,使酵母种子液与麦芽汁体积之比控制在 1 : 2,在 7 ~7.5 ℃下培养 24 h,其间通入无菌空气。之后追加冷麦芽汁至满量 5 t,满槽后转入正常发酵,冷麦芽汁的量与酵母种子液体积之比为 1 : 0.85。主发酵(也称前发酵)6 ~7 d。主发酵结束后,即将发酵液(俗称嫩啤酒)从酒液排出口引入后发酵罐,并完成后发酵,待嫩啤酒排完,应及时回收发酵槽底部的酵母,经过筛和漂洗,得到零代酵母,这种酵母泥即可供生产使用。

2)主发酵　主发酵也称前发酵,可分为 4 个期:①起泡期,还槽 4 ~5 h 后,在麦汁表面逐渐出现更多的泡沫,由四周渐渐向中间,洁白细腻,厚而紧密,如花菜状,有二氧化碳小气泡上涌,并且带出一些析出物;②高泡期,发酵温度不超过 9 ℃,发酵后 2 ~ 3 d,泡沫增高,形成隆起,并因酒内酒花树脂和蛋白质-单宁复合物开始析出而逐渐变为棕黄色,此时为发酵旺盛期,需要人工降温,但是不能太剧烈,以免酵母过早沉淀,影响发酵作用;③落泡期,发酵 5 d 后,发酵力逐渐减弱,二氧化碳气泡减少,泡沫回缩,酒内析出物增加,泡沫变为棕褐色;④泡盖形成期,发酵 7 ~ 8 d 后,此时温度降至 4 ~ 5 ℃,泡沫回缩,形成泡盖,撇去所析出的多酚复合物、酒花树脂、酵母细胞和其他杂质,此时应大幅度降温,使酵母沉淀。

3)后发酵(储罐)　后发酵的主要作用是使残糖继续发酵,促进 CO_2 在酒液中的饱和,同时利用酶还原双乙酰,并利用 CO_2 排出酒液中的双乙酰、乙醛、H_2S 等生青物质,使啤酒成熟。具体操作:①双乙酰还原,主发酵结束后,关闭冷媒升温至 12 ℃进行双乙酰还原,双乙酰含量降至 0.10 mg/L 以下时,开始降温。②降温,24 h 内使温度由 12 ℃降至 5 ℃,停留 1 d 进行酵母回收。亦可在 12 ℃发酵过程中回收酵母,以保证更多的高活性酵母。旺季或酵母不够用时可在主发酵结束后直接回收酵母。③贮酒,回收酵母后,发酵罐继续降温,24 h 内使温度降至-1 ~ -1.5 ℃,并在此温度下贮酒(淡季 7 d 以上,旺季 3 d 以上)。

(7)啤酒过滤与包装　经后发酵的啤酒,还有少量悬浮的酵母及蛋白质等杂质,需要采取一定的手段将这些杂质除去。目前,多数企业采用的过滤法有硅藻土过滤法、纸板过滤法、离心分离法和超滤。过滤的效果直接影响到啤酒的生物学稳定性和品质。酒液经过过滤、装瓶、热杀菌处理,称为熟啤酒,而过滤后不经过热杀菌的啤酒称为鲜啤酒。包装是啤酒生产的最后一道工序,对保证成品的质量和外观十分重要,啤酒包装以瓶装和罐装为主。

11.2.2　葡萄酒

葡萄酒是以鲜葡萄或葡萄汁为原料,经全部或部分发酵酿制而成的,酒精度不低于 7.0% 的酒精饮品。

11.2.2.1　酿造葡萄酒的微生物

葡萄酒酵母(*Saccharomyces ellipsoideus*)在微生物学分类上为子囊菌纲的酵母属,啤酒酵母种。葡萄酒酵母可发酵葡萄糖、果糖、蔗糖、麦芽糖等。葡萄果皮上除了葡萄酒酵母外,还有其他酵母,如尖端酵母、巴氏酵母、圆酵母等,统称为野生酵母。野生酵母发酵力弱,不利发酵,通常可采用 SO_2 来控制野生酵母。

优良葡萄酒酵母具有以下特性:①除葡萄(其他酿酒水果)本身的果香外,酵母也产生良好的果香与酒香;②能将糖分全部发酵完,残糖在 4 g/L 以下;③具有较高的对二氧化硫的抵抗力;④具有较高发酵能力,一般可使酒精含量达到 16% 以上;⑤有较好的凝集力和较快的沉降速度;⑥能在低温(15 ℃)或果酒适宜温度下发酵,以保持果香和新鲜清爽的口味等。

11.2.2.2　酵母扩大培养

从斜面试管菌种到生产使用的酒母,需经过数次扩大培养,每次扩大倍数为 10 ~

20 倍。

(1)工艺流程

斜面试管菌种(活化)→麦芽汁斜面试管培养(10 倍)→液体试管培养(12.5 倍)→三角瓶培养(12 倍)→玻璃瓶培养(20 倍)→酒母罐培养→酒母

(2)培养工艺

1)麦芽汁斜面试管培养　斜面试管菌种由于长时间保藏于低温下,细胞已处于衰老状态,需转接于 5 °Bé 麦芽汁制成的新鲜斜面培养基上,25 ℃培养 4 ~5 d。

2)液体试管培养　取灭过菌的新鲜澄清葡萄汁,分装入经干热灭菌的试管中,每管约 10 mL,用 0.1 MPa 的蒸汽灭菌 20 min,放冷备用。在无菌条件下接入斜面试管活化培养的酵母,每支斜面可接入 10 支液体试管,25 ℃培养 1 ~2 d,发酵旺盛时接入三角瓶。

3)三角瓶培养　往 500 mL 经干热灭菌的三角瓶注入新鲜澄清的葡萄汁 250 mL,用 0.1 MPa 蒸汽灭菌 20 min,冷却后接入两支液体培养试管,25 ℃培养 24 ~30 d,发酵旺盛时接入玻璃瓶。

4)玻璃瓶(或卡氏罐)培养　往洗净的 10 L 细口玻璃瓶(或卡氏罐)中加入新鲜澄清的葡萄汁 6 L,常压蒸煮(100 ℃)1 h 以上,冷却后加入亚硫酸,使其二氧化硫含量达 80 mL/L,经 4 ~8 h 后接入两个发酵旺盛的三角瓶培养酒母,摇匀后换上发酵栓于 20 ~25 ℃培养 2 ~3 d,其间需摇瓶数次,至发酵旺盛时接入酒母培养罐。

5)酒母罐培养　规模较小的工厂可用两只 200 ~300 L 带盖的木桶(或不锈钢罐)培养酒母。木桶洗净并经硫黄烟熏杀菌,过 4 h 后往一桶中注入新鲜成熟的葡萄汁至 80% 的容量,加入 100 ~150 mg/L 的亚硫酸,搅匀,静止过夜。吸取上层清液至另一桶中,随即添加 1 ~2 个玻璃瓶培养酵母,25 ℃培养,搅动 1 ~2 次,使葡萄汁接触空气,加速酵母的生长繁殖,经 2 ~3 d 至发酵旺盛时即可使用。每次取培养量的 2/3,留 1/3,然后再放入处理好的澄清葡萄汁继续培养。若卫生管理严格,可连续分割培养多次。

11.2.2.3　红葡萄酒生产工艺

酿制红葡萄酒一般采用红葡萄品种,如法国蓝、佳丽酿、玫瑰香、赤霞珠等。我国酿造红葡萄酒主要以干红葡萄酒为原酒,然后按标准调配成半干、半甜、甜型葡萄酒。

(1)工艺流程

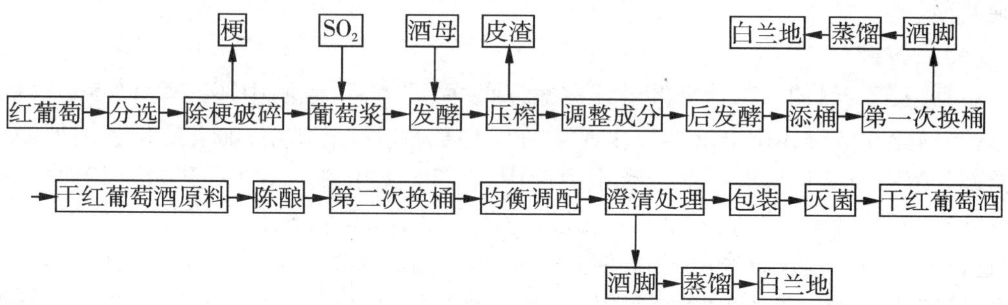

(2)前发酵(主发酵)　葡萄酒前发酵是决定葡萄酒质量的关键,其主要目的是进行酒精发酵、浸提色素物质和芳香物质。红葡萄酒发酵方式按发酵中是否隔氧可分为开放

式发酵和密闭发酵。发酵容器过去多为开放式水泥池,近年来逐步被新型发酵罐所取代。

接入酵母 3 ~4 d 后发酵进入主发酵阶段。此阶段升温明显,一般持续 3 ~7 d,控制最高品温不超过 30 ℃,在 25 ℃左右下进行。当发酵液的相对密度下降到 1.020 以下时,即停止发酵,出池取新酒。发酵生产中应注意以下几个问题。

1)发酵容积利用率　由于发酵时本身产生热量,并产生大量 CO_2气不能及时排出,易导致葡萄浆在进行酒精发酵时体积增加。为了保证发酵的正常进行,一般容器充满系数为 80%。

2)皮渣的浸渍　葡萄破碎后送入敞口发酵池,因葡萄皮相对密度比葡萄汁小,再加上发酵时产生的 CO_2,葡萄皮渣往往浮在葡萄汁表面,形成很厚的盖子,这种盖子亦称"酒盖"。因酒盖与空气直接接触,容易感染有害杂菌,降低葡萄酒的质量。为保证葡萄酒的质量,并充分浸渍皮渣上的色素和香气物质,须将酒盖压入醪中。

3)温度控制　发酵温度是影响红葡萄酒色素物质含量和色度值大小的主要因素。一般来说,发酵温度高,葡萄酒的色素物质含量高,色度值高。从红葡萄酒综合品质考虑,如口味醇和、酒质细腻、果香与酒香协调等,发酵温度控制低一些为好。红葡萄酒发酵温度一般控制在 25 ~30 ℃。红葡萄酒发酵降温方法有循环倒池法、蛇形冷却管法、外循环冷却法等。

4)葡萄汁的循环　红葡萄酒发酵时进行葡萄汁的循环有助于:①增加葡萄酒的色素物质含量,降低葡萄汁的温度;②开放式循环可使葡萄汁和空气接触,增加酵母的活力;③葡萄浆与空气接触可促使酚类物质的氧化,使之与蛋白质结合成沉淀,加速酒的澄清。

5)二氧化硫的添加　葡萄酒酿造中添加 SO_2的作用有:①杀菌作用,为了消除细菌和野生酵母对发酵的干扰,在发酵时添加一定量的 SO_2;②溶解作用,SO_2在水中生成亚硫酸,能将葡萄皮中不溶于葡萄汁和发酵液的色素溶解出来;③澄清作用,SO_2很快使不溶性的物质沉淀下来。

(3)压榨　当残糖降至 5 g/L 以下,发酵液面只有少量 CO_2气泡,"酒盖"已经下沉,液面较平静,发酵液温度接近室温,并且有明显酒香,此时表明前发酵已结束,可以出池。一般前发酵时间为 4 ~6 d。出池时先将自流原酒由排汁口放出,放净后打开入孔清理皮渣进行压榨,得压榨酒。自流原酒和压榨原酒成分差异较大,若酿制高档名贵葡萄酒应单独储存。

(4)后发酵

1)后发酵的目的　①残糖的继续发酵,前发酵结束后,原酒中还残留 3 ~5 g/L 的糖分,这些糖分在酵母作用下继续转化成酒精与 CO_2。②澄清作用,前发酵得到的原酒,还残留部分酵母及其他果肉纤维悬浮于酒液中,在低温缓慢的发酵中,酵母及其他成分逐渐沉降,后发酵结束后形成沉淀即酒泥,使酒逐步澄清。③陈酿作用,新酒在后发酵过程中,进行缓慢的氧化还原作用,并促使醇酸酯化。乙醇和水的缔合排列,使酒的口味变得柔和,风味上更趋完善。④降酸作用,有些红葡萄酒在压榨分离后诱发苹果酸-乳酸发酵,对降酸及改善口味有很大好处。

2)后发酵的管理　后发酵的管理主要有以下几个方面:①补加 SO_2。前发酵结束后,压榨得到的原酒需补加二氧化硫,添加量(以游离计)为 30 ~ 50 mg/L。②温度控制。原酒进入后发酵容器后,品温一般控制在 18 ~ 25 ℃。若品温高于 25 ℃,不利于新酒的澄清,给杂菌繁殖创造条件。③隔绝空气及卫生管理。后发酵的原酒应避免与空气接触,工艺上常称为隔氧发酵。后发酵的隔氧措施一般在容器上安装水封。前发酵的原酒中含有糖类物质、氨基酸等营养成分,易感染杂菌,影响酒的质量,搞好卫生是后发酵的重要管理内容。正常后发酵时间为 3 ~ 5 d,但可持续一个月左右。

11.3 微生物与发酵乳制品

发酵乳制品是一个综合性名称,它包括经由乳酸菌为主的微生物发酵而成的各种乳制品。发酵乳制品种类很多,包括酸乳、干酪、开菲尔酸奶酒等。

11.3.1 酸乳

以酸乳为代表品种的发酵乳主要是用一定比例混合的嗜热链球菌和保加利亚乳杆菌发酵制得的一种产品,可分为搅拌型酸乳和凝固型酸乳 2 种类型。发酵乳常用的乳酸细菌主要有:嗜热链球菌、保加利亚乳杆菌、嗜酸乳杆菌、双歧杆菌等。

11.3.1.1 酸乳发酵剂

(1)酸乳发酵剂的类型 通常用于乳酸菌发酵的发酵剂按照制备过程可分为乳酸菌纯培养物、母发酵剂、中间发酵剂和生产发酵剂:①乳酸菌纯培养物即一级菌种,多是从专门的发酵剂公司或研究所购得的原始菌种,当生产单位取到菌种后,即可将其移植于灭菌脱脂乳中,恢复活力以供生产需要。②母发酵剂即一级菌种的扩大再培养,它是制备生产发酵剂的基础。母发酵剂的质量优劣直接关系到生产发酵剂的质量。③中间发酵剂是扩大生产工作发酵剂的中间环节。④生产发酵剂又称工作发酵剂,是直接用于实际生产的发酵剂。

(2)酸乳发酵剂的制备

1)纯菌种培养物的活化及保存 从菌种保存单位购来的乳酸菌纯培养物,通常都装在试管或安瓿瓶中。此过程需在无菌操作条件下接种到灭菌的脱脂乳试管中多次传代、培养。而后保存在 0 ~ 4 ℃冰箱中,每隔 1 ~ 2 周移植一次。但在长期移植过程中,可能会有杂菌污染,造成菌种退化或菌种老化、裂解。因此,还应进行不定期的纯化处理,以除去污染菌和提高活力。

2)母发酵剂的制备 取脱脂乳量 1% ~2% 的充分活化的菌种,接种于盛有灭菌脱脂乳的三角瓶中,混匀后,放入恒温箱中进行培养。凝固后再移入灭菌脱脂乳中,如此反复 2 ~3 次,使乳酸菌保持一定活力,然后再制备生产发酵剂。

3)生产发酵剂(工作发酵剂)的制备 取脱脂乳、新鲜全脂乳或复原脱脂乳,加热到 90 ℃保持 30 ~60 min 后,冷却到 42 ℃接种母发酵剂(1% ~5% 接种量),充分混匀,恒温培养。待发酵到所需酸度时,可取出置于冷库中。

需指出的是,制取生产发酵剂的培养基最好与成品的原料相同,以使菌种的生活环境不致急剧改变而影响菌种的活力。生产发酵剂的量为发酵乳的 1% ~2% ,为了缩短生产周期可加大到3% ~4%,最高不超过5%。

11.3.1.2 酸乳生产工艺

酸乳按生产工艺和产品形态可分为搅拌型酸乳和凝固型酸乳两种类型,现介绍凝固型酸乳的一般加工工艺。

(1)工艺流程

原料乳→标准化→过滤与净化→预热(50~60 ℃)→均质(16~18 MPa)→杀菌(95 ℃,15 min)→冷却(43~45 ℃)→添加香料→添加发酵剂(2%~5%)→分装→发酵(42~43 ℃,2.5~4 h)→冷却储藏→成品

(2)工艺要点

1)原料乳的要求　应选新鲜、品质好的牛乳,菌数一般低于 10^4 个/mL,不含抗生素和消毒药。也可采用符合要求的脱脂乳或再制乳为原料。

2)标准化　乳中干物质和脂肪含量应符合要求。总干物质不能低于11.5%,非脂乳固体(SNF)不得少于8.5%,否则影响发酵时蛋白质的凝胶作用。脂肪含量一般在1% ~4%范围,低脂或脱脂会使成品芳香味不足。甜味剂(蔗糖量)以4% ~8%较适宜。

3)均质　原料配合并标准化后,通过热交换器串联均质机进行16 ~18 MPa均质处理,均质前预热可提高均质效果。均质可使原料充分混匀,粒子直径变小,有利于提高酸乳的稳定性和稠度,改善酸乳质地与口感。

4)杀菌　采用95 ℃保温15 min杀菌。加热不仅杀死大多数微生物(包括病原菌),而且能促使乳的某些成分降解,为乳酸菌的繁殖提供适宜的营养成分。

5)添加发酵剂　发酵剂的添加总量为2% ~5%,并于43 ℃保温发酵。发酵温度确定后,发酵剂的添加量与发酵时间对酸乳的酸度及其他品质指标影响较大。生产中,可根据酸度确定所需发酵时间,低酸性酸乳的最终酸度为0.85% ~0.95%,高酸性酸乳的最终酸度为0.95% ~1.20%。一般是3 h左右,长者达5 ~6 h。

6)冷却、后熟　发酵成熟后的酸乳应先冷却至10 ℃左右,再置于2 ~4 ℃冷藏室进行冷藏和后熟,直至饮用。冷却的目的是迅速而有效地抑制酸乳中乳酸菌的生长,降低酶的活性,防止产酸过度,避免酸乳逐渐形成较坚固的凝固状态,降低和稳定酸乳脂肪上浮和乳清析出的速率,并延长酸乳的保存期限。冷藏过程的24 h内,风味物质(如双乙酰)继续生成,且多种风味物质相互平衡形成酸乳的特征性风味,通常把这个阶段称为后成熟期。

11.3.2 干酪

主要天然干酪品种简介

联合国粮农组织(FAO)和世界卫生组织(WHO)制定了国际上通用的干酪(cheese)定义:干酪是以乳、稀奶油、脱脂乳或部分脱脂乳、酪乳或这些产品的混合物为原料,经凝乳酶(rennin)或其他凝乳剂凝乳,并排出乳清而制得的新鲜或发酵成熟的产品。

11.3.2.1 干酪发酵剂

制造干酪的过程中,用来使干酪发酵与成熟的特定微生物培养物称为干酪发酵剂

(cheese starter)。干酪发酵剂可分为细菌发酵剂和霉菌发酵剂两大类:①细菌发酵剂,可产酸和产相应的风味物质,以乳酸菌为主,主要有乳酸链球菌、乳脂链球菌、丁二酮链球菌、干酪乳杆菌、嗜酸乳杆菌、保加利亚乳杆菌及嗜柠檬酸明串珠菌等。有时为了使干酪形成特有的组织状态,还要使用丙酸菌属。②霉菌发酵剂,主要有脂肪分解能力强的卡门培尔干酪青霉、干酪青霉、娄地青霉等。此外,某些酵母,如解脂假丝酵母等也在一些品种的干酪中得到应用。干酪发酵剂微生物及其用途见表 11-2。

表 11-2 干酪发酵剂微生物及其用途

干酪发酵剂微生物		用途
一般名	菌种名	
乳酸球菌	嗜热乳链球菌	各种干酪,产酸、风味
	乳酸链球菌	各种干酪,产酸
	乳脂链球菌	各种干酪,产酸
	粪链球菌	切达干酪
乳酸杆菌	乳酸杆菌	瑞士干酪
	干酪乳杆菌	各种干酪,产酸、风味
	嗜热乳杆菌	各种干酪,产酸、风味
	胚芽乳杆菌	切达干酪
丙酸菌	薛氏丙酸菌	瑞士干酪
青霉菌	短密青霉菌 娄地青霉 卡门培尔干酪青霉	砖状干酪、林堡干酪 法国卡门培尔干酪
曲霉菌	米曲霉	法国绵羊乳干酪
酵母类	解脂假丝酵母	青纹干酪、瑞士干酪

11.3.2.2 凝乳酶

凝乳酶(rennin)的主要作用是促进乳的凝结,并为乳清的排出创造条件。少数类型的新鲜干酪,如农家干酪、夸克干酪等主要是通过乳酸来凝固,其他所有干酪的生产都是依靠凝乳酶或类似酶的反应来形成凝块。皱胃酶(rennet)是最常用的凝乳酶,由于凝乳酶的来源及成本等原因,其代用酶也被应用于干酪的实际生产当中。

11.3.2.3 天然干酪的生产工艺

各种天然干酪的生产工艺基本相同,只是在个别环节上有所差异。现就天然干酪的一般生产工艺加以介绍。

(1)工艺流程

原料乳 → 标准化 → 杀菌 → 冷却 → 添加发酵剂 → 调整酸度 → 加氯化钙 →

添加色素→添加凝乳剂→凝块切割→搅拌→排出乳清→成型压榨→盐渍→成熟→上色挂蜡→成品

(2)工艺要点

1)添加发酵剂和预酸化　原料乳杀菌后,冷却到30~32 ℃,添加乳量1%~2%的发酵剂,充分搅拌。为使干酪在成熟期间能获得预期的效果,达到正常成熟,加发酵剂后进行短期发酵30~60 min,以保证充足的乳酸菌数量,此过程即预酸化,将最后酸度控制在0.18%~0.22%。

2)添加凝乳酶和凝乳的形成　通常按凝乳酶效价和原料乳的量计算凝乳酶的用量。使用前先用1%的食盐水将酶配成2%溶液,并在28~32 ℃下保温30 min。添加凝乳酶后,小心搅拌2~3 min,然后32 ℃静置30 min左右,即可使乳凝固形成凝乳。

3)凝块切割　水平式刀平行切割,再用垂直式刀沿长轴垂直切0.7~1.0 cm的小立方体。

4)搅拌及二次加温　当乳清酸度达到要求后,开始缓慢搅拌15 min,之后搅拌速度可逐渐加快。同时,向干酪槽的夹层里通入温水,使乳凝块升温,当温度达到最终要求(高脂干酪为17~48 ℃,半脂干酪为34~38 ℃,脱脂干酪为30~35 ℃)时,停止加热,维持此温度一段时间,并继续搅拌。通过加热,产酸细菌的生长受到抑制,保证了乳酸的生成量符合要求。此外,加热也可促进凝块的收缩并伴以乳清析出(脱水收缩)。凝块的机械处理和由细菌持续产生的乳酸有助于挤出颗粒中的乳清。

5)排出乳清　搅拌升温的后期,乳清酸度达0.17%~0.18%,凝块收缩至原来的一半(豆粒大小),用手捏奶酪粒感觉有适度弹性或用手握一把奶酪粒,用力压出水分后放开,如果奶酪粒富有弹性,仍能重新搓开并分散时,即为排出全部乳清。

6)成型压榨　将堆积后的干酪块切成方砖形或小立方体,装入成型器中进行定型压榨。压榨可进一步排出乳清,使凝乳颗粒成块,并形成一定的形状,并在后续成熟阶段为干酪表面提供一坚硬外皮。

7)盐渍　干酪中盐含量一般为0.5%~2%。加盐的目的在于改进干酪的风味、组织和外观,排出内部乳清或水分,增加干酪硬度,限制乳酸菌的活力,调节乳酸的生成和干酪的成熟,防止和抑制杂菌的繁殖。

8)干酪成熟　多数干酪一般在盐渍后进入储藏成熟阶段。将生鲜干酪置于一定温度(10~12 ℃)和湿度(相对湿度85%~90%)条件下,经一定时期(3~6个月),在乳酸菌等有益微生物和凝乳酶的作用下,使干酪发生一系列的物理和生物化学变化,将新鲜凝块转变为结实、有塑性和韧性的成熟干酪的过程,称为干酪的成熟。

11.4　微生物与发酵果蔬制品

果蔬制品的发酵作用以乳酸发酵为主,此外还辅以轻度的酒精发酵和极轻微的醋酸发酵。蔬菜和水果经乳酸菌发酵后可以得到营养丰富、风味独特且具有一定保健功能的产品。用于蔬菜、水果乳酸发酵的微生物主要有植物乳杆菌、黄瓜乳杆菌、短乳杆菌、肠膜明串珠菌、小片球菌、发酵乳杆菌等。现以泡菜为例，介绍其生产发酵工艺。

泡菜腌渍时食盐用量较低，产品富含乳酸，具有增食欲、助消化作用，深受人们喜爱。

11.4.1　泡菜发酵过程中微生物的消长

泡菜腌制过程中，根据微生物的活动和乳酸积累量的多少，可将发酵过程分为 3 个阶段：

(1)发酵初期　以异型乳酸发酵为主。发酵初期主要是一些耐盐不抗酸的肠膜明串珠菌、小片球菌、大肠杆菌及酵母菌较为活跃，并迅速进行乳酸发酵及微弱的酒精发酵，产生乳酸、乙醇、醋酸及 CO_2，溶液的 pH 值下降至 4.0 ~ 4.5，CO_2大量排出，坛内氧分压降低，抑制好氧菌群生长，乳酸菌开始活跃。此期的含酸量为 0.3% ~ 0.4%，时间 2 ~ 5 d，是泡菜初熟阶段。

(2)发酵中期　主要是同型乳酸发酵。此时以植物乳杆菌、发酵乳杆菌为主。此阶段 pH 值下降至 3.5 ~ 3.8，腐败菌大量死亡，酵母菌的活动受到抑制，霉菌因缺氧不能生长。此期是泡菜的完熟阶段，时间为 5 ~ 9 d。

(3)发酵后期　同型乳酸发酵继续进行，乳酸浓度继续增高，当达 1.2% 以上时，植物乳杆菌也受到抑制，菌数下降，发酵速度减慢直至停止。

11.4.2　泡菜制作工艺

(1)工艺流程

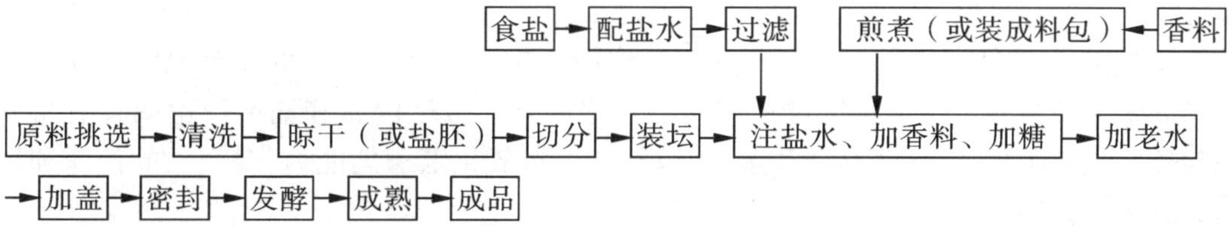

(2)工艺要点

1)原料选择　具有组织紧密、质地嫩脆、肉质肥厚、不易发软、富含一定糖分的幼嫩蔬菜均可作泡菜原料。

2)原料预处理　去掉不可食及病虫腐烂部分，洗涤晾晒。晾晒程度可分为 2 种：①一般原料晾干明水即可；②对含水较高的原料，可让其晾晒表面脱去部分水，表皮蔫萎后再入坛泡制。

3)盐水、老水及其他辅料的添加　按水量加入食盐 6% ~ 8%，经预处理原料装入坛内，加入的盐水要淹没原料，为了加速乳酸发酵可加入 3% ~ 5% 陈泡菜水(老水)以接种。此外为了增进色、香、味，还可加入 2.5% 黄酒、0.5% 白酒、1% 米酒、3% 白糖或红糖、3% ~ 5% 鲜红辣椒及 0.05% ~ 0.1% 香料，直接与盐水混合均匀。

4)发酵成熟　原料的种类、盐水的种类及气温对成熟也有影响。在夏季气温较高时，一般叶菜类需用新盐水泡 4 ~ 6 d，根菜类需 6 ~ 8 d。而冬天则需比夏天延长一倍的时间。用陈泡菜水则成熟期可大大缩短。

5)成品管理　泡菜成熟后,应及时取出包装,久储坛内品质易变劣。每坛菜必须一次性取完,再加入预腌新菜泡制。

11.5　微生物与发酵肉制品

发酵肉制品是指自然或人工条件下,通过微生物或酶的发酵作用加工而成的具有独特风味、色泽、质地,保质期较长的一类肉制品,主要有发酵香肠(原料肉搅碎)和发酵火腿(原料肉不搅碎)两大类。这里以发酵香肠为例说明其发酵加工工艺。

发酵香肠亦称生香肠,指将绞碎的肉和动物脂肪同糖、盐、发酵剂和香辛料等混合后灌入肠衣,经过微生物发酵而制成的具有稳定微生物特性和典型发酵香味的肉制品。

11.5.1　发酵剂

发酵剂是生产发酵肉制品的关键。传统的发酵肉制品是依靠原料肉中天然存在的乳酸菌与杂菌的竞争作用,使乳酸菌成为优势菌群来生产发酵肉制品。目前用于发酵肉制品的微生物主要有:细菌、酵母菌和霉菌。

(1)细菌　应用于发酵香肠的细菌主要有乳酸菌和球菌。乳酸菌是发酵香肠生产中的优势菌。在发酵香肠生产中可发酵糖类物质产生大量的乳酸和少量的醋酸,使香肠的pH值快速降低,从而抑制不良微生物的生长,保证产品的安全性。有的菌株也可以通过产生细菌素来抑制其他菌的生长。香肠pH值的降低还可促使肉中盐溶蛋白质凝胶化,降低蛋白质的持水性,加速产品的干燥。乳酸的生成促使亚硝基肌红蛋白生成(pH值5.4~5.5时),形成良好红色。乳酸菌的发酵作用还赋予产品以独特的发酵风味。在发酵肉制品中乳酸菌的应用是发酵过程成功的重要因素。微球菌属和葡萄球菌属具有将硝酸盐还原成亚硝酸盐、分解脂肪和蛋白,以及产生过氧化氢酶的能力,对产品的色泽和风味起决定性作用。

(2)酵母菌　汉逊德巴利酵母(*Dabaryomyces hansenii*)耐高盐,好气并具有较弱的发酵性,一般生长在表面,添加后可提高香肠风味,但是该菌没有还原硝酸盐的能力,常被用作发酵香肠的发酵剂。

(3)霉菌　霉菌适合加工干发酵香肠,使产品具有干香肠特殊的芳香气味和外观。霉菌酶具有蛋白分解和脂肪分解能力,故对产品的风味有利。同时生长在表面,可以隔氧,防止酸败。常用的有青霉属和帚霉属。

11.5.2　发酵香肠的生产工艺

(1)生产工艺流程

发酵香肠的生产主要包括配料、发酵和成熟干燥3个阶段。一般生产工艺流程如下:

原料肉的预处理 → 腌制 → 绞肉 → 斩拌 → 混合(加辅料、发酵剂) → 灌肠 → 干燥和成熟 → 真空包装 → 成品

(2)工艺要点

1)原料及辅料选择　①原料肉。原料肉的 pH 值是影响发酵香肠成熟产品最终 pH 值最重要的因素。对于猪肉而言,pH 值在 5.6 ~ 6.0 的新鲜原料肉都可用于发酵香肠生产。发酵香肠所用的原料肉应当含有最低数量的初始菌数,以降低发酵开始时有害微生物与乳酸菌的竞争。②糖类物质。在发酵香肠中常添加糖类物质,以利于乳酸菌的生长,启动发酵作用。使用的糖类通常是葡萄糖和低聚糖的混合物。③腌制剂。通常在发酵香肠中需要加入 2.4% ~ 3.0% 的氯化钠,它可调节水分活度,抑制或延缓有害微生物的生长,并有利于乳酸菌、葡萄球菌和微球菌的生长繁殖。

2)绞肉　粗绞时要求原料精肉温度在 0 ~ 4 ℃,脂肪处于冷冻状态,避免水的结合和脂肪融化。

3)接种　斩拌制馅时,将原料肉、辅料以及发酵剂分别投入斩拌机斩碎。发酵剂常用冻干菌粉,也可用经 18 ~ 24 h 活化的菌液。接种量一般为 10^6 ~ 10^7 CFU/g 肉馅,采用短时高温发酵时接种量要达到 10^8 CFU/g 肉馅。在发酵香肠的实际生产中通常使用的是混合发酵剂。

4)灌肠　肉馅在灌入肠衣之前应尽可能去除其中的氧,避免氧对香肠良好色泽和风味形成影响,故最好用真空灌肠机灌制。灌肠需充填均匀,松紧适度。整个灌制过程中肠馅的温度维持在 0 ~ 2 ℃。

5)接种霉菌或酵母菌　有些干发酵香肠的生产中还要接种霉菌或酵母菌。霉菌和酵母菌的接种方法有 2 种:①将霉菌或酵母菌的液体培养液喷洒在香肠表面;②先将霉菌或酵母菌制成菌悬液,然后将香肠在其中浸一下,该操作一般在灌肠后进行,有时在发酵后干燥开始前才进行。

6)发酵　发酵温度和时间依产品类型而定(表 11-3)。发酵温度与发酵速度关系密切,一般当需要 pH 值快速下降时发酵温度应稍高,温度每升高 5 ℃,产酸速率可增加 1 倍。

表 11-3　不同类型发酵香肠发酵温度与时间比较

发酵香肠类型	发酵温度/ ℃	发酵时间/ h
干香肠	15 ~ 27	24 ~ 72
涂抹型香肠	22 ~ 30	48
半干切片香肠	30 ~ 37	14 ~ 72

7)成熟、干燥过程　发酵香肠成熟、干燥过程采用的温度、湿度和干燥时间,因产品不同而异,但最后阶段香肠的老化通常是在 12 ~ 15 ℃下进行。半干香肠干燥损失低于其湿重的 20%,干燥温度在 37 ~ 66 ℃。温度高则干燥时间短,温度低则时间长。干香肠的干燥温度较低,一般为 12 ~ 15 ℃,干燥时间取决于香肠的直径。许多半干香肠和干香肠在干燥的同时进行烟熏。干香肠的干燥过程也是成熟过程,干燥过程时间较短,而成熟则一直持续至被消费为止,成熟形成发酵香肠的特有风味。

11.6 微生物与氨基酸

氨基酸发酵是典型的代谢调控发酵,其关键在于能否打破微生物细胞内的自动代谢调控机制,并人为控制代谢方向,积累大量氨基酸产物。在食品工业中,有些氨基酸可作为调味料使用,比如谷氨酸钠、肌苷酸钠、鸟苷酸二钠等作为鲜味剂,色氨酸和甘氨酸等作为甜味剂使用;有些如赖氨酸作为食品强化剂以提高食品的营养价值,提高蛋白质的利用率等。因此,氨基酸的生产具有重要的意义。现以谷氨酸为例对氨基酸的发酵工艺加以介绍。

11.6.1 谷氨酸的生产菌种

谷氨酸生产的微生物有谷氨酸棒杆菌(*Corynebaterium glutamicum*)、黄色短杆菌(*Brevibacterium flavum*)等。目前,我国使用的谷氨酸产生菌主要有:北京棒杆菌(*C. pekinenesisn*)AS 1.299、钝齿棒杆菌(*C. crenatum*)AS 1.542、天津短杆菌 T 6-13 及其诱变株、黄色短杆菌等。

11.6.2 谷氨酸的生物合成途径

谷氨酸的生物合成途径主要有 EMP 途径、HMP 途径、三羧酸循环、乙醛酸循环、羧化支路(CO_2固定反应),最后生成的 α-酮戊二酸在谷氨酸脱氢酶的作用下,在有 NH_4^+存在时生成 L-谷氨酸。

11.6.3 谷氨酸的发酵工艺

(1)谷氨酸生产工艺流程

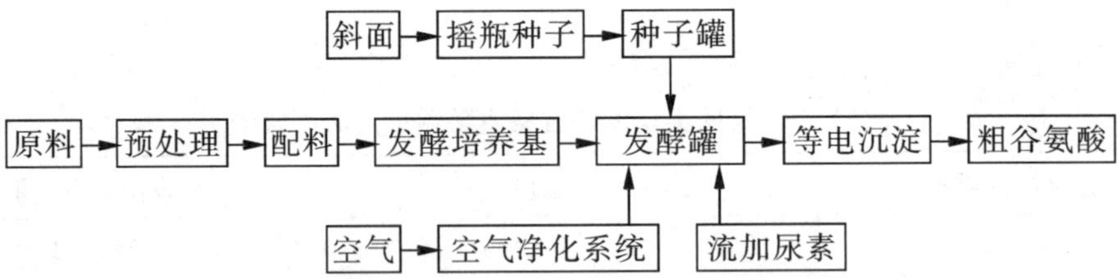

(2)工艺要点

1)原料　淀粉质原料有谷类和薯类,如大米、甘薯、木薯、山芋、玉米、小麦等,糖质原料有甘蔗和甜菜糖蜜等,氮源由尿素或氨水提供。

2)谷氨酸发酵条件的控制　影响谷氨酸产量的主要因素有通气量、生物素、pH 值及氨浓度等,其中通气量和生物素影响较大。严格控制发酵条件是取得谷氨酸高产的关键。

①发酵培养基的组成　要求有丰富的有机氮源、碳源和无机盐,对菌种生长必需生长因子——生物素要严格控制亚适量,使菌种处于半饥饿状态,以保证积累谷氨酸。当生物素过量时,除菌体大量生长外,丙酮酸趋于生成乳酸的反应,而很少甚至不生成谷

氨酸。

②温度　谷氨酸发酵前期(0～12 h)是菌体大量繁殖阶段,在此阶段菌体利用培养基中的营养物质来合成核酸、蛋白质等,供菌体繁殖用,此时应满足菌体生长最适温度30～32 ℃(AS 1.299)或32～34 ℃(AS 1.542)。在发酵中、后期是谷氨酸大量积累的阶段,菌体生长已基本停止,而谷氨酸脱氢酶的最适温度32～34 ℃(AS 1.299)或34～36 ℃(AS 1.542),故发酵中、后期适当提高罐温对积累谷氨酸有利。

③pH 值　发酵液的 pH 影响微生物的生长和代谢途径。发酵前期如果 pH 值偏低,则菌体生长旺盛,长菌而不产酸;如果 pH 值偏高,则菌体生长缓慢,发酵时间拉长。在发酵前期将 pH 值控制在 7.5～8.0 较为合适,而在发酵中、后期将 pH 值控制在 7.0～7.6 对提高谷氨酸产量有利。

④通风与搅拌　在谷氨酸发酵前期以低通风量为宜,若此时供氧过量,在生物素限量情况下将抑制菌体生长。在发酵中、后期以高通风量为宜,若此时供氧不足,发酵生成物由谷氨酸转为乳酸;若供氧过量,不利于谷氨酸生成,而造成 α-酮戊二酸积累。

⑤发酵时间　不同氨基酸产生菌对糖的浓度要求也不一样,其发酵时间也有所差异。一般低糖(10%～12%)发酵,发酵时间为 36～38 h;中糖(14%)发酵时,发酵时间为 45 h。

(3)谷氨酸提取　发酵液中谷氨酸的提取方法主要有水解等电点法、低温等电点法、低温连续等电点法、离子交换树脂法、锌盐法等。生产中常将两种方法结合使用。

11.7　微生物与酶制剂

酶是活细胞产生的具有高效催化功能、高度专一性和可控性的一类特殊蛋白质及某些核糖核酸。酶制剂是指酶经过提纯、加工后的具有催化功能的生物制品,主要用于催化生产过程中的各种化学反应,具有催化效率高、高度专一性、作用条件温和、降低能耗、减少化学污染等特点,其应用领域遍布食品、化工、医药、农业、能源、环保等。早期酶制剂的生产多是从动、植物中提取,即使是现在,动、植物也是酶制剂的主要来源。但是动、植物来源有限,且受季节、气候和地域的限制,而微生物不仅不受这些因素的影响,而且种类繁多,生长速率快,加工提纯容易,加工成本相对比较低,充分显示了微生物生产酶制剂的优越性。现在除少数几种酶制剂仍从动、植物中提取外,绝大部分(80%)酶制剂由微生物来生产。

11.7.1　主要酶制剂、用途及产酶微生物

酶制剂可由细菌、酵母菌、霉菌、放线菌等微生物生产,在食品工业中应用广泛(表 11-4)。

表 11-4　微生物酶制剂及其在食品工业中的应用

酶制剂	用途	主要来源
淀粉酶	淀粉水解制备葡萄糖、麦芽糖、糊精、糖浆,啤酒、酱油、醋原料处理等	细菌、霉菌
酸性蛋白酶	啤酒、白酒、干酪生产,淀粉改良,制造动、植物蛋白质水解营养液等	霉菌
中性蛋白酶	面包、糕点、豆酱制造,肉类嫩化、软化肌肉纤维,啤酒、茶饮料澄清等	细菌、霉菌
碱性蛋白酶	蛋白的改性,用于肉类罐头、肉汤调味料生产等	细菌
糖化酶	用于酒精、氨基酸、有机酸、抗生素生产,可用于葡萄糖、饴糖和糊精等的生产等	霉菌
脂肪酶	制作干酪,明胶生产,大豆脱腥,面包改良等	酵母、霉菌
纤维素酶	饮料加工,酿酒,酱油酿造等	霉菌、酵母
半纤维素酶	谷物脱皮,制造淀粉;可分解咖啡中的半乳糖为低聚糖,降低咖啡黏度;可水解谷物面粉中的木聚糖,改善面包品质等	霉菌
果胶酶	应用水果加工,促进果实破碎,加速果汁过滤,促进澄清等	霉菌、细菌
过氧化氢酶	去除用于牛乳杀菌的残留过氧化氢	霉菌、细菌
葡萄糖氧化酶	防止蛋品褐变(去除葡萄糖),食品除氧防腐等	霉菌、细菌
葡萄糖异构酶	可使葡萄糖转化为果糖,制造高果糖浆	细菌、放线菌
橙皮苷酶	防止柑橘罐头的白色混浊,制造橙皮苷、二氢查耳酮	霉菌
柚柑酶	柑橘、柚汁脱苦	霉菌
蔗糖酶	制造转化糖,防止高浓度糖浆中蔗糖析出,防止糖果发沙	酵母
乳糖酶	乳品工业中乳糖的降解,防止乳制品中乳糖析出等	霉菌、细菌、酵母
凝乳酶	制造干酪	霉菌
花色素酶	防止水果制品变色,白葡萄酒脱去红色	霉菌
蜜二糖酶	甜菜糖制造中棉籽糖的分解	霉菌、放线菌
单宁酶	食品脱涩,护色等	霉菌
菊糖酶	果糖的制造	细菌、酵母、霉菌

酶制剂的微生物发酵生产类型简介

11.7.2　酶制剂的发酵生产

11.7.2.1　菌种选择

(1)菌种的获取　一般情况下,产酶微生物的菌种可从国内外保藏机构获取,也可按照酶制剂的生产目的进行分离、筛选及菌种的改良获得。

适用于酶制剂生产发酵的细胞必须具备如下几个条件:①酶的产量高,高产细胞可通过筛选、诱变或采用基因工程、细胞工程等技术而获得;②容易培养和管理,要求产酶细胞容易生长繁殖，并且适应性较强，易于控制，便于管理；③产酶稳定性好，在通常的生产条件下，能够稳定地用于生产，不易退化；④易于酶的分离纯化，发酵完成后，需经分离纯化过程，才能得到所需的酶制剂，这就要求产酶细胞本身及其他杂质易于和酶分离；⑤安全可靠，要使用的细胞及其代谢物安全无毒，不会危害生产人员身体健康和环境，也不会对酶的应用产生其他不良影响。酶生产用菌种的研发流程如下：

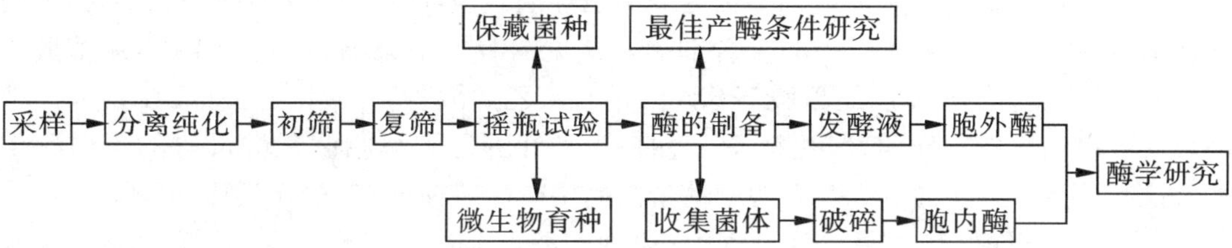

（2）食品级酶制剂的安全性　关于食品酶制剂的安全问题，联合国粮农组织（FAO）和世界卫生组织（WHO）的食品添加剂专家联合委员会，在 1977 年做出如下规定：凡从动、植物可食部位的组织，或用食品传统加工过程中使用的菌种生产的酶制剂产品，可作为食品对待，无须进行毒理学试验，只需建立有关酶化学和微生物学方面的说明；凡是有非致病菌的一般食品污染微生物生产的酶制剂，要进行毒理学试验。目前，美国政府批准用于食品酶制剂生产的菌种仅有 20 种，如枯草芽孢杆菌、黑曲霉、米曲霉及酵母菌和放线菌的一些种。常用的产酶菌种有枯草芽孢杆菌 BF 7658、AS 1.398，黑曲霉 AS 3.350、AS 3.409，米曲霉沪酿 3.042、UE 328、UE 336。此外，还有青霉、毛霉、根霉、木霉、链霉菌及酵母菌等。

11.7.2.2　发酵技术

酶的发酵技术包括产酶培养基的设计、培养条件控制、选择合适的发酵方式及发酵过程控制等。

（1）培养基的设计　培养基中营养物质组成对微生物的产酶影响很大。需考虑培养基是否能满足微生物生长及产酶需要，也要考虑有些细胞生长繁殖和产酶阶段所需营养的差异。

1）碳源　碳源是微生物细胞的重要组成材料、能源和酶的组成部分，也是多种诱导酶的诱导物。不同微生物要求的碳源不同，这是由菌种自身的酶系（组成酶或诱导酶）所决定的。如葡萄糖氧化酶产生菌在以甜菜作碳源时不产生酶，但以蔗糖作碳源时产量却显著提高。此外，碳源的类型对胞内酶与胞外酶的比例也有影响。

2）氮源　氮源是蛋白质的组成成分，在发酵中氮源也能起到诱导和阻遏酶形成的作用。在蛋白酶生产中，蛋白质能诱导酶的形成，而它的水解物就不及它本身好。氮源对于微生物生长与产酶有几方面影响：既促进微生物生长，又促进产酶；只促进微生物生长，不促进产酶；只促进产酶，不促进微生物生长；既不促进微生物生长，又不促进产酶。在酶发酵生产中，多数情况下将有机氮源和无机氮源配合使用才能取得较好的效果。

3）无机盐　无机盐是提供细胞生命活动不可缺少的营养要素，需根据其生长繁殖与产酶情况加以考虑，有些是细胞的组成成分，如磷、硫等；有些金属离子本身就是酶的组成部分且与酶的活性紧密相关,如磷、硫、镁、钾、铁及微量元素锌、铜、锰、钴、钙等;有些对培养基的pH、渗透压、氧化还原电位起调节作用,如钠、钾、钙等。

4)生长因子　多种氨基酸、维生素是微生物生长与产酶的必要成分,有些维生素甚至就是酶的组成部分。麦芽根、酵母膏、玉米浆、米糠、曲汁、麦芽汁、玉米废醪中均含有不同程度的生长因子,对促进产酶有显著效应。

5)产酶促进剂　产酶促进剂多数为酶的诱导剂或表面活性剂,还有些是酶的稳定剂或激活剂、生长因子、金属离子的螯合剂等。常见的有聚山梨酯-80(吐温-80)、植酸钙镁、洗净剂LS(对甲氧基脂肪酰胺基苯磺酸钠)、聚乙烯醇、乙二胺四乙酸(EDTA)等。植酸钙镁可以刺激枯草杆菌、灰色链霉菌、曲霉、黏红酵母和解脂假丝酵母等的蛋白酶生产;洗净剂LS对栖土曲霉3.942的中性蛋白酶生产是一种很有效的产酶促进剂。

(2)培养条件控制　酶发酵过程中,菌种产酶性能决定发酵效果,为了提高产酶水平,需对发酵过程参数,如pH值、温度、搅拌、通气量等参数加以控制,现以液体深层发酵为例进行阐述。

1)接种种龄　一般种龄在30~45 h的酶活性最高。老龄菌或幼龄菌的应用,不但会延长发酵周期,且易导致产酶量的下降。

2)pH值的控制　适宜的环境pH值可以促进酶的积累。主要体现在以下几个方面:①产酶时最适pH值通常接近酶反应的最适pH值,如生产碱性蛋白酶的最适pH值为弱碱性(pH值8.5~9);②pH值影响产酶的类型,如用黑曲霉在pH值6.0以上,果胶酶活性受到抑制,pH值控制在6.0以下,就形成果胶酶;③pH值决定酶系的组成,如泡盛曲霉突变株在pH值为6.0时培养,以产生α淀粉酶为主(糖化型淀粉酶与麦芽糖酶产生极少),在pH值为2.4的条件下培养,转向糖化型淀粉酶与麦芽糖酶的合成(α淀粉酶的合成受到抑制);④pH值影响胞内和胞外酶的产量与比例,如α半乳糖苷酶在pH值4.8~6.0范围内,其胞内酶占74%。当pH值升高时胞外酶的比例就升高。一般可通过改变培养基成分与组成、通气量来调节pH值,有时也可添加酸、碱或缓冲剂调节。

3)发酵温度　菌体产酶与菌体生长的最适温度不一定相同,温度对产酶的影响有以下几种情况:①产酶温度低于生长温度。酱油曲霉蛋白酶合成的适宜温度在28 ℃,比生长温度40 ℃条件下产酶量高出2~4倍。②产酶温度与生长温度一致。如链霉菌合成葡萄糖异构酶约在30 ℃。③产酶温度高于生长温度。例如产生糖化型淀粉酶的适宜温度在35 ℃,而它生长的最适温度为30 ℃。链霉菌产生淀粉酶的温度以35 ℃合适,而生长温度则以28 ℃最好。④温度影响酶系组成及酶的特性。例如,用米曲霉制曲时,温度控制在低限,有利于蛋白酶合成,而α淀粉酶活性受到抑制。因此,酶的发酵生产有时可在不同的阶段控制不同的温度(分段控制),以促进产酶。

4)中间补料与控制　中间补料是在发酵过程中补充某些营养物料,以满足细胞的生长代谢和合成酶的需要。其原则是,控制和引导产生细胞在培养过程中,特别是中后期的生化代谢活动向着有利于产物积累的方向发展;加入前体增加合成产物的中间体,从而使产量大幅度提高;延长合成期,推迟菌体自溶。

5)溶氧量　酶是生物大分子,其合成需要大量的能量,因而必须供给充足的氧气。生产过程中,应根据发酵菌种特性、原料浓度等,适时调节通气量。一般可通过改变通气量的方法来调节溶氧量和溶氧速率。如在发酵初期用较小通气量,中期用较大通气量。

11.8 微生物与单细胞蛋白

单细胞蛋白(single cell protein,SCP)是指利用各种营养基质大规模培养单细胞的微生物(包括细菌、酵母菌、霉菌和单细胞藻类)所获得的菌体蛋白质。

早在20世纪初就有人建议将培养的单细胞微生物作为人类食品的直接来源。按照生产原料不同,SCP可分为石油蛋白、甲醇蛋白、甲烷蛋白,1967年在第一次全世界单细胞蛋白会议上,将微生物菌体蛋白统称为单细胞蛋白。随着世界人口的增长和动、植物资源的限制,从微生物中获得蛋白质(单细胞蛋白)已是解决人类蛋白质食物资源、改善环境的一条重要而有效的途径。

11.8.1 微生物生产单细胞蛋白的优点

利用微生物生产SCP的优点有:①微生物生长繁殖迅速;②对营养物质适应性强,可以利用农副产品废弃物、糖蜜、纸浆废液、烃类及醇类等,生长条件完全受人工控制,不受气候变化的影响;③营养价值高,SCP含有较高的蛋白质和种类齐全的氨基酸,例如,微生物细胞内蛋白质含量(占细胞干物质):酵母菌40%~55%,细菌60%~80%,霉菌20%~50%,小球藻和螺旋蓝细菌50%~65%。而小麦10%~12%,牛肉18%~22%,大豆35%~40%。此外,这些微生物细胞中还含有丰富的碳水化合物和维生素(B族维生素、β-胡萝卜素)、麦角甾醇、矿物质(如磷、钾、镁等)、各种酶和未知生长因子。因此,与动、植物蛋白的生产相比,微生物蛋白的生产具有高速度和高效率的特点。

11.8.2 生产单细胞蛋白的原料及其主要微生物

良好的单细胞蛋白必须具备无毒、蛋白质含量高、必需氨基酸含量丰富、核酸含量较低、易消化吸收、适口性好、制造容易和价格低廉等基本要求。目前用于生产单细胞蛋白的微生物有酵母菌、非病原细菌、霉菌、单细胞藻类等(表11-5)。

表11-5 生产SCP的原料及其微生物

主要原料	生产菌种
糖类	如酿酒酵母、假丝酵母、木霉、青霉等
石油	如酵母菌,细菌中的诺卡氏菌、假单胞菌、棒状杆菌等
甲烷	以细菌为主,如甲烷假单胞菌、嗜甲烷单胞菌等
甲醇	甲烷单胞菌、甲基球菌,假单胞菌等
乙醇	假丝酵母、细菌、曲霉等
CO_2、氢气	氢单胞菌等
CO_2、光能	单细胞藻类,如小球藻、螺旋藻及光合细菌等

实践中,常使用工农业的废液、废渣和化工产品作为原料进行单细胞蛋白的生产:①工业废液类,包括造纸废液、酒精废液、味精废液、淀粉废液、生产柠檬酸废液、糖蜜废液等;②工农业糟渣类,包括白酒渣、啤酒渣、果酒渣、醋渣、甘蔗渣、玉米渣、饴糖渣等;③化工产品类,包括石油、石蜡、柴油、天然气、甲醇、乙醇、乙酸等。

11.8.3　单细胞蛋白生产工艺

SCP 生产工艺依据原料和菌种的特性不同而异。一般来说,淀粉、纤维素原料发酵前需经适当的预处理,才可为 SCP 生产菌同化利用,而糖蜜、单糖则可直接发酵利用。SCP 发酵生产有 2 种类型:①固体发酵,如某些食品、发酵工业废渣中含有大量的纤维素物料,需要霉菌的纤维素降解酶系参与发酵,为食用酵母菌提供可发酵性糖,而这类发酵的目的主要在于提供饲料性 SCP;②液体深层发酵,一般食用 SCP 采用此工艺,这有利于 SCP 的分离、提取,且生产规模较大,生产工艺便于自动化控制。

11.8.3.1　SCP 的一般工艺

(1)生产单细胞蛋白的一般工艺:

菌种选择 → 菌种扩大培养 → 发酵罐培养 → 培养液分离 → 菌体水解 → 蛋白质抽取 → 纯化 → 干燥 → 成品

1)菌种　先经斜面培养基培养,然后转到三角瓶液体振荡培养,最后在小种子罐、大种子罐中进行培养。

2)灭菌　培养液可采用高压蒸汽灭菌,空气多采用陶瓷多孔过滤除菌。

3)培养管理　温度和 pH 都要适宜细胞的生长繁殖,通风供氧或翻滚料,并注意糖的浓度。分离过滤冷却后用高速离心或滤布过滤。在生产中为了使培养液中的成分充分利用,可将分离后的上清液进行重新利用,对较难分离的菌种可加入凝絮剂。SCP 分离、纯化的关键技术是破除 SCP 生产菌的细胞壁和降低产品的 RNA 含量。如常见的可食用的酵母 SCP,其细胞壁通常采用化学法、酶解法和机械法破碎。其中机械法应用较广泛,主要有高压均质法、球磨研磨法、超声波破碎法等。

(2)以糖蜜为原料利用啤酒酵母液体深层通气法生产 SCP

1)培养基配方 生产 1 t 压榨酵母需要糖蜜(含糖 40%)1600 kg,磷酸(含量 45%)36 kg,硫酸铵(含 N 量 20%)40 kg,硫酸(含量 93%)7 kg,纯碱(含量 95%)50 kg,尿素(含 N 量 46%)25 kg。

2)工艺流程

糖蜜 → 水解(加硫酸、水) → 中和(石灰乳) → 澄清 → 流加糖液(配入硫酸铵、尿素、磷酸、碱水) → 发酵(酒母、通入空气) → 分离(去废液) → 洗涤(加水) → 压榨 → 压条 → 沸腾干燥 → 活性干酵母

食品加工人员健康管理与卫生要求

3)发酵条件　发酵时间为 12 h,温度 30 ~ 32 ℃,糖蜜浓度 1.5 ~ 5.5 °Bé,pH 值 4.2 ~ 4.4,发酵残糖 0.1 ~ 0.2 g/100 mL,通风量 120 ~ 163 $m^3/(h \cdot m^3)$。将压榨酵母加入水、植物油拌和后,切块、包装即为鲜酵母;而将压榨酵母保温自溶,经离心喷雾干燥,

可制成药用酵母粉。将压榨酵母压条后，经沸腾干燥，可制成活性干酵母粉。

思考题

发酵食品研究及发展方向

1. 发酵食品工艺中，菌种扩大培养的特点有哪些？
2. 简述酿造酱油中常见的微生物类群，发酵过程中应如何控制其生长？
3. 简述啤酒生产的一般工艺流程及工艺要点。
4. 简述葡萄酒发酵生产的工艺要点。
5. 试述发酵香肠的一般工艺及发酵所需的微生物。
6. 试述泡菜生产的一般工艺流程，其三个发酵阶段是指什么？
7. 图示凝固型酸奶的发酵工艺流程，并指出发酵剂、温度及时间对发酵品质的影响。
8. 单细胞蛋白的概念是什么，生产过程中所需的原料有哪些？

第12章　微生物与食品腐败变质

【学习目标】

了解微生物污染食品的来源与途径；掌握微生物引起食品腐败变质的条件；熟悉各类食品腐败变质的现象、原因及微生物作用；掌握食品防腐保藏常规技术及其机制。

食品发生腐败变质的因素主要包括物理性因素（高温、高压和放射性污染等）、化学性因素（化学反应和污染）、生物性因素（微生物、昆虫、寄生虫污染）及食品组织内的酶的作用。

微生物在自然界中分布广泛，食品原料及其加工产品在其预处理、加工、储藏、销售的过程中易受到微生物的污染而导致食品的腐败变质。微生物引起食品腐败变质是食品败坏的最主要因素之一，从此意义上讲，食品腐败变质是指在一定环境条件下，由微生物（包括微生物及其产生的酶）的作用而引起食品的化学组成成分、物理特性和感官性状发生变化，使食品降低或失去营养价值和食用价值的过程。食品的腐败变质不仅降低了食品的营养与卫生品质，甚至还可产生有毒有害物质，危害人体健康。因此，对食品进行合理的保藏，控制食品的腐败变质，对维持食品的品质至关重要。

12.1　食品的腐败变质

12.1.1　食品微生物污染的来源与途径

食品微生物污染是指食品在加工、运输、储藏、销售过程中被微生物及其毒素污染。研究食品微生物的污染来源和途径及其在食品中的消长规律，对于切断污染途径、控制其对食品的污染、延长食品保藏期、防止食品腐败变质与食物中毒的发生都有非常重要的意义。

12.1.1.1　食品微生物污染的来源

污染食品的微生物来源有土壤、空气、水体、操作人员、动物体、加工设备与包装材料、原料及辅料等方面。

（1）土壤　土壤为微生物的生长繁殖提供了有利的营养条件和环境条件，土壤素有“微生物的天然培养基”和“微生物大本营”之称。

土壤中的微生物数量可达 $10^7 \sim 10^9$ 个/g。土壤中的微生物种类十分庞杂，其中细菌占有比例最大，可达70% ~80%，放线菌占5% ~30%，其次是真菌、藻类和原生动物。不同土壤中微生物的种类和数量有很大差异，在地面下3～25 cm是微生物最活跃的场所，肥沃的土壤中微生物的数量和种类较多，土壤中的微生物除了自身发展外，分布在空气、水和人及动植物体的微生物也会不断进入土壤中。

土壤中与食品相关的微生物主要包括：细菌，如嗜热脂肪芽孢杆菌、大肠杆菌、枯草芽孢杆菌、不动杆菌、产碱杆菌、棒状杆菌、蜡样芽孢杆菌、巨大芽孢杆菌、葡萄球菌等；酵母菌，主要分布在柑橘园、葡萄园土壤中；放线菌，如链霉菌属等；霉菌，主要以尘埃为载体以孢子的形式存在。此外，许多病原菌可随动植物残体以及人和动物的排泄物进入土壤。来自于人和动物的病原菌进入土壤后，可以生存一段时期，但由于土壤中的养料与生长条件不适宜，以及其他微生物的拮抗作用，生存时间不太长，多数病原菌迅速死亡。

(2)空气　空气中不具备微生物生长繁殖所需的营养物质和充足的水分条件，加之室外经常接受来自日光的紫外线照射，所以空气不是微生物生长繁殖的场所。空气中的微生物随气流而悬浮在大气中或附着尘埃或液滴上。这些微生物可来自土壤、水、人和动植物体表的脱落物和呼吸道、消化道的排泄物等。

空气中的微生物主要为霉菌、放线菌的孢子和细菌的芽孢及酵母菌。由于空气的环境条件对微生物生长不利，在空气中检出率较高的是一些具有抗性的微生物类群，如细菌中革兰氏阳性菌和芽孢杆菌、酵母菌和霉菌的孢子。此外，空气中可能出现一些病原微生物，它们直接来自人体或动物呼吸道、皮肤干燥脱落物及排泄物或间接来自土壤，如结核杆菌、金黄色葡萄球菌、沙门菌、流感嗜血杆菌和病毒等。

(3)水体　水体中含有部分微生物生存所需的营养物质。水是食品重要的微生物污染源，水中微生物主要来自于土壤、空气、人畜排泄物、下水道生活污水、污物、工业污水和动植物尸体等。与食品有关的微生物主要有：假单胞菌属、产碱杆菌属、不动杆菌属、黄杆菌属、气单胞菌属、棒状杆菌属等。海水中也含有大量的水生微生物（主要为细菌），它们均具有嗜盐性，部分可引起海产品的腐败变质。

此外，如果水体受到人和动物排泄物（如粪便）的污染，则可能出现病原菌，水体中与食品及人体健康相关的病原菌主要有伤寒沙门菌、痢疾志贺菌、霍乱弧菌与副溶血性弧菌等。进入水体的动植物致病菌，通常因水体环境条件不能完全满足其生长繁殖的要求，故一般难以长期生存，但也有少数病原菌可以生存达数月之久。

GB 19304—2018 食品安全国家标准　包装饮用水生产卫生规范

(4)动物体　畜禽动物自身存在正常的微生物区系。例如，畜禽肠道内细菌的数量非常多，兼性厌氧菌和厌氧菌的数量达10^6～10^{11}个/g，主要有大肠杆菌、肠球菌属、乳杆菌属、拟杆菌属等；在畜禽的口腔中含有葡萄球菌属、链球菌属、乳杆菌属等；在正常情况下，畜禽肌肉内的细菌主要来自淋巴结过滤的外来细菌。此外，动物体携带的微生物还受到土壤、空气、水、饲料及加工条件等外界因素的影响。

正常健康的动物肌肉内基本无菌，但患病时肌肉中可能检出相应病原菌。患传染病的畜禽的皮毛上带有各种病原菌，如炭疽芽孢杆菌、布鲁氏菌、结核分枝杆菌等。鼠类常造成食品及食品原料的大量损失，也是沙门菌的重要污染源。此外，蚊、蝇及蟑螂等各种昆虫也都携带有大量的微生物，其中可能有多种病原微生物，它们接触食品同样会造成微生物的污染，如沙门菌、志贺菌、弧菌等。需指出的是，某些动物感染病毒后也可能通过食品为媒介，给人体造成极大的危害，如禽流感病毒、口蹄疫病毒、牛海绵状脑病病毒等。

(5)加工设备与包装材料　食品生产加工中所使用的各种加工机械设备不具备微生物生长所需的营养物质。但加工过程中,由于食品物料黏附于其表面,食品生产结束后机械设备没有得到彻底的清洗或消毒处理,促使原本少量的微生物得以在其表面大量生长繁殖,这类机械设备在后续的使用过程中可通过与食品接触而造成食品的微生物污染。

各类包装材料及容器如果处理不当也会带有微生物。因此,包装材料与容器在使用之前应采用清洗、消毒或杀菌处理,例如,饮料生产中,PET 灌装瓶可采用表面消毒剂进行消毒处理,以减少污染。

(6)原料及辅料

1)原料　食品的原料主要来自动物和植物原料,包括乳、肉、水产、蛋、水果、蔬菜、粮食等。水果虽然多数生长在树上,但在收获、运输过程中可被多种微生物污染,水果表皮存在机械损伤时尤为明显。目前,我国蔬菜栽培主要利用人畜的粪便作为肥料,故蔬菜被肠道致病菌和寄生虫卵污染相当严重。动物性食品原料的病原菌主要来源于病畜禽与健康带菌者。除原料本身存在一定种类和数量的微生物外,在加工、储运、销售等各个环节中均会因不洁环境造成不同程度的污染。

2)辅料　辅料虽占食品原料总量的一小部分,但它们也可携带大量微生物。调料里的菌数较高,如胡椒、花椒、大料、辣椒等的菌数可达 10^8 个/g,主要有需氧和兼性厌氧的芽孢与大量的霉菌;作为辅料的淀粉、糖等均含有耐热菌,常引起加热处理过的食品发生腐败变质。例如,糖中含有较多的芽孢菌,故制作罐头所用的糖应检查需氧嗜热平酸菌和厌氧嗜热菌的芽孢数量,以防止罐头食品热处理后(杀菌不完全)可能出现的腐败变质。

12.1.1.2　食品微生物污染的途径

食品在生产加工、运输、储藏、销售以及食用过程中都可能遭受到微生物的污染,其污染的途径可分为两大类:①内源性污染,凡是作为食品原料的动植物体在生活过程中,由于本身带有的微生物而造成食品污染的称为内源性污染,也称第一次污染;②外源性污染,食品在生产加工、运输、储藏、销售、食用过程中,通过水、空气、人、动物、机械设备及用具等而使食品发生微生物污染的称外源性污染,也称第二次污染。

(1)通过水污染　在食品的生产加工过程中,水既是许多食品的原料或配料成分,也是清洗、冷却、冷冻不可缺少的物质,同时,设备、地面及用具的清洗也需要大量用水。水的卫生质量与食品的卫生质量有密切关系,食品生产用水必须符合饮用水标准。在生产中,即使使用符合卫生标准的水源,由于操作不规范也可能导致微生物的污染范围扩大。如在屠宰加工场中的宰杀、除毛、开膛取内脏的工序中,皮毛或肠道内的微生物可通过用水的散布而造成畜体之间的相互感染。

(2)通过土壤污染　土壤中的微生物主要污染食品加工所需的植物性原料。它们可随原料加工进入食品厂而污染车间的空气、用具,最后对半成品和成品质量产生影响。例如,粮食等原料极易受到土壤、淤泥沉积物、尘土中肉毒梭菌的污染,而易引起食物中毒的发生。未经处理(如清洗、烫漂)的果蔬原料带有大量微生物,以果蔬为原料生产的果蔬汁加工过程中可引起加工产品的污染。土壤中的枯草芽孢杆菌可污染小麦及加工产品（面粉），采用微生物污染过的面粉加工方便面，虽经蒸煮、油炸高温处理，但当芽孢数量较多时，采用同样的杀菌条件，则达不到杀菌效果，最终产品中仍可检出芽孢菌。

（3）通过空气污染　空气中的微生物通常以灰尘、液滴的飞扬或沉降而污染食品。人体的痰沫、鼻涕与唾液的小水滴中所含有的微生物包括病原微生物，当人在讲话或打喷嚏时会产生飞沫和液滴，随着液滴的沉降，其携带的大量微生物可造成食品污染。

（4）通过人及动物接触污染　从事食品生产的人员可通过其皮肤、毛发、衣帽与食品接触而造成微生物污染。在食品的加工、运输、储藏及销售过程中，如果被鼠、蝇、蟑螂等直接或间接接触，同样会造成食品的微生物污染。

（5）通过加工设备及包装材料污染　食品的生产加工、运输、储藏过程中所使用的各种机械设备及包装材料，在未经清洗、消毒或灭菌前，常会带有不同数量的微生物，在与食品接触时可造成食品的微生物污染。需指出的是，已经过消毒灭菌的食品，如果使用的包装材料未经过无菌处理，则会造成食品的重新污染。

12.1.2　食品腐败变质的基本条件

12.1.2.1　食品的内环境因素

食品内环境因素包括食品的自身固有成分，如营养成分、水分含量、pH 值、渗透压和氧化还原电势等。

（1）营养成分　食品含有丰富的营养物质（表 12-1），如蛋白质、糖类、脂肪、无机盐、维生素和水分等，不仅可供人类食用，也是微生物的天然良好培养基。微生物在适宜环境条件下利用食品中营养物质生长繁殖而使食品发生腐败变质。

微生物对食品中营养成分的分解作用

表 12-1　各类食品原料营养物质组成

食品原料	蛋白质/%	糖类/%	脂肪/%
肉类	35～50	少量	50～65
禽类	50～70	少量	30～50
鱼类	70～95	少量	5～30
蛋	51	3	46
乳	29	38	31
水果	2～8	85～97	0～3
蔬菜	15～30	50～85	0～5

（2）水分含量　水分是微生物生命活动的必要条件，微生物细胞组成不可缺少水，细胞内所进行的各种生物化学反应，均以水分为溶媒。在缺水的环境中，微生物的新陈代谢受到抑制，甚至死亡。但各类微生物生长繁殖所要求的水分含量不同，因此，食品中的水分含量决定了可生长微生物的种类。一般来说，含水分较多的食品，细菌容易繁殖；含

水分少的食品,霉菌和酵母菌则容易繁殖。

食品中水分以游离水和结合水两种形式存在。微生物在食品上生长繁殖,能利用的水是游离水,因而微生物在食品中的生长繁殖所需水不是取决于总含水量(%),而是取决于水分活度(a_w)。食品中一部分水与蛋白质、碳水化合物及一些可溶性物质,如氨基酸、糖、盐等结合,这种结合水微生物不能利用。一般认为食品 a_w 值在 0.64 以下,是食品安全储藏的防霉水分活度。

新鲜的食品原料,例如肉类、水果、蔬菜等含有较多的水分,a_w 值一般在 0.98 ~ 0.99,适合多数微生物的生长,如果不及时加以处理,很容易发生腐败变质。为了防止食品变质,最常用的办法,就是要降低食品的含水量,使 a_w 值降低至 0.70 以下,这样可以较长期地进行保存。有研究报道,a_w 值在 0.80 ~ 0.85 的食品,一般只能保存几天;a_w 值在 0.72 左右的食品,可以保存 2 ~ 3 个月;如果 a_w 在 0.65 以下,则可保存 1 ~ 3 年。在实际中,为了方便,也可用含水量作为控制微生物生长的一项衡量指标。例如为了达到保藏目的,奶粉含水量应在 8% 以下,大米含水量应在 13% 左右,豆类在 15% 以下,脱水蔬菜在 14% ~ 20%。这些物质含水量百分率虽然不同,但其 a_w 值均约在 0.70 以下。

需指出的是,产芽孢菌形成芽孢的水分活度较细胞发育所需高,产毒菌的产毒量一般也随水分活度的降低而减少,产毒菌在干制(低水分活度)前没有产生毒素,干制后也一般不会产毒,若在干制前已经产毒,干制过程将很难破坏这些毒素。

(3)pH 值　各类食品 pH 值反映食品中氢离子的浓度。根据食品 pH 值范围,可将食品划分为两大类:①非酸性食品。一般规定 pH 值在 4.6 以上者,属于非酸性食品。如动物食品的 pH 值一般在 5 ~ 7,蔬菜 pH 值在 5 ~ 6,它们一般为非酸性食品。②pH 值在 4.6 以下者为酸性食品,如水果的 pH 值在 2 ~ 5,一般为酸性食品。大多数细菌最适生长的 pH 值是 7.0 左右,酵母菌和霉菌生长的 pH 值范围较宽,因而非酸性食品适合于大多数细菌及酵母菌、霉菌的生长;细菌生长下限 pH 值一般在 4.6 左右,pH 值 3.3 ~ 4.0 以下时只有少数耐酸菌可生长,故酸性食品的腐败变质主要由酵母和霉菌引起。

另外,食品的 pH 值也会因微生物的生长繁殖而发生改变,当微生物生长在含糖与蛋白质的食品基质中,微生物首先分解糖产酸,使食品的 pH 值下降;当糖不足时,蛋白质被分解,pH 值又回升。由于微生物的活动,使食品基质的 pH 值发生很大变化,当酸或碱积累到一定量时,反过来又会抑制微生物的继续活动。食品中的 pH 值可作为食品腐败变质的一项化学性评价指标。

(4)渗透压　一般来讲,微生物在低渗透压的食品中有一定的抵抗力,较易生长,而在高渗透压食品中,微生物常因脱水而死亡。当然不同微生物种类对渗透压的耐受能力大不相同。绝大多数细菌不能在高渗透压的食品中生长,只有少数种可以在高渗透压环境中生长,如盐杆菌属中的一些种,在 20% ~ 30% 的食盐浓度的食品中能够生活,肠膜明串珠菌能耐高浓度糖。而酵母菌和霉菌一般能耐受较高的渗透压,如异常汉逊氏酵母、鲁氏酵母、膜醭毕赤氏酵母等能耐受高糖,常引起糖浆、果酱、果汁等高糖食品的变质。霉菌中比较突出的代表有灰绿曲霉、青霉属、芽枝霉属等。

12.1.2.2　食品的外环境因素

在某种意义上讲,引起食品的腐败变质,其外环境因素也是非常重要的。影响微生物生长的外环境因素很多,在此仅就影响食品腐败变质的温度、湿度和气体加以介绍。

(1)温度　根据微生物对温度的适应性,可将微生物分为三个生理类群,即嗜冷、嗜温、嗜热三大类微生物。每一类群微生物都有最适宜生长的温度范围,导致食品腐败变质的微生物大都属于嗜温微生物(于 20 ~ 30 ℃大量增殖),而当食品处于低温或高温时,亦有嗜冷或嗜热微生物引起的食品的腐败变质。

1)低温　低温可抑制大多数微生物的生长。但由于微生物温度的适应性,在 5 ℃左右或更低的温度(甚至-20 ℃以下)下仍有少数嗜冷微生物能生长繁殖,使食品发生腐败变质。嗜冷微生物是引起冷藏、冷冻食品变质的主要微生物。食品在低温下生长的微生物主要有:假单孢杆菌属、黄色杆菌属、无色杆菌属等革兰氏阴性无芽孢杆菌;小球菌属、乳杆菌属、小杆菌属、芽孢杆菌属和梭状芽孢杆菌属等革兰氏阳性细菌;假丝酵母属、隐球酵母属、圆酵母属、丝孢酵母属等酵母菌;青霉属、芽枝霉属、葡萄孢属和毛霉属等霉菌。食品中不同微生物生长的最低温度可见表 12-2。

表 12-2　食品中各类嗜冷微生物生长最低温度

食　品	微 生 物	生长最低温度/℃	食　品	微 生 物	生长最低温度/℃
猪　肉	细菌	-4	乳	细菌	-1 ~0
牛　肉	霉菌、酵母菌、细菌	-1 ~ 1.6	冰激凌	细菌	-10 ~ -3
羊　肉	霉菌、酵母菌、细菌	-1 ~ -5	大　豆	霉菌	-6.7
火　腿	细菌	1 ~2	豌　豆	霉菌、酵母菌	-4 ~6.7
腊　肠	细菌	5	苹果	霉菌	0
熏肋肉	细菌	-10 ~ -5	葡萄汁	酵母菌	0
鱼贝类肉	细菌	-7 ~ -4	浓橘汁	酵母菌	-10

这些微生物虽然能在低温条件下生长,但其新陈代谢活动极为缓慢,生长繁殖的速度也较迟缓,因而它们引起冷藏或冷冻食品腐败变质的速度也较慢。某些微生物在很低温度下能够生长,其机制还不完全清楚,但可以确定微生物体内的酶在低温下仍能起作用。另外,嗜冷微生物的细胞膜中不饱和脂肪酸含量较高,由此可推测是由于它们的细胞膜在低温下仍保持半流动状态,故能进行活跃的物质传递。

2)高温　对多数微生物来讲,高温(特别在 45 ℃以上)对它们的生长代谢是十分不利的。在高温条件下,微生物体内的酶、蛋白质、脂质体很容易发生变性失活,细胞膜也易受到破坏,这样会加速细胞的死亡。温度愈高,死亡率也愈高。然而,在高温条件下,仍有少数嗜热微生物能够生长。在食品中生长的嗜热微生物,主要是嗜热细菌,如芽孢杆菌属中的嗜热脂肪芽孢杆菌、凝结芽孢杆菌;梭状芽孢杆菌属中的肉毒梭菌、热解糖梭状芽孢杆菌、致黑梭状芽孢杆菌;乳杆菌属和链球菌属中的嗜热乳杆菌、嗜热链球菌等。霉菌中纯黄丝衣霉耐热能力也很强。

嗜热微生物在高温条件下的新陈代谢活动较快,所产生的酶对蛋白质和糖类等物质的分解速率也比其他微生物快,因此使食品发生腐败变质的时间缩短,比一般嗜温菌快

10 倍左右。由于它们在食品中经过旺盛的生长繁殖后,很容易死亡,若不及时进行分离培养,就会失去检出的机会。高温微生物造成的食品的腐败变质主要是由于分解糖类产酸而引起酸败。

(2)湿度　相对湿度(relative humidity,RH)表示空气中的绝对湿度与同温度和气压下的饱和绝对湿度的比值。a_w值反映了溶液和作用物的水分状态,而相对湿度则表示溶液和作用物周围的空气状态。当两者处于平衡状态时,$a_w \times 100$ 就是大气与作用物平衡后的相对湿度。每种微生物只能在一定的 a_w 值范围内生长,但这一范围的 a_w 值要受到空气湿度的影响。储藏环境的 RH 对食品的 a_w 和食品表面的微生物的生长有较大影响。环境的水分(用相对湿度反映)与食品物料间的水分(可用 a_w 反映)存在扩散平衡。若将低 a_w 的食品置于高 RH 的环境中时,食品将吸收水分直至达到平衡,因而当食品的 a_w 较低时,储藏环境的 RH 不能太高,否则食品 a_w 的增加,将导致微生物的生长。例如把含水量少的脱水食品放在湿度大的地方,食品则易吸水返潮,表面水分迅速增加。包装处理是降低食品所处微环境相对湿度的有效措施。

(3)气体　微生物生长与气体组成及比例存在十分密切的关系。食品在加工、包装、运输、储藏等过程中,由于食品接触的环境中含有的气体情况不同,由此引起食品腐败变质的微生物类群也不同(表 12-3)。

表 12-3　食品中氧气条件与微生物生长类群

氧气条件	微生物类群
有氧	霉菌、产膜酵母、醋酸杆菌属、无色杆菌属、黄杆菌属、短杆菌属中的部分种,芽孢杆菌属、八叠球菌属和小球菌中的大部分种
少量氧	乳杆菌属和链球菌属
有氧或缺氧	大多数酵母、葡萄球菌属、埃希菌属、变形杆菌属、沙门菌属、志贺菌属及芽孢杆菌属中部分种
缺氧	梭状芽孢杆菌属、拟杆菌属

另外,N_2 和 CO_2 等气体的存在,对微生物生长也有一定的影响。实践中,可通过充氮包装来降低氧气浓度,从而达到抑制微生物的目的。CO_2 可改变环境的酸碱性,可一定程度上降低食品的 pH 值,由此也可用来防止食品的腐败变质。

食品中微生物的消长规律

12.1.3　微生物引起食品腐败变质的一般鉴定

12.1.3.1　感官鉴定

感官鉴定是以人的视觉、嗅觉、触觉、味觉来检验食品初期腐败变质的一种简便的方法。食品初期腐败时会产生腐败臭味,发生颜色的变化(褪色、变色、着色、失去光泽等),出现组织变软、变黏等现象。这些都可以通过感官分辨出来。

(1)色泽　食品无论在加工前或加工后,本身均呈现一定的色泽,如有微生物繁殖引起食品腐败变质时,色泽就会发生改变。有些微生物产生色素,分泌至细胞外,色素不断累积就会造成食品原有色泽的改变。此外,由于微生物代谢产物的作用,促使食品发生化学变化也可引起食品色泽的变化。例如,肉及肉制品的绿变就是由于硫化氢与血红蛋白结合形成硫化氢血红蛋白所引起的。

(2)气味　食品本身有一定的气味。动植物原料及其制品因微生物的生长代谢而产生极轻微的腐败变质时,人们的嗅觉就能敏感地觉察到有不正常的气味产生。最典型的就是动物性食品中蛋白质的分解产生氨、三甲胺、乙酸、硫化氢、乙硫醇、粪臭素等具有腐败臭味。

(3)口味　微生物造成食品腐败变质时也常引起食品口味的变化,而口味改变中比较容易分辨的是酸味和苦味。一般碳水化合物含量多的低酸食品,变质初期产生酸是其主要的特征。但对于原来酸味就高的食品,如番茄制品,微生物造成酸败时,酸味稍有增高,就不易辨别。此外,某些假单胞菌污染消毒乳后可产生苦味,蛋白质被大肠杆菌、微球菌等微生物作用也可产生苦味。当然,口味的评定从卫生角度看是不符合卫生要求的,而且存在一定的主观性。目前,借助仪器(如电子舌)来进行口味的检验并预测相关食品的储藏期已得到广泛的应用。

(4)组织状态　微生物导致的食品腐败变质,与食品自身特性相关。固态食品在微生物及酶的作用下,可使组织细胞破坏,造成细胞内容物外溢,使食品组织状态发生改变。如腐败变质的鱼、肉类食品则呈现肌肉松弛、弹性差、组织体表发黏等现象;果酱等变质后可出现黏稠、结块等现象;鲜乳因微生物作用引起变质可出现凝块、乳清析出、变稠等现象,有时还会产气。

12.1.3.2　化学鉴定

微生物代谢可引起食品化学组成的变化,并产生多种腐败产物,因此,直接测定这些腐败产物就可作为判断食品质量的依据。

(1)挥发性盐基总氮(total volatile basic nitrogen,TVBN)　挥发性盐基总氮系指肉、鱼类样品浸液在弱碱性条件下能与水蒸气一起蒸馏出来的总氮量,主要是氨和胺类(三甲胺和二甲胺),常用蒸馏法或康威(conway)微量扩散法定量。

(2)pH 值的变化　所有食品有其固有的 pH 值,在微生物及酶的作用下,食品的 pH 值在一定条件下将发生有规律的变化。例如,畜禽宰杀之后,肌肉中因碳水化合物的消化作用,造成乳酸和磷酸在肌肉中积累,以致引起 pH 值下降;其后因腐败微生物繁殖,肌肉被分解,造成氨积累,促使 pH 值上升。由此,pH 值可作为评价食品腐败变质的指标。

(3)三甲胺　挥发性盐基总氮中胺类的主要成分为三甲胺,是鱼虾等水产品腐败时产生的常见产物。可用气相色谱法进行定量,或者将三甲胺制成碘的复盐,用二氯乙烯抽取测定。

(4)组胺　鱼贝类可通过细菌分泌的组氨酸脱羧酶使组氨酸脱羧生成组胺而发生腐败变质,当机体摄入组胺达到 40～100 mg,就会出现食物中毒。通常用圆形滤纸色谱法进行定量测定。

(5)*K* 值　*K* 值是指 ATP 分解的肌苷(HxR)和次黄嘌呤(Hx)低级产物占 ATP 系列分解产物(ATP+ADP+AMP+IMP+HxR+Hx)的百分比,*K* 值主要适用于鉴定鱼类早期腐败变质,当 *K* 值≥40% 时表明水产开始腐败。

12.1.3.3 物理鉴定

蛋白质分解导致低分子物质增多,由此,可研究食品浸出物量、浸出液电导率、折光率、冰点及黏度等指标变化,判断食品腐败变质的程度。

12.1.3.4 微生物检验

对食品进行微生物菌数测定,可反映食品被微生物污染的程度及是否发生腐败变质。同时,它是判定食品生产的一般卫生状况以及食品卫生质量的一项重要依据。在国家卫生标准中常用菌落总数和大肠菌群的近似值来评定食品卫生质量。

12.2 微生物引起的各类食品腐败变质

12.2.1 牛乳及乳制品的腐败变质

各种不同来源的乳,如牛乳、羊乳、马乳等,其成分虽各异,但都含有丰富的营养成分。以牛乳为例,牛乳中含丰富的蛋白质(3.5%)、脂肪(3.8%)、乳糖(4.5%)、矿物质(0.7%)、维生素等,是微生物良好的天然培养基。牛乳及其制品一旦被微生物(包括病原菌)污染,后者在适宜条件下迅速繁殖,即引起乳及其制品的腐败变质,失去其食用价值,甚至引起食物中毒或其他传染病的传播。

12.2.1.1 鲜乳中微生物的污染来源

(1)乳房内的微生物　牛乳在乳房内不是无菌状态,即使严格无菌操作挤出乳汁,在最初挤出的少量乳液中每毫升至少也会有数百个以上的细菌。乳房中的正常菌群主要是微球菌属和链球菌属,其次是棒状杆菌属和乳杆菌属等的细菌。由于这些细菌能适应乳房的环境而生存,称为乳房细菌。但患乳房炎的奶牛产的乳液中可检出乳房炎病原菌,引起乳房炎的病原菌有金黄色葡萄球菌、酿脓链球菌、停乳链球菌以及大肠杆菌等。而患人畜共患病的奶牛的乳液中还可检测出人畜共患病原菌。

(2)挤乳过程中的污染　牛乳中的微生物主要来源于挤乳过程中的污染,其污染程度受畜舍空气、畜体卫生状况、挤奶器具及操作人员卫生状况影响。挤出的奶在处理过程中,如不及时加工或冷藏,不仅会增加新的污染机会,而且会使原来存在于鲜乳内的微生物数量增多。故挤乳后要尽快进行过滤、冷却(4~6 ℃)等处理。

12.2.1.2 鲜乳中微生物的类型

鲜乳中常见的微生物有细菌、酵母菌和霉菌、病原菌,但以细菌为主。

(1)细菌

1)微球菌属　占鲜乳总菌数的30%~90%。代表性的微球菌有藤黄微球菌、变异微球菌、弗氏微球菌,它们耐巴氏杀菌,引起冷藏消毒乳的腐败变质。

2)乳酸菌　约占鲜乳总菌数的80%。主要有链球菌属中的嗜热链球菌、液化链球菌,乳球菌属中的乳酸乳球菌、乳酸乳球菌乳脂亚种,肠球菌属中的粪肠球菌,乳杆菌属中的嗜酸乳杆菌、嗜热乳杆菌、德氏乳杆菌保加利亚亚种、干酪乳杆菌等。

3)G^+不形成芽孢的杆菌　数量低于10%。包括丙酸杆菌属、棒状杆菌属的细菌,以及微杆菌属中的乳微杆菌、节杆菌属等耐热菌，巴氏杀菌不能杀死。

4）G^-杆菌　菌数低于10%。包括假单胞菌属中的荧光假单胞菌和腐败假单胞菌，产碱杆菌属中的粪产碱杆菌、黏乳产碱杆菌，不动杆菌属、无色杆菌属、黄杆菌属、气杆菌属、变形杆菌属，大肠菌群中的大肠杆菌和产气肠杆菌。

5）芽孢杆菌和梭菌　包括枯草芽孢杆菌、地衣芽孢杆菌、蜡样芽孢杆菌、丁酸梭菌、产气荚膜梭菌等。

（2）酵母菌和霉菌　酵母菌主要有脆壁酵母、红酵母、热带假丝酵母、解脂假丝酵母、洪氏球拟酵母、球拟圆酵母、高加索乳酒球拟酵母等。常见的霉菌有卵孢霉属中的乳酪卵孢霉和乳卵孢霉、乳酪青霉、灰绿青霉、灰绿曲霉、黑曲霉、多主枝孢霉，丛梗孢霉属中的变异丛梗孢霉等。

（3）病原菌　①来自牛体，主要有金黄色葡萄球菌、乳房链球菌、无乳链球菌、肠致病性大肠埃希氏菌、化脓棒状杆菌等；②来自人体，主要有伤寒沙门菌、副伤寒沙门菌、痢疾志贺菌、猩红热链球菌、白喉棒杆菌、霍乱弧菌；③人畜共患病原菌，主要有牛分枝杆菌、流产布鲁氏菌、炭疽杆菌、溶血链球菌；④病毒，可见有轮状病毒、肝炎病毒、骨髓灰质炎病毒和多种细菌的噬菌体，如大肠杆菌、乳酸菌、沙门菌、志贺菌、霍乱弧菌、葡萄球菌、白喉杆菌、结核杆菌等的噬菌体等。

12.2.1.3　鲜乳在储藏中微生物变化及腐败变质现象

（1）鲜乳在室温储藏中微生物的变化　微生物的生长特点和特性变化规律如下：

1）抑制期　在新鲜的乳液中，均含有多种抗菌性物质，如溶菌酶、过氧化物酶、乳铁蛋白、免疫球蛋白、细菌素等，它们能对乳中存在的微生物具有杀菌或抑制作用。这期间若温度较低，抑菌时间持续较长；若温度升高，则杀菌或抑菌作用增强，但持续时间较短。因此，鲜乳放置室温环境中，一定时间内不会变质，此期为抑制期。在抑菌物质持续时间内，乳液含菌数不增高，有时甚至减少；但持续时间过后，乳中存在的微生物便迅速增殖。一般情况下，由于乳中抑菌物质的存在，新挤出的乳迅速冷却至4 ℃可保持36 h。

2）乳链球菌期　鲜乳中抑菌物质减少或消失后，存在乳中的微生物迅速繁殖，可明显看到细菌的繁殖占绝对优势，其中以乳链球菌生长繁殖最为旺盛，使乳糖分解产生乳酸或产气，使乳液的酸度不断升高，由此抑制了其他腐败菌的活动，当酸度下降到一定限值（pH值4.6）以下时，乳链球菌本身就会受到抑制，这时期就有少量乳液凝块出现。

3）乳杆菌期　当乳酸链球菌在乳液中繁殖，乳液的pH值下降到6左右时，乳酸杆菌的活力逐渐增强。当pH值继续下降至4.6以下时，由于乳酸杆菌耐酸力较强，尚能继续繁殖并产酸，在这个阶段乳液中可出现大量凝乳块，并有大量乳清析出。

4）真菌期　当酸度继续下降至pH值为3.0～3.5时，绝大多数微生物被抑制甚至死亡，仅酵母和霉菌尚能适应高酸性环境，并能利用乳酸及其他一些有机酸。由于酸的被利用，乳液的酸度会逐渐降低，pH值不断上升，甚至接近中性。此时优势菌为酵母菌和霉菌。

5）胨化菌期　经上述几个阶段的微生物活动后，乳液中乳糖已大量被消耗，残余的量已很少，而乳中蛋白质和脂肪含量相对较高。适宜分解蛋白质和脂肪的细菌迅速增殖，导致乳凝块被消化（液化），pH值逐步提高，向碱性转化，并有臭味产生。这部分腐败菌主要有芽孢杆菌、假单胞菌、产碱杆菌以及变形杆菌属中某些种。

(2)微生物引起鲜乳变质的主要现象　微生物引起乳变质后,常出现变稠乳、凝乳、乳清、产气乳、苦味乳、霉乳等一系列变质现象。在发生霉乳后,因霉菌种类不同、生长阶段不同,变质乳呈现的颜色也不一样,常见有白色、黄色、红色、黑褐色等。

12.2.1.4　鲜乳的消毒和灭菌

鲜乳的消毒和灭菌是为了杀灭致病菌和部分腐败菌,其效果与鲜乳被污染的程度有关。鲜乳消毒和灭菌条件(主要为温度和时间)的确定是保证最大限度地消灭微生物和最高限度地保留牛乳的营养成分和风味。

常用的消毒和灭菌方法有以下几种:①低温长时杀菌法(简称 LTLT),杀菌条件为 60 ~65 ℃,维持 30 min,此法因杀菌时间较长,且消毒乳卫生质量差,目前已不常采用。②高温短时杀菌法(简称 HTST),杀菌条件为 72 ~75 ℃,维持 4 ~6 min,80 ~85 ℃维持 10 ~15 s或 85 ~95 ℃维持 2 ~3 s,可杀灭原有菌数的 99.9%。用此法对牛乳消毒时,有利于牛奶的连续消毒,但如果原料污染严重时,难以保证消毒的效果。③超高温瞬时灭菌法(简称 UHT),灭菌条件为牛乳先经 75 ~85 ℃预热 4 ~6 min,接着通过 136 ~150 ℃维持 2 ~3 s。预热过程中,可使大部分的细菌杀死,其后的超高温瞬时加热,主要是杀死耐热的芽孢细菌,该方法生产的液态奶货架期一般可达 6 个月。

12.2.2　鱼类的腐败变质

12.2.2.1　鱼类微生物污染的途径

健康鱼体组织内部是无菌的,微生物在鱼体存在的部位主要是外层黏膜、鱼鳃和鱼体肠内。据报道,鱼的皮肤含细菌可达 10^2 ~10^7个/cm^2,鱼鳃含细菌 10^3 ~10^6个/g,肠液中含细菌 10^3 ~10^8个/mL。捕获鱼类的水域卫生状况是影响鱼类微生物污染的关键,除水源之外,每个加工过程如剥皮、去内脏、分割、包装都会造成微生物污染。

12.2.2.2　引起鱼类腐败变质的主要微生物

引起鱼类变质的主要微生物为细菌。海水鱼类中常见的微生物有假单胞菌属、不动杆菌属、莫拉氏菌属、无色杆菌属、黄杆菌属和弧菌属等。一般淡水鱼类除上述细菌外,还有产碱杆菌属、气单胞菌属、短杆菌属、埃希氏菌属、棒状杆菌属和微球菌属等。此外,鱼类中还含有人类病原菌,包括副溶血性弧菌、霍乱弧菌和肠病毒等。以上微生物大部分为嗜冷菌。北方水域的水温在-2 ~12 ℃,适于嗜冷菌生长。捕获后的鲜鱼,鱼体受到外界环境微生物的污染或得不到及时冷链处理,微生物种类及数量将骤增。

12.2.2.3　鱼类腐败变质过程

一般情况下,鱼类较其他肉类(如猪肉、牛肉等)更易腐败。鱼体本身含水量高(约 70% ~80%),不管淡水鱼和海水鱼都含有较高水平的脂肪、蛋白质及其他含氮化合物,鱼体组织脆弱,鱼鳞容易脱落,细菌容易从受伤部位侵入,而鱼体表面黏液是良好的培养基,鱼类死后易出现腐败变质。其过程一般是从表面到内部:首先鱼体表面无光泽,鱼鳞脱落,鱼鳃因细菌酶的作用,由红变为褐色,表面组织因被分解而变得松软。继而鱼体组织内部的细菌分解鱼肌肉中的蛋白质,产生吲哚、粪臭素、乙硫醇、氨、硫化氢等臭味物质,细菌降解氨基酸还可产生各种胺类,最后整个鱼体发生腐败。此时鱼体菌数可达10^8 CFU/g,pH值升高至7~8,挥发性盐基总氮含量达到300 mg/kg。上述指标参数,也常用来进行鱼体新鲜度的评价。

12.2.2.4　鱼类新鲜度的感官鉴定

新鲜鱼体僵硬一般出现在鱼死亡后4~5 h之内,以后慢慢缓解以致消失。处于僵硬期的鱼,较为新鲜,鳞片紧附体表,通常无脱落现象。眼球饱满,不下陷。鳃呈红色或暗红色。腹部不膨胀。体表光洁,肌肉有弹性,指压时形成的凹陷迅速平复。切开时,肉与骨骼不易分离。无异常臭味。腐败变质鱼体僵硬期(死亡后4~5 h内)不僵硬。鱼体颜色暗淡,光泽度较差。鳃多呈淡红、暗红至紫色。眼珠不饱满,稍见下凹。鳞片有脱落,用手指撕动也能脱落,易于剥离,油腻黏手,腹部轻度膨胀。肌肉弹性减弱,指压留下的凹陷平复很慢。鱼体有腥臭味。鱼肉与骨骼易分离。

12.2.3　肉类的腐败变质

肉类富含蛋白质和脂肪,水分含量高,pH值接近中性,是微生物生长的良好培养基。肉类中的微生物以能分解利用蛋白质、脂肪的为主要类群,并最终以蛋白质腐败、脂肪酸败为肉类变质的基本特征。此外,某些传染病、寄生虫病也会通过肉类传播给人体。故此,防止微生物对肉类的污染是保证肉类食品卫生质量的工作重点。

12.2.3.1　微生物污染肉类的途径

健康良好、饲养管理正常的牲畜肌肉组织内部一般无菌,但身体表面、消化道、上呼吸道、免疫器官中有微生物存在。宰杀前的空腹静养及宰杀过程中的冲淋、放血、脱毛、剥皮、去内脏、分割等操作环节均有可能造成污染。另外,微生物也可通过加工器具、用水、空气等途径污染肉类。

12.2.3.2　引起肉类腐败变质的微生物

参与肉类腐败变质的微生物有腐生微生物和病原菌两大类。

(1)腐生微生物　细菌主要有假单胞菌属、变色杆菌属、产碱杆菌属、微球菌属、链球菌属、黄杆菌属、八叠球菌属、明串珠菌属、变形杆菌属、埃希杆菌属、芽孢杆菌属、梭状芽孢杆菌属等。引起肉类腐败变质的酵母和霉菌主要有假丝酵母属、丝孢酵母属、芽枝霉属、卵孢霉菌、枝霉属、毛霉属、青霉属、交链孢霉属、念珠霉属等。

(2)病原菌　肉类中可能存在的病原菌有沙门菌、结核分枝菌、布鲁氏菌、炭疽杆菌、猪丹毒丝菌、李斯特氏菌、金黄色葡萄球菌、肉毒梭菌、产气荚膜梭菌、溶血性链球菌和小肠结肠炎耶森氏菌、猪瘟病毒、口蹄疫病毒等。它们对肉的主要影响并不在于使肉腐败变质,严重的是传播疾病,造成食物中毒。其中沙门菌较为常见,而炭疽杆菌产生的毒素危害极大。

12.2.3.3　肉类腐败变质的过程及现象

(1)肉类腐败变质的过程　肉类变质实际就是蛋白质的腐败,脂肪的酸败和糖类的发酵作用,一般也遵循从表面到内部的规律。与此同时,细菌的种类也发生变化,呈现菌群交替现象。这种菌群交替现象一般分为3个时期:①需氧菌繁殖期,细菌分解前3~4

d 主要在肉表层蔓延生长,主要有好氧的假单胞菌、微球菌、芽孢杆菌等细菌;②兼性厌氧菌繁殖期,腐败分解 3 ~4 d 后,细菌已在肉的浅层和近深层出现,主要是枯草杆菌、粪肠球菌、大肠杆菌、变形杆菌、产气荚膜梭菌等兼性厌氧和不太严格厌氧的细菌;③厌氧菌繁殖期,在腐败分解的 7 ~8 d 之后,深层肉中已有细菌生长,主要是厌氧的梭菌,如溶组织梭菌、腐化梭菌、水肿梭菌、生孢梭菌等细菌。

需指出的是,这种菌群交替现象与肉的储藏条件(如温度、包装、肉的分割程度等)相关。尤其是温度条件,当肉的储藏温度较高时,肉类腐败变质加速,其中杆菌的繁殖速度较球菌快。

(2)肉类变质的现象　通过感官评定,可以鉴定肉类腐败变质现象主要包括以下几个方面:①发黏。微生物在肉表面大量繁殖后,肉体表面有黏液状物质产生,这是微生物繁殖后所形成的菌落,以及微生物分解蛋白质的产物。当肉的表面有发黏、拉丝现象时,其表面含菌数一般为 10^7 CFU/cm^2。②变色。肉腐败变色最常见的是绿色。这是因为蛋白质分解产生的 H_2S 与肉中的血红蛋白结合后形成的硫化氢血红蛋白,积聚在肌肉表面呈现暗绿色斑点。此外,有些细菌能产生色素而改变肉的颜色,如产黄杆菌能产生黄色。③形成霉斑。肉体表面有霉菌生长时常形成霉斑,特别是一些干腌肉制品更为多见。多主枝孢霉和芽枝状枝孢霉可产生黑色霉斑,顶青霉、扩展青霉、草酸青霉、糙落青霉产生蓝绿鳞片状斑点,肉色侧孢霉产生白斑,总状毛霉、美丽枝霉和刺枝霉在肉的表面产生茸毛状菌丝,蜡叶枝孢霉可在冷冻肉上产生黑斑。④产生异味。鲜肉变质常伴随变味现象,最明显的是肉类蛋白质被分解产生的恶臭味,还有脂肪氧化分解产生的挥发性有机酸,如甲酸、乙酸、丙酸和丁酸等的酸败味,乳酸菌和酵母菌分解糖类产生的挥发性有机酸的酸味,霉菌生长繁殖产生的霉味等。

12.2.4　鲜蛋的腐败变质

鲜蛋是营养成分理想且完全的食品,其蛋白质和脂肪含量较高,含有少量的糖、维生素和矿物质。鲜蛋中的微生物以能分解利用蛋白质为主要类群,并最终以蛋白质腐败为鲜蛋变质的基本特征,有时还出现脂肪酸败和糖类发酵现象。

12.2.4.1　鲜蛋防御微生物的屏障

鲜蛋内部一般是无菌的,这主要是鲜蛋对微生物具备机械性和化学性的防御能力。鲜蛋从外向内是由蛋壳、蛋壳内膜(即蛋白膜)、清蛋白(蛋清或蛋白)、蛋黄膜和蛋黄等构成。

蛋壳作为蛋的机械屏障,具有保持形状、使蛋免受损伤的作用。在蛋壳表面还有一层胶状膜(由黏蛋白构成的半透明黏液胶质层),其结构致密,具有防止水分蒸发,阻碍微生物由气孔进入蛋壳内的作用,是防止细菌侵入的天然屏障。同时,蛋清中还含有溶菌酶、伴清蛋白、抗生物素蛋白、卵类黏蛋白、核黄素等溶菌、杀菌和抑菌等物质。蛋黄对微生物的抵抗力弱,其丰富的营养适宜于多数腐败微生物的生长。

12.2.4.2　引起鲜蛋变质的主要微生物

引起鲜蛋腐败变质的非病原微生物主要有枯草杆菌、变形杆菌、大肠杆菌、产碱粪杆菌、荧光杆菌、绿脓杆菌和某些球菌等细菌,芽枝霉、分枝孢霉、毛霉、枝霉、葡萄孢霉、交链孢霉和青霉菌等霉菌。引起鲜蛋变质的病原菌中禽类沙门菌最多,金黄色葡萄球菌和变形杆菌等与食物中毒有关的病原菌在蛋中也占有较高的检出率。

12.2.4.3　鲜蛋的腐败变质过程及现象

鲜蛋在储藏过程中发生腐败变质,导致结构形态发生变化,蛋内的主要营养成分发生分解,其腐败变质通常有 2 种类型。

(1)腐败　细菌侵入到蛋中不断生长繁殖,并形成各种适应酶,然后分解蛋内的各组成成分。先将蛋白带分解断裂,使蛋黄不能固定而发生移位。其后蛋黄膜被分解,蛋黄散乱,与蛋白逐渐相混在一起,这种蛋称为“散黄蛋”,是变质的初期现象。“散黄蛋”(核蛋白、卵磷脂和白蛋白)进一步被细菌分解,产生有恶臭气味的硫化氢和其他有机物,整个内容物变为灰色或暗黑色,称“黑腐蛋”(光照射时不透光线)。黑腐蛋由产碱杆菌、变形杆菌、假单胞菌、埃希氏菌和气单胞菌等引起,其中产碱杆菌和变形杆菌使鲜蛋变质的速度较快而且常见。有时蛋液变质不产生硫化氢等恶臭气味而产生酸臭,蛋液变稠成浆状或有凝块出现,这是微生物分解糖或脂肪而形成的酸败现象,称为“酸败蛋”。

(2)霉变　当环境温度较高且湿度较大时,利于蛋壳表面的霉菌繁殖,霉菌菌丝向壳内蔓延生长,首先在蛋壳内壁和蛋白膜上生长繁殖,形成大小不同的深色斑点,斑点处造成蛋液黏附,称为“黏壳蛋”,之后可逐渐蔓延扩散,蛋内成分分解,蛋液产生各种颜色的霉斑。不同霉菌产生的霉斑点不同,如青霉产生蓝绿斑,枝孢霉产生黑斑。有些细菌也可引起蛋的霉臭味,如浓味假单胞菌和变性杆菌属等。

12.2.5　果蔬及其制品的腐败变质

12.2.5.1　果蔬的腐败变质

(1)微生物污染果蔬的途径　由于接触土壤、水、空气等外界环境,果蔬表面可受污染和附着大量腐生微生物。通常,果蔬表面覆盖一层蜡质状物质,可阻止微生物的侵入,只有在收获、包装、运输、储存等过程中果蔬表皮组织被人为机械损伤或昆虫刺伤,微生物才会从此处侵入并进行繁殖,从而导致果蔬的腐烂变质,尤其是成熟度高的果蔬。此外,有些植物病原菌在果蔬收获前可从根、茎、叶、花、果实等处侵入其内,此种病变的果蔬,即带有大量的植物病原菌。

(2)引起果蔬腐败变质的微生物　果蔬的物质组成特点是以碳水化合物和水为主,水分含量高是果蔬易引起微生物变质的一个重要因素;其次水果 $pH<4.5$,蔬菜 pH 值为 5 ~7,这决定了果蔬中能进行生长繁殖的微生物类群。引起水果腐败变质的微生物主要有酵母菌和霉菌,引起蔬菜腐败变质的微生物有霉菌、酵母菌和少量细菌。引起果蔬变质的微生物类型中,还有一部分为果蔬病原菌,它们易感染果蔬而导致在储藏过程中果蔬的变质或病害。

(3)微生物引起果蔬的腐败变质过程及现象　果蔬表皮组织受到昆虫的刺伤或其他机械损伤,微生物因此侵入并进行繁殖,从而促使果蔬溃烂变质。首先霉菌在果蔬表皮损伤处繁殖或者在果蔬表面有污染物黏附的区域繁殖,侵入果蔬组织后,组织壁的纤维素先被破坏,导致果胶、蛋白质、淀粉、有机酸、糖类被分解,继而酵母菌和细菌开始繁殖。由于微生物繁殖,果蔬外观有深色的斑点(棕黄和暗色),组织变得松软、发绵、凹陷、变形,逐渐变成浆液状甚至水液状,并产生各种气味,如酸味、芳香味、酒味等。此外,果蔬本身酶的活动及外界环境因素对果蔬变质都具有协同作用。

12.2.5.2 果汁的腐败变质

(1)引起果汁变质的微生物　水果原料带有一定数量的微生物,在果汁生产过程中,难免受到微生物的污染,因而果汁中存在一定数量的微生物,但微生物进入果汁后能否生长繁殖,主要取决于果汁的 pH 值和果汁中糖分含量的高低。由于果汁的 pH 值多在 2.4~4.2,且糖度较高,因而在果汁中生长的微生物主要是酵母菌、霉菌和极少数的细菌。

1)细菌　果汁中的细菌主要是植物乳杆菌、乳明串珠菌和嗜酸链球菌。它们可以利用果汁中的糖、有机酸生长繁殖并产生乳酸、CO_2等和少量丁二酮、3-羟基-2-丁酮等香味物质。乳明串珠菌可产生黏多糖等增稠物质而使果汁变质;当果汁的 pH >4.0 时,酪酸菌容易生长而进行丁酸发酵。

2)酵母菌　酵母菌也是果汁中所含微生物数量和种类最多的一类微生物,它们是从鲜果中带来的或是水果在压榨过程中环境污染的,酵母菌能在 pH >3.5 的果汁中生长。果汁中的酵母菌,主要有假丝酵母菌属、圆酵母菌属、隐球酵母属和红酵母属。例如,苹果汁保存于低 CO_2气体中时,常会见到汉逊氏酵母菌生长,此菌可产生水果香味的酯类物质;柑橘汁中常出现有越南酵母菌、葡萄酒酵母、圆酵母属和醭酵母属的酵母菌,这些酵母菌是在加工中污染的;浓缩果汁由于糖度高、酸度高,细菌的生长受到抑制,但可检出一些耐渗透压的酵母菌,如鲁氏酵母菌、蜂蜜酵母菌等。

3)霉菌　果汁中存在的霉菌以青霉属最为常见,如扩张青霉、皮壳青霉,其次是曲霉属的霉菌,如构巢曲霉、烟曲霉等。霉菌一般对 CO_2敏感,故在果汁中充入 CO_2可以防止霉菌的生长。

(2)微生物引起果汁腐败变质的现象　微生物引起果汁腐败变质一般会出现混浊、产生酒精、导致有机酸的变化及果汁黏稠度升高等现象。

1)产生酒精　酵母菌是引起果汁产生酒精而变质的主要微生物,酵母菌对 CO_2有一定的耐受力,当果汁含有较高浓度的 CO_2时,酵母菌虽不能明显生长,但仍能保持其活力,一旦 CO_2浓度降低,生长活力即可恢复。此外,少数霉菌和细菌也可引起果汁产生酒精变质,如甘露醇杆菌、明串珠菌、毛霉、曲霉、镰刀霉中的部分菌种。

2)出现混浊　微生物引起果汁混浊的原因大多数是由于酵母菌进行酒精发酵造成的,当然有时也可由霉菌造成。通常引起混浊的是圆酵母菌属中的一些种,以及一些耐热性的霉菌,如雪白丝衣霉菌、纯黄衣霉菌和宛氏拟青霉等,但霉菌在果汁中少量生长时,并不发生混浊,仅使果汁的风味变坏,产生霉味和臭味等,由于大多数霉菌可产生果胶酶,对果汁起澄清作用,只有大量生长时才会混浊。

3)有机酸变化　果汁变质时可导致有机酸的变化。果汁中含多种有机酸如酒石酸、柠檬酸、苹果酸,它们以一定的含量比例形成了果汁特有的风味,当微生物以果汁为基质生长繁殖时,分解或合成了某些有机酸,从而改变了它们的含量比例,因而使果汁原有的风味被破坏，有时甚至产生了一些不愉快的异味，这部分微生物主要有解酒石杆菌、黑根霉、葡萄孢霉属、青霉属、毛霉属、曲霉属和镰刀霉属等。

4）黏稠度升高　由于肠膜明串珠菌、植物乳杆菌和链球菌属中的一些菌种等在果汁中发酵，形成黏液性的葡聚糖，因而增加了果汁的黏稠度。

12.2.6　罐藏制品的变质

罐藏食品是将食品原料经过预处理、调味加工、装罐、排气密封、杀菌冷却等工序而制成的一种特殊形式保藏的食品。罐的密封可防止外界微生物侵入，而加热杀菌则可杀灭存在于罐内的致病菌、产毒菌和腐败菌。一般来说，罐藏食品保存期较长（如鱼类罐头不少于 24 个月）且不发生变质。但有时由于杀菌不彻底、密封不良或储藏温度过高，也会因微生物的繁殖而造成罐藏食品的腐败变质。

12.2.6.1　罐藏食品分类及杀菌要求

罐藏食品中的微生物能否引起变质取决于多种因素，其中罐内内容物及其 pH 值是一个重要因素，这直接决定食品杀菌工艺条件。罐藏食品按照 pH 值的不同分为四大类：低酸性食品、中酸性食品、酸性食品和高酸性食品。罐藏食品的分类、常见腐败菌及杀菌要求见表 12-4。

表 12-4　罐藏食品分类（按 pH 值）及杀菌要求

酸度	pH 值	食品种类	常见腐败菌	杀菌要求
低酸性	>5.3	虾、蟹、贝类、禽、牛肉、猪肉、羊乳、蘑菇、青豆等	嗜热菌、嗜温厌氧菌、嗜温兼性厌氧菌	高温杀菌 105～121 ℃
中酸性	4.6～5.3	蔬菜肉类混合制品、汤类、面条等		
酸性	3.7～4.6	荔枝、龙眼、樱桃、苹果、枇杷、草莓、番茄酱等	非芽孢耐酸菌、耐酸芽孢菌	沸水或 100 ℃以下介质中杀菌
高酸性	<3.7	菠萝、杏、葡萄、柠檬、酸泡菜、柠檬汁等	酵母菌、霉菌	

12.2.6.2　罐头食品腐败变质的原因

罐藏食品腐败变质的原因主要有化学性、物理性和生物性 3 类。这里我们主要介绍生物性中微生物的作用。

（1）杀菌不彻底　强烈的杀菌条件会导致罐内食品品质的劣化，故罐头一般采用商业灭菌，即它只要求杀死致病菌、产毒菌，但并未达到“绝对无菌”水平，允许罐内残留少量非致病性微生物。罐头的杀菌条件与罐头内容物的 pH 值相关，pH 值 4.6 以上的低酸性和中酸性罐藏食品一般以肉毒梭菌（抗热力最大的食物中毒病原菌）为主要杀菌对象，需采用 100 ℃以上的高温杀菌，这一温度并不足以杀死其他耐热菌和耐热的细菌芽孢。pH 值 4.6 以下的酸性和高酸性罐藏食品一般应用低于 100 ℃的温度杀菌。若杀菌达不

商业无菌检验操作步骤与结果判定

到商业无菌标准,导致残留微生物超标,它们就会生长繁殖而导致食品腐败变质。需指出的是,商业无菌的罐头中残留的少量嗜热菌会因储藏温度过高导致罐内食品的腐败变质。

(2)漏罐　罐头一般密封性良好,但密封圈密封不严、物理撞击或杀菌冷却反压不够均可发生漏罐而造成微生物污染。如罐头杀菌后要用水进行冷却,水中微生物有可能通过漏孔而进入罐内。

12.2.6.3　引起罐藏食品腐败变质的微生物

罐藏食品的腐败变质通常由下列微生物引起。

(1)芽孢杆菌　嗜热脂肪芽孢杆菌、凝结芽孢杆菌是引起罐头平酸腐败(产酸不产气腐败)的嗜热菌;枯草芽孢杆菌、巨大芽孢杆菌和蜡样芽孢杆菌,它们是引起罐头平酸腐败的中温菌;也有少数中温芽孢细菌引起罐头腐败变质时伴随有气体产生,如多黏芽孢杆菌、浸麻芽孢杆菌;TA 菌(如嗜热解糖梭菌)是一种分解糖、专性嗜热、产芽孢的厌氧菌;厌氧的肉毒梭状芽孢杆菌,在食品中生长代谢能产生肉毒毒素,其毒性很强,因此罐藏食品常常把能否杀死肉毒梭菌的芽孢作为产毒菌的灭菌标准。罐藏食品杀菌不彻底多易发生由芽孢杆菌引起的腐败变质。

(2)非芽孢细菌　非芽孢细菌有球菌和肠杆菌 2 类:①球菌,如乳链球菌、类链球菌和嗜热链球菌等;②肠杆菌,如大肠杆菌、产气杆菌、变形杆菌等,它们能分解糖类产酸,并产生气体引起罐头胀罐。不产芽孢的细菌耐热性不如产芽孢细菌,如果罐头中发现有不产芽孢的细菌,这一般是由于罐头密封不良、漏气或杀菌温度过低造成的。

(3)酵母菌　引起罐藏食品腐败变质的酵母菌主要是球拟酵母属、假丝酵母属、啤酒酵母属。由于罐头食品加热杀菌不充分,或罐头密封不良而导致了酵母菌残存于罐内。罐藏食品因酵母引起的腐败变质,大多数发生在酸性或高酸性罐头食品中,如水果、果浆、糖浆以及甜炼乳等罐头制品。酵母菌多为兼性厌氧菌,可发酵糖产生 CO_2 而造成腐败胀罐。

(4)霉菌　霉菌引起罐藏食品的腐败变质,常见于酸度高(pH 值 4.5 以下)的罐头食品中。霉菌多为好氧菌,一般不耐热,若罐头食品中检出霉菌,说明罐头食品由于真空度不够、漏气或杀菌不充分而导致了霉菌残存,例如青霉属、曲霉属等。但也有少数几种霉菌耐热,如纯黄丝衣霉菌和雪白丝衣霉菌等较耐热、耐低氧,可引起水果罐头发酵糖产生 CO_2 而胀罐。

12.2.6.4　微生物引起罐藏食品腐败变质的现象

(1)胖听　胖听即胀罐,除化学性(电化学反应产氢造成)和物理性(排气不够或内容物太多引起)胖听外,微生物生长繁殖是造成胖听的主要原因。由嗜热厌氧菌产生的 CO_2 和 H_2 而引起,如产芽孢的专性嗜热厌氧的嗜热解糖梭菌;由中温需氧芽孢杆菌发酵产酸产气而引起,如枯草芽孢杆菌、蜡样芽孢杆菌和巨大芽孢杆菌等;由中温厌氧梭菌进行丁酸发酵,产生 CO_2 和 H_2 而引起,如丁酸梭菌和巴氏梭菌等;由中温厌氧梭菌分解蛋白质产生 H_2S 等恶臭成分与 CO_2 和 H_2 而引起,如生孢梭菌、腐化梭菌、肉毒梭菌、产气荚膜梭菌等;由不产芽孢细菌发酵糖类产酸产气而引起,如不耐热的大肠菌群和耐热的链球菌属、肠球菌属、乳杆菌属和微杆菌属中的某些种；由酵母菌发酵产生 CO_2 而引起。

(2)平盖酸败　指微生物已经在罐内繁殖，食品已变质，但并不出现罐头的膨胀现象，外观可与正常罐一样，称为“平盖酸败”，主要由产酸不产气的微生物，如专性嗜热的嗜热脂肪芽孢杆菌、兼性嗜热的凝结芽孢杆菌、多数中温的芽孢杆菌和乳杆菌等引起。

(3)硫臭腐败　主要由硫化物腐败菌如致黑梭菌等引起。

(4)霉变　少数情况下，若容器密闭不良，漏气，则可出现霉变现象，如纯黄丝衣霉菌和雪白丝衣霉菌可引起此类变质现象。

需指出的是，罐藏食品的腐败变质还可由罐头铁皮的腐蚀、罐头内容物的变色、罐头食品本身异味等造成。

12.2.7　粮食的腐败变质

粮食中含有丰富的碳水化合物、蛋白质、脂肪及无机盐等营养物质，是微生物生长良好的天然培养基，一旦粮食表面条件适宜（氧气分压大、相对湿度高等），粮食中的微生物就会生长繁殖，导致粮食品质的劣变，甚至还可产生毒素污染。

12.2.7.1　污染粮食微生物的来源

粮食中微生物的来源有 2 个方面：①与产粮食的植物长期相处的关系中形成的微生物，以种子的分泌物为生；②粮食收获、运输、粗加工、储藏等过程中，存在于土壤、空气、仓库及设备上的微生物通过各种途径侵染粮食。

12.2.7.2　引起粮食腐败变质的微生物

粮食上存在的微生物包括霉菌、细菌、放线菌、酵母菌等。

(1)霉菌　霉菌是引起粮食腐败变质的主要类群。霉菌有寄生菌、腐生菌和兼性寄生菌。寄生菌一般都是植物病原菌，它们引起粮食作物的病害，如赤霉病、稻曲病、小麦矮腥黑穗病等；腐生菌数量最多，包括青霉属、局限曲霉等；兼性寄生霉菌主要有交链孢霉属、枝孢霉属、蠕孢霉属、弯孢霉属、黑孢子霉属、大刀镰刀菌与禾谷镰刀菌等。在较高的温度和较高的水分条件下，霉菌即能繁殖，从而损害粮食品质。

(2)细菌　细菌主要是收获时附着于粮食表面，主要有荧光假单胞菌、黄杆菌、乳杆菌、黄单胞菌、马铃薯芽孢杆菌、枯草芽孢杆菌、蜡样芽孢杆菌、大肠杆菌、普通变形杆菌、链球菌等。由于粮食水分含量较低，不适于多数细菌生长，其危害一般是在粮食受到霉变后期，如粮食发热明显时才表现出来。

(3)放线菌　粮食上的放线菌数量少，以链霉菌属为主，如白色链霉菌、灰色链霉菌等。放线菌对储粮的危害与细菌类似，一般在霉菌霉变的后期才表现出来。

(4)酵母菌　粮食上的酵母菌数量一般较少，以耐干燥的酵母为主，常见的有假丝酵母、红酵母等。在粮堆密闭缺氧条件下，抑制好氧的霉菌活动，使兼性厌氧的酵母菌繁殖而产生酒精味。

需说明的是，粮食上的微生物数量和类型还与粮食的品种、初始含水量、储藏条件、包装条件、储藏时间有关。

12.2.7.3　微生物引起粮食的变质现象

湿度过大，温度过高，氧气充足的时候，污染粮食的微生物就能迅速生长繁殖，致使其发霉或腐败变质并产生真菌毒素。粮食霉变后可通过色泽、外观、气味等感官项目进行综合评价,具体的有:①色泽。由于霉菌孢子颜色和代谢产生的色素以及粮食坏死组织的颜色,使粮食原有色泽消失,而呈现出黑、褐、黄、绿、污白等颜色,出现斑点,胚部霉变更明显。②气味。粮食被微生物严重分解,产生霉味、酸味、酒味、臭味等难闻的异味。③质地。霉变严重的粮食可出现粮食颗粒变形,成团结块的现象。

12.3 食品防腐保藏技术

引起食品污染和腐败变质的有物理性、化学性和生物性因素。其中生物性因素中由微生物引起的食品腐败变质最为主要。食品防腐保藏的基本原理是围绕着防止微生物污染、杀灭或抑制微生物生长繁殖以及延缓食品自身组织酶的分解作用,采用物理、化学和生物学方法,使食品在尽可能长的时间内保持其原有的营养价值,以及色、香、味等良好的感官性状。

食品防腐保藏是有效利用食品资源、减少食品损耗的重要技术手段。随着科学技术的进步,人类在应用常规技术的基础上,创造了高新技术并应用于食品的防腐保藏。实践中,更多的是运用栅栏理论,采取综合性技术措施防止微生物污染食品,抑制或杀灭食品中的微生物,控制食品中残留微生物的增殖,延长食品的储藏期。

12.3.1 食品防腐保藏常规技术

12.3.1.1 食品的低温保藏

食品的低温保藏是利用低温技术将食品温度降低并维持在低温状态,以阻止食品腐败变质的方法,它能够较好地保存食品的营养成分和品质,是食品保藏中应用最广泛的方法。

(1)基本原理 在低温下,食品中的内源酶活性及化学反应得到延缓,残存微生物生长繁殖速度大大降低、完全被抑制或出现少量死亡(冻结状态),低温保藏可以防止或减缓食品变质,在一定时期内,可较好地保持食品的品质。

(2)常用低温保藏的方法 低温保藏一般可分为普通冷却储藏、冷藏和冻藏 3 种方式。新鲜果蔬类食品等短期储藏保鲜常用普通冷却储藏或冷藏,而动物性食品的长期储藏常用冻藏。

1)普通冷却储藏 其温度在室温和冷藏温度之间,通常为 8 ~ 15 ℃。嗜冷菌能在此温度范围内缓慢生长,故此法只适于部分水果和蔬菜的保存,如马铃薯、甘蓝、芹菜、黄瓜、番茄、苹果、柑橘和橙子等的短期储藏。储藏期间酶和微生物仍可引起储藏食品的腐败变质。

2)冷藏 冷藏温度在 0 ~ 8 ℃,可抑制微生物生长繁殖,尤其可抑制食物中毒病原菌的生长和产毒(表 12-5)。但嗜冷菌在冷藏温度下仍可出现缓慢生长,引起食品变质。故冷藏适用于乳、肉、蛋、水产、水果、蔬菜等的短期储藏与保鲜。冷库或储藏室的储藏温度、相对湿度、气体组成、包装堆垛及通风换气速率等因素对储藏效果均有影响,可根据实际情况加以调节。

表 12-5　食物中毒病原菌的生长和产生毒素的最低温度

菌名	金黄色葡萄球菌	沙门菌	肉毒杆菌 A 型	肉毒杆菌 B 型	肉毒杆菌 C 型	肉毒杆菌 E 型
生长温度/℃	6.7	6.7	10	10	15	3.3
产生毒素温度/℃	18	—	10	10	10	3.3

3）冻藏　是将食品冻结后储藏在低于-18 ℃温度下的食品保藏方法。通常，-18 ℃以下 90% 以上的游离水形成冰晶，大部分微生物的生长受到抑制。此外，当食品中的微生物处于冰冻时，细胞内游离水形成冰晶体，失去了可利用的水分，a_w降低，渗透压提高，细胞内细胞质因浓缩而黏性增大，引起 pH 和胶体状态的改变，从而使微生物的活性受到抑制，甚至死亡；微生物细胞内的水结为冰晶，冰晶体对细胞也有机械性损伤作用，可直接导致部分微生物的裂解死亡，故此，冻藏可用于部分食品的长期储藏。

需指出的是，低温下微生物的生长及酶的活性受到抑制，但当温度升高到一定程度，微生物及酶的活性将骤增，引起食品的腐败变质。

12.3.1.2　利用高温进行食品的保藏

该方法是基于高温对菌体蛋白质、核酸和酶系统等产生破坏作用，使蛋白质凝固变性，杀灭病原菌，并使食品中的腐败微生物减少到无害程度或完全杀灭，并长期维持这种状态，从而达到较长时间保藏食品的目的。

（1）常见的热杀菌方法

1）常规热杀菌　第 7 章已介绍，在此不再赘述。

2）远红外线加热杀菌　远红外线是指波长为 2.5～1000 μm 的电磁波。食品许多成分对 3～10 μm 的远红外线有强烈的吸收作用，其分子、原子吸收红外线后，不仅会发生能级跃迁，也扩大了以平衡位置为中心的各种运动的幅度，质点内能加大，导致食品温度升高，因此食品选择这一波段的远红外线加热。远红外线加热具有热辐射率高、热损失少、加热速度快、传热效率高、食品受热均匀、不会出现局部加热过度或夹生现象、食物营养成分损失少等特点。远红外线杀菌不需经过热媒，远红外线照射到待杀菌的物品上，加热直接由表面渗透到内部，目前，远红外线加热已广泛应用于食品的烘烤、干燥、解冻，以及坚果类、粉状、块状、袋装食品的杀菌和灭酶中。

3）微波杀菌　微波是指频率在 300～30 000 MHz 的电磁波。微波加热一般采用 915 MHz和 2450 MHz 两个频率，其中，915 MHz 有较大的波长，穿透力更强，适用于加热含水量高、厚度或体积较大的食品；对含水量低的食品宜选用 2450 MHz。微波杀菌的机制是基于热效应和非热生化效应两部分：①热效应，微波电磁场作用于食品，食品内外同时吸收微波能量，产生热效应，食品温度升高。同时微生物细胞在微波磁场的作用下，其分子被极化并做高频振荡的加速运动，产生热效应，温度的快速升高使其蛋白质结构发生变化，从而使菌体死亡。②非热生化效应，微波可使微生物的膜电位、极性分子结构发生改变，使其体内蛋白质和生理活性物质发生变异而丧失活力或死亡。

需注意的是，微波杀菌存在加热不均匀的问题：①不同的食品介电性质存在差异，存在温升的差异;②加热中受反射、穿透、折射、吸收等影响,即使对同一食品基质,各部分产生的热效应也可能存在较大的差异;③微波加热时易出现尖角效应,即电场会向有角有边的地方集中,导致这些部位热量高,升温快;④包装好的食品在进行微波加热杀菌时,由于袋内压力过高易导致包装袋破裂。

微波杀菌保藏食品是近年来在国际上发展起来的一项技术,具有加热均匀、穿透能力强、加热时间短、热能利用率高、对食品的品质影响小等特点,因此,能保留更多的活性物质和营养成分,适用于人参、香菇、猴头菌、花粉、天麻以及中药、中成药的干燥和灭菌。微波还可应用于乳、肉、禽及其制品,水产品,水果,蔬菜,罐头,谷物,布丁和面包等一系列产品的杀菌、灭酶保鲜和消毒,延长货架期。

4)欧姆加热杀菌　欧姆加热杀菌是一种新型热杀菌方法,将电流直接导入食品,利用食品本身介电性质所产生的热量达到直接杀菌的目的。一般采用50~60 Hz的低频交流电。欧姆加热杀菌与传统罐装食品的杀菌相比具有不需要传热面,热量在固体产品内部产生,适合于处理含大颗粒固体的产品和高黏度的物料,系统操作连续、平稳,易于自动化控制,维护费用、操作费用低等优点。与常规加热方法相比,欧姆加热杀菌中流体食品的颗粒加热速度与流体加热速度相近,可避免过热对食品品质的破坏。目前,该技术已广泛应用于各类含颗粒食品的杀菌。

(2)影响食品加热灭菌效果的因素　食品中微生物的数量和种类,食品本身的特性及热处理强度等都会影响食品加热灭菌的效果。

1)微生物的数量　食品中的菌数越多(尤其是耐热菌和嗜热菌及其芽孢),所需杀菌温度越高,时间更长。

2)微生物的种类　微生物的种类不同,其耐热性程度也不同。多数细菌、酵母菌和霉菌的营养细胞抗热性较差,一般抗热性的规律是:芽孢菌的芽孢>芽孢菌的营养细胞;厌氧菌芽孢>需氧菌芽孢;芽孢菌>非芽孢菌、霉菌、酵母菌。

3)食品本身的特性　①食品水分含量直接影响细菌的抗热性,食品中水分含量高,杀菌效率也高;②食品的pH接近中性时,细菌繁殖体和芽孢耐热性最高,而酸性或碱性食品有助于热杀菌,其中酸性环境比碱性环境杀菌作用更强;③低浓度食盐对微生物有保护作用,而食盐浓度>4%则对微生物的耐热性有削弱作用,且低浓度下,糖的浓度越高,越难以杀死食品中的微生物;④加热时食品成分中含有蛋白质,将对微生物起保护作用,而增强微生物的耐热性;⑤有些植物的汁液以及它们分泌的挥发性物质对微生物有抑制或杀灭作用,可减弱微生物的耐热性。

4)热处理强度　不同的微生物对热的耐受能力不一样,但高温对微生物数量减少的影响存在一个相似的可预测的变化模型,这就是微生物的耐热特性曲线。一般来说,温度越高,杀菌时间越短。

12.3.1.3　食品的干制保藏

(1)基本原理　通过降低食品的水分含量或水分活度,延缓微生物的生长发育,抑制酶的活性,从而达到长期保藏的目的。

(2)干燥方法

1)自然干燥　食品的自然干燥即利用日晒、风吹和阴凉等方法,将肉类、粮食制品、蔬菜、果品等除去水分制成干制品。这种方法简单易行，并能较好地保持食品的风味特色。但此法干燥速度较慢，耗费人力，占地面积大。

2）人工干燥　它是将新鲜食品先进行适当预处理，而后采用先进的技术和设备进行干燥的方法，可分为常压干燥和真空干燥两大类：①常压干燥有喷雾干燥、滚筒薄膜干燥、流化床干燥、泡沫干燥、微波干燥等；②真空干燥有减压蒸发干燥、冷冻真空干燥等。

12.3.1.4　食品的气调保藏

（1）气调保藏的原理　在一定的封闭体系内，通过各种调节方式降低储藏环境中的氧气浓度，适当提高二氧化碳浓度，从而抑制腐败微生物的生长繁殖或延缓食品生理生化反应活性，延长食品货架期。

（2）气调保藏的特点　气调保藏可降低果蔬的呼吸强度，降低果蔬对乙烯作用的敏感性；延长叶绿素的寿命，减慢果胶的变化；减少果蔬组织在冷害温度下积累乙醛、醇等有毒物质，从而减轻冷害；抑制微生物的活动，防止虫害；抑制或延缓其他不良变化。气调保藏作为一种绿色保藏法，适合于鲜肉、果蔬的保鲜，另外还可用于谷物、鸡蛋、肉类、水产品等的保鲜或保藏。

（3）气调保藏的方法　根据气体调节原理可将气调保藏分为自然降氧法（modified atmosphere，MA）和气调冷藏法（controlled atmosphere，CA）2 种。前者指用改良的气体建立气调系统，在以后储藏期间不再调整；后者指在储藏期间，气体的浓度一直控制在某一恒定的值或范围内，其储藏效果更为理想。要想控制食品的储藏气体环境，则必须将食品封闭在一定的容器或包装内，如气调库、气调车、气调垛、气调袋等。气调的方法较多，主要有自然气调法、置换气调法（即氮气、二氧化碳置换包装）、涂膜气调法、减压（真空）保藏和充气包装等。但总的来说，其原理都是基于降低含氧量，提高二氧化碳或氮气的浓度并根据各储藏物的不同要求，使气体成分保持在理想水平。目前，气调保藏（控制氧气、二氧化碳及氮气的比例）已广泛应用于冷鲜肉等的保鲜。

12.3.1.5　食品腌渍保藏

（1）盐（糖）渍保藏原理　为采用盐或糖等腌渍原料处理食品，使其进入食品组织内，以提高其渗透压，降低其水分活度，并有选择性地抑制微生物的活动，促进有益微生物的活动，从而防止食品的腐败变质。

（2）盐渍　食盐的防腐作用主要在于提高渗透压，使细胞原生质浓缩发生质壁分离；降低水分活性，不利于微生物生长；减少水中溶解氧，使好气性微生物的生长受到抑制等。常见的盐渍方法有：①干腌法，将食盐直接撒布于食品表面，利用食盐产生的高渗透压使原料脱水，再依靠外渗汁液形成腌制液进行腌制的方法；②湿腌法，将食品原料浸没于盛有腌制液的容器中，利用溶液的扩散和渗透作用使腌制液均匀地渗入原料组织内部的方法；③动脉或肌肉注射法，腌制肉制品时，用泵及针头将腌制液注入动脉或肌肉的方法；④混合腌制法，混合腌制是采用两种或两种以上腌制方法相结合的一种腌制方法。

（3）糖渍　糖渍也是利用增加食品渗透压、降低水分活度，从而抑制微生物生长的一种储藏方法。常见糖渍食品主要有蜜饯、糖浆水果、果冻和果酱等。

12.3.1.6 食品的防腐剂保藏

化学防腐剂的性质及其作用机理

(1)化学防腐剂 化学防腐剂的种类很多,防腐机制各不相同,主要有以下几个方面:①通过蛋白质变性而抑制或杀灭微生物;②干扰细胞膜的功能,使膜的通透性增加,导致细胞内物质流失;③抑制微生物细胞中某些关键酶类的活性;④破坏微生物细胞遗传物质或影响其功能;⑤诱导活体食品产生抗侵染性等。根据食品种类和杀菌作用对象等,选择适宜的防腐剂,并注意使用范围及其使用量需严格遵守国家卫生法规和标准。目前被公认安全的化学防腐剂可见表12-6。

表12-6 我国食品中常用的化学防腐剂及其应用

防腐剂种类	最大允许使用量/(g/kg)	抑制微生物的种类	应用范围
苯甲酸/苯甲酸钠	0.2~1.0	酵母菌和霉菌	碳酸饮料、配制酒、酱油、蜜饯、蛋白饮料、腌制蔬菜等
山梨酸/山梨酸钾	0.5~1.0	酵母菌、霉菌、好氧腐败菌	酱及酱制品、风味冰、冰棍类、果酱、糕点、面包、干制水产品等
对羟基苯甲酸酯	0.2~0.25	酵母菌、霉菌、细菌	碳酸饮料、果酒、糖果、耗油、风味饮料等
丙酸/丙酸盐	2.5	霉菌、细菌	面包、糕点、干酪、酱油、食醋、豆制品等
二氧化硫/亚硫酸盐	0.1~0.25	霉菌和好氧性细菌	水果干类、腌渍蔬菜、饼干、果蔬汁、葡萄酒等
双乙酸钠	1.0~3.0	霉菌	豆干类、调味品、熟肉制品等
亚硝酸钠/硝酸钠	0.15/0.5	梭菌	腌制肉制品、肉灌肠类、发酵肉制品等
二甲基二碳酸盐	0.25	真菌和发酵性细菌	果蔬汁类饮料、碳酸饮料、茶类饮料等
脱氢醋酸/钠盐	0.30~0.5	真菌、部分细菌	发酵豆制品、果蔬汁、面包、熟肉制品等
二氧化碳	按照生产适量使用	细菌、霉菌	碳酸饮料、其他发酵酒类(充气型)

生物防腐剂的性质及其作用机制

(2)生物防腐剂 生物防腐剂直接来源于生物体自身组成成分或其代谢产物,包括植物源生物防腐剂、动物源生物防腐剂和微生物源生物防腐剂三大类。生物防腐剂一般可通过浸渍、喷淋或混合等方式,将其与食品充分接触,其作用原理包括抑制或杀死食品中的微生物、隔离食品与空气的接触、延缓氧化作用、调节储藏环境的气体组成及相对湿度等。生物防腐剂具有良好的抑菌作用,而且一般都可被生物降解,具有无味、无毒、安全等特点,因此,受到广泛关注,生物防腐剂种类及限量标准可见表12-7。

表 12-7　我国食品中常用的生物防腐剂种类及其应用

防腐剂种类	最大允许使用量/(g/kg)	抑制微生物的种类	应用范围
乳酸链球菌素	0.2～0.5	细菌	食品菌和藻类罐头、杂粮罐头、方便湿面制品等
纳它霉素	0.3	酵母菌和霉菌	干酪、糕点、酱卤肉制品、西式火腿、果蔬汁等
ε-聚赖氨酸	0.2～0.5	酵母菌、霉菌和细菌	饮料类、大米及制品、肉及肉制品、调味品等
溶菌酶	0.5	细菌	发酵酒、干酪和再制干酪及类似品(按生产适量添加)

12.3.2　食品防腐保藏新技术

12.3.2.1　超高压杀菌技术

超高压杀菌技术(ultra-high pressure processing, UHP),又称高静压杀菌技术。该技术是利用帕斯卡定律,即在密闭的高压容器内,将食品物料以某种方式包装后,利用加在液体中的压力(100～1000 MPa),通过介质,以压力为能量因子,在低温下以同样大小传递到物料本身,高压导致食品物料中的微生物和酶的活性降低,从而延长食品的保藏期。其杀菌机制:通过破坏菌体蛋白中的非共价键,使蛋白质高级结构破坏,从而导致蛋白质凝固及酶失活。超高压还可造成菌体细胞膜破裂,使菌体内化学组分产生外流等多种细胞损伤,这些因素综合作用导致了微生物死亡。

(1)影响杀菌效果的因素　影响超高压杀菌效果的因素有压力大小、加压时间、施压方式、处理温度、微生物种类、食物本身的组成和添加物、基质 pH、水分活度等。不同生长期的微生物对高静压的抗性不同。

(2)应用及特点　一般而言,压力越高杀菌效果越好。但在相同压力下延长受压时间并不一定能提高灭菌效果。在 400～600 MPa 的压力下,可以杀灭细菌、酵母菌、霉菌,避免了一般高温杀菌带来的不良变化,超高压杀菌技术对食品进行处理后,不但具备高效杀菌性,而且能完好保留食品中的营养成分,食品口感佳,色泽天然,安全性高,保质期长,这是传统高温热力杀菌方法所不具有的优点。目前,该技术已在肉类、水产品、果酱、乳制品保藏中得到应用。但由于设备的限制及处理工艺尚不成熟仍未能普及应用,规模也相对较小。

12.3.2.2　脉冲电场杀菌技术

脉冲电场杀菌是一种全新的非热处理杀菌技术,它利用高强度脉冲电场(10～50 kV/cm)、较短的脉冲宽度(0～100 μs)和较高的脉冲强度(0～2000 Hz)瞬时杀灭食品中的微生物,具有杀菌时间短、效率高、能耗低等特点,同时,对食品的质构、色泽、风味等影响小,不产生危害人体健康的物质。

脉冲电场杀菌机制目前尚未完全明确。许多学者提出了各种假说,普遍认为是细胞膜的电穿孔理论。脉冲电场杀菌是电化学效应、冲击波空化效应、电磁效应和热效应等综合作用的结果,并以电化学效应和冲击波空化效应为主要作用。它可使细胞膜穿孔,液体介质电离产生臭氧,微量的臭氧可有效杀灭微生物。高压放电杀菌的效果与微生物种类以及原始污染程度、电场强度、脉冲宽度、电极种类、液体食品的电阻、介质 pH、温度、物料的搅拌处理等因素有关。脉冲电场杀菌对象为液态食品,目前,已成功用于牛奶、果汁、蛋液等的杀菌。

12.3.2.3 超声波杀菌技术

(1)超声波杀菌机制　频率为 2×10^4 Hz 以上的超声波具有强烈的生物学效应,其破碎细胞(杀菌)的机制是:超声波处理微生物悬液时,由于超声波探头的高频率振动,引起探头周围水溶液的高频率振动,当探头和水溶液两者的高频率振动不同步时能在溶液内产生空穴,空穴内处于真空状态,只要悬液中的微生物接近或进入空穴区,由于细胞内外压力差,导致细胞破裂、内含物外溢,使微生物死亡。超声波的这种作用称为空穴作用。此外,由于超声波振动,机械能转变成热能,导致溶液温度升高,使细胞产生热变性,抑制或杀死微生物。

(2)影响杀菌因素　超声波对微生物的致死效应受以下因素的影响:①声强,为了在液体介质中产生空化效应(这是杀菌的主动力),声强的必要条件是大于具体情况下的空化阈值。为获得满意的超声杀菌效果,一般情况杀菌声强宜于取在 1 ~ 61W/cm^2 的范围内。②超声波的频率,频率越高,越容易获得较大的声压和声强,表现的超声空化效应也越强,用于超声波杀菌的超声频率多选择在 20 ~ 50 kHz。③处理时间,杀菌效果与处理时间大致成正比增加,但进一步增加杀菌时间,杀菌效果并没有明显增加,一般的杀菌时间都定在 10 min 内。此外,超声波杀菌与微生物种类、细胞大小、形状和数量等因素也有关系。

超声波杀菌较之传统高温加热杀菌工艺,既不改变食品的色、香、味,也不会破坏食品组分。其超声空化效应能提高细菌的凝聚作用,使细菌毒力丧失或使细菌死亡,从而达到杀菌的目的。目前,超声波已应用于牛乳、果蔬汁饮料、酱油的杀菌。

12.3.3 食品保藏的栅栏技术

栅栏技术是由德国肉类研究中心微生物和毒理学研究所所长 Leistner(1976 年)率先提出的。食品要达到可储性和卫生安全性,这就要求在其加工中根据不同的产品采用不同的防腐技术,以阻止残留的腐败菌和致病菌的生长繁殖。

12.3.3.1 栅栏技术中的几个概念

栅栏技术是基于栅栏因子理论。该理论认为,食品要达到可储性与卫生安全性,其内部必须存在能够阻止食品所含腐败菌和病原菌生长繁殖的因子,这些因子通过临时和永久性地打破微生物的内平衡(微生物处于正常状态下内部环境的稳定和统一),从而抑制微生物的致腐与产毒,保持食品品质。这些因子被称为栅栏因子。常见的栅栏因子有高温处理(F)、低温冷藏(t)、酸化(pH)、低水分活度(a_w)、降低氧化还原电势(E_h)、添加防腐剂(Pres)、竞争性菌群等。将栅栏因子进行交互作用,形成微生物不能逾越的栅栏效果称为栅栏效应。在实际生产中,运用不同的栅栏因子,科学合理地组合起来,发挥其协同作用,从不同的侧面抑制引起食品腐败的微生物,形成对微生物的多靶攻击,从而改善食品品质,保证食品的卫生安全性,这一技术即为栅栏技术。

12.3.3.2 栅栏技术与微生物的内平衡理论

食品防腐中一个值得注意的现象就是微生物的内平衡。微生物的内平衡是微生物处于正常状态下内部环境的稳定和统一,并且具有一定的自我调节能力,只有其内环境处于稳定的状态下,微生物才能生长繁殖。例如,微生物内环境中 pH 值的自我调节,只有内环境 pH 值处于一个相对较小的变动范围,微生物才能保持其活性。如果在食品中加入防腐剂破坏微生物的内平衡,微生物就会失去生长繁殖的能力。在其内平衡重建之前,微生物就会处于延迟期,甚至死亡。食品的防腐就是通过临时或永久性打破微生物的内平衡而实现的。

将栅栏技术应用于食品的防腐,各种栅栏因子的防腐作用不是单个因子作用的累加,而是发挥协同效应,针对微生物细胞中的不同目标进行攻击,这样就可以从数方面打破微生物的内平衡,从而实现栅栏因子的交互效应。在实际生产中,这意味着应用多个低强度的栅栏因子将会起到比单个高强度的栅栏因子更有效的防腐作用,更有益于食品的品质。

12.3.3.3 影响栅栏效应的因素

食品保藏中采用的栅栏因子及其形成的栅栏效应直接影响食品的可储性、感官品质、营养品质、工艺特性和经济效益。主要需考察这几方面:①栅栏因子的多少与主次。食品防腐可利用的栅栏因子很多,但对每一类食品而言,起重要作用的因子可能只有几种,须通过科学分析与经验积累,准确地选择其中的关键因子,以构成有效的栅栏效应及技术。②栅栏因子的顺序。在不同食品中,微生物的稳定性可通过加工及储藏过程中各栅栏因子之间以不同顺序作用来达到。如发酵香肠在储藏过程中,Pres 栅栏随着时间推移而减弱,a_w 栅栏则成为保证产品储藏性的关键因素。③栅栏因子的强度及经济效益。栅栏因子的强度过多容易引起食品品质的劣变,并提高食品储藏的成本。较为理想的是,食品储藏之前进行减菌化处理,降低微生物基数,则可选择较低强度的栅栏因子达到栅栏效应。④栅栏因子的协同效应,将栅栏技术应用于食品的防腐,就防腐剂的应用而言,栅栏技术的运用意味着使用小量、温和的防腐剂,比大量、单一、强烈的防腐剂效果要好得多。如乳酸链球菌素(Nisin)在通常情况下只对革兰氏阳性菌起抑制作用,而对革兰氏阴性细菌的抑制作用较差。然而,当将 Nisin 与螯合剂 EDTA-二钠、柠檬酸盐、磷酸盐等结合使用时,由于螯合剂结合了革兰氏阴性细菌的细胞膜磷脂双分子层的镁离子,细胞膜被破坏,导致膜的渗透性加强,使 Nisin 易于进入细胞质,加强了对革兰氏阴性细菌的抑制作用。

需说明的是,栅栏技术最初应用于食品加工和保藏,主要局限于控制引起食品腐败变质的微生物,后来逐步将栅栏因子的作用扩大到抑制酶活性、改善食品品质等方面。目前,栅栏技术已在各类食品的储藏保鲜中得到广泛应用。

思考题

1. 简述污染食品微生物的来源。

2. 微生物通过何种途径污染食品?

3. 微生物引起食品腐败变质的内环境因素及外环境因素有哪些?

4. 简述微生物引起食品中蛋白质、脂肪、碳水化合物分解变质的主要化学过程,并指出常用的鉴定指标。

5. 简述水分活度在食品生产加工中控制微生物的意义。

6. 简述鲜乳出现自然腐败变质时,微生物菌群的消长规律。

7. 罐藏食品腐败变质的现象有哪些,其相关的微生物有哪些?

8. 试述低温在食品保藏中的应用。

9. 高温杀菌的方法有哪些?

10. 栅栏技术是指什么,其中涉及的栅栏因子有哪些?

11. 试述影响栅栏效应的因素。

第13章　食品卫生的微生物指标和质量管理体系

【学习目标】

掌握常见的食品微生物指标及其检测方法;了解微生物引起的食物中毒与病毒性食源性感染的类型及预防措施;熟悉应用于食品生产加工的质量控制与管理体系。

食品卫生是为防止食品污染和有害因素危害人体健康而采取的综合措施。世界卫生组织对食品卫生的定义是:在食品的培育、生产、制造直至被人摄食为止的各个阶段中,为保证其安全性、有益性和完好性而采取的全部措施。对于食品工业而言,"卫生"一词的意义是创造和维持一个卫生而且有益于健康的生产环境。卫生是一门应用科学,为了提供有益健康的食品,必须在清洁环境中由身体健康的食品从业人员加工食品,防止因微生物污染食品而引发的食源性疾病,同时使引起食品腐败微生物的繁殖减少到最低程度。它包括如何维护、恢复或改进卫生操作规程与卫生环境等方面的原理。本章就食品卫生的微生物指标、微生物污染食品引发的食源性疾病和食品质量管理体系做一介绍。

13.1　食品微生物指标及其检测

食品微生物指标是根据食品卫生的要求,从微生物的角度,对不同食品提出的指标要求。食品微生物学指标可以反映食品的微生物质量,它与食品的有效保质期有关,同时也与由食品传播的病原微生物引起的食物中毒或传染病的安全性密切相关。这些指标也常用于评价食品加工场所环境卫生情况。我国国家食品标准中,食品微生物指标主要有菌落总数、大肠菌群、致病菌三项,有些食品对霉菌、酵母菌及病毒也有具体要求。

13.1.1　菌落总数的检测

菌落总数(aerobic plate count),食品检样经过处理,在一定条件下(如培养基、培养温度和培养时间等)培养后,所得每 g(mL)检样中形成的微生物菌落总数,菌落总数单位报告为 CFU/g 或 CFU/mL。由于菌落总数测定是在需氧条件下进行的,而且不能区别细菌种类,因此菌落总数又称为需氧菌数或杂菌数。另一种方法是将食品经过适当处理(溶解和稀释),在显微镜下对细菌的细胞数进行直接计数。这样计数的结果,既包括活菌,也包括尚未被分解的死菌体,因此称为细菌总数。天然食品内部一般没有或只有很少的细菌,食品中细菌主要来自生产、储运、销售等各个环节的外界污染。

13.1.1.1 菌落总数检测的食品卫生学意义

食品中菌落总数的食品卫生学意义:①可作为食品被微生物污染程度即清洁状态的指标。食品中菌落总数越多,说明食品被污染的程度越严重,腐败变质的可能性越大。相反,食品中菌落总数越少,说明食品被污染的程度越轻,食品卫生质量越好。在我国的食品卫生标准中,针对各类不同食品分别制定出了不允许超过的限量标准,借以控制食品污染的程度。②可以用来预测食品可存放的期限,食品中菌落总数越少,食品可存放的时间就越长,相反,可存放时间就越短。各类食品中菌落总数限量标准可见表 13-1。

表 13-1 各类食品中菌落总数限量标准

食品种类	菌落总数/(CFU/g 或 CFU/mL)	食品种类	菌落总数/(CFU/g 或 CFU/mL)
膨化食品	10 000	瓶装饮用水/桶装饮用水	20/50
固体饮料	1000	果蔬汁饮料	100
蛋糕	10 000	黄酒	50
食醋	10 000	果冻	100
含淀粉或果类的冷冻饮品	3000	碳酸饮料	100
非夹心饼干/夹心饼干	750/2000	熟肉制品	30 000
灭菌乳	10	豆制品及面筋	750
蜜饯	1000	方便面(面饼加调料)	50 000

需说明的是,菌落总数的测定可以为食品卫生评价提供一定的依据,它可能是肠道菌,也可能是其他污染菌。菌落总数与食品的腐败变质程度一般呈正相关性,但不能单从菌落总数来判断食品被微生物污染的程度,由于食品的性质、加工方法及存放条件的不同,因此,菌落总数和腐败变质之间很难找出适用于所有食品的对应关系。菌落总数指标只有和其他一些指标配合(如指示菌、致病菌等),才能对食品卫生质量做出比较正确的判断。

13.1.1.2 检测步骤

(1)样品的稀释 ①固体和半固体样品:称取 25 g 样品置于盛有 225 mL 磷酸盐缓冲液或生理盐水的无菌均质杯内,8000 ~ 10 000 r/min 均质 1 ~ 2 min,或放入盛有 225 mL 稀释液的无菌均质袋中,用拍击式均质器拍打 1 ~ 2 min,制成 1 : 10 的样品匀液。②液体样品:以无菌吸管吸取 25 mL 样品置盛有 225 mL 磷酸盐缓冲液或生理盐水的无菌锥形瓶(瓶内预置适当数量的无菌玻璃珠)中,充分混匀,制成 1 : 10 的样品匀液。③用 1 mL 无菌吸管或微量移液器吸取 1 : 10 样品匀液 1 mL,沿管壁缓慢注于盛有 9 mL 稀释液的无菌试管中(注意吸管或吸头尖端不要触及稀释液面),振摇试管或换用 1 支无菌吸管反复吹打使其混合均匀,制成 1 : 100 的样品匀液。④按③操作程序,制备 10 倍系列稀释样品匀液。每递增稀释一次,换用 1 次 1 mL 无菌吸管或吸头。⑤根据对样品污染状况的估计,选择 2 ~3 个适宜稀释度的样品匀液(液体样品可包括原液),在进行 10 倍递增稀释时,吸取 1 mL 样品匀液于无菌平皿内,每个稀释度做两个平皿。同时,分别吸取 1 mL 空白稀释液加入两个无菌平皿内作空白对照。⑥及时将 15 ~20 mL 冷却至 46 ℃的平板计数琼脂培养基(可放置于 46 ℃±1 ℃恒温水浴箱中保温)倾注平皿,并转动平皿使其混合均匀。

(2)培养　①待琼脂凝固后,将平板翻转,36 ℃±1 ℃培养 48 h±2 h。水产品 30 ℃ ±1 ℃培养 72 h±3 h;②如果样品中可能含有在琼脂培养基表面弥漫生长的菌落时,可在凝固后的琼脂表面覆盖一薄层琼脂培养基(约 4 mL),凝固后翻转平板,按①条件进行培养。

(3)菌落计数　可用肉眼观察,必要时用放大镜或菌落计数器,记录稀释倍数和相应的菌落数量。菌落计数以菌落形成单位(colony-forming units,CFU)表示。

13.1.1.3 结果与报告

(1)菌落总数的计算方法　①若只有一个稀释度平板上的菌落数在适宜计数范围内,计算两个平板菌落数的平均值,再将平均值乘以相应稀释倍数,作为每 g(mL)样品中菌落总数结果;②若有两个连续稀释度的平板菌落数在适宜计数范围内时,按下式计算;③若所有稀释度的平板上菌落数均大于 300 CFU,则对稀释度最高的平板进行计数,其他平板可记录为多不可计,结果按平均菌落数乘以最高稀释倍数计算;④若所有稀释度的平板菌落数均小于 30 CFU,则应按稀释度最低的平均菌落数乘以稀释倍数计算;⑤若所有稀释度(包括液体样品原液)平板均无菌落生长,则以小于 1 乘以最低稀释倍数计算;⑥若所有稀释度的平板菌落数均不在 30 ~300 CFU,其中一部分小于 30 CFU 或大于 300 CFU时,则以最接近 30 CFU 或 300 CFU 的平均菌落数乘以稀释倍数计算。

$$N = \frac{\sum C}{(n_1 + 0.1n_2)d}$$

式中　N——样品中菌落数;

$\sum C$——平板(含适宜范围菌落数的平板)菌落数之和;

n_1——第一稀释度(低稀释倍数)平板个数;

n_2——第二稀释度(高稀释倍数)平板个数;

d——稀释因子(第一稀释度)。

(2)菌落总数的报告　报告应注意以下几点:①菌落数小于 100 CFU 时,按“四舍五入”原则修约,以整数报告。②菌落数大于或等于 100 CFU 时,第 3 位数字采用“四舍五入”原则修约后,取前 2 位数字,后面用 0 代替位数;也可用 10 的指数形式来表示,按“四舍五入”原则修约后,采用两位有效数字。③若所有平板上为蔓延菌落而无法计数,则报告菌落蔓延。④若空白对照上有菌落生长,则此次检测结果无效。⑤称重取样以 CFU/g 为单位报告,体积取样以 CFU/mL 为单位报告。

13.1.2 大肠菌群的检测

大肠菌群(coliforms)系指一群在 37 ℃、经 24 h 能发酵乳糖并产酸产气,需氧或兼性厌氧生长的革兰氏阴性的无芽孢杆菌,其中包括有大肠杆菌、产气杆菌和一些中间类型的细菌。它主要包括肠杆菌科的埃希氏菌属、肠杆菌属、柠檬酸杆菌属和克雷伯菌属,大肠菌群中以埃希氏菌属为主,称为典型大肠杆菌,其他三属习惯上称为非典型大肠杆菌。这群细菌能在含有胆盐的培养基上生长。

大肠菌群的生长温度为-2~50 ℃,pH 值为 4.4~9.0,能在很多培养基和食品上生长繁殖,它们能在仅有一种有机碳源如葡萄糖和一种氮源如硫酸铵以及一些无机盐组成的培养基上生长。多数大肠菌群耐冷性较弱,特别易在冷藏食品中死亡。大肠菌群的一个最显著特点是能发酵乳糖并产酸产气,利用这一点能够把大肠菌群与其他细菌区分开来。

13.1.2.1 大肠菌群检测的食品卫生学意义

大肠菌群是评价食品卫生质量的重要指标之一,目前,广泛应用于食品微生物检测工作中。该菌群主要来源于人及温血动物粪便,一般多用来作为食品的粪便污染指标。如果食品中能检出大肠菌群,表明食品曾受到人与温血动物粪便的直接或间接污染,所以大肠菌群被用作食品被粪便污染的指标菌,另外也可用它作为肠道致病菌污染的指示菌。一般认为,作为食品被粪便污染的理想指示菌应具备以下特征,而大肠菌群比较符合这些要求:①仅来自于人或动物的肠道,才能显示出指标的特异性;②在肠道中占有极高的数量,即使被大量稀释也可检出;③在肠道以外的环境中,具有与肠道病原菌相同的对外界不良因素的抵抗力,能生存一定时间,生存时间应与肠道致病菌大致相同或稍长;④培养、分离、鉴定比较容易。各类食品中大肠菌群的限量标准见表 13-2。

表 13-2 各类食品中大肠菌群的限量标准

食品种类	大肠菌群/(MPN/100 g)或(MPN/100 mL)	食品种类	大肠菌群/(MPN/100 g)或(MPN/100 mL)
膨化食品	90	瓶装饮用水/桶装饮用水	3
固体饮料	90	肉干、肉脯	30
蛋糕	300	油炸小食品	30
食醋	3	果冻	30
含淀粉或果类的冷冻饮品	100	碳酸饮料	6
鸡精类调味品	90	芝麻酱	90
灭菌乳	3	发酵性豆制品	30
酱腌菜	30	方便面(面饼加调料)	150

需关注的是,当食品中检出大肠菌群,只能说明有肠道病原菌存在的可能性,两者并非一定平行存在,但只要食品中检出大肠菌群,则说明有粪便污染,即使无病原菌,该食品仍可被认为是不卫生的,食用该食品存在安全风险。

13.1.2.2　检测方法

大肠菌群的检测通常采用最可能数(most probable number, MPN)法，并以每100mL (g)食品检样内大肠菌群的最近似值(MPN)表示。该法是将待测样品经系列稀释并培养后，根据其未生长的最低稀释度与生长的最高稀释度，应用统计学概率论推算出待测样品中大肠菌群的最可能数，然后根据大肠菌群的 MPN 检索表报告结果。该法适用于测定在一个混杂的微生物群落中虽不占优势，但却具有特殊生理功能的类群。

13.1.2.3　检测步骤

(1)样品的稀释　①固体和半固体样品：称取 25 g 样品，放入盛有 225 mL 磷酸盐缓冲液或生理盐水的无菌均质杯内，8000～10 000 r/min 均质 1～2 min，或放入盛有 225 mL 磷酸盐缓冲液或生理盐水的无菌均质袋中，用拍击式均质器拍打 1～2 min，制成 1∶10 的样品匀液；②液体样品：以无菌吸管吸取 25 mL 样品置于盛有 225 mL 磷酸盐缓冲液或生理盐水的无菌锥形瓶(瓶内预置适当数量的无菌玻璃珠)中，充分混匀，制成 1∶10 的样品匀液；③样品匀液的 pH 值应在 6.5～7.5，必要时分别用 1 mol/L NaOH 或 1 mol/L HCl 调节；④用 1 mL 无菌吸管或微量移液器吸取 1∶10 样品匀液 1 mL，沿管壁缓缓注入装有 9 mL 磷酸盐缓冲液或生理盐水的无菌试管中(注意吸管或吸头尖端不要触及稀释液面)，振摇试管或换用 1 支 1 mL 无菌吸管反复吹打，使其混合均匀，制成 1∶100 的样品匀液；⑤根据对样品污染状况的估计，按上述操作，依次制成 10 倍递增系列稀释样品匀液。每递增稀释 1 次，换用 1 支 1 mL 无菌吸管或吸头。从制备样品匀液至样品接种完毕，全过程不得超过 15 min。

(2)初发酵试验　每个样品，选择 3 个适宜的连续稀释度的样品匀液(液体样品可以选择原液)，每个稀释度接种 3 管月桂基硫酸盐胰蛋白胨(LST)肉汤，每管接种 1 mL(如接种量超过 1 mL，则用双料 LST 肉汤)，36 ℃±1 ℃培养 24 h±2 h，观察管内是否有气泡产生，24 h±2 h 产气者进行复发酵试验，如未产气则继续培养至 48 h±2 h，产气者进行复发酵试验，未产气者为大肠菌群阴性管。

(3)复发酵试验　用接种环从产气的 LST 肉汤管中分别取培养物 1 环，移种于煌绿乳糖胆盐(BGLB)肉汤管中，36 ℃±1 ℃培养 48 h±2 h，观察产气情况。产气者，计为大肠菌群阳性管。

(4)大肠菌群最可能数(MPN)的报告　按(3)确证的大肠菌群 LST 阳性管数，检索 MPN 表，报告每 g(mL)样品中大肠菌群的 MPN 值。此法适用于大肠菌群含量较低的食品中大肠菌群的计数。大肠菌群还可采用平板计数法，它适用于大肠菌群含量较高的食品中大肠菌群的计数，具体方法可参照 GB 4789.3—2016 中的第二法(平板计数法)。

13.1.3　致病菌的检测

食品中致病菌限量标准是食品安全基础标准的重要组成部分。致病菌系指肠道致病菌、致病性球菌、沙门菌等。食品中不允许有致病菌存在，这是食品卫生质量指标中必不可少的标准之一。

致病菌种类繁多，随食品的加工、储藏条件各异，因此被致病菌感染的情况是不同的。通常根据不同食品可能污染的情况来做针对性的检测。例如,海产品以副溶血性弧菌作为参考菌群;蛋与蛋制品以沙门菌、金黄色葡萄球菌、变形杆菌作为参考菌群;米、面类食品以蜡样芽孢杆菌、变形杆菌、霉菌等作为参考菌群;罐头食品以耐热性芽孢菌作为参考菌群(酸度不高的罐头必须做肉毒梭菌的检测)等;禽、蛋、肉类食品必须做沙门菌的检测;发生食物中毒时必须根据当时当地传染病的流行情况,对食品进行有关致病菌的检测,如沙门菌、志贺菌、变形杆菌、葡萄球菌等的检测。部分食品中致病菌的限量请参见 GB 29921—2013。

GB 29921—2013 食品安全国家标准 食品中致病菌限量

13.1.4 霉菌及酵母菌的检测

霉菌污染食品后不仅可造成食品的腐败变质,而且有些霉菌还可产生毒素,造成人畜误食霉菌毒素中毒。酵母菌在新鲜加工的食品中繁殖,可使食品产生难闻的异味,它还可导致液体发生混浊、产生气泡、形成薄膜、改变颜色等。如果食品中酵母菌含量超标,一方面以酵母菌数可判断食品的污染程度,体现该食品的生产环节卫生质量;另一方面意味着这种食品可能已过分发酵,很容易变质。抵抗力特别差的人如果食用酵母菌含量超标的食品,可能出现急性腹泻等问题。因此霉菌及酵母菌被作为食品微生物学指标,并以霉菌和酵母菌计数来评价食品被污染的程度。

GB 4789.15—2016 食品安全国家标准 食品微生物学检验 霉菌和酵母计数

13.1.5 其他指标的检测

除了上述几项指标以外,有时在某种特定情况下也可选定其他指标作为微生物指标。例如在一些低酸食品中,采用大肠杆菌作为微生物的指标菌;在冷冻食品中,采用肠球菌作为食品卫生质量指标菌,较大肠菌群更为优越,但由于其检测方法复杂等原因,目前尚处于试验阶段。肠球菌(粪链球菌、粪渣链球菌)可作为粪便污染指示菌,但数量较大肠菌群少,不易检测。

自20世纪60年代发现强致癌的黄曲霉毒素以来,霉菌与霉菌毒素对食品的污染日益引起重视。霉菌毒素通常具有耐高温、无抗原性、主要侵害实质器官的特性,而且霉菌毒素多数还具有致癌作用。鉴于有很多霉菌能产生毒素,引起疾病,故常测定产毒霉菌所产毒素作为食品卫生的重要指标。为了提供霉菌毒素检测更广泛的选择余地,适应不同的检测目的和要求,各类检测方法也在不断更新。例如黄曲霉毒素(AF)的检测方法从最初以薄层层析法为主,发展到高效液相色谱法、微柱法、酶联免疫吸附法等多种方法的普遍应用。

此外,病毒引起的以食品(特别是肉及制品)为媒介的食物中毒或传染病越来越多。如肝炎病毒、猪瘟病毒、口蹄疫病毒等也应引起重视。寄生虫虽不属于微生物,但在《食品卫生检验方法注解》中已将寄生虫检验收入到微生物学部分,常见的寄生虫有:旋毛虫、囊尾蚴、住肉孢子虫、弓形体、蛔虫、中华分枝睾吸虫、姜片虫等,一般它们来自生食带虫卵或幼虫的蔬菜、水果和未加热杀死幼虫的肉类,对这些寄生虫的检验,对于保障人民饮食的安全也是十分必要的。

13.2 微生物与食源性疾病

食源性疾病是指通过摄食而进入人体的有毒有害物质(包括生物性病原体)等致病因子所造成的疾病。一般可分为感染性和中毒性两大类,具体包括常见的食物中毒、肠道传染病、人畜共患传染病、寄生虫病以及化学性有毒有害物质所引起的疾病。按致病因子划分,食源性疾病可分为细菌性食源性疾病、食源性病毒感染、食源性寄生虫感染、食源性化学性中毒、食源性真菌毒素中毒、动物性毒素中毒、植物性毒素中毒七大类。当前,食源性疾病的发病率居各类疾病总发病率的前列,是当前世界上最突出的卫生问题。

食物中毒是指摄入了含有生物性、化学性有毒有害物质的食品或者将有毒有害物质当作食品摄入后,引起的非传染性的急性、亚急性疾病的总称,属食源性疾病范畴。根据致病因子划分,食物中毒可分为细菌性食物中毒、真菌性食物中毒、动物性食物中毒、植物性食物中毒和化学性食物中毒。

食物中毒常集体性暴发,其种类很多,病因也很复杂,一般具有下列共同特点:①潜伏期短,在短时间内有很多人同时发病。②发病和食入某种共同的有毒食品有关。凡进食此种有毒食品的人大都发病,未进食者不发病,或者停止食用此种食品后,病情很快被控制。③病人都有大致相同的临床症状,多见于急性胃肠炎。④发病率高而且集中,人与人之间不直接传染。

针对微生物引起的食源性疾病,本节主要介绍由微生物引起的细菌性食物中毒、真菌性食物中毒及由病毒介导引起的食源性病毒感染。

13.2.1 细菌性食物中毒

细菌性食物中毒是指因摄入含有细菌毒素或致病细菌的食品而引起的急性或亚急性疾病。据统计,细菌引起的食物中毒占各类食物中毒的50%左右。

13.2.1.1 细菌性食物中毒的原因、类型及特征

(1)细菌性食物中毒的原因　引起此类中毒的原因:①食品被致病菌污染,在适宜温度、水分、pH 和营养条件下,致病微生物大量繁殖或产生毒素;②食品在食用之前未经加热或加热不彻底,煮熟食品受生熟交叉污染;③食品从业人员中带菌者将食品污染;④食品生产设备清洗杀菌不彻底,使致病菌残留于食品中;⑤鼠、蝇、蟑螂等将致病菌传播到食品原料、半成品或成品中等。此外,细菌性食物中毒也与食用者机体的免疫力有关。

(2)细菌性食物中毒的类型　根据致病原因将细菌性食物中毒分为 3 种类型:①感染型食物中毒。由细菌体引起的中毒,具体是指食品污染并繁殖了大量致病菌和条件致病菌(如沙门菌、致病性大肠埃希氏菌等),人体摄入这种含有大量活菌的食物后,病原体随食物进入肠道,在肠道内生长繁殖,引起消化道感染而导致的中毒。②毒素型食物中毒。由细菌产生的毒素引起的中毒,具体是致病菌污染食品后,在适宜条件下大量繁殖并产生毒素,食用后而引起的中毒性疾病。例如金黄色葡萄球菌、肉毒梭菌等产生的毒素引起的食物中毒。③混合型食物中毒。它是由毒素型和感染型两种协同作用所致的食物中毒,如副溶血性弧菌等病原体进入肠道,除侵入黏膜引起肠黏膜的炎性反应外,还

可以产生肠毒素引起急性胃肠炎。

(3)细菌性食物中毒的特征　最易引起细菌性食物中毒的食品为动物性食品,如肉、鱼、奶、蛋等,其中畜禽肉及其制品居首位。此外,剩饭、米粉、米糕等植物性食品也常引起食物中毒。细菌性食物中毒的特征:①在集体用餐单位常呈暴发病,发病者与摄入同一污染食物有明显关系;②潜伏期短,突然发病,临床表现为以急性胃肠炎为主;③病程较短,多数在2~3 d内自愈;④多发生于夏、秋季,临床表现为胃肠型食物中毒和神经型食物中毒。下面介绍几种常见的细菌性食物中毒。

13.2.1.2　常见的细菌性食物中毒

(1) 沙门菌食物中毒

1)生物学特性　沙门菌属(*Salmonella*)属于肠杆菌科(Enterobacteriaceae),它是大小为(0.7~1.5) μm×(2.0~5.0) μm、无芽孢、无荚膜的革兰氏阴性直杆菌。除鸡沙门菌外都有周身鞭毛,能运动,多数有菌毛。营养要求不高,在普通琼脂培养基上即能生长,在液体培养基中呈均匀混浊状。在SS琼脂和麦康凯琼脂培养基上35~37 ℃、24 h可形成直径约2~4 mm的透明或半透明菌落,对胆盐耐受。

沙门菌主要由O抗原(菌体抗原)和H抗原(鞭毛抗原)组成,部分菌株有类似大肠杆菌K抗原(表面抗原),包括M抗原(表面多糖)与Vi抗原[因它与毒力(virulence)有关,故称Vi抗原]。

其中,O抗原存在于菌体表面,即菌体抗原,其化学成分为多糖-类脂-多肽复合物,具耐热性,100 ℃耐受2.5 h。其中多糖决定O抗原的特异性。H抗原,即鞭毛抗原,为蛋白质,不耐热,不稳定。沙门菌H抗原有两相,第一相为特异性抗原,用小写字母a,b,c…表示;第二相为共同抗原,用阿拉伯数字1,2,3…表示。表面抗原,已证实沙门菌属表面抗原有Vi抗原、M抗原和5抗原3种。Vi抗原加热60 ℃,30 min或经石炭酸处理被破坏,其存在时可阻止O抗原与相应抗体发生凝集,故在沙门菌血清学鉴定时应加以注意,需事先加热破坏Vi抗原之后,才能出现凝集反应。

2)传播途径　沙门菌属在自然界中分布广泛,在人和动物中有广泛的宿主。沙门菌主要来源是患病的人和动物(牛、猪、羊、家禽等)的肠道、血液、粪便、尿液,一般情况下肠道带菌率较高,如健康家禽肠道沙门菌检出率为15%,病猪肠道沙门菌检出率高达70%。沙门菌通过污染食品和水源经口感染,在人和动物肠道中繁殖。引起中毒的食品多是动物性食品,特别是肉类(如病死牲畜肉、酱或卤肉、熟内脏等),也可由鱼类、禽肉类、乳类、蛋类及其制品引起,豆制品有时也会引起沙门菌中毒。

沙门菌污染肉类有两种途径:①内源性感染(生前感染),是指家畜、家禽在宰杀前已感染沙门菌;②外源性污染(宰后污染),是指家畜、家禽在屠宰、加工、运输、储藏、销售的各环节被带沙门菌的粪便、容器、污水等污染。其中,熟肉制品常受生肉沙门菌的交叉污染,如储存温度高,食前未加热或杀菌不彻底,引起中毒危险性就更大。

值得关注的是,蛋类及其制品感染或污染沙门菌的机会也较多,尤其是鸭、鹅等水禽及其蛋类带菌率极高,除原发和继发感染使卵巢、卵黄、全身带菌外,禽蛋在经泄殖腔排出时,蛋壳表面可在肛门腔内被沙门菌污染,并可通过蛋壳气孔侵入蛋内。其次,带菌奶牛产的乳中有时含沙门菌,即使健康奶牛挤的乳亦可受到带菌奶牛的粪便或其他污物的污染,故鲜乳及其制品有时消毒不彻底也可引起食物中毒。另外,沙门菌也会通过水源污染使水产品,如鱼、虾,带菌。

3）中毒原因及临床表现

①中毒原因　大多沙门菌食物中毒是由沙门菌活菌对肠黏膜的侵染所导致的感染型中毒。引起中毒的必要条件是食物中含有大量活菌,食入活菌数量越多,发生中毒的机会就越大。一般来说,当食物中含菌量在 $10^5 \sim 10^8$ CFU/g 范围可引起食用者中毒。当沙门菌随食物进入消化道后,可在小肠和结肠内继续繁殖,附于肠黏膜或侵入黏膜及黏膜下层,引起肠黏膜的充血、水肿、组织炎症,经淋巴系统进入血液,出现菌血症,引起全身感染。这一过程由内毒素和肠毒素参与作用。

②临床表现　沙门菌食物中毒按其临床特点分为 5 种类型,即胃肠炎型、类霍乱型、类伤寒型、类感染型和败血症型。其中胃肠炎型最为常见,其潜伏期一般 4 ~48 h。主要表现为急性胃肠炎症状,如呕吐、腹痛、腹泻等,并引起头疼、发热,严重者出现寒战、抽搐和昏迷等症状。病程 3 ~7 d,一般愈后良好。重症者可出现脱水、休克及意识障碍,不及时治疗可能出现死亡,通常病死率低于 1% 。

4）预防控制措施

①防止食品原料和成品被沙门菌污染　加强对食品生产企业的卫生监督及家畜、家禽宰前和宰后兽医的卫生检验与检疫,并按有关规定进行处理。屠宰时,要特别注意防止肉品受到肠胃内容物、皮毛、容器的污染。加强卫生管理,防止肉类及其他食品在生产、运输、销售、烹调各个环节被沙门菌污染。

②控制沙门菌的生长繁殖　沙门菌于 20 ℃以上能大量繁殖。因此,低温(4 ℃)储藏是预防沙门菌中毒的重要措施。

③食前彻底加热灭菌　杀菌是预防食物中毒的关键措施。为彻底杀死肉类中可能存在的沙门菌,应使肉块(1 kg 以下)深部温度达到 80 ℃,并持续 12 min;鸡蛋、鸭蛋应煮沸 8 ~10 min;剩菜饭食前应充分加热,以彻底杀死沙门菌。

(2)致病性大肠埃希菌食物中毒

1)生物学特性　致泻性大肠埃希菌分类属于肠杆菌科(Enterobacteriaceae),归属于埃希菌属(*Escherichia*),其中大肠埃希菌(*E. coli*)是该属的模式菌种,大小为(0.4 ~0.7)μm×(1.0 ~1.3) μm。革兰阴性短杆菌,单个存在,有周生鞭毛,无芽孢,少数菌有荚膜,为兼性厌氧菌。对营养要求不严,于普通营养琼脂上形成扁平、光滑湿润、灰白色、半透明、圆形、中等大小的菌落;于伊红美蓝(EMB)培养基上呈紫黑色具金属光泽的菌落,可发酵乳糖,产酸产气。

大肠埃希菌广泛存在于自然界和人体肠道内,是组成肠道正常菌群的主要细菌之一,一般对人体无害,但也有部分大肠埃希菌可使人类致病,引起腹泻。由此,将这些使人类致病的大肠埃希菌统称为致泻性大肠埃希菌(Enterovirulent *E. coli*),其可分为肠道致病性大肠埃希菌(Enteropathogenic *E. coli*,EPEC)、肠道毒素大肠埃希菌(Enterotoxigenic *E. coli*,ETEC)、肠道侵袭性大肠埃希菌(Enteroinvasive *E. coli*,EIEC)、肠道出血性大肠埃希菌(Enterohemorrhagic *E. coli*,EHEC)、肠道凝聚性大肠埃希菌(Enteroaggregative *E. coli*,EAggEC)。

致病性与非致病性大肠埃希菌在形态、培养特征及理化特性上不易区别,一般采用不同的抗原结构来鉴别。大肠埃希菌主要有O抗原(菌体抗原)、H抗原(鞭毛抗原)、K抗原(表面抗原)3种,现已知有171种O抗原、100种以上的K抗原(K抗原又分为A、B、L三类,致病性菌株多带K抗原,且主要为B抗原,少数为L抗原)和56种H抗原。血清型方式是按O∶K∶H排列,各种抗原均以阿拉伯数字表示,根据O抗原区分大肠埃希菌的血清群,再以H、K进一步区分大肠埃希菌的血清型或亚型。

2)传播途径　本菌为肠道菌,其传播途径与沙门菌相同,主要通过人、畜粪便污染土壤、水等环境以及各类被污染食品进行传播。常见易引起中毒的食品有各类熟肉制品、牛肉、牛奶、蛋制品、乳酪及蔬菜、水果、饮料等。

3)中毒原因及临床表现

①中毒原因　大肠埃希菌中毒原因主要是受污染的食品食用前未经彻底杀菌。一般活菌数在10^7 CFU/g以上可致病并出现症状。致病因素与致病性大肠埃希菌产生的内毒素、肠毒素及细胞毒素有关。

②临床表现　5种致病性大肠埃希菌临床表现如下:

Ⅰ.肠道致病性大肠埃希菌(EPEC)　它是流行性婴儿腹泻的病原菌,多发于夏秋季节,具有高度传染性。临床常见发热、呕吐、水样或黏液便等症状,通常便中有黏液而无血。以O_{55}、O_{111}、O_{119}、O_{126}、O_{128}、O_{142}血清型最常见。

Ⅱ.肠道毒素大肠埃希菌(ETEC)　它是引起旅游者腹泻和发展中国家婴幼儿急性腹泻的病原菌。主要通过食入污染的食物和水而感染。临床表现主要有恶心、腹部痉挛疼痛,低热和突然发作、大量的水样便等。ETEC可产生两种肠毒素,一种是耐热肠毒素(ST),另一种是不耐热肠毒素(LT)。最多见的血清型有O_6、O_8、O_{15}、O_{25}、O_{78}、O_{115}和O_{128}。

Ⅲ.肠道侵袭性大肠埃希菌(EIEC)　EIEC与志贺菌相似,不发酵或缓慢发酵乳糖,发酵葡萄糖不产气,不产生赖氨酸脱羧酶,动力试验阴性。临床症状与细菌性痢疾相似,不产生肠毒素,但可侵袭结肠黏膜上皮,致使细胞损伤,形成炎症、溃疡,出现类似菌痢症状,腹泻可呈脓血便,伴发热、腹痛、里急后重感,易被误诊。常见的血清型有O_{12}、O_{28}、O_{29}、O_{112}、O_{115}、O_{124}、O_{136}、O_{143}、O_{144}、O_{152}、O_{164}。

Ⅳ.肠道出血性大肠埃希菌(EHEC)　EHEC血清型超过50种,而最重要的是O_{157}∶H_7,其次为O_{26}∶H_{11},能产生Vero毒素Ⅰ型和Ⅱ型,这两种毒素能使肠黏膜充血、水肿,并能引起结肠广泛出血。本腹泻特点为起病急,一般无发热,有痉挛性腹痛,腹泻初为水样,继而为血样;肠黏膜充血、水肿。大肠埃希菌O_{157}∶H_7可引起散发性或暴发性出血性结肠炎等症。人类感染大肠埃希菌O_{157}∶H_7主要由于食用消毒不彻底的牛奶、肉类等而引起暴发性出血性结肠炎,有明显季节性,多发夏秋两季,7~8月为高峰期。O_{157}∶H_7感染剂量极低,一般为15~20个菌,潜伏期3~10 d,病程2~9 d。通常突然发生剧烈腹痛和水样腹泻,数天后出现出血性腹泻,可发热或不发热,少数病例可并发溶血性尿毒综合征,严重可导致死亡。

Ⅴ.肠道凝聚性大肠埃希菌(EAggEC)　EAggEC曾命名为肠黏附性大肠埃希菌(EAEC)。EAggEC可引起慢性腹泻,患儿可有水样腹泻、呕吐、脱水,偶有腹痛、发热和血样便等症状,大便多为稀蛋花样或带奶瓣样,量多,严重者可出现肠麻痹和黏液血样大便。

4）预防控制措施　预防措施与沙门菌的预防基本相同。

（3）金黄色葡萄球菌食物中毒

1）生物学特性　葡萄球菌属（*Staphylococcus*）有 31 个种，其中与食品有关的菌株有 18 个种和亚种，与食品关系最密切的是金黄色葡萄球菌（*S. aureus*）。金黄色葡萄球菌为革兰氏染色阳性，呈圆球形，直径 0.5～1.5 μm，不规则成堆排列，形似葡萄串状。无鞭毛和芽孢，有些细菌能形成荚膜。需氧或兼性厌氧，营养要求不高，通常在肉浸液及肉浸液琼脂或加入血液的培养基上生长良好。最适 pH 值为 7.4，最适温度为 35～37 ℃。该菌有高度的耐盐性，可在 10%～15% 氯化钠肉汤中生长。在普通琼脂平板上经 35 ℃、24～48 h 培养，可形成圆形、凸起、表面光滑湿润、边缘整齐并且不透明的菌落，直径为2～3 mm。可产生不同的脂溶性色素，如金黄色色素、白色色素、柠檬色色素。在血琼脂平板上，几乎所有的葡萄球菌都可产生溶血素。

葡萄球菌的致病力取决于产生毒素和酶的能力。致病菌株能产生溶血毒素、杀白细胞毒素、肠毒素、溶纤维蛋白酶、透明质酸酶、血浆凝固酶、耐热核酸酶等。50% 以上的金黄色葡萄球菌的菌株能产生肠毒素，并且一个菌株能产生两种或两种以上肠毒素。肠毒素是一种外毒素，为结构相似的一组可溶性蛋白质，由单个无分枝的多肽链组成。其抗原成分是耐热性的蛋白质和多糖。根据血清学抗原特异性不同，可将肠毒素分为 A、B、C_1、C_2、C_3、D、E、F、H 共 9 个型，其中 A 型肠毒素毒力最强，其引起的食物中毒最为常见，一般摄入 1 μg 即能引起中毒，D 型毒力较弱，摄入 25 μg 才引起中毒。肠毒素对热的抵抗力极强，加热至 100 ℃，30 min 不能完全破坏，仍能使人致病，其中以 B 型最耐热，C 型次之，A 型最差。

另外，肠毒素与血浆凝固酶和耐热核酸酶有密切关系。一般情况下，多数产血浆凝固酶的葡萄球菌都能产生肠毒素，但也有例外；而产肠毒素的葡萄球菌一定有耐热核酸酶存在，据此对耐热核酸酶的检测可作为产肠毒素金黄色葡萄球菌的重要鉴定项目之一。

2）传播途径　葡萄球菌分布于空气、土壤、水中和食具上，其主要污染源是人和动物。多数葡萄球菌食物中毒是由患局部化脓性感染（疮疖、手指化脓）、急性上呼吸道感染（鼻窦炎、化脓性咽炎、口腔疾病等）的食品从业人员，在加工过程中污染了加热处理后的食品所致；少数是加热处理之前污染引起，或食入了患有葡萄球菌性乳腺炎的奶牛的乳汁所致。一般健康人的咽喉、鼻腔、皮肤、手指甲、肠道内带菌率为 20%～30%，也可经手污染食品。

引起葡萄球菌食物中毒的常见食品主要有淀粉类（如粥、米面等），此外，牛乳及乳制品、鱼肉、蛋类等也可引起中毒，被污染的食物在室温 20～22 ℃搁置 5 h 以上时，病菌大量繁殖并产生肠毒素，此毒素耐热力很强，经加热煮沸 30 min，仍可保持其毒力而致病。该病以夏秋二季为多，各年龄组均可发病，并引起传播。

3）中毒原因及临床表现

①中毒原因　产生肠毒素的葡萄球菌污染食品，当生长和产毒条件适宜（20～37 ℃，适宜 pH 值，食品中的水分、蛋白质和淀粉充足）时，葡萄球菌就会大量繁殖使菌数达到

$10^5 \sim 10^6$ CFU/g,并产生足够数量的肠毒素。当肠毒素随食物进入人体消化道吸收后进入血液,会刺激中枢神经系统而引起中毒反应。一般来说,若不产生肠毒素,单纯摄食菌体不会引起中毒。

②临床表现　金黄色葡萄球菌中毒主要表现为急性胃肠炎症状,如恶心、呕吐,中上腹部剧烈痉挛疼痛和腹泻。伴有头痛、发冷,体温一般正常或有低热。严重者因大量失水而出现外周循环衰竭和虚脱。儿童对肠毒素较成人敏感,发病率较高,病情也较成人严重。潜伏期一般为 1 ~5 h,一般 1 ~3 d 内康复,愈后良好,少有死亡病例。

4)预防控制措施

①防止食品原料和成品被污染　防止带菌人群对食物的污染,定期对食品从业人员进行健康检查,患局部化脓性感染、上呼吸道感染者应暂时调换工作;防止葡萄球菌污染原料奶,定期对健康奶牛的乳房进行检查,乳房炎乳不能用于加工乳与乳制品;严格防止肉类、含奶糕点、冷饮食品和剩菜剩饭等受到致病性葡萄球菌的污染。

②防止葡萄球菌的生长与肠毒素的产生　在低温、通风良好条件下储藏食物可有效防止毒素的产生,但夏、秋季食物冷藏(4 ℃)或置阴凉通风处,也不应超过 6 h。此外,可通过干燥、加盐或糖处理来降低食品的水分活度,抑制葡萄球菌生长并防止产毒。

③食品的及时杀菌　一般的杀菌强度(如巴氏杀菌、家庭煮沸杀菌等)虽可杀死葡萄球菌,但难以破坏肠毒素,故此,杀菌避免产生肠毒素对于防止葡萄球菌中毒尤为重要。另外,食品加工的设备、用具,使用后应彻底清洗杀菌。

(4)李斯特菌食物中毒

1)生物学特性　目前国际公认的李斯特菌属(*Listeria*)有 10 个菌种。单核增生李斯特氏菌(*L. monocytogenes*)是李斯特菌属的模式种,革兰氏阳性类球形杆菌,大小约为(0.4 ~0.5) μm×(0.5 ~2.0) μm,钝圆端,直或稍弯,单个,呈 V 字形排列或成对排列,兼性厌氧,无芽孢,营养要求不高,在普通营养琼脂平板上 37 ℃培养数天,菌落直径约 2 mm,一般不形成荚膜,但在营养丰富的环境中可形成荚膜。20 ~25 ℃时以 4 根周毛运动,37 ℃时只有较少的鞭毛或 1 根鞭毛。李斯特菌适冷性强,能在 4 ~6 ℃冷藏条件下大量繁殖,冷冻产品中存活几周,能在 10% 甚至浓度更高的 NaCl 溶液中存活或生长。该菌对理化因素抵抗力较强,60 ~70 ℃经 5 ~20 min 可杀死,70% 酒精 5 min、2.5% 石炭酸 20 min 可杀死。该菌对青霉素、四环素、磺胺等药物敏感。

2)传播途径　绝大多数食品如肉类、蛋类、禽类、海产品、乳制品、蔬菜等都已被证实是李斯特菌的感染源。其中尤以乳制品中的软干酪、冰激凌、即食食品最为多见。其主要传播途径是粪口传播,还可通过胎盘和产道感染新生儿。胎儿或婴儿的感染多半来自母体中的细菌或带菌的乳制品。

3)中毒原因及临床表现

①中毒原因　中毒原因是食入了含有该菌产生的溶血素 O 的食品,如饮用未彻底杀灭该菌的消毒乳,食用污染了该菌冷藏的熟食品、乳与乳制品。该菌随食物摄入后,在肠道内快速繁殖,入侵各部分组织,进入血液循环系统,通过血流到达其他敏感的体细胞,并在其中繁殖,利用溶血素 O 的溶解作用逃逸出吞噬细胞,并利用两种磷脂酶的作用,在细胞间转移,引起炎症反应。

②临床表现 主要有侵染型和腹泻型2种类型。①侵染型,潜伏期为2~6周,病人开始常有胃肠炎的症状,最明显的表现是败血症、脑膜炎、发热,有时可引起心内膜炎。孕妇、新生儿、免疫缺陷的人为易感人群;②腹泻型,潜伏期一般为8~24 h,主要症状为腹泻、腹痛、发热。

4)预防控制措施

①防止食品污染 从原料到餐桌切断该菌污染食品的传播途径。未加工的肉类和蔬菜要与加工好的食品和即食食品分开,加工生食品后的手、刀和砧板要清洗、消毒。

②利用加热杀灭病原菌 该菌对热敏感。蔬菜食用前要彻底清洗、焯烫;多数食品只要经适当烹调(煮沸即可)均能杀灭活菌,但应防止二次污染;单增李斯特氏菌在4 ℃下仍然能生长繁殖,故此,冰箱食品需加热后再食用。

(5)空肠弯曲菌食物中毒

1)生物学特性 弯曲菌属(*Campylobacter*)包括5个种和5个亚种。对人类致病的主要是空肠弯曲菌和胎儿弯曲菌胎儿亚种。空肠弯曲菌(*C. jejuni*)是人类腹泻最常见的病原菌之一。

该菌形态细长,呈弧形、螺旋形、S形或海鸥状。运动活泼,一端或两端有单鞭毛。无芽孢,无荚膜,革兰氏阴性。微需氧,需在5% O_2、10% CO_2和85% N_2的环境中生长。在36~37 ℃生长良好,但在42 ℃中选择性好,此温度可使粪便中其他细菌的生长受到抑制。营养要求高,用含血清的培养基培养后,在同一培养基上可出现两种菌落,一种为灰白、湿润、扁平边缘不整的蔓延生长的菌落;另一种为半透明、圆形、凸起、有光泽的细小菌落。生化反应不活泼,不发酵糖类,氧化酶阳性,马尿酸盐水解试验阳性。

该菌有O(菌体)抗原、热不稳定抗原和H(鞭毛)抗原,根据O抗原不同将空肠弯曲菌分为42个血清型。该菌抵抗力较弱,培养物放置冰箱中很快死亡,56 ℃、5 min即被杀死,干燥环境中仅存活3 h。空肠弯曲菌引起胃肠道感染主要是该菌产生细胞毒素和一种热敏性肠毒素(CJT)所致,该毒素(CJT)与霍乱弧菌毒素和大肠杆菌毒素有一些相同的性质。

2)传播途径 引起中毒的食品包括原料牛乳、蛋、海产品及烹饪不完全的畜禽肉、贝、鱼等。空肠弯曲菌存在于温血动物(禽鸟和家畜)的粪便中,以家禽粪便中含量最高。鸡肠道内容物阳性检出率39%~83%、鸡肉29.7%;猪肠道内容物61%,鲜肉约12%;健康人体带菌率为0~1.3%,腹泻患者检出率为5%~10.4%。该菌可以通过接触污染的动物胴体,或摄入被污染的食品等多种方式传播给人体。

3)中毒原因及临床表现

①中毒原因 引起中毒的主要原因是食入了含有空肠弯曲菌的活菌及其肠毒素和细胞毒素的食品,属混合型细菌性食物中毒。该菌侵入机体肠黏膜,有时也进入血液中,同时产生的肠毒素又促进了食物中毒的发生。

②临床表现 空肠弯曲菌是引起散发性细菌性肠炎最常见的菌种之一,潜伏期一般为3~5 d。由于空肠弯曲菌对胃酸敏感,经口食入至少10^4个细菌才有可能致病,该菌在小肠内繁殖,侵入肠上皮引起炎症。临床表现为痉挛性腹痛、腹泻、血便或果酱样便,量多;头痛、肌肉痛、不适、发热,通常该病自限。

4)预防控制措施　加强消费者的健康卫生意识和自我保护能力;避免食用未煮透或灭菌不充分的食品,尤其是乳制品和饮用水要加热杀菌充分;加强食品各环节的卫生管理;选用新鲜原料加工,在加工过程中,食品加工人员遵守良好卫生操作规范,防止二次污染。

(6)志贺菌食物中毒

1)生物学特性　志贺菌属(*Shigella*)隶属于肠杆菌科,是人类细菌性痢疾最常见的病原菌,通称痢疾杆菌。根据生化反应与血清学试验该属细菌分为:A 群即痢疾志贺菌(*S. dysenteriae*)、B 群即福氏志贺菌(*S. flexneri*)、C 群即鲍氏志贺菌(*S. boydii*)、D 群即宋内志贺菌(*S. sonnei*)。其中痢疾志贺菌是导致典型痢疾的病原菌。

该菌大小为(0.5 ~0.7) μm×(2 ~3) μm,无芽孢,无荚膜,无鞭毛,多数有菌毛,为革兰氏阴性杆菌。在肠道鉴别培养基上形成无色半透明的菌落。均能分解葡萄糖,只产酸,不产气,除宋内志贺菌迟缓发酵乳糖外,均不分解乳糖。营养要求不高,在普通琼脂平板上经 24 h 生长,形成直径达 2 mm 大小、半透明的光滑型菌落,志贺菌属中的宋内菌常出现扁平的粗糙型菌落。

本菌对理化因素的抵抗力较其他肠道杆菌弱。对酸敏感,在外界环境中的抵抗力以宋内氏菌最强,福氏菌次之,志贺氏菌最弱。一般 56 ~ 60 ℃ 经 10 min 即被杀死。在 37 ℃水中存活 20 d,在冰块中存活 96 d。对化学消毒剂敏感,1% 石炭酸 15 ~30 min 即可杀死。

2)传播途径　主要为粪口途径传播。痢疾杆菌随患者或带菌者的粪便排出,通过受污染食物、水、手等经口传播。与志贺氏菌病相关的食品包括沙拉、生的蔬菜、奶和奶制品、禽、水果、面包制品和有鳍鱼类。

3)中毒原因及临床表现

①中毒原因　引起中毒的原因是摄入了带有具侵袭力的活菌及其内毒素和 Vero 毒素的食品。该菌随食物进入胃肠后侵入肠黏膜组织,生长繁殖。当菌体破坏后,释放内毒素,作用于肠壁、肠黏膜和肠壁植物性神经,引起一系列症状。有的菌株产生 Vero 毒素,具有肠毒素的作用。

②临床表现　潜伏期为 6 ~24 h。主要症状为剧烈腹痛,呕吐,频繁水样腹泻,脓血和黏液便。还可引起毒血症,发热达 40 ℃以上,意识出现障碍,严重者出现休克。

4)预防控制措施　加强食品卫生管理,严格执行卫生制度;加强食品从业人员的肠道带菌检查;对各类带菌者采取“三早”(早期诊断、早期隔离和早期治疗)措施,切断传染途径。

(7)肉毒梭菌食物中毒

1)生物学特性　肉毒梭菌(*Clostridium botuinum*)隶属于梭状芽孢杆菌属,在厌氧环境中分泌极强烈的肉毒毒素,能引起特殊的神经中毒症状,病死率极高。

该菌为革兰氏阳性粗短杆菌,(4 ~6) μm×(0.9 ~1.2) μm,多数情况下菌体单个存在,偶尔成对或成短链,菌端钝圆,不形成荚膜,有周身鞭毛。严格的厌氧,对营养要求不高,28 ~37 ℃生长良好,最适 pH 值为 6 ~8,20 ~25 ℃能形成卵圆形芽孢,当温度低于 15 ℃或高于 55 ℃时,芽孢不能繁殖,也不产生毒素。肉毒梭菌的抵抗力不强(80 ℃、

30 min即可杀灭），但其芽孢的抵抗力很强，可耐煮沸 1 ~6 h，于 180 ℃干热 5 ~15 min 或 120 ℃高压蒸汽下 10 ~20 min 才能杀死，10% 盐酸需经 1 h 才能破坏，在酒精中能存活 2 个月。其中 A、B 型菌的芽孢抵抗力最强。

根据所产生毒素的抗原性不同，肉毒梭菌分为 A、B、C_α、C_β、D、E、F、G 这 8 个型，其中 A、B、E、F 型对人体有不同程度的致病性而导致食物中毒，且以 A、B 型最为常见。肉毒毒素对消化酶（胃蛋白酶、胰蛋白酶）、酸及低温不敏感，对碱和热敏感。

2）传播途径　肉毒梭菌存在于土壤、江河湖海的淤泥沉积物、霉干草、尘土和动物粪便中，其中土壤为重要污染源。带菌土壤可直接或间接污染食品，包括粮食、蔬菜、水果、肉、鱼等，使其可能带有肉毒梭菌或其芽孢。传播途径主要是经过食物传播，多见于腌肉、腊肉、猪肉以及制作不良的罐头食品。

3）中毒原因及临床表现

①中毒原因　引起中毒的主要原因是食入了含有肉毒毒素（肉毒梭菌污染食品后，在适宜条件下芽孢萌发、生长并产生肉毒毒素）的食品，这部分食品包括家庭自制低盐食品、厌氧发酵食品、厌氧加工罐头食品等。食前不经加热或杀菌不彻底，即可引起中毒。

②临床表现　该病是单纯性毒素中毒，而非细菌感染，主要为神经末梢麻痹，潜伏期一般 12 ~48 h，潜伏期越短，病死率越高。进食被肉毒毒素污染的食物后出现头晕、无力、视物模糊、眼睑下垂、复视，随后咀嚼无力、张口困难、言语不清、声音嘶哑、吞咽困难、头颈无力、垂头等。严重的导致呼吸困难，多因呼吸停止而死亡。

4）预防控制措施

①防止原料被污染　食品加工过程中，应选用新鲜原料，并对食品加工的原料进行清洗，高温灭菌或充分蒸煮处理，以杀死芽孢。此外，需改变肉类储藏方式和生吃牛、羊肉的习惯。

②控制肉毒梭菌的生长和产毒　加工后的食品（尤其对加工的肉、鱼类等）应处于低温储藏条件，并避免二次污染和缺氧保存，这样可有效减少肉毒梭菌的生长及产毒。

③食前彻底加热杀菌　肉毒毒素不耐热，食前对可疑食物加热可将各型菌的毒素破坏。生产罐头食品等真空食品时，必须严格执行《罐头厂卫生规范》，装罐后要彻底灭菌。在储藏过程中胖听的罐头食品不能食用。

（8）副溶血性弧菌食物中毒

1）生物学特性　副溶血性弧菌（*V. Parahemolyticus*），隶属于弧菌科的弧菌属（*Vibrio*），是一种嗜盐性弧菌。该菌为革兰氏阴性细菌，兼性厌氧菌，为多形态杆菌或稍弯曲弧菌。本菌最适宜的培养基条件是温度 30 ~37 ℃，含盐 2.5% ~3%（若盐浓度低于 0.5% 则不生长），pH 值 8.0 ~8.5（pH 值为 6 以下即不能生长）。在固体培养基上菌落常隆起，圆形，表面光滑、湿润。在 3% ~3.5% 含盐水中繁殖迅速，每 8 ~9 min 为一周期。对高温抵抗力小，50 ℃维持 20 min、65 ℃维持 5 min 或 80 ℃维持 1 min 即可被杀死。本菌对常用消毒剂抵抗力很弱，可被低浓度的酚和煤酚皂溶液杀灭。

2）传播途径　副溶血性弧菌主要分布在海水和水产品中。食品中副溶血性弧菌的来源主要是海产品，其中以墨鱼、带鱼、虾、蟹最为多见，如墨鱼的带菌率达 93%，其次为盐渍食品。沿海地区饮食从业人员、健康人群及渔民副溶血性弧菌带菌率为 11.7% 左右,有肠道病史者带菌率可达 31.6% ~88.8%,沿海地区炊具的副溶血性弧菌带菌率为61.9%,上述带菌的生食品、带菌者、带菌容器等可对熟食品造成污染。

3)中毒原因及临床表现

①中毒原因　该菌食物中毒是致病菌对肠道的侵入和溶血毒素的协同作用所致,故是一种混合型食物中毒。人体摄入被副溶血性弧菌污染并大量繁殖的食物而引起食物中毒,致病因子包括致病性活菌(10^6 CFU/g 以上)和一定量溶血毒素。

②临床表现　副溶血性弧菌引起的食物中毒一般表现为急发病,潜伏期 2 ~24 h,一般为 10 h 发病。主要的症状为腹痛,多为阵发性绞痛,并有腹泻、恶心、呕吐、畏寒发热等症状,大便似水样。少数病人可出现意识不清、痉挛、面色苍白等现象,若抢救不及时,会导致虚脱,一般愈后良好,死亡率很低。

4)预防控制措施

①防止食品被污染　对加工海产品的器具必须严格清洗、消毒;防止生、熟食物交叉污染;带菌者未治疗痊愈前,不应直接从事食品加工工作。

②控制细菌繁殖　海产品或熟食品应置于 8 ℃以下冰箱或冷库中,做到冷链储藏。

③食前彻底加热杀菌　对海产品、肉类食品烹调时要充分煮熟、烧透,防止里生外熟。隔餐或过夜饭菜,食用前要回锅热透。最好不食用生、半熟或凉拌海产品。

13.2.2　真菌性食物中毒

真菌性食物中毒是指人摄入了含有真菌毒素的食物而引起的中毒现象。真菌毒素(mycotoxin)是产毒真菌在适宜条件下所产生的次级代谢产物,它是真菌主要在含碳水化合物的食品原料或饲料上繁殖而分泌的细胞外毒素。目前,已知的真菌毒素约有 300 ~400 种,且每年都有新的真菌毒素被发现和检测到。

13.2.2.1　产毒霉菌及其产毒条件

(1)主要产毒霉菌　真菌毒素主要由霉菌产生,已发现可产生毒素的霉菌主要有:曲霉属、青霉属、镰刀菌属、交链孢霉属中的一些霉菌。此外,如粉红单端孢霉、木霉属、黑色葡萄穗霉等也可产生毒素。

(2)霉菌的产毒条件　影响霉菌产毒的因素很多,关键是菌种自身的遗传特性,其次是霉菌产毒的营养及理化条件。

1)菌种的遗传特性　霉菌中仅限于少数霉菌产毒,而产毒菌种只有一部分菌株产毒。即使同一菌种不同菌株,有的不产毒,有的却大量产毒;产毒菌株的产毒能力还表现出可变性,产毒菌株经多代培养可完全失去产毒能力,而非产毒菌株在一定条件下也可出现产毒能力;一种菌种或菌株可产生几种不同的毒素,如岛青霉可以产生黄天精、环氯肽、岛青霉素、红天精 4 种不同的毒素;而同一种霉菌毒素也可由几种霉菌产生,如黄曲霉和寄生曲霉都能产生黄曲霉毒素等。

2)营养及理化条件　霉菌产毒与下列条件有关:①基质种类。霉菌生长的营养素来源主要是碳源、少量氮源、无机盐,故易被霉菌污染并产毒的基质主要有大米、小麦、玉米、花生、大豆等及其副产品。②水分活度。食品 a_w 值越小,越不利于霉菌繁殖(a_w 降至 0.7以下一般不能生长)。一般,水分含量越低,产毒机会越小。③环境温度。多数霉菌在 20 ~ 30 ℃生长，小于 10 ℃和大于 30 ℃时生长显著减弱，一般在 0 ℃以下或 30 ℃以上不生长和不产毒。④相对湿度。曲霉、青霉和镰刀菌适于繁殖和产毒的环境相对湿度为 80% ~90%，而在相对湿度降至 70% ~75% 时则不产毒。⑤通风条件。霉菌为专性好氧微生物，多数霉菌在有氧情况下产毒，无氧时不产毒。

13.2.2.2 主要霉菌毒素及其特性

（1）黄曲霉毒素 黄曲霉毒素（aflatoxins，AFT 或 AF）是黄曲霉和寄生曲霉等某些菌株产生的双呋喃环类毒素。1961 年即发现黄曲霉污染的花生饼能诱发大鼠肝癌，1962 年鉴定并证明了黄曲霉毒素为强致癌物。结构中二呋喃环末端带有双键的黄曲霉毒素，易形成环氧化代谢产物而使其毒性、致癌性和致突变性增强。迄今为止，该毒素在所有的真菌毒素中被研究得最多，也被了解得最为透彻。

1）黄曲霉毒素的种类及结构 AF 的化学结构是一个双氢呋喃和一个氧杂萘邻酮，其化学结构类似，均为二氢呋喃香豆素的衍生物。现已分离出的 AF 有 B_1、B_2、G_1、G_2、B_{2a}、G_{2a}、M_1、M_2、P_1 等 18 种，它们的基本结构中都含有二呋喃环和氧杂萘邻酮（又名香豆素），前者为其毒性结构，后者可能与其致癌有关。其中以 B_1 的毒性和致癌性最强。

2）理化特性 AF 对光、热和酸稳定，耐高温，通常加热处理对其破坏很小，只有在熔点温度下才发生分解。AF 在中性、弱酸性溶液中很稳定，pH 值为 1 ~ 3 的酸性溶液中稍分解，在碱性环境下（pH 值为 9 ~ 10）能迅速分解成几乎无毒的盐，但此反应可逆，即在酸性条件下有复原。因此在食品去毒时可利用这一化学反应。毒素纯品在高浓度下稳定，低浓度的纯毒素在紫外线辐射下易分解。5% 的次氯酸钠溶液、Cl_2、NH_3、H_2O_2 及 SO_2 等均可与 AF 起化学反应破坏其毒性。

3）产毒条件 黄曲霉生长产毒的温度范围是 12 ~ 42 ℃，最适产毒温度为 33 ℃，最适 a_w 值为 0.93 ~0.98。黄曲霉在水分为 18.5% 的玉米、稻谷、小麦上生长时，第 3 天开始产生黄曲霉毒素，第 10 天产毒量达到最高峰，以后便逐渐减少。一般来说，温度 30 ℃、相对湿度 80 %、谷物水分含量≥14 %（花生水分含量≥9%）最适合黄曲霉繁殖和生长。在 24 ~ 34 ℃时，黄曲霉菌产毒量最高。菌体形成孢子时，菌丝体产生的毒素逐渐分泌到基质中。黄曲霉产毒的这种迟滞现象，意味着高水分粮食如在两天内进行干燥，粮食水分含量降至 13% 以下，可有效控制黄曲霉产生毒素。

4）毒素危害 AF 是一种肝脏毒，对肝脏有特殊亲和性并有强烈的致癌、致畸、致突变作用。其毒性因毒素的剂量、接触时间长短和动物种类、营养状态及饲料不同而异。在动物实验中，大剂量摄入这些毒素会造成死亡；亚致死剂量产生慢性中毒；长期接受低剂量则导致癌症，主要是肝癌。

5）预防控制措施 根据黄曲霉生长及产毒条件，预防控制需注意以下几点：①降低水分含量并控制相对湿度。农产品收获后，应迅速干燥至安全水分。控制相对湿度（不要超过 70%），保持食品和储藏场所干燥。储存期间粮食和食品要经常晾晒，做烘干处理，使水分含量维持在合理水平。②低温储藏。将食品储藏温度控制在霉菌生长的适宜温度以下。③气调冷藏。运用气调冷藏技术，控制气体成分，并适当控制储藏温度，防止霉菌生长和产毒。④化学处理。防霉化学药剂有熏蒸剂，如溴甲烷、二氯乙烷、环氧乙烷等。

6)去除黄曲霉毒素的方法　①物理法。主要包括辐照法和高温法,此外,还有挑选法、搓洗法、清洗法、吸附法等。②化学法。化学方法一般用化学试剂处理,化学试剂包括氢氧化钠、2%甲醛、次氯酸钠、臭氧等。③生物法。生物去毒主要是采用微生物或其产生的酶及其制剂来进行去毒。

7)食品和饲料中黄曲霉毒素的限量指标　由于 AF 的毒性大,致癌力强,分布范围广,对人体健康危害极大,因此,我国制定了 AF B_1 在食品中的限量指标(表 13-3)。

表 13-3　食品中 AF B_1 限量指标(特殊膳食用食品除外)

食品类别	食品名称	限量/(μg/kg)
谷物及其制品	玉米、玉米面(渣、片)及玉米制品	20
	稻谷、糙米、大米	10
	小麦、大麦、其他谷物	5.0
	小麦粉、麦片、其他去壳谷物	5.0
豆类及其制品	发酵豆制品	5.0
坚果及籽类	花生及其制品	20
	其他熟制坚果及籽类	5.0
油脂及其制品	植物油脂(花生油、玉米油脂除外)	10
	花生油、玉米油	20
调味品	酱油、醋、酿造酱	5.0

(2)镰刀菌毒素　镰刀菌在自然界广泛分布,侵染多种作物。有多种镰刀菌可产生对人畜健康威胁极大的镰刀菌毒素。根据联合国粮农组织(FAO)和世界卫生组织(WHO)联合召开的第三次食品添加剂和污染物会议,镰刀菌毒素问题同黄曲霉毒素一样被看作是自然发生的最危险的食品污染物。镰刀菌毒素是由镰刀菌产生的。镰刀菌毒素已发现有十几种,其中主要是单端孢霉烯族化合物毒素、伏马菌素、玉米赤霉烯酮、丁烯酸内酯等。

1)单端孢霉烯族化合物毒素(trichothecenes)　单端孢霉烯族化合物是由雪腐镰刀菌、禾谷镰刀菌、梨孢镰刀菌、拟枝孢镰刀菌等多种镰刀菌产生的一类毒素。有 40 多种,其中与人畜中毒关系较大的有 8 种,包括脱氧雪腐镰刀菌烯醇、T-2 毒素、雪腐镰刀菌烯醇、HT-2 毒素、新茄病镰刀菌烯醇、镰刀菌烯酮-X 等。它们是引起人畜中毒最常见的一类镰刀菌毒素。

①脱氧雪腐镰刀菌烯醇(deoxvnivalenol,DON)　DON 主要存在于麦类赤霉病的麦粒中,在玉米、稻谷、蚕豆等作物中也能感染赤霉病而含有 DON。赤霉病的病原菌是赤霉菌,其无性阶段是禾谷镰刀霉。这种病原菌适合在湿度高、气温低的气候条件下生长繁殖。如在麦粒形成乳熟期感染,则随后成熟的麦粒皱缩、干瘪、有灰白色和粉红色霉状物;如在后期感染,麦粒尚且饱满,但胚部呈粉红色。DON 又称致吐毒素(vomitoxin),易

溶于水，热稳定性高。烘焙温度 210 ℃、油煎温度 140 ℃或煮沸，只能破坏 50%。

人误食含 DON 的赤霉病麦（含 10% 病麦的面粉 250 g）后，多在一小时内出现恶心、眩晕、腹痛、呕吐、全身乏力等症状，少数伴有腹泻、颜面潮红、头痛等症状，其在谷物及其制品中限量为 1000 μg/kg。

②T-2 毒素（T-2 toxin）　该毒素是由三线镰刀菌和拟枝孢镰刀菌在田间越冬的谷物中产生的一类单端孢霉烯族化合物。T-2 毒素主要作用于细胞分裂旺盛的组织器官，如胸腺、骨髓、肝、脾、淋巴结、生殖腺及胃肠黏膜等，抑制这些器官细胞蛋白质和 DNA 合成。此外，还发现该毒素可引起淋巴细胞中 DNA 单链的断裂。T-2 毒素还可作用于氧化磷酸化的多个部位而引起线粒体呼吸抑制。中毒原因是因食入镰刀菌污染的有毒谷物，从而导致食物中毒性白细胞缺乏症，主要使骨髓和造血系统发生障碍。

2）伏马菌素（fumonisin）　它是由串珠镰刀菌（*Fusarium moniliforme*）产生的水溶性代谢产物，是一类由不同的多氢醇和丙三羧酸组成的结构类似的双酯化合物。

①来源及种类　在自然界中产生伏马菌素的真菌主要是串珠镰刀菌，其次是多育镰刀菌。这两种真菌广泛存在于各种粮食及其制品中，因此它们产生的伏马菌素容易污染粮食类农产品，尤其是玉米。到目前为止，发现的伏马菌素有 FA_1、FA_2、FB_1、FB_2、FB_3、FB_4、FC_1、FC_2、FC_3、FC_4和 FP_1共 11 种，其中 FB_1是其主要组分。FB_1对食品污染的情况在世界范围内普遍存在，主要污染玉米及玉米制品。FB_1 为水溶性霉菌毒素，对热稳定，不易被蒸煮破坏。研究表明，即使在干燥温暖的环境中，串珠镰刀菌也是玉米中出现最频繁的菌种之一。

②产生及控制　玉米中伏马毒素含量受许多环境因素的影响，如收获前和收获期间的温度、湿度、干旱情况等，有报道在气候温暖的玉米产区，常发现较高水平污染的伏马毒素。玉米中伏马毒素含量也受储存条件的影响，如收获的玉米在储存期间水分在 18% ~23% 时，最适宜产伏马毒素的串珠镰刀菌生长繁殖，导致玉米中伏马毒素含量的增加。

3）玉米赤霉烯酮（zearelenone，ZEN）　玉米赤霉烯酮是一种雌性发情毒素。动物吃了含有这种毒素的饲料，就会出现雌性发情综合症状。禾谷镰刀菌、黄色镰刀菌、粉红镰刀菌、三线镰刀菌、木贼镰刀菌等多种镰刀菌均能产生玉米赤霉烯酮。

玉米赤霉烯酮不溶于水，溶于碱性水溶液。禾谷镰刀菌接种在玉米培养基上，在 25 ~28 ℃培养两周后，再在 12 ℃下培养 8 周，可获得大量的玉米赤霉烯酮。赤霉病麦中有时可能同时含有 DON 和玉米赤霉烯酮。玉米赤霉烯酮主要污染玉米、小麦、大米、大麦、小米和燕麦等谷物，玉米赤霉烯酮的耐热性较强，110 ℃下处理 1 h 才被完全破坏，玉米赤霉烯酮在谷物及其制品中的限量为 60 μg/kg。

（3）黄变米毒素　黄变米是 20 世纪 40 年代在日本大米中发现的。这种米由于被真菌污染而呈黄色，故称黄变米，可导致大米黄变的真菌主要是青霉属中的一些种。黄变米中毒是指人们因食用黄变米而引起的食物中毒。黄绿青霉、桔青霉和岛青霉菌株侵染大米后产生有毒的次级代谢产物，统称黄变米毒素，黄变米毒素可分为三大类：

1）黄绿青霉毒素（citreoviridin）　大米水分 14.6% 时易感染黄绿青霉，在 12 ~13 ℃便可形成黄变米，米粒上有淡黄色病斑，同时产生黄绿青霉毒素。该毒素不溶于水，加热至 270 ℃失去毒性，为神经毒，毒性强，中毒特征为中枢神经麻痹，进而心脏及全身麻痹，最后呼吸停止而死亡。

2)桔青霉毒素(citrinin)　桔青霉污染大米后形成桔青霉黄变米,米粒呈黄绿色。精白米易污染桔青霉形成该种黄变米。桔青霉可产生桔青霉毒素,暗蓝青霉、黄绿青霉、扩展青霉、点青霉、变灰青霉、土曲霉等霉菌也能产生这种毒素。该毒素难溶于水,为一种肾脏毒,可导致实验动物肾脏肿大,肾小管扩张和上皮细胞变性坏死。

3)岛青霉毒素(islanditoxin)　岛青霉污染大米后形成岛青霉黄变米,米粒呈黄褐色溃疡性病斑,同时含有岛青霉产生的毒素,包括黄天精、环氯肽、岛青霉素、红天精。前两种毒素都是肝脏毒,急性中毒可造成动物发生肝萎缩现象;慢性中毒发生肝纤维化、肝硬化或肝肿瘤,可导致大白鼠肝癌。

(4)杂色曲霉毒素(sterigmatocystin,ST)　杂色曲霉毒素主要是杂色曲霉和构巢曲霉的最终代谢产物,同时又是黄曲霉和寄生曲霉合成黄血霉毒素过程后期的中间产物。杂色曲霉毒素也是一类化学结构很近似的化合物。目前有十多种已确定结构,其化学结构除异杂色曲霉毒素外,都有两个呋喃环,与黄曲霉毒素结构相似。其中的杂色曲霉毒素IVa是毒性最强的一种,不溶于水,可以导致动物的肝癌、肾癌、皮肤癌和肺癌,其致癌性仅次于黄曲霉毒素。由于杂色曲霉和构巢曲霉经常污染粮食和食品,而且有80%以上的菌株产毒,所以杂色曲霉毒素在肝癌病因学研究上很重要。糙米中易污染杂色曲霉毒素,糙米经加工成标二米后,毒素含量可以减少90%。

(5)赭曲霉毒素　赭曲霉毒素(ochratoxin)是由赭曲霉(*Aspergillus ochraceus*)、纯绿青霉、圆弧青霉和产黄青霉等产生的。赭曲霉毒素是继黄曲霉毒素后又一个引起世界广泛关注的霉菌毒素。它是由曲霉属的7种曲霉和青霉属的6种青霉菌产生的一组重要的、污染食品的真菌毒素,其中毒性最大、分布最广、产毒量最高、对农产品的污染最重、与人类健康关系最密切的是赭曲霉毒素A。

赭曲霉毒素A是由多种生长在粮食(小麦、玉米、大麦、燕麦、黑麦、大米和黍类等)、花生、蔬菜(豆类)等农作物上的曲霉和青霉产生的,这种毒素主要是引起肾脏损伤,大量的毒素也可能引起动物的肠黏膜炎症和坏死。此外,还在动物试验中观察到它的致畸作用,其在部分食品中的限量见表13-4。

表13-4　食品中赭曲霉毒素A限量指标

食品类别		限量/(μg/kg)
谷物及其制品	谷物[①]	5.0
	谷物碾磨加工品	5.0
豆类及其制品	豆类	5.0
酒类	葡萄酒	2.0
坚果及籽类	烘焙类咖啡豆	5.0
饮料类	研磨咖啡(烘焙咖啡)	5.0
	速溶咖啡	1.0

①稻谷以糙米计。

(6)展青霉素　展青霉素(patulin)又称展青霉毒素、棒曲霉素、珊瑚青霉毒素,它是由曲霉和青霉等真菌产生的一种次级代谢产物,可溶于水、乙醇,在碱性溶液中不稳定,易被破坏。

展青霉素主要污染水果及其制品,尤其是苹果、山楂、梨、苹果汁和山楂片等。扩展青霉和展青霉的生长和产毒素的温度范围同样很宽,为 0 ~ 40 ℃,最佳温度为 20 ~ 25 ℃,最适产毒的 pH 值范围是 3 ~ 6.5。展青霉毒素是一种神经毒素,其能诱发实验动物肿瘤,并对消化系统和皮肤组织具有损害作用。该毒素在水果及其制品、酒类和原料类中的限量为 50 μg/kg。

(7)交链孢霉毒素　交链孢霉是粮食、果蔬中常见的霉菌之一,可引起许多果蔬发生腐败变质。交链孢霉产生多种毒素,主要有四种:交链孢酚(alternariol,AOH)、交链孢酚单甲醚(alternariol methyl ether,AME)、交链孢霉烯(altenuene,ALT)、细偶氮酸(tenuazoni acid,TeA),其中 AOH 和 AME 有致畸和致突变作用。

(8) 毒蘑菇食物中毒

1)毒蘑菇中毒症状　毒蘑菇又叫毒蕈,在我国毒蘑菇约有 100 种,常见的可致人死亡的有十余种,如褐鳞小伞、肉褐鳞小伞、白毒伞、白毒鹅膏菌、鳞柄白毒伞、毒伞、残托斑毒伞、毒粉褶蕈、秋生盔孢伞、包脚黑褶伞、鹿花蕈等。根据引起的临床表现的不同,一般将其分为 4 个类型。

①胃肠炎型　误食毒红菇、红网牛肝菌及墨汁鬼伞等毒蕈所引起。潜伏期 0.5 ~ 6 h。发病时剧烈腹泻、腹痛。引起此型中毒的毒素尚未明了,但经适当对症处理,中毒者可迅速康复,死亡率较低。

②神经精神型　误食毒蝇伞、豹斑毒伞等毒蕈所引起,其毒素为类似乙酰胆碱的毒蕈碱。潜伏期 1 ~ 6 h,发病时除肠胃炎症状之外,尚有交感神经兴奋症状,如多汗、流涎、流泪、脉搏缓慢、瞳孔缩小等。误食臭黄菇等除引起肠胃炎外,还有头晕、精神错乱、昏睡等症状。1 ~ 2 d 后适当治疗也可康复,死亡率较低。由于误食牛肝蕈除引起胃肠炎症外,多有幻觉等症状,部分病例有迫害妄想等类似精神分裂的表现,经适当治疗也可以康复,死亡率也低。

③溶血型　因误食鹿花蕈引起,其毒素为鹿花蕈素,潜伏期 6 ~ 12 h。发病时除肠胃炎症状外,还有溶血表现,可引起贫血、肝脾肿大等体征。此型中毒对中枢神经系统亦有影响,可有头痛症状。给予肾上腺皮质激素及输血等治疗多可康复,死亡率不高。

④中毒性肝炎(肝病型) 毒蕈中毒因误食毒伞、白毒伞、鳞柄白毒伞等所引起。其所含毒素包括毒伞毒素及鬼笔毒素两大类共 11 种。鬼笔毒素作用快,主要作用于肝脏。毒伞毒素作用迟缓,但毒性较大,能直接作用于细胞核,有可能抑制 RNA 聚合酶,并能显著减少肝糖原而导致肝细胞迅速坏死。此型中毒病情凶险,如无积极治疗死亡率甚高。

(2) 毒蘑菇鉴别的方法　毒蘑菇种类很多,鉴别毒蘑菇科学的方法应是根据其形态学特征进行分类鉴定。实践中还可以根据以下方法加以鉴别:①对照法,借助于适合当地的彩色蘑菇图册,逐一辨认当地食用菌或毒蘑菇。②看形状,毒蘑菇一般较黏滑,菌盖上常沾些杂物或生长一些像补丁状的斑块;菌柄上常有菌环(像超短裙一样),无毒蘑菇很少有菌环。③观颜色,毒蘑菇多呈金黄色、粉红、白、黑、绿。无毒蘑菇多为咖啡、淡紫或灰红色。④闻气味,毒蘑菇有土豆或萝卜味,无毒蘑菇为苦杏或水果味。⑤看分泌物,将采摘的新鲜野蘑菇撕断菌杆,无毒的分泌物清凉如水,个别为白色,菌面撕断不变色;有毒的分泌物稠浓,呈赤褐色,撕断后在空气中易变色。

常见毒蘑菇的外观形态

13.2.3 食源性病毒感染

13.2.3.1 食源性病毒及其传播途径

(1)食源性病毒　食源性病毒是指以食物为载体,导致人类患病的病毒,包括以粪口途径传播的病毒,如脊髓灰质炎病毒、轮状病毒、冠状病毒、环状病毒和戊型肝炎病毒,以及以畜产品为载体传播的病毒,如禽流感病毒、朊病毒和口蹄疫病毒等。我国食品的病毒污染以肝炎病毒的污染最为严重,有显著的流行病学意义。其中甲型肝炎、戊型肝炎被认为是通过肠道传播,即粪口途径,其中相当一部分人是通过被污染的食品而感染的。其他病毒污染食品造成食源性疾病的报道较为少见。

(2)传播途径　一般情况下,病毒只能在活的细胞中复制,不能在人工培养基中繁殖。因此,人和动物是病毒复制、传播的主要来源。污染源病毒的主要传播途径有:①通过粪便、尸体直接污染农产品原料和水源,如细小病毒、呼吸肠道病毒等;②从业人员通过手、生产工具、生活用品等在食品加工、运输、销售等过程中对食品造成污染,如乙型肝炎病毒;③携带病毒的动物与健康动物相互接触后,使健康动物染毒,导致动物性食品被污染,如牛、羊肉中的口蹄疫病毒,禽肉和禽蛋中的禽流感病毒;④蚊、蝇、鼠、跳蚤等可作为某些病毒的传播媒介,造成食品污染,如乙肝病毒、流行性出血热病毒等;⑤污染食品的病毒被人和动物吸收,并在体内繁殖后,又可通过生活用品、粪便、唾液、尸体等对食品造成再污染,导致恶性循环。

13.2.3.2 食品中常见的病毒及感染

(1)肝炎病毒

1)生物学特性　肝炎病毒(hepatitis virus)引起的病毒性肝炎传染性极强。目前引起肝炎的病毒有七种类型,分别以甲、乙、丙、丁、戊、庚依次命名,即甲型肝炎病毒(hepatitis A virus,HAV)、乙型肝炎病毒(hepatitis B virus,HBV)、丙型肝炎病毒(hepatitis C virus,HCV)、丁型肝炎病毒(hepatitis D virus,HDV)、戊型肝炎病毒(hepatitis E virus,HEV)、庚型肝炎病毒(hepatitis G virus,HGV)以及TTA(即输血传播病毒性肝炎),它们分别能引起甲型、乙型、丙型、丁型、戊型、庚型和TTA肝炎症状。其中以甲型肝炎和乙型肝炎发病率最高,尤其在发展中国家。

HBV是引起人类急、慢性肝炎的DNA病毒,也称丹氏颗粒,属嗜肝DNA病毒科,基因组长约3.2 kb,为部分双链环状DNA。HBV的抵抗力较强,但65 ℃维持10 h 、100 ℃维持10 min或高压蒸汽均可灭活HBV,含氯制剂、环氧乙烷、戊二醛、过氧乙酸和碘伏等也对其有较好的灭活效果。

2)传播途径

①甲型肝炎的传播途径　主要是经由不洁饮食以及喝生水等途径而感染的,其病毒

主要以人、猕猴、猿等灵长类动物为宿主，甲型肝炎可完全康复。

②乙型肝炎病毒的传播途径　乙型肝炎病毒的传播途径较为多样，主要有：血液传播，比如输血过程中被感染；医源性传播，也就是在就医的过程中被感染；母婴传播，患急性乙肝或携带乙肝表面抗原的母亲可将乙肝病毒传给新生儿；性传播，乙肝病毒的性传播是性伙伴感染的重要途径。

3）临床表现

①甲型肝炎　潜伏期约为 2 ~ 6 周，感染一星期内，可在粪便中找到病毒颗粒；受感染个体症状似感冒，少数可能出现高烧或食欲不振、全身倦怠、胃痛、头痛、呕吐等非特异性症状；少数可能出现茶色尿或有黄疸现象。

②乙型肝炎　乙肝病毒携带者常常表现为没有食欲、厌油食品、恶心、呕吐、全身乏力、腹胀、腹痛、口苦口干、失眠多梦、肝区疼痛及尿黄等症状。

4）预防控制措施　养成良好的卫生习惯，不吃不干净的食物，不喝生水，生吃瓜果要洗净，讲究餐具茶具的卫生。增强疫苗预防意识，根据需要尽早接种乙肝疫苗，提高自身免疫力，并防止血液及血液制品可能导致的病毒传播。

（2）轮状病毒

1）生物学特性　轮状病毒（rotavirus，RV）是一种双链核糖核酸病毒，属于呼肠孤病毒科。轮状病毒总共有七个种，以英文字母编号为 A、B、C、D、E、F、G。其中，A 种是最为常见的一种，而人类轮状病毒感染超过 90% 的案例也都是该种造成的。病毒体呈圆球形，有双层衣壳，每层衣壳呈二十面体对称。内衣壳的壳微粒沿着病毒体边缘呈放射状排列，形同车轮辐条。完整病毒大小约 70 ~ 75 nm，无外衣壳的粗糙型颗粒为 50 ~ 60 nm，具双层衣壳的病毒体有传染性。病毒体的核心为双股 RNA，由 11 个不连续的节段组成。在轮状病毒外衣壳上具有特异性抗原，在内衣壳上有共同抗原。

轮状病毒对理化因子的作用有较强的抵抗力。病毒经乙醚、氯仿、反复冻融、超声、37 ℃维持 1 h 或 25 ℃维持 24 h 等处理，仍具有感染性。该病毒耐酸、碱，在 pH 值 3.5 ~ 10.0 之间都具有感染性。95% 的乙醇是最有效的病毒灭活剂，56 ℃加热 30 min 也可灭活病毒。

2）传播途径　轮状病毒是借由粪口途径传染的。它会感染与小肠联结的肠黏膜细胞并且产生肠毒素，肠毒素会引起胃肠炎，导致严重的腹泻，有时候甚至会因为脱水而导致死亡。其传播途径有：①食用或饮用受病毒污染的食物或水；②接触患者的呕吐物或粪便；③接触受病毒污染的物品等。

3）临床表现　A 型轮状病毒最为常见，是引起 6 个月到 2 岁婴幼儿严重胃肠炎的主要病原。大龄儿童和成年人常呈无症状感染。病毒潜伏期为 20 ~ 48 h，感染者突然发病，出现发热、腹泻、呕吐和脱水等症状。一般为自限性，可完全恢复，但当婴儿营养不良或已有脱水症状时，若不及时治疗，会导致婴儿的死亡。

B 型轮状病毒可在大龄儿童和成年人中暴发流行。C 型病毒对人的致病性与 A 型类似，但发病率很低，由于该病毒具有抵抗蛋白分解酶和胃酸的作用，可以通过胃到达小肠，引起急性胃肠炎。

4）预防控制措施　重视饮水卫生，并注意防止医源性传播，医院内应严格做好婴儿病区及产房的婴儿室消毒工作。目前尚无特异有效治疗药物,主要是补液,维持机体电解质平衡。轮状病毒活疫苗可使儿童获得保护,但却仍有感染的危险。

(3)诺如病毒

1)生物学特性　诺如病毒(norovirus)以往曾称为诺瓦克病毒(norwalk viruses),诺如病毒属杯状病毒科,直径约为26~35 nm,无包膜,表面粗糙,球形,呈二十面体对称,根据暴发地区不同,该类病毒有很多血清型。

2)传播途径　诺如病毒传播途径包括人传人、经食物和经水传播。人传人可通过粪口途径(包括摄入粪便或呕吐物产生的气溶胶),或间接接触被排泄物污染的环境而传播。食源性传播是通过食用被诺如病毒污染的食物进行传播,污染环节可出现在感染诺如病毒的餐饮从业人员在备餐和供餐中污染食物,也可出现在食物生产、运输和分发过程中被含有诺如病毒的人类排泄物或其他物质(如水等)所污染。牡蛎等贝类海产品和生食的蔬果类是引起暴发的常见食品。

3)临床表现　诺如病毒引起病毒性胃肠炎或称为急性非细菌性胃肠炎。潜伏期通常为18~24 h,患者突然发生恶心、呕吐、腹泻、腹痛、腹绞痛,有时伴有低热、头痛、乏力及食欲减退,病程一般为2~3 d。目前,病毒感染剂量还不清楚。所有人都可感染发病,但主要为大龄儿童和成年人。

4)预防控制措施　维持良好的个人、食物及环境卫生,避免食用受污染的食品。在易发地区,对易污染的食品更要注意其安全性。

(4)禽流感病毒　流感病毒属于RNA病毒的正黏病毒科,分甲、乙、丙3个型,其中禽流感病毒(AIV)属甲型流感病毒。甲型流感病毒多发于禽类,一些亚型也可感染猪、马、海豹和鲸等各种哺乳动物及人类;乙型和丙型流感病毒则分别见于海豹和猪的感染。

禽流感病毒可分为高致病性、低致病性和非致病性三大类。其中高致病性禽流感是由H5和H7亚毒株(以H5N1和H7N7为代表)引起的疾病。高致病性禽流感因其在禽类中传播快、危害大、病死率高,被世界动物卫生组织列为A类动物疫病,我国将其列为一类动物疫病。高致病性禽流感H5N1是不断进化的,其寄生的动物(宿主)范围会不断扩大,可感染虎、家猫等哺乳动物,正常家鸭携带并排出病毒的比例增加,尤其是在猪体内更常被检出。

1)生物学特性　甲型流感病毒呈多形性,其中球形直径80~120 nm,有囊膜。基因组为分节段单股负链RNA。依据其外膜血凝素(H)和神经氨酸酶(N)蛋白抗原性的不同,目前可分为15个H亚型(H1~H15)和9个N亚型(N1~N9)。感染人的禽流感病毒亚型主要为H5N1、H9N2、H7N7,其中感染H5N1的患者病情重,病死率高。

禽流感病毒对热比较敏感,65 ℃加热30 min或煮沸(100 ℃)2 min以上可灭活。病毒在粪便中可存活1周,在水中可存活1个月,在pH<4.1的条件下也具有存活能力。病毒对低温抵抗力较强,在有甘油保护的情况下可保持活力1年以上。病毒在阳光下直射40~48 h即可灭活,如果用紫外线直接照射,可迅速破坏其传染性。

2)传播途径　禽流感病毒可通过消化道和呼吸道进入人体传染给人,人类直接接触受禽流感病毒感染的家禽及其粪便或直接接触禽流感病毒都可以被感染。通过飞沫及接触呼吸道分泌物也是传播途径。如果直接接触带有相当数量病毒的物品,如家禽的粪便、羽毛、呼吸道分泌物、血液等,也可经过眼结膜和破损皮肤引起感染。

3)临床表现 人感染高致病性禽流感后,早期表现类似普通型流感。主要表现为发热,体温大多在39 ℃以上,持续1 ~7 d,一般为3 ~4 d,可伴有流涕、鼻塞、咳嗽、咽痛、头痛、全身不适,部分患者可有恶心、腹痛、腹泻、稀水样便等消化道症状。除了上述表现之外,感染高致病性禽流感重症患者还有肺炎、呼吸窘迫等表现,甚至可导致死亡。

4)预防控制措施 预防禽流感应该注意以下几点:①注意饮食卫生,食用禽蛋、禽肉要彻底煮熟,禽蛋表面的粪便应当洗净,加工保存这类食物要生熟分开;②避免接触水禽、候鸟等易于携带禽流感病毒的动物;③养禽场工作人员更应注意个人卫生,工作时戴口罩、穿工作服、戴手套,接触禽类粪便等污染物后要洗手,并保持工作环境中空气流通;④接种流感疫苗。

(5)疯牛病病毒 牛海绵状脑病(bovine spongiform encephalopathy,BSE)又称疯牛病,属于人和动物传染性海绵状脑病中的一种。其组织病理学特征是病牛脑组织神经元空泡化,形成清晰的孔,在显微镜下呈海绵状,所以称为海绵状脑病。疯牛病为朊病毒引起的一种亚急性、渐进性神经系统疾病,通常脑细胞组织出现空泡,星形胶质细胞增生,脑内解剖发现淀粉样蛋白质纤维,并伴随全身症状,以潜伏期长、死亡率高、传染性强为特征。

1)生物学特性 朊病毒是一种不含核酸仅有蛋白质的蛋白感染因子。其主要成分是一种蛋白酶抗性蛋白,对蛋白酶具有抗性。朊病毒可被2% ~5%的次氯酸钠或90%的石炭酸经24 h处理灭活,而对紫外线、离子辐射、超声波、非离子型去污剂、蛋白酶等能使普通病毒灭活的理化因子却具有较强的抗性。

2)传播途径 疯牛病的主要传播途径为疯牛,疯牛的脑及脊髓含有大量致病因子,其他组织器官如肝、淋巴结等为次要因子。人体摄入携带有疯牛病病毒的牛肉及其加工制品,就有被感染的风险。

3)临床表现 此病临床表现为脑组织的海绵体化、空泡化、星形胶质细胞和微小胶质细胞的形成以及致病型蛋白积累,无免疫反应。病原体通过血液进入人的大脑,将人的脑组织变成海绵状,完全失去功能。受感染的人会出现睡眠紊乱、个性改变、失语症、视觉丧失、肌肉萎缩、肌痉挛、进行性痴呆等症状,并且会在发病的一年内死亡。该病常有染色体家族遗传倾向。

4)预防控制措施 疯牛病的感染路径主要是由消化道引起,而且由于朊病毒的特殊性,现阶段还无法利用抗体疫苗进行有效的预防治疗。所以,目前对疯牛病的预防控制手段主要为隔断传播途径、消除传染源。已有大部分国家采用对牛群、饲料、屠宰产品等的防控,避免朊病毒潜在的隐患造成疯牛病的传播。一旦发现有牛感染了疯牛病,只能坚决予以宰杀并进行焚化深埋处理。

(6)口蹄疫病毒 口蹄疫病毒(foot-and-mouth disease virus,FMDV)引起的传染病称为口蹄疫,是发生于牛、羊、猪等偶蹄动物中的一种急性、热性、高度接触性传染病。世界动物卫生组织将口蹄疫列为动物A类烈性传染病,该病毒严重危害畜牧业的健康发展以及相关产品的对外贸易。

1)生物学特性 FMDV属于小RNA病毒科口疮病毒属,是偶蹄类动物高度传染性疾病(口蹄疫)的病原。在病毒的中心为一条单链的正链 RNA,由大约 8000 个碱基组成,是感染和遗传的基础,周围包裹的蛋白质决定了病毒的抗原性、免疫性和血清学反应能力。

2)传播途径　口蹄疫传染途径多、速度快。发病或处于潜伏期的动物是主要的传染源。病毒可通过空气、灰尘、病畜的水疱、唾液、乳汁、粪便、尿液、精液等分泌物和排泄物,以及被污染的饲料、褥草以及接触过病畜的人员的衣物传播。口蹄疫通过空气传播时,病毒能随风散播到 50～100 km 以外的地方。牛、羊、猪等高易感动物,感染发病率几乎为 100%。

3)临床表现　患口蹄疫的动物会出现发热、跛行和在皮肤与皮肤黏膜上出现泡状斑疹等症状。恶性口蹄疫还会导致病畜心脏麻痹并迅速死亡。在病畜的内唇、舌面水疱或糜烂处,在蹄趾间、蹄上皮部水疱或烂斑处以及乳房处水疱最多。

4)预防控制措施　口蹄疫病毒对干燥不敏感,但对酸碱敏感,80～100 ℃温度可杀灭它。通常用火碱、过氧乙酸、消特灵等药品对被污染的器具、动物舍或场地进行消毒。隔离、封锁、疫苗接种等方式可预防口蹄疫的发生。用碘甘油涂布患处、消毒液洗涤口腔等是常用的治疗方法。

13.3　食品质量管理体系

随着现代社会经济的发展和人们生活水平的提高,食品的质量问题也越来越引起人们的关注。为了适应我国食品工业的产业化发展,必须建立和完善能够有效保证食品安全质量的管理体系。

食品质量管理体系包括质量管理方针、质量标准体系、质量控制和质量保证等一系列内容。质量管理体系的核心是保证食品的质量,而食品质量最基本、最重要的要求就是卫生安全,因此食品质量管理体系就是围绕食品卫生安全进行的一系列有效的监控体系,食品质量控制是该体系的重要组成部分。目前,在世界各国已取得广泛认可,并正在逐步推广应用的食品质量管理与控制体系包括:ISO 9000 质量管理体系、GMP(良好生产规范)标准、SSOP(卫生标准操作程序)、HACCP(危害分析与关键控制点)体系和食品安全管理体系(ISO 22000)等。

13.3.1　常用的食品质量管理与控制体系

13.3.1.1　ISO 9000 质量管理体系

ISO 9000 质量管理体系是国际标准化组织(ISO)制定的国际标准之一,在 1987 年提出的概念,是指"由 ISO/TC176(国际标准化组织质量管理和质量保证技术委员会)制定的所有国际标准"。该标准可帮助组织实施并有效运行质量管理体系,是质量管理体系通用的要求和指南。我国在 20 世纪 90 年代将 ISO 9000 系列标准转化为国家标准,随后,各行业也将 ISO 9000 系列标准转化为行业标准。

ISO 9000 族标准是国际标准化组织(ISO)在 1994 年提出的概念,ISO 9000 族标准不是一个标准,而是一系列标准的总称,它包括 4 个核心(ISO 9000、ISO 9001、ISO 9004、ISO

19011)、一个支持性标准(ISO 10012)以及若干个技术报告和宣传性文件。ISO 9000 族标准并不是评估产品的优劣程度,而是评估企业在生产过程中对流程控制的能力,是一个组织管理的标准。ISO 9000 族标准的应用着重于顾客和供应商之间的契约或关系,同时该系列也是一种政府用于监督和惩罚的标准。食品工业中常采用 ISO 9001,目前,ISO 9001:2000 版已经转换为 ISO 9001:2008 版。这个标准是企业建立质量管理体系的依据,也是进行质量体系审核依据的标准。

食品加工过程的微生物监控内容及示例

13.3.1.2　GMP 标准

良好生产规范(good manufacturing practices,GMP),1969 年由美国食品与药品管理局(FDA)最先发布。GMP 标准是由食品生产企业与卫生部门共同制定的,规定了在加工、储藏和食品分配等各个工序中所要求的操作和管理规范。它要求食品生产企业应具备合理的生产工艺,良好的生产设备,正确的生产知识,严格的操作规范以及食品质量管理体系。

GMP 标准其主要内容涵盖食品生产、经营条件的选址、设计、厂房建筑、设备、工艺过程、检测手段、人员组成、个人卫生、管理职责、卫生监督程序、满意程度等一系列生产经营条件,并提出卫生学评价的标准和规范。应指出的是,GMP 标准用文件形式提供管理的可靠性,不同的食品制造业各有其特点和要求,因而在这个框架的基础上,还需要制定详细的附加条件才行。

13.3.1.3　卫生标准操作程序

卫生标准操作程序(sanitation standard operation procedure,SSOP)是食品生产企业为了使其加工的食品符合卫生要求,制定的指导食品加工过程中如何具体实施清洗、消毒和卫生保持的作业指导文件,以 SSOP 文件的形式出现。

其主要内容包括:①与食品接触或与食品接触物表面接触的水(冰)的安全;②与食品接触的表面(包括设备、手套、工作服)的清洁度;③防止发生交叉污染;④手的清洗与消毒,厕所设施的维护与卫生保持;⑤防止食品被污染物污染;⑥有毒化学物质的标记、储存和使用;⑦雇员的健康与卫生控制;⑧虫害的防治。

13.3.1.4　危害分析与关键控制点体系

(1)概念　危害分析与关键控制点(hazard analysis critical control point,HACCP)是由食品的危害分析(hazard analysis,HA)和关键控制点(critical control points,CCP)两部分组成的一个系统的管理方式。近年来 HACCP 体系在食品安全控制上被逐渐接受并推广。与 GMP 标准相比,HACCP 体系更为系统,它包括了从原材料到制作食品到消费者的整个过程的危害控制。

(2)国内外的应用　联合国粮农组织(FAO)和世界卫生组织(WHO)20 世纪 80 年代后期开始大力推荐这一食品安全管理体系。目前,在 HACCP 体系推广应用较好的国家,大部分是强制性推行采用 HACCP 体系。中国较早关注和在食品和水产界引进 HACCP 质量控制体系。1991 年农业部渔业局派遣专家参加了美国 FDA、NOAA、NFI 组织的 HACCP 研讨会,1993 年国家水产品质量监督检验中心在国内成功举办了首次水产品 HACCP 培训班,介绍了 HACCP 原则、水产品质量保证技术、水产品危害及监控措施等。

1996年农业部结合水产品出口贸易形势颁布了冻虾等五项水产品行业标准,并进行了宣讲贯彻,开始了较大规模的HACCP培训活动。2002年12月中国认证机构国家认可委员会正式启动对HACCP体系认证机构的认可试点工作,开始受理HACCP认可试点申请。通过对HACCP体系近十年的认证和摸索,2011年为规范食品行业危害分析与关键控制点(HACCP)体系认证工作,根据《中华人民共和国食品安全法》《中华人民共和国认证认可条例》等有关规定,制定了《危害分析与关键控制点(HACCP)体系　食品生产企业通用要求》。

(3)HACCP体系的原理　HACCP体系是一个确认、分析、控制生产过程中可能发生的生物、化学、物理危害的系统方法,是一种新的质量保证系统。它不同于传统的质量检验(即终产品检验),可使食品质量管理摆脱仅仅依赖于最终产品测定来判断食品卫生和安全程度的传统方法。HACCP是一种生产过程各环节的控制。HACCP原理经过实际应用与修改,被国际食品法典委员会(CAC)确认,由以下七个基本原理组成。

1)危害分析(HA)　确定与食品生产各阶段有关的潜在危害物。危害物是指任何能损害消费者健康的物质。列出所有在加工过程中,包括原材料生产、食品加工制造过程、产品储运、消费等各环节可能产生危害物的地方。危害分析不仅要分析其可能发生的危害及危害的程度,也要涉及有防护措施来控制这种危害。

2)确定关键控制点(CCP)　关键控制点是指能防止、减少或消除危害食品安全的工序、步骤或方法,经过控制可以使食品潜在的危害得以防止、排除或者降至可接受的水平。每个步骤可以是食品生产制造的任一步骤,包括原材料及其收购或其生产、收获、运输、产品配方及加工储运各步骤,例如加热、冷冻等。

3)确定关键限值,保证CCP受控制　关键限值是一个与CCP相对应的预防措施所必须遵循的尺度。对每个CCP点需确定一个标准值,以确保每个CCP被限制在安全值以内。这些关键限值常是一些保藏手段的参数,如温度、时间、物理性能(如张力)、水分、水分活度、pH值的范围、盐浓度及有效氯浓度等。

4)确定监控CCP的措施　监控是有计划、有顺序地观察和测定关键限值(如温度、时间、水分和pH值),以判断CCP是否在可控制的范围内,同时进行准确记录,用于以后的核实和鉴定程序中。应尽可能通过各种理化方法对CCP进行连续监控。若无法连续监控关键限值,应有足够的间歇频率观察测定CCP的变化特征,以确保CCP是在控制之中。

5)确立纠偏措施　当监控显示出现偏离关键限值时,要采取纠偏措施。虽然HACCP系统已有计划防止偏差,但从总的保护措施来说,应该在每一个CCP上都有合适的纠偏计划,以便一旦发生偏差时能有适当手段恢复或纠正出现的问题,并有维持纠偏行动的记录。

6)建立有效的档案记录　要求将所有有关HACCP系统的计划、监控记录、纠偏行动记录、验证记录等情况进行归档。

7)建立审核程序　主要用于经常性地核查HACCP体系的各原理是否正常运作,包括审核关键限值是否能够控制确定的危害,保证HACCP计划正常执行。

(4)HACCP体系的内容　HACCP是预防性食品安全控制体系,是食品加工和生产企业建立在 GMP(良好生产规范)和 SSOP(卫生标准操作程序)基础上最为有效的食品安全自我控制手段之一,主要包括以下内容:

1)危害与危害分析　危害(hazard)是指食品供人类消费时引起损伤或致病的生物学、化学和物理的特性。危害分析(hazard analysis)指收集和评估有关的危害以及导致这些危害存在的资料,以确定哪些危害对食品安全有重要影响因而需要在 HACCP 计划中予以解决的过程。

2)控制点与关键控制点　控制点(control point,CP)是指能控制生物、化学或物理因素的任何点、步骤或过程。关键控制点(critical control point,CCP)是指能够实施控制措施的步骤,该步骤对于预防和消除一个食品安全危害或将其减少到可接受水平非常关键。

3)控制与控制标准　临界值指在关键控制点上保证有效控制危害的一种或多种因素规定的允许量。偏离该允许量则视为失控。控制标准是判定对 CCP 采取措施后危害因素是否能得到控制的技术依据。其指标可以是物理的(如时间、温度)、化学的(如浓度、pH 等)或生物的(如微生物、昆虫等)技术标准和规范。

4)监控程序与纠偏措施　监控程序是通过有计划、有顺序地观察和测定以确保 CCP 在控制中。监控程序包括监控方法、监控频率和监控人员三部分内容。通过监控程序对每个关键控制点确定监控措施和监控步骤以确保达到关键限值的要求。纠偏措施是指针对关键控制点(CCP)的监测显示该关键控制点失去控制时所采取的措施。

HACCP 体系的实施细则及特点简介

13.4.1.5　食品安全管理体系(ISO 22000)

(1)定义　ISO 22000 是由 ISO/TC 34 国际标准化组织食品技术委员会制定的一套专用于食品链内的食品安全管理体系,于 2005 年 9 月 1 日正式发布。该标准被称为 HACCP 体系的升级版,定义了食品安全管理体系的要求。ISO 22000 的使用范围覆盖了食品链全过程。可单独用于认证、内审或合同评审,也可与其他管理体系如 ISO 9001 组合实施。

(2)形成 ISO 22000　是在 HACCP(危害分析与关键控制点)、GMP(良好生产规范)、GAP(良好农业规范)、GHP(良好卫生规范)、GDP(良好分销规范)、GVP(良好兽医规范)、GTP(良好贸易规范)和 SSOP(卫生标准操作规范)的基础上,同时整合了 ISO 9001:2000 版的部分要求而形成的。

(3)应用范围　直接介入食品链中一个或多个环节的组织,如:饲料加工、种植、生产、辅料生产、食品加工、提供清洁、运输、储存和分销服务等的组织。间接介入食品链的组织,如:设备供应商、清洁剂和包装材料及其他食品接触材料的供应商。

(4)作用　作用主要有 4 点:①可有效地识别和控制危害;②可有效地降低成本;③可提高消费者的信任度;④可促进国际贸易的发展。

(5)特点　①详细描述基于 HACCP 七个原理的食品安全管理体系;②可用于审核;③可用于认证;④广泛适用性(整个食品链);⑤将把 HACCP 同先决条件以及标准卫生操作程序兼容;⑥结构与 ISO 9000 趋同;⑦为国际 HACCP 概念的交流提供机制。

思考题

1. 名词解释:食源性疾病;食物中毒;GMP;HACCP。
2. 食品微生物指标主要有哪些?
3. 试比较菌落总数与大肠菌群检测的食品卫生学意义。
4. 简述细菌性食物中毒的机制及特点。
5. 简述沙门菌引起食物中毒的污染途径及预防控制措施。
6. 简述副溶血性弧菌引起食物中毒的污染途径及预防控制措施。
7. 简述致泻性大肠埃希菌食物中毒的类型及预防控制措施。
8. 常见的真菌毒素有哪些?试举例说明。
9. 试述黄曲霉毒素产生的条件,并说明防止该毒素产生的措施。
10. 试述如何有效防止真菌性食物中毒的发生。
11. 什么是食源性病毒?试列表比较各类食源性病毒污染食品的途径。
12. 简述 HACCP 体系的应用原理。

参考文献

[1]周德庆. 微生物学教程[M]. 3 版. 北京:高等教育出版社,2011.
[2]刘慧,张红星,李铁晶. 现代食品微生物学[M]. 2 版. 北京:中国轻工业出版社,2013.
[3]樊明涛,赵春燕,雷晓凌. 食品微生物学[M]. 2 版. 郑州:郑州大学出版社,2017.
[4]何国庆,贾英民,丁立孝. 食品微生物学[M]. 北京:中国农业大学出版社,2009.
[5]江汉湖,董明盛. 食品微生物学[M]. 北京:中国农业出版社,2005.
[6]车振明. 微生物学[M]. 武汉:华中科技大学出版社,2008.
[7]沈萍,陈向东. 微生物学[M]. 2 版. 北京:高等教育出版社,2006.
[8]吕嘉枥. 食品微生物学[M]. 北京:化学工业出版社,2007.
[9]贺稚非,霍乃蕊. 食品微生物检验[M]. 北京:科学出版社,2018.
[10]殷文政,樊明涛. 食品微生物检验[M]. 北京:科学出版社,2015.
[11]张文治. 新编食品微生物学[M]. 北京:中国轻工业出版社,2009.
[12]刘慧. 现代食品微生物学实验技术[M]. 北京:中国轻工业出版社,2006.
[13]夏文水. 食品工艺学[M]. 北京:中国轻工业出版社,2007.
[14]闵航. 微生物学[M]. 杭州:浙江大学出版社,2005.
[15]孟宪军. 食品工艺学概论[M]. 北京:中国农业出版社,2006.
[16]沈萍. 微生物学实验[M]. 4 版. 北京:高等教育出版社,2008.
[17]杨民和. 微生物学[M]. 北京:科学出版社,2010.
[18]曾名湧. 食品保藏原理与技术[M]. 2 版. 北京:化学工业出版社,2014.
[19]刘钟栋. 食品添加剂[M]. 南京:东南大学出版社,2006.
[20]诸葛健,李华钟. 微生物学[M]. 2 版. 北京:科学出版社,2010.
[21]任何军,张婷娣. 环境微生物学[M]. 北京:清华大学出版社,2015.
[22]曾绍校,宁喜斌,黄现青. 食品安全学[M]. 郑州:郑州大学出版社,2019.
[23]迟玉杰. 食品添加剂[M]. 北京:中国轻工业出版社,2015.
[24]赵斌,陈雯莉,何绍江. 微生物学[M]. 北京:高等教育出版社,2010.
[25]刘建学. 食品保藏学[M]. 中国轻工业出版社,2006.
[26]王永华,戚穗坚. 食品分析[M]. 北京:中国轻工业出版社,2017.
[27]杨玉红,唐艳红,魏晓华. 食品微生物学[M]. 郑州:郑州大学出版社,2018.
[28]蔡静平. 粮油食品微生物学[M]. 北京:科学出版社,2018.
[29]聂聪. 精酿啤酒酿造技术[M]. 北京:中国轻工业出版社,2019.
[30]高向阳. 食品酶学[M]. 2 版. 北京:中国轻工业出版社,2016.